RANQI ZHENGQI LIANHE XUNHUAN JIZU
TIAOSHI JISHU

燃气－蒸汽联合循环机组调试技术

大唐华东电力试验研究院　编

中国电力出版社
CHINA ELECTRIC POWER PRESS

内 容 提 要

本书主要从燃气-蒸汽联合循环机组调试过程中燃气轮机、汽轮机、锅炉、电气、化学、热控等专业分系统及整套启动阶段的调试工作出发，对燃气-蒸汽联合循环机组调试技术、调试要点、事故处理等进行了全面阐述。

全书共分为六章，第一章概述，第二章介绍了燃气-蒸汽联合循环机组主要设备和系统，第三、四章分别介绍了燃气-蒸汽联合循环分系统调试及整套启动调试，第五章介绍了燃气-蒸汽联合循环调试要点，第六章介绍了各专业典型事故处理。

本书可作为燃气-蒸汽联合循环机组行业从业人员培训和自学参考用书，可为调试工程师、电厂运行人员面对燃气-蒸汽联合循环机组调试、故障处理、启动和运行全过程提供参考，以期提高调试工作流程标准化、程序化，实现调试工作合理高效进行。

图书在版编目（CIP）数据

燃气-蒸汽联合循环机组调试技术/大唐华东电力试验研究院编 . —北京：中国电力出版社，2023.12
ISBN 978-7-5198-7456-8

Ⅰ . ①燃… Ⅱ . ①大… Ⅲ . ①燃气-蒸汽联合循环发电-发电机组-调试方法 Ⅳ . ①TM611.31

中国国家版本馆 CIP 数据核字（2023）第 109070 号

出版发行：中国电力出版社
地　　址：北京市东城区北京站西街 19 号（邮政编码 100005）
网　　址：http：//www. cepp. sgcc. com. cn
责任编辑：刘汝青　闫柏杞
责任校对：黄　蓓　常燕昆　王小鹏
装帧设计：赵姗姗
责任印制：吴　迪

印　　刷：三河市航远印刷有限公司
版　　次：2023 年 12 月第一版
印　　次：2023 年 12 月北京第一次印刷
开　　本：787 毫米×1092 毫米　16 开本
印　　张：23
字　　数：570 千字
印　　数：0001—2000 册
定　　价：110.00 元

编 委 会

前言

　　近年来，随着国内能源结构的转型与升级，电力行业朝着"双碳"目标大步向前，传统煤电的减量替代也在有序进行中。伴随着风电、光伏、储能等新能源的崛起，相较于传统煤电，更为高效、清洁、稳定的燃气-蒸汽联合循环机组在国内得到了大力发展。燃气-蒸汽联合循环机组，无论是在供电效率、投资费用、发电成本、污染排放量方面还是在运行维护的可靠性方面，其发电方式都要比燃煤电站更具优势。在今后世界电力工业的发展历程中，开发大容量、高效率的燃气轮机及其联合循环发电机组是一个必然的趋势。

　　随着国内燃气-蒸汽联合循环机组的大量建成，为促进燃气-蒸汽联合循环调试技术的发展，本书以"立足调试，面向问题"为着眼点，基于通用电气、安萨尔多、三菱等不同型式、不同等级的联合循环机组调试经验，结合多年来的基建调试问题库、行业调试标准及国内外燃机调试资料，从主要设备概况、分系统调试、整套启动调试、主要调试要点、典型事故处理等方面入手，深刻分析总结燃气-蒸汽联合循环机组调试技术，做到调试规范化、标准化。编写本书，旨在为电力行业从事燃气-蒸汽联合循环相关工作的科研、管理、调试、运行技术人员提供指导，以期实现调试工作的合理高效进行。

　　本书在编写过程中得到了上海电气集团股份有限公司、中国东方电气集团有限公司、通用电气公司、西子清洁能源装备制造股份有限公司等设备厂的大力支持，参考了大量行业标准、案例及论文，在此一并表示感谢。

　　鉴于作者水平所限，且燃气-蒸汽联合循环机组技术发展迅速，书中难免存在疏漏和不足之处，恳请读者批评指正！

编委会

2023 年 10 月

目录

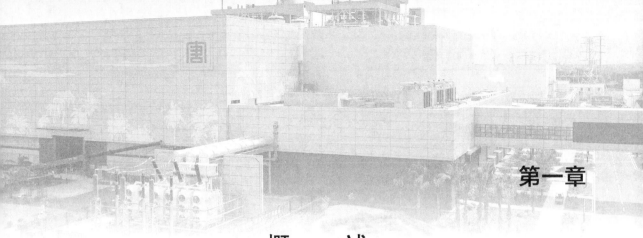

第一章

概　述

一、燃气-蒸汽联合循环机组发展优势

近十年来，各国在电力环保要求上愈加严格，传统火电占比逐年下降，新能源发电登上电力舞台。但同时新能源发电的不稳定性给电网应对频率振动带来巨大考验，而燃气轮机具有快速无外电源启动的特性，它能保证电网运行的安全性和可恢复性。从安全和调峰的要求出发，在电网中安装功率份额为 $8\%\sim12\%$ 的燃气轮机发电机组是必要的。

从环保的角度看，煤电的污染排放已成为我国电力工业实施可持续发展战略的"瓶颈"环节。而天然气机组的平均烟尘排放浓度仅是超低排放燃煤机组的 $40\%\sim55\%$，SO_2 排放浓度仅是超低排放燃煤机组的 $5\%\sim10\%$。因此，燃烧天然气的燃气轮机及其联合循环发电机组是目前提高能源资源利用效率的有效途径，也是相当彻底地解决环境污染问题的首选技术。

表 1-1 和表 1-2 给出了已经生产的某些典型的燃气轮机及其联合循环发电机组的性能参数。

表 1-1　　　　　　　　　某些典型的燃气轮机发电机组的性能参数

公司名称	机组型号	ISO 基本功率（MW）	压比	燃气初温（℃）	供电效率（%）	单位售价（美元/kW）
安萨尔多	AE94.3A	297	15	1300	38.59	150
通用电气	PG9231（EC）	169.1	14.0	—	35.20	160
	PG9351（FA）	255.6	17.0	1288	37.00	160
阿尔斯通	GT13E2	165.1	14.6	1260	35.69	166
	GT26	263.0	32.0	1167/1245	37.00	148
西门子	V64.3A	67.4	15.8	1310	34.93	236
	V84.3A	180.0	16.6	1310	38.00	170
	V94.3A	265.9	17.0	1310	38.60	159
三菱	M701F	270.3	17.0	1349	38.21	160
	M701G	334.0	21.0	1427	39.54	165
R-R 公司	Trent60	51.50	33.0	—	41.92	299
普惠	FT8	25.49	19.3	1121	38.56	382

表 1-2   **某些联合循环发电机组的性能参数**

公司名称	机组型号	ISO 基本功率（MW）	供电效率（%）	所配燃气轮机的情况	单位售价（美元/kW）
安萨尔多	AE94.3A	460	59.89	1 台 AE94.3A	—
通用电气	S109EC	259.3	54.0	1 台 MS9001EC	—
	S109FA	390.0	56.7	1 台 MS9001FA	354
	S209FA	786.9	57.1	2 台 MS9001FA	306
阿尔斯通	KA13E2-2	480.0	52.9	2 台 GT13E2，三压蒸汽轮机	341
	KA13E2-3	720.0	52.9	3 台 GT13E2，三压蒸汽轮机	332
	KA26-1	392.5	56.3	1 台 GT26	360
西门子	GUD1.94.2	239.4	52.2	1 台 V94.2	446
	GUD1S.94.3A	392.2	57.4	1 台 V94.3A	348
三菱	MPCP1（M701F）	397.7	57.0	1 台 M701F	348
	MPCP2（M701F）	799.6	57.3	2 台 M701F	295
	MPCP1（M701G）	489.3	58.7	1 台 M701G	396

由表 1-1 可知，部分燃气轮机发电机组的单机功率最高已经达到 334MW，供电效率已达 39.54%；由表 1-2 可知，联合循环发电机组的单机功率最高已达 489.3MW，供电效率已达 58.7%。显然，从热力性能的角度看，它们完全可以承担基本负荷，且比超超临界参数的燃煤蒸汽轮机电站更优越。

总的来说，燃气-蒸汽联合循环机组具有以下一些优点：①供电效率远远超过燃煤的蒸汽轮机电站；②投资费用为 500～600 美元/kW，它要比带有烟气脱硫（FGD）的燃煤蒸汽轮机电站（1100～1400 美元/kW）低很多；③建设周期短，资金利用最有效；④用地和用水较少；⑤运行高度自动化，每天都能启停；⑥运行的可用率高达 85%～95%；⑦便于快速无外电源启动；⑧由于采用天然气，无粉尘，SO_x 和 NO_x 排放量低，CO_2 的排放量大幅度降低（见表 1-3）。

表 1-3   **燃用不同燃料时热力发电厂的 CO_2 排放情况**

燃料种类	燃料对比		燃烧对比		发电对比		
	燃料含碳量（kg/GJ）	相对值（%）	燃烧产 CO_2 量（kg/GJ）	相对值（%）	发电效率（%）	发电 CO_2 排放量 [kg/（MW·h）]	相对值（%）
木材	27.3	112	100	112	35	1030	124
褐煤	26.2	108	96	108	37	935	113
烟煤	24.5	100	90	100	39 45*	829 718	100 87
重油	20.0	82	74	82	39	753	91
原油	19.0	78	70	78	39	716	87
天然气	13.8	56	51	56	40 50**	507 405	61 49

* 远期采用超超临界参数的蒸汽轮机发电机组时。

** 采用燃气-蒸汽联合循环发电机组时。

综上所述，在燃烧天然气或液体燃料的前提下，无论是在供电效率、投资费用、发电成本、污染排放量方面还是在运行维护的可靠性方面，燃气-蒸汽联合循环发电方式都要比有FGD的燃煤蒸汽电站优越。因而，它越来越受到人们的青睐，在世界发电装机中所占的份额更是明显地快速增长。截至2021年底，全国全口径水电装机容量3.91亿kW、火电装机容量12.97亿kW、核电装机容量5326万kW、风电装机容量3.28亿kW、太阳能发电装机容量3.07亿kW、生物质发电装机容量3798万kW，其中，燃气轮机联合循环发电装机容量为1.1亿kW，占总装机容量的4.6%。

在今后世界电力工业的发展历程中，开发大容量、高效率的燃气轮机及其联合循环发电机组是一个必然的趋势。燃气轮机及其联合循环发电机组既能节省世界上日趋紧张的能源资源，又能保护环境，必将成为世界电力工业中的一个重要组成部分，其作用也将日益提升。

二、我国发展燃气轮机及其联合循环机组的现实条件

如前所述，燃气轮机及其联合循环机组已经成为世界电力工业的一个重要组成部分，并将获得飞速发展。表1-4中给出了2020年世界主要国家和地区中一次能源消费的构成情况。由此可见，在大多数工业发达国家的一次能源消费中，以石油和天然气为主是一个显著的特点，这正是世界范围内燃气轮机及其联合循环机组发展的基础。

表1-4 **2020年世界主要国家和地区中一次能源消费的构成**

项目	石油	天然气	煤炭	核能	水能	可再生能源
美国	37.06	34.12	10.48	8.41	2.92	7.00
欧盟	35.94	24.54	10.60	10.96	5.45	12.50
中国	19.59	8.18	56.56	2.24	8.07	5.35
世界	31.21	24.72	27.20	4.31	6.86	5.70

国内许多地区电网的峰谷差大，急需启动快、调峰特性好、建设周期短的燃气轮机及其联合循环机组来适应建设发展的需要，特别是在沿海开放地区。近年来，在这些地区陆续引进了一批燃气轮机及其联合循环机组，例如：广东省燃气轮机及其联合循环机组的总装机容量已经超过10GW；海南省已超过170万kW；上海市已达5GW；福建省也已经建成总量超过4GW的燃气-蒸汽联合循环电站；等等。

我国当前燃气轮机主要有以下三种类型：

（1）大型高效率燃气-蒸汽联合循环机组。此类机组主要在电力系统中承担中间负荷和基本负荷。它的特点是功率大、效率高、在电网中能够长期地稳定运行，力求启停次数少，以保证机组的使用寿命和高可用率。但是，此类机组的启动加载性能较差，即使安装有SSS离合器，能使燃气轮机单独启动，在热态下从启动到加载至满负荷工况的耗时一般也不少于25min，即满足电网紧急需要的适应能力比较差。通常，在天然气价格较低的情况下，只要有足够的年运行小时数，这种机组的发电成本会比燃煤的有FGD的蒸汽轮机电站低，因而在电力系统中的生存能力很强，它是燃煤电站的积极竞争者和替换者。当前我国陆续投入大批的F级联合循环电站，但由于天然气价格高，致使燃气-蒸汽联合循环机组的发电成本尚无法与煤电机组相竞争，因而只能作为两班制承担中间负荷和调峰任务的机组运行。

（2）中型、有快速启动和加载能力的燃气轮机组。由于要求快速启动和加载，这种机组一般是航机改型的轻结构类型，功率等级比较小，一般为 20～50MW。要求机组能在 3～10min 之内完成从启动、加载至满负荷的全过程。如 FT8 25～50MW 的机组，从冷机到满负荷的正常启动时间为 8min，快速启动时，带到满负荷的时间仅 3min；又如 GE 公司即将投产的 LMS100 100MW 的机组，从启动到满负荷的设计时间为 10min。这种机组主要在电力系统中承担快速启动和加载任务，以适应调峰负荷或处理电网紧急事故的需要。

（3）适用于分布式电站的热电联产型或热电冷三联供型的燃气轮机及其联合循环机组。这种机组的功率与分布式电站的使用场所密切相关。对于比较大的小区，单机功率可以达到 20～30MW；对于大型的机场，单机功率一般为 4～5MW；大型医院和商城则为数百千瓦等级；一般银行、旅社仅需数十千瓦等级，适宜选用微型燃气轮机系列的机组。对于分布式电站，特别侧重的是高效的能源利用效率。在热电联供的条件下，能源的利用效率可以达到 75% 以上；当采用热电冷联供时，则有望达到 80% 以上。与热电冷分供方案相比，热电冷三联供方案可以节省能源 42% 左右。

随着天然气资源的开发和利用，我国电力系统中对燃气轮机及其联合循环机组的使用必将逐渐增多。在电力系统中燃气轮机的类型不应是单一的，而应是多样化的。国外的实践经验表明：为了确保整个电力系统的安全性，燃气轮机的总装机容量应占全电力系统总装机容量的 8%～12%。目前我国的比例仅为 4%～5%，因而在我国增大燃气轮机的使用量是必要的。

我国燃气轮机工业正进入快速发展阶段，燃气轮机及其联合循环机组在我国电力工业中的作用将逐渐增强。到 2030 年，燃气轮机及其联合循环机组的装机容量有望达到全国发电设备总装机容量的 10% 左右。

三、燃气轮机及其联合循环机组的生产与使用现状

目前，世界上能设计和生产重型燃气轮机的主导工厂有意大利的安萨尔多（Ansaldo）公司、美国的通用电气（GE）公司、德国的西门子（Siemens）公司、法国的阿尔斯通（Alstom）公司和日本的三菱（Mitsubishi）公司。这些公司既生产 50Hz 的燃气轮机发电机组，也同时生产 60Hz 的机组。它们生产的 50Hz 的单循环燃气轮机的型号和性能参数如表 1-5 所示。由这些燃气轮机组成的联合循环机组的型号与性能参数如表 1-6 所示。

表 1-5   **某些典型燃气轮机的型号与性能参数**

厂商	型号	第一台生产年份	ISO基本负荷功率（kW）	热耗率[kJ/(kW·h)]	热效率（%）	压缩比	空气流量（kg/s）	透平排气温度（℃）	比价（美元/kW）
Ansaldo Energia	AE64.3A	1998	75 370	10 432.2	35.01	15.0	196.5	576.3	230
	AE94.3A	2009	304 200	9309.1	38.86	20.0	701.1	589.1	156
GE Power Systems	PG6581(B)	1999	42 100	11 225	32.07	12.2	141.1	547.8	267
	PG6111(FA)	2003	75 900	10 295	34.97	15.6	202.8	602.8	245
	PG9171(E)	1992	126 100	10 653.5	33.79	12.6	417.8	542.8	165
	PG9231(EC)	1994	169 100	10 310.7	34.92	14.0	508.0	556.1	160

续表

厂商	型号	第一台生产年份	ISO基本负荷功率(kW)	热耗率[kJ/(kW·h)]	热效率(%)	压缩比	空气流量(kg/s)	透平排气温度(℃)	比价(美元/kW)
GE Power Systems	PG9351(FA)	1996	255 600	9756.9	36.90	17.0	640.5	602.2	160
	PG6591C	2003	42 300	9925.7	36.27	19.0	117.0	569.4	266
	PG9001H	—	292 000	9113.5	39.50	23.0	685.0	—	—
Siemens Power Generation	W251B11/12	1982	49 500	11 022.7	32.66	15.3	175.1	513.9	250
	V64.3A	1996	67 400	10 305.4	34.93	15.8	191.9	582.8	236
	V94.2	1981	159 400	10 495.3	34.30	11.4	508.9	547.2	155
	V94.2A	1997	182 300	10 233.7	35.18	13.8	519.8	567.2	158
	V94.3A	1995	265 900	93 244.4	38.60	17.0	655.9	584.4	159
Mitsubishi Heavy Industries	M701DA	1981	144 100	10 347.6	34.80	14.0	440.9	542.2	155
	M701F	1992	270 300	9419.4	38.20	17.0	650.9	586.1	160
	M701G	1997	271 000	9303.3	38.70	21.0	737.1	587.2	165
	M701G2	—	334 000	9102.9	39.50	—	—	—	—
Alstom	GT8C2	1998	57 000	10 584.9	34.01	17.6	200.0	508	281
	GT13E2	1993	165 100	10 083.9	35.70	14.6	532.1	524	166
	GT26	1994	263 000	9727.4	37.00	32.0	607.4	615	148

表1-6　　　　　某些典型联合循环机组的型号与性能参数

厂商	型号	第一台生产年份	净功率(kW)	热耗率[kJ/(kW·h)]	热效率(%)	燃气轮机功率(kW)	汽轮机功率(kW)	比价(美元/kW)	蒸汽循环方式
Ansaldo Energia	AE94.3A	2009	450 000	6331	58.6	304 000	146 000	350	三压再热
GE Power Systems	S106B	1987	64 300	7330.9	49.0	41 600	23 800	595	三压无再热
	S106C	2002	62 800	6666.3	54.0	42 200	21 300	—	三压无再热
	S106FA	1991	118 100	6582.0	54.7	75 100	44 000	713	三压再热
	S109E	1986	189 200	6935.0	52.0	121 600	70 400	475	三压无再热
	S109EC	1994	259 300	6661.1	54.0	166 600	96 600	—	三压再热
	S109FA	1994	390 800	6349.9	56.7	254 100	141 800	354	三压再热
	S109FB	2002	412 900	6202.2	58.0	266 700	151 720	359	三压再热
	S109H	1997	480 000	6001.8	60.0	—	—	427	蒸汽冷却三压再热
Siemens Power Generation	I.W251B11/12	1982	71 500	7530	47.8	48 000	25 000	715	双压无再热
	IS.64.3A	1996	99 800	6900	52.2	—	—	718	双压无再热
	I.V94.2	1981	239 400	6890	52.2	154 000	89 300	446	双压无再热
	IS.V94.2A	1997	280 700	6590	54.6	—	—	395	三压再热
	IS.V94.3A	1995	392 200	6270	57.4	—	—	348	三压再热

续表

厂商	型号	第一台生产年份	净功率(kW)	热耗率[kJ/(kW·h)]	热效率(%)	燃气轮机功率(kW)	汽轮机功率(kW)	比价(美元/kW)	蒸汽循环方式
Mitsubishi Heavy Industries	MPCPK(M701)	1981	212 500	7000	51.4	142 100	70 400	469	双压
	MPCPK(M701F)	1992	397 700	6317	57.0	266 100	131 600	348	三压再热
	MPCPK(M701G)	1997	489 300	6133	58.7	328 900	160 400	396	三压再热
Alstom	KA8C2-1	1998	80 000	7350	49.0	57 700	27 000	591	双压无再热
	KA13E2-2	1993	480 000	6805	52.9	318 600	167 000	341	双压
	KA26-1	1996	392 500	6394	56.3	—	—	360	三压再热

我国哈尔滨电气股份有限公司、中国东方电气集团有限公司、上海电气集团股份有限公司和南京汽轮电机（集团）有限责任公司与国外主要燃气轮机生产厂商合作，引进、消化、吸收上述燃气轮机及其联合循环机组。此外，南京汽轮电机（集团）有限责任公司早已能制造 PG6581(B)型燃气轮机，东方电气集团东方汽轮机有限公司已自主研发出 50MW G50 重型燃气轮机。因而，在我国生产大型（PG9351FA、M701F 和 V94.3A）、中型（PG9171E、M701DA 和 V94.2）和小型（PG6581B）重型燃气轮机及其联合循环机组的格局即将形成。这对于我国电力系统扩大使用先进的燃气轮机及其联合循环发电技术具有推动作用，同时也为提高我国燃气轮机制造业的水平奠定了坚实的基础。特别是由于这些机组主要部件的生产和备品供应的本地化，可以大量节省建厂的投资和运行维护费用，因此必将会提高燃气轮机电站在电网中的竞争能力。

第二节　燃气-蒸汽联合循环机组启动试运的目的与机构职责

燃气-蒸汽联合循环机组本身是一个极其复杂的装置，涉及多个系统协同作业，需要燃气轮机、汽轮机、锅炉、热控、化学、电气等多专业的技术人员协同工作才能完成正常运转。新建电厂所有设备均第一次投入使用，更需要多专业配合协作并完成试运行，确保设备稳定、安全、高效运转。因此，新建机组在移交生产前，必须完成分部试运、整套试运和168h 试运工作。

一、机组启动试运的目的

机组启动试运工作是新建机组建设中的一个关键阶段，是机组建设中的最后一道工序，是全面检查机组及其辅助系统的设计、设备、施工、调试质量和生产准备情况的重要环节，是对机组设计、设备、安装可行性的最终实现。它的基本任务是使新安装机组顺利地完成启动试运行，并通过启动调整保证机组能安全、稳定、经济、迅速、可靠、完整地投入生产，形成生产能力，发挥投资效益。

启动试运工作需要设计、制造厂家、安装、调试及建设、生产等单位密切配合，经过锅炉、燃气轮机、汽轮机、热控、电气、化学等多专业共同协作完成。因此，机组启动试运是多单位、多工种、多系统、多程序的系统工程，必须以科学的管理方法来组织实现机组的启动试运工作。

二、启动试运组织机构

从工程机组建设的实际情况出发，根据 DL/T 5437《火力发电建设工程启动试运及验收规程》，应组建机组启动验收委员会和试运指挥部及其下属分支机构。各机构正式成立前应事先征求有关单位意见，然后再完成报批手续，并以正式文件的形式发放到有关单位。机组启动试运组织机构示意如图 1-1 所示。

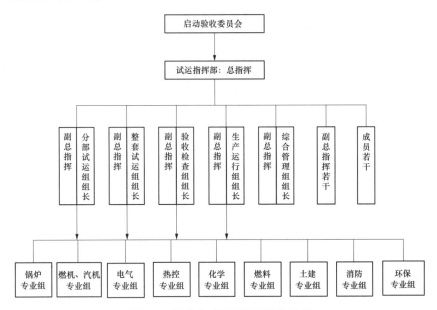

图 1-1 机组启动试运组织机构示意

三、机构组成与职责

（一）启动验收委员会

在机组整套启动试运前，启动验收委员会（简称启委会）应召开会议，审议试运指挥部有关机组整套启动准备情况的汇报，协调机组整套启动的外部条件，决定机组整套启动的时间和其他有关事宜。

在机组整套启动试运过程中，如遇试运指挥部不能做出决定的事宜，由总指挥提出申请，启委会应召开临时会议，讨论决定有关事宜。

在机组完成整套启动试运后，启委会应召开会议，审议试运指挥部有关机组整套启动试运情况和移交生产条件的汇报，协调整套启动试运后的未完事项，决定机组移交生产后的有关事宜，主持办理机组移交生产交接签字手续。

（二）试运指挥部

由总指挥和副总指挥组成，设总指挥一名，由工程主管单位任命，副总指挥若干名，由主要设备供应商、监理、施工、调试、建设/生产等单位协商后，提出任职人员名单，上报工程主管单位批准。试运指挥部一般从分部试运开始的一个月前组成并开始工作，直到办完移交生产手续为止。其主要职责是：全面组织、领导和协调机组启动试运工作；对试运中的安全、质量、进度和效益全面负责；审批启动调试方案和措施；协调解决启动试运中的重大问题；组织和协调试运指挥部各组及各阶段的交接签证工作；启委会成立后，在主任委员领导下，筹备启委会全体会议，启委会闭会期间，代表启委会主持机组整套启动试运的常务指挥工作。

试运指挥部下设分部试运组、整套试运组、验收检查组、生产运行组、综合管理组。根据工作需要,各组可下设若干个专业组,专业组的成员,一般由总指挥与工程各参建单位协商任命,并报工程主管单位备案。

(三)分部试运组

由施工、调试、建设/生产、设计、监理、主要设备供应商等有关单位的代表组成。设组长一名,副组长若干名,组长由建设单位出任的副总指挥兼任,其主要职责是:负责分部试运阶段的组织协调、统筹安排和指挥领导工作;组织和办理分部试运后的验收签证及资料交接等。

(四)整套试运组

由调试、施工、建设/生产、设计、监理、主要设备供应商等有关单位的代表组成。设组长一名,由主体调试单位出任的副总指挥兼任。副组长两名,由施工和生产单位出任的副总指挥兼任。其主要职责是:负责核查机组整套启动试运应具备的条件;提出机组整套启动试运计划;负责组织实施启动调试方案和措施;全面负责机组整套启动试运现场指挥和具体协调工作。

(五)验收检查组

由建设/生产、监理、施工、设计、调试、主要设备供应商等有关单位代表参加。设组长一名,副组长若干名。组长由工程建设管理单位出任的副总指挥兼任。其主要职责是:负责建筑与安装工程施工和调整试运质量验收及评定结果、安装调试记录,图纸资料和技术文件的核查和交接工作;组织对厂区外与市政、交通有关工程的验收或核查其验收评定结果;协调设备材料、备品配件、专用仪器和专用工具的清点移交工作。

(六)生产运行组

由生产等有关单位的代表组成。设组长一名、副组长若干名,组长由生产单位出任的副总指挥兼任。其主要职责是:负责运行和检修人员的配备、培训;准备运行所需的规程、制度、措施、系统图、记录簿和表格、各类工作票和操作票;设置设备铭牌、阀门编号牌、管道流向标志;准备运行所需的专用工具和安全用具、生产维护器材等;负责机组试运中的运行操作、系统检查和事故处理等生产运行工作。

(七)综合管理组

由生产、建设、调试、施工、设计、主要设备供应商等有关单位的代表组成,设组长一名,副组长若干名。组长由建设单位出任的副总指挥兼任。其主要职责是:负责试运指挥部的文秘、资料和后勤服务等综合管理工作;发布试运信息;核查和协调试运现场的安全、消防和治安保卫工作。

(八)各专业组

一般可在分部试运组、整套试运组、验收检查组和生产运行组下,分别设置锅炉、燃机/汽机、电气、热控、化学、燃料、土建、消防、环保等专业组,各组设组长一名,副组长和组员若干名。

在分部试运阶段,组长由主体施工单位和各系统设备供应商共同担任,副组长由调试、监理、建设、生产、设计、设备供应商单位的人员担任;在机组整套启动试运阶段,组长由主体调试单位的人员担任,副组长由施工、生产、监理、建设、设计、设备供应商单位的人员担任。

燃料、土建、消防和环保专业组的组长和副组长,由承担该项目主设备供应商、施工、调试的单位和监理、建设单位派人出任。

验收检查组中各专业组的组长和副组长由建设、监理、生产和施工单位的人员担任。

在试运指挥部各相应组的统一领导下，按照试运计划组织本专业组各项试运条件的检查和完善，实施和完成本专业组试运工作。研究和解决本专业组在试运中发现的问题，对重大问题提出处理方案，上报试运指挥部审查批准。组织完成本专业组各试运阶段的验收检查工作，办理验收签证。按照机组试运计划要求，组织完成与机组试运相关的厂区外与市政、公交、航运等有关工程，以及由设备供货商或其他承包商负责的调试项目的验收。

四、启动试运中各单位职责

（一）建设单位的主要职责

（1）充分发挥工程建设的主导作用，全面协助试运指挥部，负责机组试运全过程的组织管理和协调工作。

（2）负责编制和发布各项试运管理制度和规定，对工程的安全、质量、进度、环境和健康等工作进行控制。

（3）负责为各参建单位提供设计和设备的文件及资料。

（4）负责协调设备供货商供货和提供现场服务。

（5）负责协调解决合同执行中的问题和外部关系。

（6）负责与电网调度、消防部门、铁路、航运等相关单位的联系。

（7）负责组织相关单位对机组联锁保护定值及逻辑的讨论和确定，组织完善机组特殊试验测点的设计和安装。

（8）负责组织由设备供货商或其他承包商承担的调试项目的实施及验收。

（9）负责试运现场的消防和安全保卫管理工作，做好建设区域与生产区域的隔离措施。

（10）参加试运日常工作的检查和协调，参加试运后的质量验收签证。

（二）监理单位的主要职责

（1）做好工程项目科学组织、规范运作的咨询和监理工作，负责对试运过程中的安全、质量、进度和造价进行监理和控制。

（2）按照质量控制监检点计划和监理工作要求，做好机组设备和系统安装的监理工作，严格控制安装质量。

（3）负责组织对调试大纲、调试计划及单机试运、分系统试运和整套启动试运调试措施的审核。

（4）负责试运过程的监理，参与试运条件的检查确认和试运结果确认，组织分部试运和整套启动试运后的质量验收签证。

（5）负责试运过程中的缺陷管理，建立台账，确定缺陷性质和消缺责任单位，组织消缺后的验收，实行闭环管理。

（6）协调办理设备和系统代保管有关事宜。

（7）组织或参加重大技术问题解决方案的讨论。

（三）施工单位的主要职责

（1）负责完成试运所需要的建筑和安装工程，以及试运中临时设施的制作、安装和系统恢复工作。

（2）负责编制、报审和批准单机试运措施，编制和报批单体调试和单机试运计划。

（3）主持分部试运阶段的试运调度会，全面组织协调分部试运工作。

（4）负责组织完成单体调试、单机试运条件检查确认、单机试运指挥工作，提交单体调试报告和单机试运记录，参加单机试运后的质量验收签证。

（5）负责单机试运期间工作票安全措施的落实和许可签发。

（6）负责向生产单位办理设备及系统代保管手续。

（7）参与和配合分系统试运和整套启动试运工作，参加试运后的质量验收签证。

（8）负责试运阶段设备与系统的就地监视、检查、维护、消缺和完善，使与安装相关的各项指标满足达标要求。

（9）机组移交生产前，负责试运现场的安全、保卫、文明试运工作，做好试运设备与施工设备的安全隔离措施。

（10）在考核期阶段，配合生产单位负责完成施工尾工和消除施工遗留的缺陷。

（11）单独承包分项工程的施工单位，其职责与主体安装单位相同。同时，应保证该独立项目按时、完整、可靠地投入，不得影响机组的试运工作，在工作质量和进度上必须满足工程整体的要求。

（四）主体调试单位的主要职责

（1）负责编制、报审、报批调试大纲、分系统调试和整套启动调试方案或措施，分系统试运和整套启动试运计划。

（2）参与机组联锁保护定值和逻辑的讨论，提出建议。

（3）参加相关单机试运条件的检查确认和单体调试及单机试运结果的确认，参加单机试运后质量验收签证。

（4）机组整套启动试运期间全面主持指挥试运工作，主持试运调度会。

（5）负责分系统试运和整套启动试运调试前的技术及安全交底，并做好交底记录。

（6）负责全面检查试运机组各系统的完整性和合理性，组织分系统试运和整套启动试运条件的检查确认。

（7）按合同规定组织完成分系统试运和机组整套启动试运中的调试项目及试验工作，参加分系统试运和机组整套启动试运质量验收签证，使与调试有关的各项指标满足达标要求。

（8）负责对试运中的重大技术问题提出解决方案或建议。

（9）在分系统试运和机组整套启动试运中，监督和指导运行操作。

（10）在分系统试运和机组整套启动试运期间，协助相关单位审核和签发工作票，并对消缺时间做出安排。

（11）考核期阶段，在生产单位的安排下，继续完成合同中未完成的调试或试验项目。

（五）生产单位的主要职责

（1）负责完成各项生产运行的准备工作，生产必备的检测、试验工器具及备品备件等的配备，生产运行规程、系统图册、各项规章制度和各种工作票、操作票、运行和生产报表、台账的编制、审批和试行，运行及维护人员的配备、上岗培训和考核，运行人员正式上岗操作，设备和阀门、开关和保护压板、管道介质流向和色标等各种正式标识牌的定制和安置，生产标准化配置等。

（2）根据调试进度，在设备和系统试运前一个月以正式文件的形式将设备的电气和热控保护整定值提供给安装和调试单位。

（3）负责与电网调度部门有关机组运行的联系及相关运行机组的协调，确保试运工作按计划进行。

（4）负责试运全过程的运行操作工作，运行人员应分工明确、认真监盘、精心操作，防止发生误操作。对运行中发现的各种问题提出处理意见或建议，参加试运后的质量验收签证。

（5）单机试运时，在施工单位试运人员的指挥下，负责设备的启停操作和运行参数检查及事故处理；分系统试运和机组整套启动试运调试中，在调试单位人员的监督指导下，负责设备启动前的检查及启停操作、运行调整、巡回检查和事故处理。

（6）分系统试运和机组整套启动试运期间，负责工作票的管理、工作票安全措施的实施及工作票和操作票的许可签发与消缺后的系统恢复。

（7）负责试运机组与运行机组联络系统的安全隔离。

（8）负责已经代保管设备和区域的管理及文明生产。

（9）机组移交生产后，全面负责机组的安全运行和维护管理工作，负责协调和安排机组施工尾工、调试未完成项目的实施和施工遗留缺陷的消除，负责机组各项涉网试验的组织协调工作，加强生产管理，使与生产有关的各项指标满足达标要求。

（六）设计单位的主要职责

（1）设备供货商实际供货的设备与设计图纸不符时，负责对设计接口进行确认，并对设备及系统的功能进行技术把关。

（2）为现场提供技术服务，负责处理机组试运过程中发生的设计问题，提出必要的设计修改或处理意见。

（3）负责完成试运指挥部或启委会提出的完善设计工作，按期完成并提交完整的竣工图。

（七）主要设备承包商及设备供货商的主要职责

（1）按供货合同提供现场技术服务和指导，保证设备性能。

（2）参与重大试验方案的讨论和实施，制定项目范围内的施工、调试措施或方案。

（3）参加试运条件检查和确认，完成项目范围内的分部及机组整套试运工作。

（4）按时完成合同中规定的供货、安装、调试工作。

（5）负责处理设备供货商应负责解决的问题，消除设备缺陷，协助处理非责任性的设备问题及零部件的订货。

（6）参与设备性能考核试验。

（八）电网调度部门的主要职责

（1）提供归其管辖的主设备和继电保护装置整定值。

（2）根据建设单位的申请，核查并网机组的通信、保护、安全稳定装置、自动化和运行方式等实施情况，检查并网条件。

（3）审批或审核机组的并网申请和可能影响电网安全运行的试验方案，发布并网或解列许可命令。

（4）在电网安全许可的条件下，满足机组调整试运的需要。

（5）创造条件配合机组完成涉网试验。

（九）电力建设质量监督部门的主要职责

应按有关规定对机组试运进行质量监督检查。

第三节　燃气-蒸汽联合循环机组调试的主要工作

一、调试一般工作原则

（1）主体调试单位的项目经理负责本调试工程的调试总体协调，调试进度计划编制，调试安全、质量、进度控制。

（2）自分部试运开始，任何辅机试运必须在分散控制系统（distributed control system，DCS）操作，且相关保护系统投入，以确保辅机试运的安全。

（3）机组调试过程中，所有保护、联锁完成试验后，进行验收、签证。

（4）每个系统试运前需确保其完整性，并完成安全和质量的检查验收，单机试运不合格不得进入分系统调试，分系统试运不合格不得进入机组整套调试，以确保机组调试质量达到达标标准。

（5）分系统或机组整套试验前，各项基本条件必须满足。

（6）分系统调试完成后执行代保管程序。

二、主要工作内容

（1）收集、熟悉、掌握轮机专业调试范围的设备和系统设计及设备供货商资料，了解建设单位的网络进度计划。

（2）完成轮机专业调试范围内的调试措施编制、审核、批准。

（3）完成调试需要的仪器、仪表、工具及材料，以及调试传动检查、试运条件检查、试运记录和验收表格等各项调试准备工作。

（4）参加试运设备与系统单体调试及单机试运结果确认，参加单机试运后质量验收签证。

（5）组织完成试运设备及系统的传动试验。

（6）组织分系统和整套启动试运条件的检查和签证。

（7）向参与调试的相关人员进行调试措施的技术及安全交底。

（8）组织和指导运行人员进行首次试运前设备及系统的状态检查和调整。

（9）进行分系统调试，并完成调试过程记录。

（10）分系统调试完成后，填写调试质量验收表，并完成验收签证。

（11）进行机组整套启动试运及完成各项试验。

（12）机组满负荷试运完成后，填写整套启动调试质量验收表，完成调试报告编写、审核、批准、出版和相关资料移交。

三、分部试运阶段主要调试项目

分部试运阶段应从高压厂用母线受电开始至机组整套启动试运开始为止。

分部试运由单体调试、单机试运和分系统试运组成。单体调试是指热控、电气所属元件、装置、设备的校验、整定和试验；单机试运是指为检验该设备状态和性能是否满足其设计要求的单台辅机的试运行（包括相应的电气、热控保护）；分系统试运是指为检验设备和系统是否满足设计要求的联合试运行，其试运程序如图1-2所示。分系统试运是指按系统对其动力、电气、热控等所有设备及其系统进行空载和带负荷的调整试运，必须在单体调试、单机试运合格后才可进行。进行分系统试运的目的是通过调试，检查确认整个分系统是否具备参加机组整套试运的条件。

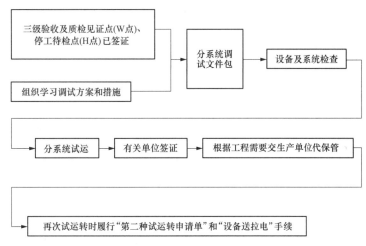

图 1-2　分系统试运程序

四、整套启动试运阶段主要调试项目

机组整套启动试运阶段是从炉、机、电等第一次联合启动时燃气轮机点火开始，到完成满负荷试运移交生产为止。机组整套启动试运应具备相应的试运条件。

（一）目的与任务

1. 燃气轮机组

燃气轮机组整套启动是指机组分系统调试合格后，燃气轮机首次点火启动，完成定速、并网、燃烧调整等一系列调试工作，按要求完成机组满负荷试运。燃气轮机组整套启动分为燃气轮机空负荷试运、带负荷试运及满负荷试运三个阶段。

（1）检验燃气轮机组控制调节系统的静态、动态性能。

（2）检验燃气轮机组各种工况下燃烧稳定性、排放指标及压气机工作稳定性。

（3）检测燃气轮发电机组在各种工况下的轴系振动状况。

（4）投用并考验机组各主要辅机及系统能否适应机组各种运行工况。

（5）投用并考验机组各项自动控制装置的工作状况。

（6）填写机组整套启动试运空负荷、带负荷、满负荷试运记录表。

（7）填写机组整套启动试运空负荷、带负荷、满负荷调试质量验收表。

2. 联合循环机组

（1）完成联合循环机组中燃气轮机的整套启动试运。

（2）联合循环汽轮机分系统调试合格后，按照 DL/T 863《汽轮机启动调试导则》要求完成启动、定速、并网等调试工作。最终完成联合循环机组满负荷试运。

（3）检验联合循环机组在各种工况下的运行参数。

（4）检验联合循环运行方式下，燃气轮机、汽轮机协调控制性能。

（5）填写联合循环机组整套启动试运空负荷、带负荷、满负荷试运记录表。

（6）填写联合循环机组整套启动试运空负荷、带负荷、满负荷调试质量验收表。

（二）条件与要求

（1）试运指挥部及各组人员已全部到位，职责分工明确，各参建单位参加试运值班的组织机构及联系方式已上报试运指挥部并公布，值班人员已上岗。

（2）建筑、安装工程已验收合格，满足试运要求；厂区外与市政、公交、航运等有关的工程已验收交接，能满足试运要求。

（3）应在整套启动试运前完成的分部试运项目已全部完成，并已办理质量验收签证，分部试运技术资料齐全。

（4）整套启动试运计划、整套启动措施和机组甩负荷试验措施已经过试运总指挥批准，并已组织相关人员学习，完成安全和技术交底，首次启动曲线图已在主控室张挂。

（5）试运现场的防冻、采暖、通风、照明、降温设施已能投运，厂房和设备间封闭完整，所有控制室和电子间温度可控，满足试运需求。

（6）试运现场安全、文明条件应符合 DL/T 5437《火力发电建设工程启动试运及验收规程》的规定。

（7）生产单位已做好各项运行准备，应符合 DL/T 5437《火力发电建设工程启动试运及验收规程》的规定。

（8）试运指挥部的办公器具已备齐，文秘和后勤服务等工作已经到位，满足试运要求。

（9）燃气轮机启动试运所需要的燃料可连续稳定供应。

（10）配套送出的输变电工程满足机组满发送出的要求。

（11）已满足电网调度提出的各项并网要求。

（12）电力建设质量监督机构已按有关规定对机组整套启动试运前进行了监督检查，提出的必须整改的项目已经整改完毕，确认同意进入整套启动试运阶段。

（13）启动验收委员会已经成立并召开了首次全体会议，听取并审议了关于整套启动试运准备情况的汇报，并做出准予进入整套启动试运阶段的决定。

（三）机组整套试运程序

1. 机组整套启动调试措施、计划

机组整套启动调试措施、计划，由调试单位在由外方提供的调试程序、作业指导书的基础上，结合各自工程特点编写，经生产、建设、施工、监理等单位讨论、修改且经设备制造商认可，并由试运总指挥批准后实施。

2. 机组整套启动申请报告

机组整套启动申请报告是由施工、调试、建设、生产、监理单位分别向试运指挥部提出。

3. 机组整套启动前质量监督检查

机组整套启动试运前，建设单位负责联络上级质量监督机构，组织各参建单位对设计、制造、土建、安装、调试等施工质量、生产准备情况进行全面监督检查，并对机组整套启动试运前的工程质量和分部试运质量提出综合评价，对机组是否具备 DL/T 5437《火力发电建设工程启动试运及验收规程》规定的机组整套启动的条件进行确认，并报告启动验收委员会（启委会）。

4. 启委会审议启动前的准备工作

试运指挥部负责提请启委会在机组整套启动前，审议试运指挥部有关机组整套启动准备情况的汇报、协调机组整套启动的外部条件、决定机组整套启动的时间和其他有关事宜。

5. 机组整套启动前系统检查

由监理负责组织建设、生产、监理、调试、施工等单位组成检查组，根据机组整套启动调试措施的要求，对机组启动前的条件、系统进行全面检查。

6. 实施机组整套启动试运调试

由调试单位组织锅炉、燃机/汽机、电气、热控、化学五个专业组，在设备供货方专家的指导下实施机组整套启动调试程序和措施，完成 DL/T 5437《火力发电建设工程启动试运及验收规程》和合同要求的各项试验内容，做好各项调试记录，完成满负荷 168h 连续试运行。

7. 机组整套启动试运结束

由试运总指挥上报启委会同意后，宣布满负荷试运结束，由试生产组接替机组整套试运组的试运领导工作。对暂时不具备处理条件而又不影响安全运行的项目，由试运指挥部上报启委会确定负责处理单位和完成时间。

8. 办理移交签证

机组整套启动试运结束后，由试运指挥部安排召开启委会会议，听取并审议机组整套试运和移交工作情况的汇报，办理移交试生产的签字手续。

9. 机组整套启动试运阶段的技术管理

在机组整套启动试运中，调试、建设/生产、施工各单位对设备的各项运行数据（如振动、膨胀、温度、汽水品质、机组主要运行参数等）、设备缺陷、异常情况及其处理情况，做出详细记录。

完成机组整套启动试运后，由调试单位和建设/生产、施工和监理单位按 DL/T 5210.6—2019《电力建设施工质量验收规程　第 6 部分：调整试验》规定的统一格式进行各专业验收签证，整套试运程序如图 1-3 所示。

机组整套试运结束，调试单位在一个半月内向建设/生产单位移交机组整套调试资料。

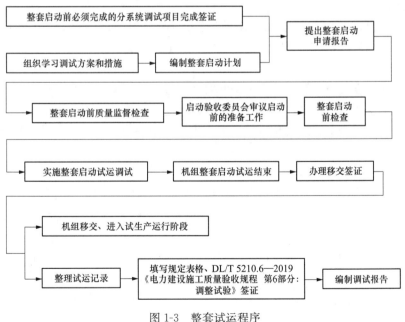

图 1-3　整套试运程序

第二章

燃气-蒸汽联合循环机组主要设备和系统

第一节　燃　气　轮　机

燃气轮机是一种以连续流动的气体作为工质、把热能转换为机械功的旋转式动力机械。在空气和燃气的主要流程中，只有压气机、燃烧室和燃气透平这三大部件组成的燃气轮机循环，通称为简单循环。

以下介绍几种典型燃气轮机设备。

一、GE PG9171E 型燃气轮机设备

（一）PG9171E 型燃气轮机本体

PG9171E 型燃气轮机是 GE 公司生产的 E 级燃气轮机，国内也称为 9E 型燃气轮机，如图 2-1 所示。该燃气轮机由一个额定功率为 1000kW 的启动电机、一个 17 级的轴流式压气机、一个由 14 个燃烧室组成的燃烧系统、一个 3 级透平组成。轴流式压气机转子和透平转子由法兰连接，并有 3 个支撑轴承。

1. 压气机

轴流式压气机由压气机转子和外围的气缸组成。压气机气缸内部包括压气机进口导叶（IGV），17 级转子和静叶，以及出口导叶。压气机气缸由进气缸、前气缸、后气缸、排气缸组成。

在压气机内，空气被限制在转子和静叶之间通过一系列动静翼型叶片交替按级压缩。动叶为压缩空气提供所需的动力，静叶导向空气以适当的角度进入下一级动叶。压缩空气经过压气机排气缸进入燃烧室。空气从压气机中抽出用于透平冷却、轴承密封以及启动时防喘振控制。

2. 燃烧室

燃烧系统为回流型，14 个燃烧室沿圆周方向布置在压气机排气缸外围。该系统还包括燃料喷嘴、火花塞点火系统、火焰探测器和联焰管。燃烧室内燃料燃烧产生的热气体驱动透平。

来自压气机排气的高压气体沿过渡段进入燃烧室火焰管。这些气体一部分通过测量孔进入燃烧区助燃，另一部分通过槽缝冷却火焰管。喷嘴用于将燃料和适当的燃烧空气配合并注入每一个燃烧室。顺气流方向看，燃烧室按逆时针方向从顶部开始编号。

3. 燃气透平

三级透平区域是压气机和燃烧室段产生的高压燃气热能转化成机械能的区域。每一级透

平包括一个喷嘴和装有动叶的对应叶轮。透平区部件包括透平转子、透平缸、喷嘴、复环、排气缸和排气扩压段。

4. 轴承

PG9171E 型燃气轮机包括三个主支撑轴承用于支撑燃气轮机转子。机组还包括推力轴承以便保持转子和定子的轴向位置。轴承装配在三个轴承座里，一个位于进气室，一个位于压气机排气缸，一个位于透平排气缸。所有的轴承都由主润滑油系统提供的润滑油润滑。润滑油通过滑油支管进入各轴承座。

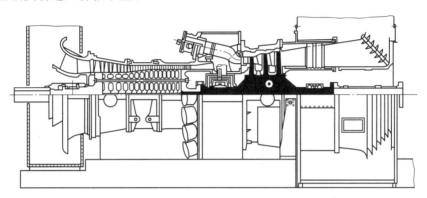

图 2-1 PG9171E 型燃气轮机

（二）PG9171E 型燃气轮机辅助系统

1. 罩壳

燃气轮机和相关的辅助设备在现场安装在罩壳内。使用罩壳的目的是为机组提供气候保护、探测及灭火、罩壳内有消防系统、为机组提供合适的冷却和通风、减少燃气泄漏以避免危险区出现、减少机组产生的噪声、保护人员免受高温及火灾的危险、寒冷时期保护罩壳内设备。

2. 启动系统与盘车系统

燃气轮机从静止状态完成启动盘车或燃气轮机从静止状态、盘车状态启动燃气轮机至并网运行都需要启动系统来完成。启动系统的另一个作用是作为停机后的冷机盘车设备。冷机盘车的目的是停机后使主机转子均匀地冷却，避免转子因受热（或冷却）不均匀而产生弯曲。

启动装置主要由启动电机、盘车电机、液力变扭器、辅助齿轮箱等组成，液力变扭器（液力耦合器，油透平）把启动机和主机转子用液力传导的方式连接在一起，以满足启动机的扭矩特性和主机转子启动扭矩特性的要求。

燃气轮机启动由启动电机提供动力，冷机盘车由盘车电机提供动力。

3. 可调进口导叶系统

燃气轮机 IGV 主要有两方面的作用：一是在燃气轮机启动、停机低转速过程中，起到防止压气机发生喘振的作用；二是当燃气轮机用于联合循环部分负荷运行时，通过关小 IGV 的角度，减小进气流量，使燃气轮机的排烟温度保持在较高水平，以提高联合循环装置的总体热效率。

4. CO_2 消防系统

CO_2 消防系统是燃气轮机一个十分重要的保护系统。特别是在辅机间、轮机间及负荷间中,由于运行时罩壳内温度很高,一旦有滑油、气体燃料的泄漏,很容易发生火灾。发生火灾后,如不能及时扑灭,将使机组受到严重的破坏。

CO_2 消防系统的作用是在罩壳内发生火灾时立即释放 CO_2 气体,同时关闭罩壳的通风口,使 CO_2 气体充放在罩壳中,将罩壳内氧气的含量从大气的正常含量 21％减少到 15％以下,这样的氧气浓度不足以维持燃烧,从而达到灭火的目的。另外,考虑到暴露在高温金属中的可燃物质在灭火后再次复燃的可能性,该系统提供了后续的 CO_2 排放系统,可使 CO_2 浓度保持在熄火浓度达 40min 或 60min 之久,从而把再次起火的可能性减小到最低程度。

5. 润滑油系统

润滑油系统是任何一台燃气轮机所必需的一个重要的辅助系统。它的任务是:在机组的启动、正常运行及停机过程中,向轮机与发电机的轴承、传动装置(辅助齿轮箱)提供数量充足、温度与压力适当、清洁的润滑油,从而防止轴承烧毁、轴颈过热弯曲而造成机组振动;另外,一部分润滑油分流出来经过过滤后用作液压控制油及启动系统中液力变扭器的工作油等。

燃气轮机的润滑油系统是一个加压的强制循环系统。该系统由润滑油箱、润滑油泵、冷油器、润滑油滤网、阀门及各种控制和保护装置组成,为燃气轮机各润滑部件提供压力、温度、流量等满足要求的正常润滑,吸收燃气轮机运行时轴瓦及各润滑部件所产生的热量;对燃气轮机的主要润滑部件有燃气轮机的三个轴承、发电机的两个轴承、辅助齿轮箱等;润滑油系统还为启动液力变扭器提供工作油及冷却润滑用油;另外,一部分润滑油分支经进一步增压及过滤后,作为燃气轮机控制用油;发电机端润滑油母管上还有一分支去发电机顶轴油系统。

6. 液压油系统

为了确保燃气轮机的正常运行,液压油系统用来向机组的 IGV、燃料截止阀和控制阀提供液压油和遮断油。液压油从润滑油母管取油,经过液压油泵(主液压油泵或辅助液压油泵)增压后,向各执行机构提供工作用油。

液压油系统一般由主液压油泵、辅助液压油泵、相关管道、阀门、滤油器、压力开关和压力变送器等构成。

7. 气体燃料系统

气体燃料系统向燃气轮机供应压力适当的、经过滤的天然气燃料。燃气轮机前置模块天然气管路包含一套终端过滤器、一条装有天然气流量计的测量管线及截止阀、放散阀。在天然气压力出现异常、燃气轮机发生火灾、燃气轮机每次停机时,应及时切断天然气供应。

天然气系统由 Mark VIe 控制系统,通过速比阀和燃料调节阀实现。每次停机时,要对截止阀与速比阀之间的管道进行放散,避免天然气进入燃气轮机。

8. 危险气体检测系统

为检测燃气轮机罩壳中和干式低氮氧化物燃烧室(DLN)内可能的气体燃料泄漏,配备了危险气体检测系统。燃气轮机罩壳内设置有六个传感器:三个在罩壳空气出口通风通道中,三个在燃气轮机底盘构架中。另有三个传感器位于 DLN 燃烧室中。危险气体检测装置安装在燃气轮机控制间内(TCC 控制室)。

9. 空气进气系统

燃气轮机的性能和运行可靠性，与进入机组的空气质量和清洁程度有密切的关系。因此，为了保证机组高效率地可靠运行，必须配置良好的进气系统，对进入机组的空气进行过滤，滤掉其中的杂质。一个好的进气系统，应能在各种温度、湿度和污染的环境中，改善进入机组的空气质量，确保机组高效率可靠地运行。

9E 燃气轮机空气进气系统由一个封闭的进气室和进气管道组成。进气管道中有消声设备。进气管道下游与压气机进气道相连接。空气进气系统的功能可概括为：对进入机组的空气进行过滤、消声，并将气源引到压气机的入口。

10. 排气系统

排气系统是燃气轮机的一个部分，该系统可将高温排气经过排气道装置送入余热锅炉（HRSG）。为防止由燃气轮机排气通道中的节流而产生的排气道机械损坏和人身事故，在排气系统中设置有排气压力监视和保护。

11. 冷却与密封空气系统

冷却空气系统的冷却对象是高温燃气通道的高温热部件，通过冷却空气防止燃气通道中的高温部件超温受到损坏。由于大多数的冷却空气同样也起到密封的作用，后述将不再区分冷却空气及密封空气。

在 9E 燃气轮机中，需要进行冷却的高温部件有透平的喷嘴和动叶、透平的轮盘，还有透平的外壳和排气管道的支撑。冷却所用的空气主要由机组本身的轴流式压气机提供，但冷却透平外壳和排气管道的支撑所用的冷却空气由安装在罩壳外的离心风机（88TK-1/2）提供。

二、GE PG9371FB 型燃气轮机设备

（一）PG9371FB 型燃气轮机本体

由美国 GE 公司生产的型号为 PG9371FB 型燃气轮机如图 2-2 所示，简单循环机组出力为 294.16MW（设计工况）。该燃气轮机由一台 18 级的轴流式压气机、一个由 18 个干式低 NO_x 燃烧器组成的燃烧系统、一台 3 级透平和有关辅助系统组成。燃气轮机额定转速为 3000r/min。燃气轮机装置设置一个推力轴承，以保持转子的相对轴向位置。1 号轴承箱和推力轴承布置在压

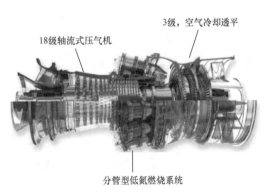

图 2-2　PG9371FB 型燃气轮机

气机进气缸处，2 号轴承箱布置在燃气轮机排气框架处。

燃气轮机运行时，经过滤的空气进入集流室后，在 18 级轴流式压气机中被压缩。压缩空气进入布置着 18 个燃烧腔室的环形空间，再流入位于燃烧室外壳和火焰筒之间的通道，然后通过衬里上的调节孔进入燃烧区域。燃料通过燃料喷嘴进入燃烧室，燃料和空气在燃烧室燃烧。从燃烧室出来的热气膨胀后进入 18 个单独的过渡段，然后进入燃气轮机。在燃气轮机透平中，伴随着压力降低，喷气的动能增加，转子吸收喷气的部分动能转化成有用功，在通过第 3 级动叶后，热气被送往排气缸、排气扩压段，最后通过排气集气室进入余热锅炉。

1. 压气机

压气机转子部分主要由叶轮、连接螺栓、叶片和前端短轴组成。转子前端短轴加工成推力盘，承担转子前后的推力。短轴同时也为 1 号轴承提供轴颈，为 1 号轴承油封和压力机低压气封提供密封面。

压气机气缸部分主要由压气机进气缸、压气机中间缸、压气机排气缸三部分组成，这些气缸与燃气轮机气缸连接，构成燃气轮机的主要部分。压气机进气缸位于燃气轮机的前部，引导空气均匀地进入压气机。该气缸也支撑着 1 号轴承座。可调进口导叶安装在进口段气缸的后部。排气缸是压气机的最后部分，容纳了压气机最后几级，形成了压气机扩散段的内外壁，并将压气机气缸和燃气轮机气缸连接起来。排气缸还为燃烧器外缸提供支撑，并提供燃气轮机第一级喷嘴的内支撑。扩散段是一个圆锥体，扩散段把压气机出口压缩空气的一部分动能转化成静压，提供给燃烧器。

压气机的第 9 级和第 13 级动叶后各设有 4 个抽气口，每 2 个抽气口合并为一根管子通过防喘阀向燃气轮机排气管排气，第 9、13 级的抽气同时又作为燃气轮机第 3 级静叶和第 2 级静叶的冷却气源。第 1 级静叶的冷却空气在压气机出口的腔室处抽出直接通入透平静叶的根部，再由透平静叶的根部通入叶片的内部进行冷却。动叶的冷却空气从压气机（16 级后）的内径处抽出并向转子内部传递，通过转子内部的冷却空气道对轮盘、叶根和第 1、2 级动叶进行冷却；压气机排气腔室分流出一部分空气冷却过渡段后进入燃烧室，另一部分空气冷却火焰筒；燃气轮机的第 3 级动叶不冷却。

2. 燃气透平

透平转子组合件包括转轴，第 1、2、3 级叶轮，垫块（梳形板）和动叶片。透平转子前段和压气机后法兰连接，透平转子后段有 2 号轴颈。透平转子通过冷却保持合适的温度。从压气机抽取的冷空气径向朝外从透平叶轮和定子之间的空间排出，顺流进入燃气主流。在透平段，有 3 级喷嘴（静叶），它们引导膨胀燃烧热气产生的高速气流以一定的方向流向透平动叶，推动透平转子转动。

排气框架被螺栓连接在透平气缸的后法兰上。排气框架包括外套筒和内套筒，用径向支撑杆相互连接，2 号轴承座固定在内套筒上。燃气的排气穿越过排气框架的径向支撑杆，这些支撑杆固定了内套筒、2 号轴承相对于透平外缸的位置。为了控制透平转子相对于定子的位置，在每个支撑杆的周围，有一个机翼形的金属整流罩，形成空气区间，从而保护支撑杆免受排气的影响，保持了温度稳定。排气框架冷却风机提供冷却空气，使支撑杆保持温度均匀，冷却空气排至第 3 级动叶后。

3. 燃烧室

燃烧室为分管式 DLN2.6＋型式。每台机组配置 18 个圆周布置的 DLN2.6＋燃烧器，顺气流方向看为逆时针排列，12 点钟位置为 18 号燃烧器。每个燃烧器内有 6 个燃料喷嘴，按 5 个围绕 1 个的方式布置。中圈送入来自 PM1 控制阀的天然气。外圈 5 个送入来自 D5 控制阀的扩散天然气，或来自 PM2 或 PM3 控制阀来的预混天然气。

4. 火花塞

燃气轮机共有两个高压电极火花塞，2、3 号燃烧器各一个。火花塞被螺栓固定在燃烧室外的法兰上，穿过燃烧室的火焰筒和导流衬套，插入燃烧室内。在点火阶段，弹簧将火花塞推入，火花塞产生的火花使天然气在燃烧室内点燃，其余燃烧室的燃料通过联焰管被点燃，当转子转速升高、压气机排气压力升高时，火花塞自动退出。

5. 火焰探测器

机组配备 4 个干式紫外线火焰探测器，15～18 号燃烧器各一个。4 个火焰探测器给出的信号传输到控制系统，控制系统进行逻辑判断后确认火焰是否真正存在或消失。为了保护火焰探测器不被烧坏，火焰探测器配有风冷装置。

（二）PG9371FB 型燃气轮机辅助系统

1. 天然气系统

天然气系统的主要作用是在电厂各种运行工况下，将来自上游供气管道的天然气过滤和调压后，使天然气在所要求的压力和流量下稳定和连续地输入下游燃气轮发电机组的配气管道中，供燃气轮机及燃气锅炉燃烧用气。主要设备包括旋风分离器、过滤器、热水炉和热水换热器、入口隔断阀、紧急切断阀、冷凝物储罐装置、超声波流量计及相关阀门和管道。

2. 燃气前置模块系统

燃气前置模块系统是将调压站来的天然气进行进一步过滤分离和加热，将合适压力和温度的燃气送到燃气轮机的气体燃料模块，以满足透平启动、加速和带负荷的需要。燃气前置模块系统由双精过滤器、启动用电加热器、性能加热器和洗涤器等设备组成。

3. 气体燃料控制调节系统

气体燃料控制调节系统是将合适压力和洁净度的燃气送到透平的气体燃料模块，然后通过气体燃料模块调节和控制进入燃烧室的天然气流量，以满足燃气轮机启动、加速和带负荷的需要。气体燃料调节和加热系统由过滤器、辅助截止阀（VS4-4）、气体速比阀（VSR-1）、气体放散阀组件、气体控制阀（VGC-1、VGC-2、VGC-3、VGC-4）、天然气流量计、分配管和喷嘴等组成。

4. 气体燃料清吹系统

气体燃料清吹系统的主要功能是在燃气轮机运行时，用空气清吹没有燃料的气体燃料管线。清吹气体燃料管线的目的是从气体燃料管线中清除不使用的燃气，保持管道温度来避免水蒸气凝结和防止空气倒反。

只有燃气控制阀关闭后才使用清吹程序。清吹空气抽取自压气机排气 AD-6，经过冷却器 HX4-2 通过两道隔离阀引到燃气支管，每个支管线设有两个故障安全关闭的截止阀，两个阀之间设有一个故障打开的排放阀。阀门由仪用空气驱动。

5. 冷却与密封空气系统

由于大多数的冷却空气同样也起到密封的作用，将不再区分冷却空气及密封空气。冷却空气系统的主要功能是对燃气透平的高温部件如喷嘴、动叶、排气框架和 2 号轴承区域等进行冷却。透平喷嘴的冷却空气取自压气机第 9 级和第 13 级抽气，第一级动叶和第二级动叶的冷却空气则取自压气机第 17 级。冷却空气系统还配有两台排气框架冷却风机和两台 2 号轴承区域冷却风机，分别用于透平排气框架和 2 号轴承区的冷却。

6. 加热和通风系统

加热和通风系统用来对透平间及气体燃料模块加热和通风冷却，对负荷联轴间进行通风冷却。冷却风机未启动时，该系统中的重力机构操纵进口挡板在重力的作用下保持关闭状态。透平间 CO_2 动作挡板正常处于开启状态，在机组火灾保护动作时通过 CO_2 压力将其关闭。

7. 压气机进气处理系统

压气机进气处理系统由空气过滤装置、进气加热装置、消声装置、入口风道等组成。其主要作用是对进入压气机的空气进行分离过滤，改善供给压气机进口的空气质量，同时满足噪声控制的要求，并将进气压降保持在允许范围，保证燃气轮机的性能。

8. 压气机水洗系统

压气机的通流部分结垢或积盐会降低空气流量，降低压气机效率和压气机压比，并使机组的运行线向喘振边界线靠近。压气机清洗则有助于除掉积垢和恢复机组性能。压气机水洗分为在线清洗和离线清洗。在线清洗是当机组在基本负荷附近运行且压气机进口导叶在全开位置时，对压气机进行清洗。离线清洗是机组停机后以冷拖方式运行时用清洗液对压气机进行清洗。

9. 危险气体检测系统

危险气体检测种类分甲烷、氢气两种。甲烷危险气体检测分为透平间、燃气模块间两个区，氢气危险气体检测分为发电机端部外壳、发电机集电间两个区，每个区在间内或者通风排气道中安装探测器。

10. 二氧化碳火灾保护系统

PG9371FB 燃气轮机火灾保护系统采用高压二氧化碳系统，火灾保护动作后，通过 CO_2 气瓶向火灾舱室内喷入 CO_2 以迅速地集聚起 CO_2 浓度以减少 O_2 浓度。初始排放系统的喷口大，持续排放系统的喷口较小，允许有较慢的排放速率，以减少火情重燃的可能。

二氧化碳火灾保护系统的功能：当系统发生火灾时，保护系统立即释放二氧化碳气体，同时关闭有关仓室的通风口，并紧急遮断机组。火灾系统启动后，自动装置会进行 1.5min 大剂量 CO_2 释放到火灾区将火熄灭，同时小剂量持续释放 CO_2 到火灾区，并保持 30min 以上，以保证火灾区 CO_2 的浓度，防止火焰重燃。

二氧化碳火灾保护系统由火灾检测系统和 CO_2 火灾喷放系统两部分组成。

三、安萨尔多 AE94.3A 型燃气轮机设备

（一）AE94.3A 型燃气轮机本体

安萨尔多公司源自意大利，在发电领域开展制造、工程总包和技术服务等所有服务，是世界顶级燃气轮机制造商之一。安萨尔多燃气轮机 1991 年引进西门子燃气轮机技术，2005 年与西门子技术合作终结后，将 V94.3A 和 V94.2 分别更名为 AE94.3A 和 AE94.2，正式成为 OEM 的一员。2014 年上海电气收购安萨尔多股份，为国内及全球提供 OEM 及 OSP 服务。

当前安萨尔多燃气轮机的主力机型有 AE94.3A、AE94.2K/K2、AE94.2、AE64.3A 等，下面以 AE94.3A 型燃气轮机为例进行介绍。AE94.3A 型燃

图 2-3　AE94.3A 型燃气轮机

气轮机（见图 2-3）是安萨尔多公司生产的 F 级燃气轮机，该燃气轮机由一个额定功率为 1000kW 的静态变频器 SFC、一个 15 级的轴流式压气机、一个配备有 24 个干式低 NO_x 燃烧器的环形燃烧室组成的燃烧系统、一个 4 级透平组成。

1. 压气机/透平

AE94.3A 型燃气轮机采用单轴设计，包含 15 级轴流式压气机和 4 级轴流透平。除第四级透平动叶外，所有的透平动、静叶均采用空气冷却。从压气机不同级数抽气获得不同压力和温度的冷却空气，这也保证了最佳的冷却效果和热力性能。

压气机前两级静叶可调。为防止转速过低时发生喘振，在压气机选定级装有放风阀门用于抽气。

燃气轮机压气机有两个静叶持环，透平有一个静叶持环。径向推力联合轴承处装有间隙，以便在燃气轮机运行过程中调整透平动叶和透平静叶持环间的径向间隙，提高燃气轮机性能。

转子的压气机端安装压气机轴承，如图 2-4 所示，为径向推力联合轴承，其功能是在压气机端支撑转子，承受轴向推力。而转子在透平端由径向轴承支撑。中间轴用于通过对接法兰连接燃气轮机和发电机。在中间轴上安装有齿轮环，用于驱动盘车装置液压马达的齿轮。同时提供了凹槽，用于燃气轮机转速测量。

图 2-4　压气机轴承示意

2. 燃烧室

AE94.3A 型燃气轮机燃烧系统包含一个配备有 24 个干式低 NO_x 燃烧器的环形燃烧室，与透平第一级进口相连。燃烧室外壳由低合金钢铸造壳体构成，外围由压气机出口气流包裹，因此不会暴露在高温气体中。内壳暴露在高温燃气中，有陶瓷瓦块保护，陶瓷瓦块可降低内壳温度并且允许由温度梯度造成的变形，这种自由膨胀可减小热应力。与陶瓷隔热瓦块相连的金属支撑结构是通过陶瓷瓦块之间间隙的空气来冷却的，冷却空气同时用作密封空气以阻止燃气进入。

AE94.3A 型燃气轮机配备的干式低 NO_x 燃烧器，可以保证在运行范围内燃烧稳定，NO_x 和 CO 排放低。该燃烧器的基本理念是在所有运行范围内采用预混燃烧模式。预混燃烧时大部分天然气在进入燃烧室之前已与空气混合均匀，避免由化学计量混合物燃烧产生峰值温度区域，从而降低 NO_x 排放。

（二）AE94.3A 型燃气轮机辅助系统

1. 启动系统与盘车系统

燃气轮机从静止状态完成启动盘车或燃气轮机从静止状态、盘车状态启动燃气轮机至并网运行都需要启动系统来完成。启动系统的另一个作用是作为停机后的冷机盘车设备。冷机盘车的目的是当燃气轮机停机之后，液压盘车装置负责带动其转子继续旋转。这不但能保证转子均匀冷却，还可以防止转子产生扭曲变形。

启动装置主要由静态变频器、液压盘车装置、液压马达等组成。液压马达能将油压（由润滑油系统产生）转换成扭矩，作用在液压马达的油压越大，液压马达所产生的扭矩也越大；而液压马达的速度大致与润滑油的流速成一定比例，可以通过速度传感器测得。燃气轮机启动由静态变频器提供动力，冷机盘车由盘车电机提供动力。

2. 可调进口导叶系统

安萨尔多燃气轮机 IGV 和压气机第一级可调静叶（CV1）主要有两方面的作用：一是在燃气轮机启动、停机低转速过程中，起到防止压气机发生喘振的作用；二是当燃气轮机用于联合循环部分负荷运行时，通过调节 IGV 和 CV1 的角度，减小进气流量，使燃气轮机的排烟温度保持在较高水平，以提高联合循环装置的总体热效率。

3. 罩壳系统

燃气轮机罩壳除了为燃气轮机提供一个外形美观的保护性罩壳以外，还具备以下功能。

（1）罩壳本体：消除噪声。

（2）通风系统：带走热量及泄漏的天然气。罩壳需采用强制性通风，排出燃气轮机及辅助系统运行时散发出的废热，保持罩壳内温度低于限定值；直接将废热排放到厂房外的大气中，可以降低厂房通风的热负荷；通过高空气交换率稀释了可能泄漏的燃气从而避免发生爆炸的危险；罩壳内的负压运行增强了厂房的防爆能力。通风系统安装有跳机作用的罩壳通风流量开关，监视风机的抽气量。

（3）照明系统：日常维护照明。分为设备正常运转时为罩壳提供照明的正常照明系统和发生紧急状况时使人员能够安全到达紧急出口的紧急逃生照明系统。

4. 罩壳消防系统

罩壳消防系统是安萨尔多燃气轮机一个十分重要的保护系统。该系统包括 CO_2 灭火系统、火灾探测与报警系统、可燃气体探测与报警系统，用来保护燃气轮机罩壳、燃气模块罩壳和氢气模块等区域或设备。其主要功能是探测火焰及可能泄漏的可燃气体，同时联锁启动相应的 CO_2 灭火系统。

5. 润滑油模块

润滑油模块是安萨尔多燃气轮机所必需的一个重要的辅助系统。它的任务是：在机组的启动、正常运行及停机过程中顶起转子，清除固体污染物，同时向透平轴承、发电机轴承和压气机轴承提供数量充足、温度与压力适当、清洁的润滑油，从而防止轴承烧毁、轴颈过热弯曲而造成机组振动。

润滑油模块是一个加压的强制循环系统。润滑油箱用户主要分为三路，其中一路为燃气轮机各润滑部件提供压力、温度、流量等满足要求的正常润滑，吸收燃气轮机运行时轴瓦及各润滑部件所产生的热量，对燃气轮机的主要润滑部件有燃气轮机的发电机轴承、燃气轮机轴承等；一路去顶轴油系统及盘车模块；另外一路去 RDS 模块提供工作油。

6. 液压油系统

为了确保燃气轮机的正常运行，通过液压油系统向机组的 IGV 和 CV1 油动机、燃料系统的控制阀以及紧急遮断阀提供液压油和遮断油。

7. 气体燃料系统

气体燃料系统向燃气轮机供应压力适当的、经过滤的天然气燃料。天然气是由天然气前置模块提供的，通过天然气系统连接管线接入燃气轮机，通过环状管线将燃料分配到各个燃烧器。燃气轮机前置模块天然气管路包含一套终端过滤器、一条装有天然气流量计的测量管线及截止阀、放散阀。天然气过滤器用来保护天然气紧急切断阀（ESV），ESV 位于可能有异物的管道下游，这些异物可能存在于过滤器管道的上游。如果发生跳闸，这些异物可能会阻止 ESV 的关闭。

在天然气压力异常、燃气轮机发生火灾以及燃气轮机每次停机时，应及时切断天然气供应。

天然气系统由透平控制系统通过值班燃料调节阀和预混燃料调节阀实现调节。

8. 空气进气系统

安萨尔多燃气轮机空气进气系统对进入燃气轮机的外界空气进行导向和过滤，确保机组安全可靠运行；控制（减少或降低）压气机进气系统的噪声，将其控制在许可的噪声范围内；确保进气管道的绝缘程度，使进入压气机的空气清洁干燥。外界空气经过防雨罩、防鸟网、百叶窗、除湿过滤器、反吹滤芯、压缩空气单元最终变成洁净空气。

由于空气进气系统为一负压系统，为保证系统结构安全性，必须为空气进气系统提供负压防爆保护。空气进气系统利用3选2限位开关，监测过滤室压降，为透平控制提供三个跳机信号。

9. 排气系统

安萨尔多燃气轮机排气系统可以引导燃气轮机排气排向余热锅炉或烟囱，吸收燃气轮机和余热锅炉的热膨胀，提供噪声保护，为测温测压提供接口。

第二节　余　热　锅　炉

余热锅炉英文简写为HRSG，是燃气-蒸汽联合循环发电的主设备之一，用于回收燃气轮机的排气余热，产生合格的蒸汽来推动蒸汽轮机做功。

在燃气轮机内做功后排出的烟气，仍具有较高的温度，一般为$400 \sim 600℃$，且烟气流量非常大（F级机组烟气流量通常在$600kg/s$以上）。安装在燃气轮机排气烟道后的余热锅炉，利用这部分排气热能加热给水，使水变成蒸汽，用来发电、供热，或作为其他工艺用汽。

一、余热锅炉的作用、组成及工作过程

（一）余热锅炉的作用

余热锅炉的作用是吸收燃气轮机排气的热能，产生可用的过热蒸汽驱动蒸汽轮机带动发电机发电，或对外供汽供热。在燃气-蒸汽联合循环电厂中燃气轮机是工作在高温区域的一种热机，宜于利用高品位的热量；蒸汽轮机是工作在低温区域的一种热机，宜于利用低品位的热量。通过余热锅炉将燃气轮机和蒸汽轮机结合起来，同时利用高品位和低品位的热量，从而提高了循环效率。

图2-5为典型的燃气-蒸汽联合循环示意，图2-5中的三压、无补燃、再热、卧式、自然循环余热锅炉吸收燃气轮机排气热能，产生高压、中压、低压三个压力等级的过热蒸汽，分别送到蒸汽轮机的高压汽缸、中压汽缸、低压汽缸，用于驱动蒸汽轮机。一般情况下，压力等级数取决于燃气轮机功率和系统设计，余热锅炉和蒸汽轮机可以配合为更简单的单个压力等级或两个压力等级。

加装余热锅炉和蒸汽轮机后与燃气轮机组成的联合循环，较简单循环机组的发电量和热效率均有大幅提高。有资料显示，在不增加燃料消耗的情况下，通过余热锅炉产生的蒸汽能使机组发电容量和热效率增加50%左右。

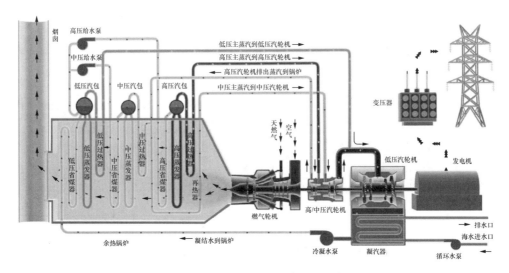

图 2-5　典型燃气-蒸汽联合循环示意

在整个联合循环中，余热锅炉设计参数取决于燃气轮机和蒸汽轮机参数，随着燃气轮机参数不断提高，锅炉设计参数及机组热效率也将随之不断提高。目前最新型的 F 级燃气-蒸汽联合循环机组热效率可高达 59％。

（二）余热锅炉组成及工作过程

余热锅炉通常由锅炉本体及配套的汽水系统、辅助系统构成。余热锅炉本体由进口烟道、锅炉受热面、出口烟道、烟囱等组成。从燃气轮机排出的烟气，在进口烟道内扩散后，依次流经过热器、蒸发器、省煤器，最后经烟囱排入大气。

卧式余热锅炉与立式余热锅炉为两种不同型式的余热锅炉，其差别在于受热面的布置方式不同，但其系统工作流程相同。多压力等级的余热锅炉，除了受热面布置方式不同，汽包安装高度发生变化外，在每一压力等级内的工作流程、基本工作原理相同。

下面以单压卧式自然循环余热锅炉为例阐述余热锅炉的基本工作原理，即单一压力等级过热蒸汽的产生过程。

汽包与蒸发器的上联箱相连，下降管与蒸发器的下联箱相连，下降管位于炉墙外面，不吸收烟气的热量。直立蒸发器管簇内的水吸收烟气的热量后，部分水受热后变成蒸汽。由于蒸汽的密度较水的密度小，两者密度差形成了水循环动力。不吸热下降管内的水比较重，向下流动，直立管内汽水混合物向上流动，形成连续产汽过程。

进入余热锅炉的给水，在省煤器中完成预热，温度升高到接近饱和温度的水平，进入汽包后通过下降管送往蒸发器内受热汽化，与蒸发过程中部分给水相变成为饱和蒸汽；从蒸发器出来的汽水混合物进入汽包后进行汽水分离，分离出来的水进入蒸发器再次循环受热汽化，分离出来的饱和蒸汽进入过热器，在过热器中饱和蒸汽继续被加热升温成为过热蒸汽送往蒸汽轮机。对于受热面横向布置的立式余热锅炉，从给水加热到过热蒸汽的工质状态变化过程与受热面立式布置的卧式余热锅炉完全相同，工质在受热面内流动方向为水平方向。由于汽水混合物在蒸发器中水平流动，汽相自然上升受阻，流动阻力增加，水循环动力相对较弱。为弥补循环动力的不足，通常采用在下降管进入蒸发器前增加循环泵的方式确保水循环动力的稳定，因此早期的立式余热锅炉一般带强制循环泵，构成立式强制循环余热锅炉。随着技术的发展，可采用提高汽包安装高度的方式来增加水循环稳定性，目前国内 F 级联合循环机组配套的立式自然循环锅炉，就采用了这种方法。

F 级机组配套的卧式无补燃三压再热自然循环余热锅炉与单压自然循环余热锅炉对比，增加了两个等级的汽水系统和再热器。蒸汽轮机高压缸排汽与中压过热蒸汽混合，通过再热器加热升温后送往蒸汽轮机中压缸做功。这部分蒸汽称为再热蒸汽，再热蒸汽提高了余热锅炉的效率及机组运行的经济性。

卧式三压再热自然循环余热锅炉由进口烟道、受热面组件、SCR 装置、高中低压汽包、烟道及管道容器等组成。给水进入低压省煤器吸热后，进入低压汽包（低压汽包上带除氧头的则先进入除氧头，目前 F 级余热锅炉多为凝汽器真空除氧，不再带除氧头）。低压汽包两端分别有下降管和给水分配管，给水分配管分别为中压系统和高压系统的给水泵供水，经过高、中压给水泵加压后的水，被送到相应的高、中压省煤器受热后再送入高、中压汽水系统。

二、余热锅炉的分类

余热锅炉可以从不同的角度进行分类，通常可从工作介质、烟气侧热源、结构以及蒸汽参数等方面对余热锅炉进行分类，本节依次从受热面布置方式、循环方式、产生蒸汽的压力等级、烟气侧热源、有无汽包等分类角度作简要介绍。

（1）按受热面布置方式分类，可以分为卧式布置余热锅炉和立式布置余热锅炉。

（2）按余热锅炉蒸发器中汽、水循环的方式分类，余热锅炉可分为自然循环余热锅炉和强制循环余热锅炉。早期立式余热锅炉采用强制循环泵来弥补水循环动力不足的问题。随着余热锅炉技术的不断发展，近年来立式余热锅炉也逐渐开始倾向于采用自然循环。

（3）按产生蒸汽的压力等级分类，余热锅炉可分为单压、双压、三压、双压再热、三压再热五大类。

（4）按烟气侧热源分类，可分为有补燃余热锅炉和无补燃余热锅炉。前者除了吸收燃气轮机排气的余热外，还加入一定量的燃料进行补燃，提升燃气轮机排气温度以增加蒸汽产量和提高蒸汽参数。

一般来说，采用无补燃余热锅炉的联合循环效率相对较高。目前大型联合循环多采用无补燃余热锅炉。

（5）按有无汽包分类，可分为汽包余热锅炉和直流余热锅炉。

三、余热锅炉的特点

用于燃气-蒸汽联合循环发电的余热锅炉，多为无补燃余热锅炉，燃气轮机排气温度为 400～610℃，且具有燃气轮机排气温度和流量将随大气参数和燃气轮机负荷的变化而改变的特点。余热锅炉具备建设周期短、快速启停以及调峰能力强等优点，在我国多用于调峰。F 级余热锅炉在设计方面具有下列特点：

（1）余热锅炉采用大模块化设计，减少现场施工量，缩短建设周期。

（2）整个系统具有较低的热惯性，以使余热锅炉能够适应燃气轮机快速启动和快速加减负荷的动态特性要求。

（3）受热面采用鳍片管簇结构，通过鳍片管簇来扩展受热面积，以避免过大的受热面积而增加烟阻。余热锅炉的换热方式主要是对流换热，而常规蒸汽锅炉中的蒸发受热面则以辐射换热方式为主。

（4）在保证受热面不出现低温腐蚀和结露的前提下，应降低余热锅炉出口的排烟温度以获得较高的余热锅炉热效率。

（5）余热锅炉具备适应滑压运行方式的能力。燃气轮机排气温度和流量随大气参数和燃气轮机负荷的改变而变化，进入余热锅炉的热量也将随之变化，因此余热锅炉的蒸汽参数宜按滑压方式变化，这样才能适应燃气轮机的排气温度随负荷的减小而降低的变化特点，防止在高压、低温的条件下，蒸汽轮机中蒸汽湿度超标造成对叶片的损坏。

（6）当联合循环配置选择性催化还原（SCR）烟气脱硝系统来减少 NO_x 排放时，必须精准确定 SCR 烟气脱硝系统在余热锅炉中的位置，确保其能在 290～410℃工作。

四、燃气-蒸汽联合循环典型余热锅炉

（一）双压余热锅炉

双压余热锅炉包含高压、低压两个系统，典型双压余热锅炉侧面图如图 2-6 所示。

1. 杭州锅炉集团股份有限公司双压余热锅炉

杭州锅炉集团股份有限公司生产的双压、无补燃、卧式、自然循环余热锅炉汽水系统分高压汽水系统和低压汽水系统，除氧器与低压汽包合并。燃气轮机的烟气依次水平通过各个受热面。余热锅炉换热面采用表面焊有不同高度和节距的螺旋鳍片形成螺旋鳍片管结构，包括高压过热器管箱、高压蒸发器管箱、高压省煤器管箱、低压过热器管箱、低压蒸发器管箱、低压省煤器管箱等。余热锅炉进口烟道直接与燃气轮机排气过渡段相连，不设置烟气挡板及旁路烟囱。

2. 东方日立锅炉有限公司双压余热锅炉

余热锅炉型号为 Q590/602-114.4(15.87)-5.56(0.62)/540(256)，燃气轮机出口不设置旁通烟道，余热锅炉进口烟道膨胀节直接与燃气轮机扩散段法兰相连。余热锅炉主要的结构特点为：双压带自除氧、无补燃、卧式自然循环余热锅炉，高压过热蒸汽采用一级喷水调节。余热锅炉本体由进口烟道膨胀节、过渡段、进口烟道、换热室及出口烟道、烟囱组成。所有受热面均为螺旋齿形翅片管，垂直布置于换热室内，受热面管上、下两端分别设有上集箱与下集箱，每个上集箱有两个吊点将该管束的荷载传递到炉顶钢架上，受热面可以自由向下膨胀。在余热锅炉前后方向布置 5 个模块。

3. 中国船舶重工集团公司双压余热锅炉

锅炉型号为 Q1175.4/547.3-190.5(35.9)-6.0(0.515)/521(253) 的无补燃、双汽包、带一体化除氧器、卧式烟道、立式螺旋翅片管自然循环水管锅炉。余热锅炉系统包括锅炉入口烟道、出口烟道、余热锅炉本体（受压件及构架护板）、附属的构件、主烟囱、膨胀节、相关的烟道附件及其控制系统。锅炉岛由烟气系统、锅炉本体、烟囱、烟囱挡板门及其消声装置、本体安全门及其排放管道、汽水取样冷却系统、仪表及变送器站、给水操作台及减温水操作台、高、低压循环系统（含高、低压给水泵和全部高、低压给水管道和支吊架）、除氧系统、连续排污系统、定期排污系统（含连续排污扩容器、定期排污扩容器及其操作平台）、余热锅炉疏放水系统、加药系统、电气系统、本体照明等组成，主烟囱高度为 60m。

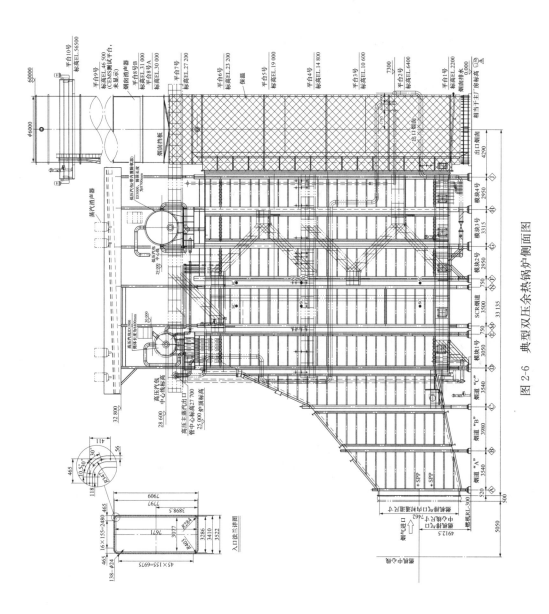

图 2-6 典型双压余压热锅炉侧面图

（二）三压余热锅炉

三压余热锅炉包含高压、中低、低压三压系统，典型三压余热锅炉侧面图如图 2-7 所示。

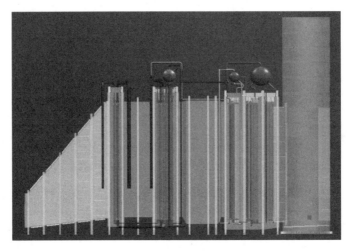

图 2-7　典型三压余热锅炉侧面图

1. 杭州锅炉集团股份有限公司三压余热锅炉

该余热锅炉为三压、再热、自然循环、卧式、紧身封闭并设 SCR 装置的余热锅炉，与 M701F4 型燃气轮机相匹配，余热锅炉配"一拖一"蒸汽轮机；余热锅炉主要由进口烟道、锅炉本体（受热面模块和钢架护板）、出口烟道及烟囱、高中低压锅筒、除氧器、管道、平台扶梯等部件以及高中压给水泵、低压省煤器再循环泵、排污扩容器等辅机组成。锅炉本体受热面采用模块结构，由垂直布置的顺列和错列螺旋鳍片管和进出口集箱组成，以获得最佳的传热效果和最低的烟气压降。

2. 上海锅炉厂有限公司三压余热锅炉

该余热锅炉为上海锅炉厂有限公司制造的 SG-284.8(57.0)(46.4)/13.24(3.31)(0.36)-Q8105 型 9F 级联合循环三压系统余热锅炉，排烟温度不高于 94.5℃。余热锅炉岛的系统及结构优化设计，采用增大低压省煤器面积、加热热网水方案，增大供热能力，满足机组各个运行模式的要求。余热锅炉采用三压、再热、无补燃、卧式自然循环汽包炉，露天布置，余热锅炉辅助间全封闭布置，预留脱硝。

3. 东方菱日锅炉有限公司三压余热锅炉

该余热锅炉为露天布置，无补燃、自然循环，卧式炉型，两台炉对称布置。锅炉具有高、中、低三个压力系统，一次中间再热。过热、再热汽温采用喷水调节。型号为 MHDB-PG9371FB-Q1，由东方菱日锅炉有限公司生产。燃气轮机出口不设置旁通烟道，余热锅炉进口烟道膨胀节直接与燃气轮机扩散段法兰相连。

锅炉由进口烟道、换热室、出口烟道及烟囱组成，并预留脱硝空间。所有受热面均为螺旋开齿带折角鳍片管，垂直布置于换热室内，受热面管上、下两端分别设有上集箱与下集箱，每个集箱上有两个吊点将该管束的荷载传递到炉顶钢架上。在各受热面管组与管组之间留有合理的检修空间，并设有检修门孔。高、中、低压三个锅筒布置于炉顶钢架上，采用支撑方式。整台锅炉为全钢构架，自支撑型钢结构，锅炉本体及辅助间为封闭结构。在本体炉壳的内侧设置了保温层与内护板。锅炉为微正压运行，凡穿过炉壳的管道都采用良好的密封与膨胀结构。

锅炉热效率不小于 91.2%/89.8%（含露点加热器/不含露点加热器）/（性能保证纯凝工况）。

第三节　汽　轮　机

一、汽轮机的基本工作原理

汽轮机是一种以蒸汽为动力，将蒸汽的热能转化为机械能的旋转机械，也是现代化火力发电厂中应用最广泛的原动机。汽轮机具有单机功率大，效率高，寿命长等优点。在汽轮机中蒸汽的热能转换成旋转的机械能，一般可以通过两种不同的作用原理来实现：一种是冲动作用原理，另一种是反动作用原理。

（一）冲动作用原理

当一运动物体碰到另外一个速度比其低的物体时，就会受到阻碍而改变其速度，同时给阻碍它的物体一个作用力，这个作用力称为冲动力。冲动力的大小取决于运动物体的质量以及速度的变化。质量越大，冲动力越大；速度变化越大，冲动力也越大。受到冲动力作用的物体改变了速度，该物体就做了机械功。

最简单的单级冲动式汽轮机结构原理如图 2-8 所示。蒸汽在喷嘴中产生膨胀，压力降低，速度增加，蒸汽的热能转变为蒸汽的动能。高速气流流经叶片时，由于气流方向发生了改变，产生了对叶片的冲动力，因此推动叶轮旋转做功，将蒸汽的动能转变为轴旋转的机械能。这种利用冲动力做功的原理称为冲动作用原理。

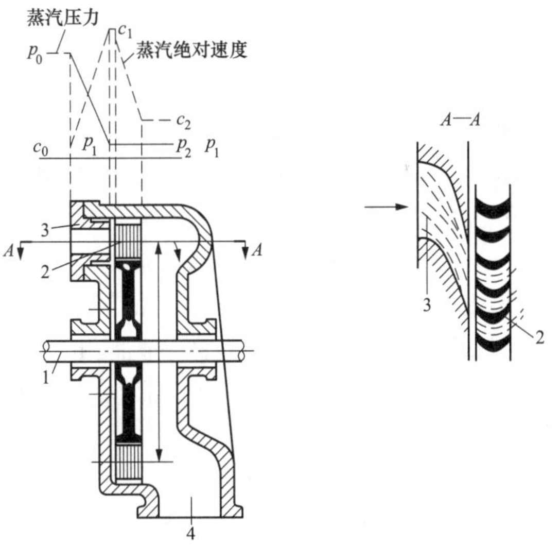

（二）反动作用原理

由牛顿第二定律可知，一个物体对另外一个物体施加一作用力时，这个物体上必然要受到与其作用力大小相等，方向相反的反作用力，也称为反动力。在该力作用下，另外一个物体产生运动或加速。利用反动力做功的原理称为反动作用原理。

图 2-8　单级冲动式汽轮机结构图和工作原理
1—轴；2—动叶栅；3—喷嘴；4—排气管

在反动式汽轮机中，蒸汽不仅在喷嘴中产生膨胀，压力降低，速度增加，高速气流对叶片产生一个冲动力，而且蒸汽流经叶片时也产生膨胀，使蒸汽在叶片中加速流出，对叶片还产生一个反作用力，即反动力，推动叶片旋转做功，这就是反动式汽轮机的反动作原理。

（三）汽轮机的级及反动度

汽轮机的级，在汽轮机中完成蒸汽热能转化为机械能的基本工作单元称为汽轮机的级，它主要由喷嘴和它后面的叶片组成,喷嘴装在汽缸的隔板体上,叶片装在叶轮上,随叶轮一起旋转。

级的反动度,在汽轮机中,常用级的反动度来衡量蒸汽在叶片中膨胀程度,蒸汽在叶片中的理想焓降与级的滞止理想焓降之比称为级的反动度。

二、燃气-蒸汽联合循环机组典型汽轮机

(一)D880 型汽轮机

上海汽轮机厂 D880 型汽轮机为三压、再热、反动式、抽汽凝汽式、配 F 级燃气轮机单轴一拖一联合循环机组,如图 2-9 所示。该机组采用高压缸与中低压缸的双缸布置方式。高压部分为单流双层结构。中低压部分为顺流布置,轴向排汽,中压采用了双层缸的设计,即外缸、内缸,低压采用了外缸、持环结构。汽轮机位于发电机和凝汽器之间,汽轮机高压端连接发电机,汽轮机轴与发电机轴采用自同步联轴器连接。

该汽轮机一共有 3 个轴承座,前轴承座位于汽轮机电机端,内有两个径向轴承,分别为高压前轴承和自同步离合器轴承,轴承座落地滑移式布置;高压缸和中低压缸之间有一个中轴承座,中座内有一个径向推力联合轴承,落地滑移式布置,设有电动盘车;后轴承座位于低压缸内,设有一个低压径向后轴承,通过支撑腿穿出低压缸支撑在框架基础上。各轴承均配置有高压顶轴油,在机组盘车及汽轮机启动时高压顶轴油投入,把转子顶起。整个轴系为汽轮机转子三支点支承,高压转子与发电机转子通过自同步离合器连接,高压转子与中低压转子为刚性联轴器连接。汽轮机高压转子为无中心孔整锻转子,中低压转子为焊接转子。机组的相对死点位于中座内的径向推力联合轴承,绝对死点位于低压缸端部。该机组有一个主汽阀和一个高压调节汽阀,该主汽阀和高压调节汽阀组成一个高压进汽阀组,从发电机向汽轮机看,布置在高压缸的右侧(或左侧),从锅炉来的新蒸汽进入主汽阀,再进入高压调节阀,从高压调节阀出口直接进入高压缸。高压进汽阀组有独立的弹簧支架支撑。

该机组有一个再热主汽阀和一个再热调节汽阀,该再热主汽阀和再热调节汽阀组成一组,从发电机向汽轮机看,布置在中低压缸的右侧(或左侧),从锅炉来的新蒸汽进入再热主汽阀,再进入再热调节阀,从再热调节阀出口直接进入中压缸。再热进汽阀组有独立的弹簧支架支撑。低压补汽与中压排汽混合后进入低压缸。低压补汽经补汽阀组进入低压缸。共有一组补汽阀组,包含一个补汽主汽阀和一个补汽调节阀,均采用蝶阀,从发电机看向汽轮机,布置在中低压缸的左侧(或右侧),法兰连接。高压主汽、再热主汽和补汽均要求设有100%旁路。本机组盘车装置为电动盘车,共分 4 部分:机械部分、润滑部分、气控部分、电气部分。采用蜗轮、蜗杆及一级齿轮减速,装于中轴承座上,盘车转速 3.4r/min,并在前轴承座上装有手动盘车。

该机组低压排汽缸处设有喷水减温装置,采用电磁阀控制。

整个联合循环机组轴系由燃气轮机、发电机和汽轮机组成,其中汽轮机由高压转子和中低压转子组成。发电机转子由两个径向轴承支撑,汽轮机转子由三个径向轴承支撑,高压转子与发电机转子通过自同步离合器连接,中低压转子靠刚性联轴器连接在高压转子上。自同步离合器是一种单向传递扭矩的装置,当离合器的主动、从动齿轮转速完全相等时,两者相位同步、自动轴向移动啮合。而一旦输入转速低于输出转速时离合器脱开。为了平衡转子轴向推力,汽轮机中间轴承为径向推力联合轴承,它是汽轮机的相对死点,布置于高压转子与发电机转子之间的自同步离合器可以吸收两端转子的热胀。按制造厂的找中要求,正确完成

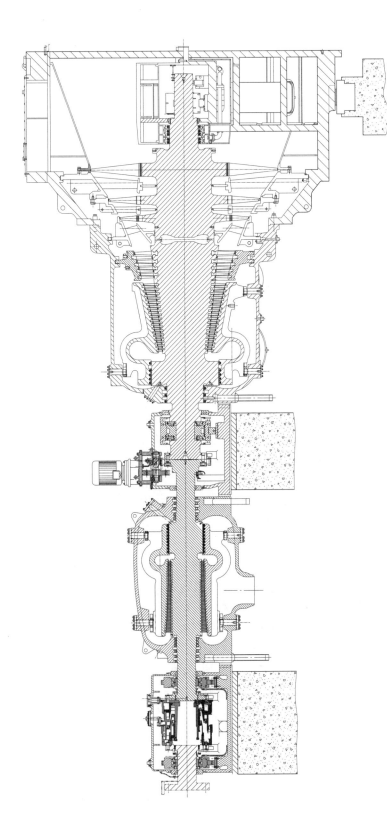

图 2-9 上海汽轮机厂 D880 型汽轮机总装配图

找中工作，是保证轴系平稳运行的重要条件。在轴系找中时，各联轴器平面处的张口和错位值应满足找中图的要求，使相互联系的转子形成一条光滑曲线，能较好地传递扭矩，而承受较小的弯矩作用，以确保轴系具有良好的振动特性。在汽轮发电机组的启动和停机过程中，当转速达到某数值时，机组会出现较剧烈振动，而超过该转速后，振动将随之减小，该转速即为临界转速。实际上，除自同步离合器外，汽轮机各转子与发电机转子均以刚性联轴器连接起来，从而构成一个多支点的转子系统，称为轴系。因各转子相互连接，故增强了各转子的刚性，致使它们在轴系中的临界转速略高于单跨值。组成轴系的各转子的临界转速均为轴系的临界转速。当转子工作转速与轴系中任一临界转速相等时，轴系即会产生共振而导致机组产生较剧烈的振动。因此，机组启停过程中，均应密切监测各轴承处的振动值，并迅速越过这些临界转速，不要在共振转速区停留。同时，如果需要在保持汽轮机转速的同时进行暖机时，还要避开叶片的共振频率以确保机组安全运行。

（二）173.000.1SM 型汽轮机

173.000.1SM 型汽轮机为三压、再热、反动式、抽凝、轴向排汽汽轮机。汽轮机本体结构为两缸设计，一个单独的高压缸模块，为内、外双层缸形式；中压与低压缸采用合缸结构，采用垂直法兰连接，为单层缸形式。高压通流与中低通流为反向布置，高压 27 级，中压 12 级，低压 6 级，末级叶片 1225mm。该机组抽汽方式设置在高压排汽管道上，通过中压再热调阀控制。高压转子与发电机转子采用刚性连接结构，为高压端输出功率。该汽轮机纵剖面图见图 2-10。

新蒸汽通过单独布置的高压主汽调节阀进入高压部分，蒸汽通过一根导汽管分两路从上下进汽口进入高压汽缸，进入高压汽轮机的蒸汽经过 27 级反动式压力级后，由高压外缸下部两排汽口排出进入再热器。再热后的蒸汽通过两个单独布置的再热主汽调节阀进入中压部分，蒸汽通过两根导汽管分别从下部两进汽口进入中压汽缸，进入中压汽轮机的蒸汽经过 12 级冲动式压力级后，与低压蒸汽（低压蒸汽是从低压过热器来的经过一个低压补汽阀组和一根低压导汽管进入外缸中压排汽口处）汇合，直接流入低压汽轮机，在低压汽轮机内经过 6 级冲动压力级后，从排汽口排出，轴向进入凝汽器。

（三）LCZ40-6.8/1.4/0.45 型汽轮机

该汽轮机为双压、冲动、单排汽、单轴、可调整抽汽凝汽式汽轮机，汽缸为单层结构。汽缸内装有 4 级隔板套、23 级隔板、前汽封和后汽封等部套，通流部分由 23 级压力级组成。汽轮机转子为二支点支承，分别为 1 号推力支持联合轴承和 2 号支持轴承，1 号轴承为三层带瓦衬椭圆轴承，2 号轴承为二层带瓦衬椭圆轴承。支持部分尺寸：1 号为 $\phi300\times$ 240mm；2 号为 $\phi325\times260$mm。1 号推力部分为可倾瓦推力轴承，推力瓦块为十块，内、外径分别为 $\phi296$mm、$\phi545$mm，定位瓦块为十块，内、外径分别为 $\phi300$mm、$\phi545$mm。汽轮机转子通过一副半挠性波形联轴器与发电机转子相连。汽轮机转子为整锻加 5 级套装叶轮结构，装有 23 级叶片。典型 LCZ40-6.8/1.4/0.45 型汽轮机俯视图如图 2-11 所示。

该汽轮机高压进汽采用一个高压主汽调节联合阀控制，布置在汽轮机头部，轴中心线上，为卧式结构。从锅炉来的新蒸汽进入主汽阀，再进入高压调节阀，从高压调节阀出口经主蒸汽管进入高压缸内。阀门与构架连接成为一体，构架与基础固定在一起。一个主汽阀对应一个调节阀，调节阀有一个出口。低压补汽阀采用快关金属密封蝶阀，布置在运转层下方，通过法兰与汽缸中部下半 17 级前的补汽管道相连。该汽轮机有两个轴承座，前轴承座

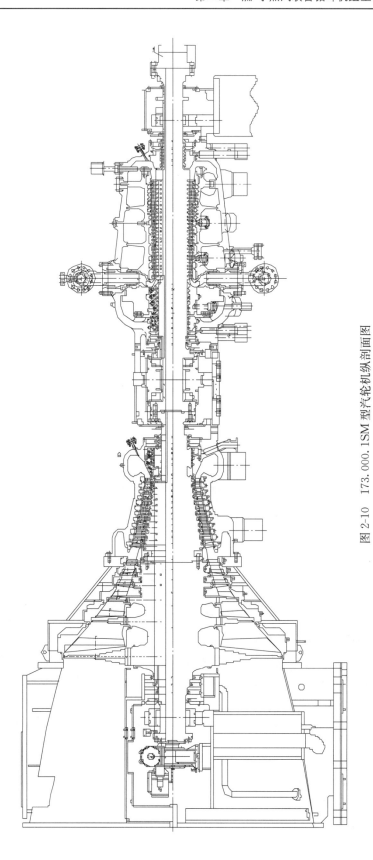

图 2-10　173. 000. 1SM 型汽轮机纵剖面图

内除装有推力支持联合轴承外还装有主油泵、危急遮断油门、危急遮断油门复位装置、轴向位移发送器等有关部套。后轴承座内装有后轴承。各轴承均配置有高压顶轴油，在机组盘车及汽轮机启动时高压顶轴油投入，把转子顶起。前轴承座是落地结构，后轴承座组焊在排汽缸上。汽轮机盘车装置装于后轴承座的上盖上，为减速机、齿轮复合减速、切向啮合的低速盘车装置。机组在停机时盘车装置可以低速盘动转子，避免转子热弯曲。当机组冲转转速高于盘车转速时能自动脱开，且既能手动盘车又可自动盘车。

排汽缸内装有低负荷喷水装置，以保证机组正常运行，当机组启动后转速达 600r/min 或排汽温度超过 80℃时，喷水装置自动打开，当机组带负荷 15％且排汽温度小于 65℃时，喷水装置自动停止。

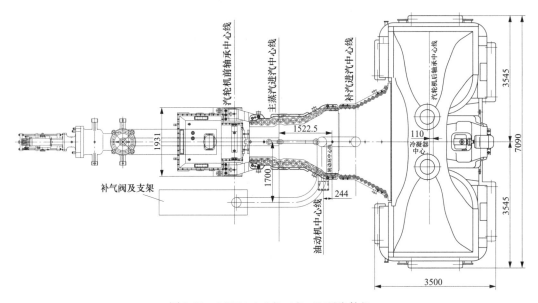

图 2-11　LCZ40-6.8/1.4/0.45 型汽轮机

第四节　发　电　机

一、发电机的结构

发电机本体主要由一个不动的定子和一个可以转动的转子构成。另外，为保证发电机在运行中定子、转子各部分不超温，发电机还设有定子内冷水冷却系统、发电机氢冷系统和为防止氢气从轴封漏出的密封油系统。发电机结构示意图如图 2-12 所示。

（一）发电机定子

发电机定子主要由机座、端盖、定子铁心、定子绕组、隔振结构和端部结构等部分组成。

1. 机座与端盖

机座是用钢板焊成的壳体结构，它的作用主要是支持和固定定子铁心和定子绕组。此外，机座可以防止氢气泄漏和承受住氢气的爆炸力。

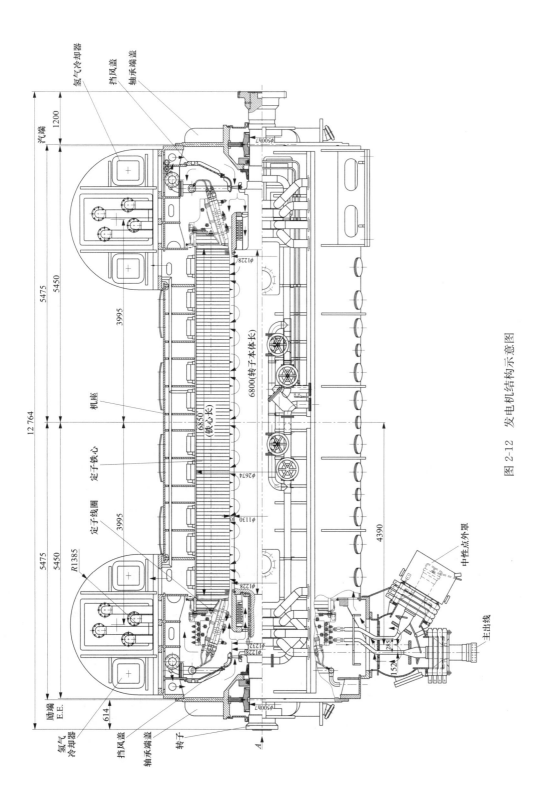

图 2-12　发电机结构示意图

在机壳和定子铁心之间的空间是发电机通风（氢气）系统的一部分。由于发电机定子采用轴向通风，氢气交替地通过铁心的外侧和内侧，再集中起来通过冷却器，从而有效地防止热应力和局部过热。

端盖是发电机密封的一个组成部分。为了安装、检修、拆装方便，端盖由水平分开的上下两半构成，并设有端盖轴承。在端盖的合缝面上还设有密封沟，沟内充以密封胶以保证良好的气密性。

轴瓦采用椭圆式水平中分面结构，轴瓦外圆的球面形状保证了轴承有自调心的作用。在转轴穿过端盖处的氢气密封是依靠油密封的油膜来保证的。密封瓦为铜合金制成，内圆与轴间有间隙，装在端盖内圆处的密封座内。密封瓦分成四块，在径向和轴向均有卡紧弹簧箍紧，尽管密封瓦在径向可以随轴一起浮动，但在密封座上下均有销子可以防止其切向转动。密封油经密封座和密封瓦的油腔流入瓦和轴之间的间隙沿径向形成油膜以防止氢气外泄，在励端油密封设有双层对地绝缘以防止轴电流烧伤转轴。

2. 定子铁心

定子铁心是构成发电机磁路和固定定子绕组的重要部件。为了减少铁心的磁滞和涡流损耗，定子铁心采用导磁率高、损耗小、厚度为 0.5mm 的优质冷轧硅钢片冲制而成。每层硅钢片由数张扇形片组成一个圆形，每张扇形片都涂了耐高温的水溶性无机绝缘漆。定子铁心轴向固定结构采用绝缘穿心螺杆，分块齿压板和整体压板压紧结构；自振频率避开基频和倍频±10%以上，振幅小于 50μm；铁心端部压指、压板为无磁材料；压板外侧设有磁屏蔽。

3. 定子绕组

定子绕组是由条形线棒构成的分数极距双层式绕组，条形线棒嵌装在沿整个定子铁心圆周均匀分布的矩形槽中。一根线棒分为直线部分和两个端接部分，直线部分放在槽内，它是切割磁力线感应电动势的有效边，端线按绕组接线型式有规律地连接起来。

4. 隔振结构

为了减小由于转子磁通对定子铁心的磁拉力引起的双频振动，以及短路等其他因素引起的定子铁心振动对机座和基础的影响，在定子铁心和机座之间采用两侧立式、下部切向弹簧板隔振结构。

5. 定子绕组端部固定

随着发电机容量的增大，作用在定子绕组端部的电磁力也急剧增强。因此，定子绕组端部固定的强度问题，在突然短路的强大过度电磁力下和在正常运行时较小的交变电磁振动下都显得更为突出。端部固定在径向、切向既要具有承受突然短路时电磁力的足够强度，也要防止倍频振动引起共振造成的绝缘磨损。另外，考虑到铁心和线棒热膨胀系数不一样，所以在轴向要有伸缩的弹性固定结构。大容量发电机绕组端部热胀冷缩之差可达 0.5~1.5mm，如果端头固定死，就会产生 4.00~12.00MPa 的压应力。近年来，在大容量发电机端部绕组固定措施中，主要倾向是尽可能将垫料及紧固件均由高强度绝缘材料压制而成，以避免使用金属材料。早期的发电机端部采用刚性结构，现已发展到用刚柔相结合的结构。

发电机定子端部绕组固定采用成熟的刚柔固定结构，该结构在径向、切向的刚度很大，而在轴向能自由伸缩。当运行温度变化、铜铁膨胀不同时，绕组端部可轴向自由伸缩，有效减缓绕组绝缘中产生的机械应力。定子绕组端部固定特点如下：

（1）定子绕组端部固定采用大锥环、弧形压板结构，整个端部绕组间浇垫成整体；

（2）定子端部绕组渐伸线采用变节距设计，增大绕组隔相距离；

（3）径向采用具有自锁弹性自调整支紧结构，轴向用定位件支撑加以轴向定位，整个定子绕组端部在运行时能伸缩；

（4）定子绕组端部外包保护层，便于后续维修。

（二）发电机转子

发电机转子（相当于发电机原理中的磁铁，主要任务是提供磁场）主要由转子铁心、转子绕组、转子护环、转子槽楔和阻尼结构、转子风扇等部分构成，如图 2-13 所示。

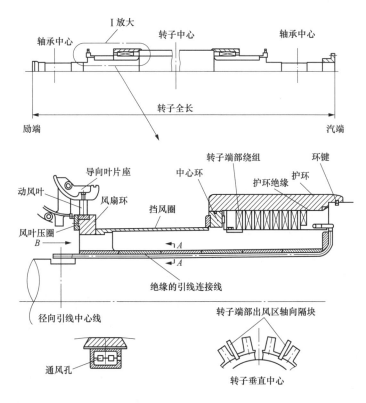

图 2-13 发电机转子结构示意

1. 转子铁心

转子铁心采用高强度合金钢整体锻造而成，具有良好的导磁性能和机械性能。在转子本体上加工有用于嵌入励磁绕组的平行槽。纵向槽沿转子轴圆周分布，从而获得两个实心磁极。转子轴的磁极均设计有横向槽，以降低由于磁极和中轴线方向挠曲所引起的双倍频率的转子振动。转轴采用优质合金钢制造，经真空浇注、锻造、热处理和全面试验检查，确保了转轴的机械性能、导磁性能要求和转轴材料的均匀性，以承受在发电机运行中转子离心力和发电机短路力矩所产生的巨大机械应力。转轴由一个电气上的有效部分（转子本体）和两处轴颈组成。在发电机轴承外侧，与转轴整体锻造的联轴器法兰分别将发电机转子与汽轮机和励磁机转子相联。转子本体圆周上约有 2/3 开有轴向槽，用于嵌放转子绕组。转子本体的两个磁极相隔 180°。

转子本体圆周上的轴向槽分布不均匀，使直轴与横轴的惯性矩不同，将导致转子以双倍系统频率振动。为了消除此振动，转子大齿上设有横向槽，以平衡直轴与横轴的刚度差。转子大齿上开有嵌放阻尼槽楔的轴向槽。在转子绕组槽中，转子槽楔起阻尼绕组作用。

2. 转子绕组

转子绕组由嵌入槽中的多个串联线圈组成，两个线圈组构成一个极。每个线圈则由若干个串联的线匝组成，而每个线匝则由两个纵向线匝和横向线匝构成，各线匝在端截面钎焊在一起。转子绕组由带有冷却风道的含银脱氧铜空心导线构成。线圈的各线匝之间通过隔层相互绝缘。带有聚间苯二甲酰间苯二胺纤维（Nomex）填料的 L 形环氧玻璃纤维织物被用作槽绝缘材料。槽楔由高导电率材料制成并延伸至护环的收缩座下面。护环座经镀银处理，以保证槽楔和转子护环之间的良好电气接触。

3. 转子护环

采用整体式转子护环来抑制转子端部绕组的离心力。转子护环由非磁性高强度钢质材料制成，以降低杂散损耗。每个护环悬空热套在转子本体上，采用一开口环对护环进行轴向固定。

4. 转子槽楔和阻尼结构

转子槽楔由强度高、导电率好的铜合金材料制成，槽楔中间开有径向通风孔，外伸到护环的搭接面下，并确保槽楔和转子护环间良好的电接触。发电机转子每一磁极上开有 4 个阻尼槽，阻尼槽楔材料为导电优良的银铜材料，槽楔表面镀银处理，从而与转子齿接触得更好。阻尼槽楔承受负序电流在本体表面产生的涡流，与护环一起构成回路。该系统经长期运行验证，为非常好的阻尼绕组系统，完全能满足负序能力。

转子绕组在槽中用槽楔固定，以承受离心力的作用。槽楔一直延伸到护环下面，护环兼起了阻尼绕组的短路环作用。另外，在磁极表面设有放置阻尼槽楔的阻尼槽。

5. 转子风扇

在发电机汽端装有一个多级风扇的轴流风机为氢气冷却提供驱动力，风扇由装在转子汽端的动叶片和固定在静子汽侧端盖上的静叶风道装置构成，风扇安装于热套在转子轮上的轮毂上，轮毂下设有转子绕组冷却通风风道。风扇与沿转子本体出风口排出气体所产生的压力一起作用，增强了转子绕组的冷却效果。风扇叶片安装在风扇座的 T 型槽上，风扇座热套在转轴上。

（三）发电机励磁系统

发电机定子三相绕组带上负荷后，三相电流就会产生旋转磁场，而转子磁场通过磁场力拖着定子旋转磁场旋转，从而转子机械能转换成定子的电能。

1. 发电机励磁系统的主要作用

（1）根据发电机负荷的变化相应调节励磁电流，以维持发电机端电压为给定值；

（2）控制并列运行的各发电机间无功功率分配；

（3）提高发电机并列运行的静态稳定性和暂态稳定性；

（4）在发电机内部出现故障时，进行灭磁，以减小故障损失程度；

（5）根据运行要求对发电机实行最大励磁限制及最小励磁限制。

2. 发电机励磁系统的组成

发电机励磁系统一般由励磁功率单元和励磁调节器两个主要部分组成。励磁功率单元向同步发电机转子提供励磁电流；而励磁调节器则根据输入信号和给定的调节准则控制励磁功率单元的输出。励磁系统的自动励磁调节器对提高电力系统并联机组的稳定性具有相当大的作用。尤其是现代电力系统的发展导致机组稳定极限降低的趋势，也促使励磁技术不断发展。其中，励磁功率单元是指向同步发电机转子绕组提供直流励磁电流的励磁电源部分，而励磁调节器则是根据控制要求的输入信号和给定的调节准则控制励磁功率单元输出的装置。由励磁调节器、励磁功率单元和发电机本身一起组成的整个系统称为励磁控制系统。励磁系统是发电机的重要组成部分，它对电力系统及发电机本身的安全稳定运行有很大的影响。

3. 发电机励磁系统的分类及优缺点

同步发电机励磁系统的形式按照供电方式可以划分为他励式和自励式两大类，他励式励磁系统按照整流器是否旋转可分为直流电机励磁系统和整流器励磁系统，整流器励磁系统按整流器是否旋转分为静止整流器励磁系统和旋转整流器励磁系统；自励式励磁系统按照功率引取方式分为自并励系统、自复励系统和谐波励磁系统，自复励系统按照复合位置可分为交流侧复合的自复励系统和直流侧复合的自复励系统。

（1）传统的他励式同轴的直流励磁机励磁系统的优点：

1）励磁电源独立；

2）接线简单；

3）运行比较可靠。

（2）传统的他励式同轴的直流励磁机励磁系统的缺点：

1）直流励磁机受制造容量限制；

2）整流子和碳刷维护较麻烦；

3）励磁调节响应较慢。

（3）自并励系统的优点：

1）设备和接线比较简单，由于励磁系统无转动部分，具有较高的可靠性；

2）励磁变压器放置自由，缩短了机组长度，降低了造价；

3）励磁调节速度快，是一种高起始响应的励磁系统；

4）正常停机可使用采用三相全控桥时，逆变灭磁，减轻灭磁系统的负担；

5）自并励系统的发电机电压和转速成一次方关系，对抑制甩负荷后的电压，要比采用同轴式交流励磁机的他励系统有利；

6）减少机组轴系长度，提高机组运行机械稳定性。

（4）自并励系统的缺点：

1）整流输出的直流顶值电压受发电机端或电力系统短路故障形式（三相、两相或单相短路）和故障点远近等因素的影响；

2）需要起励电源，还存在滑环和碳刷。

二、燃气-蒸汽联合循环机组典型发电机

（一）QFSN-465-2 型发电机

500MW 级水氢内冷发电机是上海电气基于模块化与系列化技术开发的新一代产品，其定子绕组采用水冷，定子铁心和转子绕组采用氢冷，工作频率 50Hz。当功率因数为 0.85 时，额定功率范围为 460～525MW，适用于 F 级单轴燃气-蒸汽联合循环机组、H 级多轴燃气-蒸汽联合循环机组。

该型号发电机的特点为发电效率高。当额定功率因数为 0.85 时，在 460MW 设计点工况下发电机效率可达到 99.03% 的高水平。

（二）QFSN-300-2 型发电机

该发电机采用具有高起始响应性能的无刷励磁系统或自并励静止励磁系统。在额定工况下，发电机励磁电压能在 0.1s 内从额定电压值上升到顶值电压与额定励磁电压差值的 95%。强励顶值电压可达到 2 倍额定励磁电压，允许强励时间为 10～20s。发电机在额定氢压 0.31MPa 下运行，保证漏氢率每天不大于 $10m^3$。

（三）QFR-135-2J 型燃气轮机发电机

QFR-135-2J 型燃气轮机发电机系南京汽轮电机（集团）有限责任公司与 9E 系列燃气轮机相配的三相同步燃气轮机发电机，冷却方式为密闭循环空气冷却方式（CACW），转子空气内冷，箱式结构，空气冷却器置于机座上方，励磁方式为带永磁副励磁机的交流无刷励磁方式，配有高精度的自动电压调节器，可适应燃气轮机燃用不同燃料及环境温度变化时燃气轮机功率的增加。

第五节　控 制 系 统

一、典型燃气轮机控制系统

（一）GE Mark VIe 燃气轮机控制系统

GE Mark VIe 燃气轮机控制系统是最新推出的 SPEEDTRONIC™ 系列的过程控制系统。该系统继承了 GE 公司自 20 世纪 40 年代以来的燃气轮机自动控制、保护和顺序控制技术，为燃气-蒸汽联合循环发电机组提供完整的监视控制和保护。

Mark VIe 燃气轮机控制系统包括采用三冗余微处理器控制器，对重要的控制和保护参数采取三选二的表决方式和软件容错技术（SIFT）。用于重要的控制和保护的传感器也采用三重冗余，并由三个控制器处理器进行表决，从而使得保护和运行最为可靠。系统中采用了一块独立的保护模块，其采用硬接线方式，对超速和火焰检测信号进行停机保护。该保护模块也用作发电机并网时的自动同期控制。

Mark VIe 燃气轮机控制系统满足燃气轮机控制的全部要求。包括按转速的要求控制燃料，在部分负荷的情况下对负荷的控制，在燃气轮机启动期间和在最大负荷条件下对温度进行控制，以及对进口导向叶片的控制。Mark VIe 燃气轮机控制系统可以完全自动地按序启动辅机和停止辅机。为了防止不良的运行状态，并在异常状态下进行报警，燃气轮机保护也被纳入基本系统中。

1. Mark VIe 燃气轮机控制系统构成

Mark VIe 燃气轮机控制系统整体结构如图 2-14 所示，控制系统包括控制器、I/O 网络以及 I/O 模块三个主要的部件。控制柜设在电子室，操作员站和工程师站分别设在集控室和工程师室。控制柜和操作员站、工程师站之间通过双路冗余以太网交换数据，GE 公司称该网络为机组数据高速通道 UDH（unit data highway）。UDH 的通信协议是 EGD（ethernet global data），它是一种信息驱动的基于 UDP/IP 标准的通信协议。其中一个操作员站作为该机组的数据服务器，向厂级数据高速通道 PDH（plant data highway）以及其他操作员站和工程师站提供控制参数和机组运行数据。I/O 模块通过 IONet 和控制器相通信。

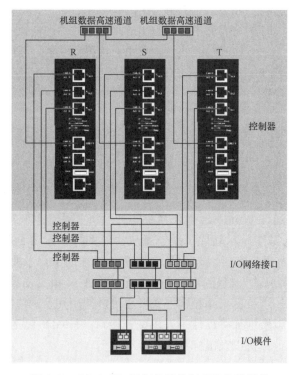

图 2-14　Mark VIe 燃气轮机控制系统整体结构

2. 硬件特点

（1）控制器。

Mark VIe 控制器是一个运行应用程序代码的单板，控制器通过板载网络接口与 I/O 包通信。控制器操作系统（OS）是一个实时多任务操作系统，适用于高速高可靠性的工业应用。与传统控制器 I/O 位于背板不同，Mark VIe 控制器一般不带有应用程序 I/O。此外，所有 I/O 网络都与每个控制器相连，控制器可以为这些网络提供所有冗余输入数据。这个硬件体系结构和相关的软件体系结构能够确保当控制器因为维护或维修而断电时，不会丢失任何应用程序输入点数据。

Mark VIe 控制器可以针对单工、双工和专用三重模块冗余（TMR）系统以每秒 100 次的速度（10ms 的帧速）来运行所选的控制程序。比如说，把数据从接口模块发送到控制模块，表决会持续 3ms，运行控制程序会花 4ms，把数据发送回接口模块需要 3ms。

（2）I/O 模块。

Mark VIe I/O 模块带有三个基本部件：终端板、终端块以及 I/O 卡。终端板安装在机柜上，它分 S 型和 T 型两种基本类型。S 型板对每个 I/O 点提供一个输入，并通过单个 I/O 卡来处理信号。可通过使用一个、两个或三个这种终端板实现单工、双工以及 TMR 的配置方式。一般情况下，T 型 TMR 板将每个输入信号都分别送入三个独立的 I/O 卡，并对这三个 I/O 卡的输出进行表决。

在 Mark VIe I/O 模块中的 I/O 卡有一个通用处理器板和一个数据采集板，该采集板对相连的设备来说具有唯一性。每个终端板上的 I/O 卡会对信号进行数字化处理、执行运算，并与 Mark VIe 控制器进行通信。I/O 卡通过数据采集板上的特殊电路组合和 CPU 中运行的软件共同执行故障检测功能。如果同时连接了两个网络接口，那么 I/O 卡会同时向这两个网络接口发送输出，并同时从它们那里接收输出。I/O 卡的处理器板和数据采集板的额定操作温度是 $-30 \sim 65 ℃$（$-22 \sim 149 ℉$），并带有自由对流降温功能。I/O 卡带有一个温度传感器，其精确度在 $\pm 2 ℃$（$3.6 ℉$）的范围之内。数据库内含有每个 I/O 卡的温度信息，并可以通过这些信息来生成警报。

（3）服务器。

CIMPLICITY 服务器收集 UDH 的数据，并通过 PDH 与浏览器通信。可以使用多个服务器，以便实现冗余功能。如果选择了冗余数据服务器，那么即使一个服务器出现故障，与浏览器的通信也不会中断。

（4）操作员站及工程师站。

典型的人机接口是运行 Windows 操作系统的计算机，系统带有用于数据公路的通信驱动以及 CIMPLICITY® 操作显示软件。操作者从实时图形显示界面发出命令，并在 CIMPLICITY 图形显示设备上浏览实时涡轮数据和警报。详细的 I/O 诊断和系统配置可以通过 TOOLBOXST 软件来实现。人机接口可以配置为带有工具和实用程序的服务器或者浏览器。可以把人机接口与一个数据公路相连，或者也可以使用冗余网络接口板把人机接口同时连接到两个数据公路，以便增加可靠性。人机交互接口（HMI）包括操作员站和工程师站，均由一台带网卡的工控计算机以及鼠标和键盘等组成。

3. 电源

Mark VIe 控制柜的电源模块由电厂直流不间断电源（UPS）和 220V 交流电源双路供给，直流电具有接地保护监测。电源模块内有交直流转换器，把送进来的交流电转化为直流电后作为备用电源。电源模块分别向处理器模块、开关量输入端子板、机组电磁阀端子板以及其他板块供电。

4. 网络结构

Mark VIe 控制系统是基于网络层次结构而构建的，它用来连接个体节点，Mark VIe 整体网络结构如图 2-15 所示。这些网络根据个体功能把不同的通信信息分配给不同的层次。这个层次结构在 I/O 模块和控制器的基础上进行扩展，能够通过人机接口对进程进行实时控制，并支持设备监控功能。每个层次都通过工业标准部件和协议来简化不同平台之间的集成，并改善整体可靠性和可维护性。这些层次包括企业层、监督层、控制层和 I/O 层，网络是根据标准 Fast Ethernet 协议建立，具有防止自动故障和开放性的特点。它提供简洁的、直接的连接，如打印机、WANs、LANs、Allen-Bradley PLCs 以及其他类似的使用 Ethernet 通信的设备。

（二）安萨尔多 AE94.3A 燃气轮机控制系统

1. 安萨尔多 AE94.3A 控制系统硬件结构

燃气轮机岛控制系统 GTCMPS（gas turbine control，monitoring and protection system）主要采用 ABB 的 SYMPHONY plus harmony rack system，控制系统的硬件架构及软件组态由 ABB 和上海成套提供。ABB 为 Ansaldo 公司设计燃气轮机控制系统超过 20 年，ABB 控制系统控制 Ansaldo 燃气轮机的种类有 AE64.3/ AE94.2/ AE64.3A/ AE94.3Ax。

以某安萨尔多 AE94.3A 型燃气轮机机组为例，该机组采用 ABB SYMPHONY plus 系统，系统硬件分为现场设备层、数据采集层（AI810 模拟量输入模件、AO810 模拟量输出

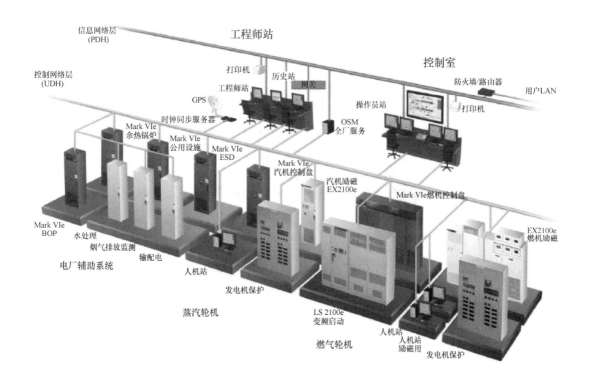

图 2-15　Mark VIe 整体网络结构

模件、DI810 数字量输入模件、DO810 数字量输出模件、TP800 转速输入模件、VP800 伺服卡）及其他集成数据采集控制系统、人机接口操作员站和工程师站。

（1）跳闸保护系统。

该系统采用具有微处理器的智能模件 TP800，能够独立与控制器工作，保护响应时间小于 8ms，通过 SIL3 安全保护认证，能够提供多种保护功能［103％OPC，超速停机，预估停机，解列甩负荷保护，3 种功率负载不平衡保护（RSPLU、EVA、CIV）］。TP800 采用 Profibus-DP 通信，具有标准 Profibus 接口的系统。TP800 保护系统通常采用三取二结构，主要组成部分有 TP800（TBU810，CPM810，TPM810），ROM810（继电器输出模件），ROM830（三取二模件）。通常典型的一套保护系统由 3 个 TP800、9 个 ROM810、6 个 ROM830 组成。

（2）液压伺服采集系统。

该系统采用 VP800 模件，是一个专门实现阀门远程控制的模件化设备。VP800 可以通过改变燃气轮机进气阀燃气流量，实现对汽轮机相关重要参数特性的控制。VP800 由 CPM810 和 VPM810 组成并通过 PROFIBUS 电缆连接控制器。

（3）快速数据记录系统（Delphin）。

快速数据记录系统包括数据采集、数据处理、数据传输、数据存储、燃气轮机状态检测、故障诊断、燃气轮机性能检测、性能预测分析等。该系统也是燃气轮机燃烧分析装置，主要用于对燃烧室加速度、嗡鸣（燃烧室压力波动）的采集和分析。通过对加速度和嗡鸣进行频域分析来判断当前燃烧室燃烧质量的优劣，从而为燃烧调整提供重要依据。

（4）VM600 系统（TSI）。

燃气轮机侧采用 VM600 系统，包括燃气轮机和发电机 TSI 探头、特殊电缆和前置器（相对振动、绝对振动、键相、嘶鸣、加速度和 RDS 位移）。VM600 拓扑结构如图 2-16 所示。

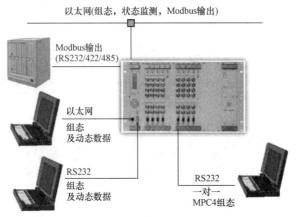

图 2-16　VM600 拓扑结构

将监测保护、状态监测进行整合，并融为一体。所有 TSI 功能只用一种模块（MPC4）即可实现，通过软件组态实现现场所需的监测保护功能。

VM600 系统机器保护卡 MPC4 是 6 通道监测保护模块，包括 4 个通道传感器输入（涡流传感器、加速度传感器、速度传感器、转速探头、其他通用传感器）和 2 个通道转速或键相位输入。

（5）超速保护系统（BRAUN）。

执行超速三取二保护。

（6）火焰监视系统（IRIS 3001）。

通过就地火检探头和相关仪表进行燃烧室的火焰监视。火焰监视系统是机组保护电路中必不可少的部分，该系统的作用是当发生点火失败的故障时，立即进行停机处理。由于燃料或空气可能存在不稳定性，或是机组负荷突然发生变化等导致点火失败，就会导致潜在的爆炸燃烧气体的形成。火焰监视系统会在点火失败 1s 内触发燃料截止阀动作，因此可以避免大量未燃烧的燃料进入燃烧室。

2. 安萨尔多燃气轮机控制系统软件

该机组燃气轮机控制系统软件分为闭环控制程序和开环控制程序。

（1）闭环控制程序。

闭环控制程序分为七大部分，其中燃料控制器是燃气轮机的闭环控制的核心，由七个控制器组成，分别为启动升程器（startup function）、转速控制器（speed controller）、负荷控制器（power controller）、排气温度控制器（exhaust temperature controller）、负荷限制器（load limiter）、压比控制器（compressor ratio limiter）、空气冷却限制控制器（cooling air limiting controller）。七个控制器经过小选输出，并由燃料分配器把燃料分配给值班阀和预混阀。

1）启动升程器：依据燃气轮机启动所需的燃料需求特性，根据预设的初始燃料量和燃料需求速率为燃气轮机升速提供必需的燃料。在燃气轮机转速大于 30Hz 时，燃料阀由值班阀控制模式切换为值班和预混混合控制模式。启动过程中通过控制燃料量来控制燃气轮机的升速率。

2）转速控制器：在燃气轮机速度大于47.5Hz时，控制器由启动升程器切换至转速控制器（PID调节），从而使燃气轮机转速稳定至额定转速（FSNL）。

3）负荷控制器：在燃气轮机发电机并网（GCB与UCB闭合）后，控制器由转速控制器切换至功率控制器，通过功率控制器（PID调节）控制燃气轮机的负荷和升负荷率。

4）排气温度控制器：当IGV全开后，控制器由负荷控制器切换为排气温度控制器，控制燃气轮机的排气温度值，防止燃气轮机透平入口超温。

5）负荷限制器：设定负荷高限值，防止燃气轮机超出最大机械负荷设计值。

6）压比控制器：根据压气机特性曲线，设定安全的压气机压比边界，防止燃气轮机发生喘振。

7）空气冷却限制控制器：当压气机压比小于设定值时，适当降低燃料阀的开度，维持透平叶片的冷却空气进气量。

（2）开环控制程序。

开环控制程序如表2-1所示。该机组燃气轮机控制系统顺序控制有顺序控制步序和流程显示功能，时时监测顺控步序，全面掌握燃气轮机顺控动态，反馈延迟、未到、已到三种状态时时监测，燃气轮机顺控流程走向全方位监控，顺控信息时时显示，调试简单、缩短调试周期。

表 2-1　　　　　　　　　　　　　　　　　开环控制程序

燃气轮机本体和辅助系统	燃气轮机本体（燃气轮机本体仪表、防喘放风系统、燃烧室透平冷却空气系统、燃气轮机本体疏水系统、IGV）监视、控制与保护
	燃气轮机辅助系统（润滑油系统、液压油系统、燃气模块、进气系统、排气系统、气动模块、水洗系统、罩壳系统、RDS系统、前置模块）监视、控制与保护
	燃气轮机顺控（主顺控、润滑油顺控、盘车顺控、燃气顺控、RDS顺控、吹扫顺控）
	燃气轮机保护（振动、火焰、排气温度、超速、喘振、加速度、高低频保护、火灾、按钮）
燃气轮机发电机及电气设备	发电机本体（本体仪表、振动系统）监视、控制与保护
	SFC系统以及交叉启动控制
	励磁系统监视
	同期系统监视与控制
	发电机保护系统监视
	发电机冷却系统
	MCC柜监视与控制

3. 安萨尔多燃气轮机控制系统其他特点

（1）保护系统一体化。

安萨尔多燃气轮机保护系统采用SCHLOSSER专用保护系统，采用FAILSAFE理念设计的保护卡与控制系统一体化设计。保护系统一体化优点：

1）一体化设计，组态灵活，修改方便；

2）避免大量接线，节省调试周期，降低运行风险；

3）保护卡件属常规设备。

（2）远程诊断系统。

安萨尔多远程诊断系统采用 WIN-TS。AEN 远程诊断系统采用 TVA 设备。AEN 远程诊断 TVA 设备优点：

1）可以收集 GTCS 控制系统中所有数据并远传至 AEN 诊断中心；

2）诊断专家可以通过 TVA 系统监测操作员画面和工程师组态界面。

（3）嗡鸣分析系统一体化。

安萨尔多嗡鸣分析采用 ARGUS 专用分析系统。AEN 集成嗡鸣分析功能于 VM600 监测仪表。AEN 嗡鸣分析功能集成配置优点：

1）一体化设计，结构简单，省去嗡鸣机柜安置空间；

2）采用 SAMH 软件时时查看嗡鸣频谱图；

3）VM600 监测仪表属于常规设备；

4）可集成在 TVA 系统中，查看嗡鸣频谱图。

（4）顺控步序和流程显示。

安萨尔多燃气轮机 TCS 控制系统无顺控步序和流程显示功能。AEN 燃气轮机 TCS 控制系统中有顺序控制步序和流程显示功能。顺控步序和流程显示如图 2-17 所示。AEN 顺控步序和流程显示功能优点：

1）时时监测顺控步序，全面掌握燃气轮机顺控动态；

2）反馈延迟、未到、已到三种状态时时监测；

3）燃气轮机顺控流程走向全方位监控；

4）顺控信息时时显示。

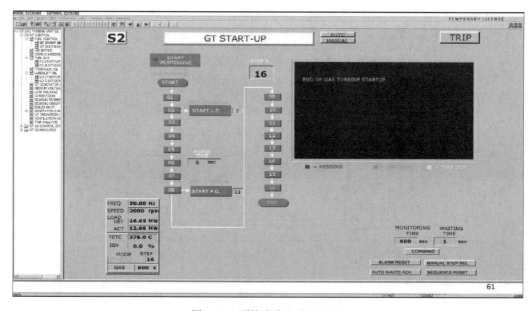

图 2-17　顺控步序和流程显示

二、燃气轮机顺序控制系统

（一）GE 燃气轮机顺序控制系统

燃气轮机的顺序控制系统检查每一步骤应满足的条件，使机组按照既定步序自动控制相应设备，从而实现机组的启动和停止。

GE 燃气轮机机组的启动运行是在一系列顺控程序支持下完成的。燃气轮机由于其设计紧凑、辅助系统相对较少的特点，在燃气轮机岛内实现了"一键启停"的运行方式，大大降低了运行人员的操作难度，同时也保证了燃气轮机启动过程中的快速性、准确性和安全性。

机组启动时，操作人员通过人机接口 HMI（操作员站）的画面发出启动指令，随后控制系统会依据预设的逻辑，自动启动机组，通过控制各辅助设备合适的时机启停、各阀门在合适的时机开启/关闭，对启动过程中的参数进行监视和控制，直至机组完成启动。

启动过程中，启动程序发出的各种控制指令首先依赖于当前燃气轮机的转速，因而转速的正确检测在启动过程中是至关重要的。当转速达到各个重要值时，控制系统将分别发出一系列控制指令，使相应的辅助设备、阀门动作。在 Mark VIe 控制系统中，重要的转速级如表 2-2 所示。

表 2-2　　　　　　　　　　**Mark VIe 控制系统中重要转速级**

转速级	设定值		说　　明
	逻辑值 0	逻辑值 1	
L14HR	升速≥0.14%	降速≤0.06%	零转速继电器
L14HTG	降速≤3.3%	升速≥4%	盘车延时继电器
L14HT	降速≤3.2%	升速≥8.4%	冷机慢转起始转速逻辑
L14HM	降速≤9.5%	升速≥10%	最小（点火）转速逻辑
L14HA	降速≤46%	升速≥50%	启机加速逻辑
L14HC	降速≤50%	升速≥60%	启动马达脱扣继电器
L14HF	降速≤94%	升速≥95%	励磁起励逻辑
L14HS	降速≤94%	升速≥95%	运行转速逻辑

启动控制检查启动允许的条件、遮断闭锁的复位，并提供了启动、运行期间燃气轮机、发电机、启动装置和辅机的动作顺序，把燃气轮机带到点火转速，继而点火再判断点火成功与否，随后进行暖机、加速，直到燃气轮机达到运行转速。启动控制还监测保护系统和其他主要辅助系统，如燃料和液压油/润滑油系统，并发出燃气轮机按预定方式启停的逻辑信号。这些逻辑信号包括转速级信号、转速设定点控制、负荷能力选择、启动设备控制和计时器信号。

（二）安萨尔多 AE94.3A 型燃气轮机顺序控制系统

安萨尔多燃气轮机机组的启动运行是在一系列顺控程序支持下完成的。安萨尔多燃气轮机由于其设计紧凑、辅助系统相对较少的特点，在燃气轮机岛内实现了一键启停的运行方式，大大降低了运行人员的操作难度，同时也保证了燃气轮机启动过程中的快速性、准确性和安全性。

机组启动时，操作人员通过人机接口 HMI（操作员站）的画面发出启动指令，随后控制系统会依据预设的逻辑，自动启动机组，通过控制各辅助设备合适的时机启停、各阀门在合适的时机开启/关闭，对启动过程中的参数进行监视和控制，直至机组完成启动。

燃气轮机系统的顺序控制子组程序控制系统主要包括燃气轮机启停步序、燃气轮机天然气系统步序、燃气轮机润滑油/盘车步序、燃气轮机 RDS 系统步序、燃气轮机 SFC 清吹系统步序。安萨尔多 AE94.3A 燃气轮机主顺控结构如图 2-18 所示，其中，燃气轮机启停步序为主顺控步序。

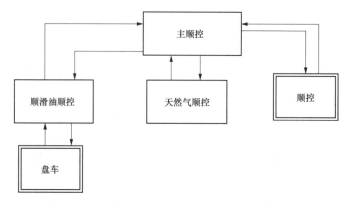

图 2-18　安萨尔多 AE94.3A 燃气轮机主顺控结构

一键启动主顺序控制系统提供了在启动、运行、停机期间燃气轮机、发电机、启动装置和辅机的顺序控制。顺序控制系统控制燃气轮机本体和其他主要系统，如燃料系统、液压油系统，并发出使燃气轮机按照预定方式启停的逻辑信号。这些逻辑信号包括转速信号、转速设定点控制、负荷能力选择、启动设备控制和计时器信号等。

三、燃气轮机保护控制系统

（一）GE Mark VIe 燃气轮机主要保护控制系统

保护系统作为燃气轮机控制不可分割的一部分，在燃气轮机正常运行时，对机组的各项参数进行监视。当机组由于某些原因出现故障时，运行参数会偏离正常运行范围，此时保护系统应及时给出警示，使运行人员有充足的时间分析故障的原因，并尽可能地在不停机的情况下排除故障，使机组恢复到正常、安全的运行状态。当机组发生重大故障时，保护系统应能在发出报警的同时，使机组执行自动停机甚至遮断机组，进而保护机组的安全。

机组的重要保护系统如超速、超温保护等，均在 Mark VIe 三冗余控制器中实现算法并表决输出；而另外一些保护功能，例如润滑油压力低或润滑油温度高等，则采用温度开关和压力开关，但是元件必须使用三冗余配置并由控制器实现表决，提高保护的可靠性。

Mark VIe 控制系统还新增有独立的保护模块(P)，对重要的保护，如转速保护、紧急按钮停机保护等做出反应。该模块独立于控制系统以避免控制系统故障而阻碍保护装置正常动作的可能性。

保护系统对一般的跳闸信号（低润滑油压、透平排气压力高等）做出反应，也能对更复杂的参数信号（如超速、超温、高振动、燃烧室熄火等）做出快速反应。生产过程中的过程信号（如温度、压力、流量、转速振动、位移等）通过输入模件送到主控制逻辑和主保护逻辑，进行算术运算和逻辑判断，再由输出模件输出，保证在事故状态下及时切除燃料供应和控制油供应，对燃气轮机进行保护。

（二）安萨尔多 AE94.3A 型燃气轮机保护控制系统

以某安萨尔多燃气轮机为例，该燃气轮机保护系统目前采用 TUV 认证的 SCHLOSSER 的专用硬件 HW-ESD（安全等级 SIL3），采用 failsafe（故障安全）的设计理念，用硬接线回路实现保护功能。燃气轮机保护装置为 SCHLOSSER 智能型保护继电器组，燃气轮机的保护信号通过硬接线的方式与该保护装置连接，再由该装置进行硬回路判断后快速发出跳闸指令，达到保护燃气轮机的目的。

安萨尔多 AE94.3A 型燃气轮机的保护内容较为复杂，分为两种形式种是通过硬件保护装置（SCHLOSSER）直接作用于燃料阀（ESV 阀）的跳闸保护（TRIP）；另一种是通过触发停机顺控的停机保护（SHUT DOWN）。跳闸保护（TRIP）是通过硬件保护装置（SCHLOSSER）实现燃气轮机的遮断，有一些非常重要的现场信号直接输出至 SCHLOSSER 保护装置，如点火过燃料信号、喘振压力开关信号、可燃气体泄漏信号和转速超速信号等，这些保护内容简称为 SCHLOSSER 保护。还有一些信号输出至 TCS 的 ABB 系统，经过内部逻辑判断后，通过硬线送至 SCHLOSSER 保护装置，这部分保护内容简称为 NON-SIL 保护。快速处理控制器（SIL3）内也有一些关于燃料阀和闭环回路有关的保护内容，通过硬线送至 SCHLOSSER 保护装置，这部分保护内容简称为 SIL3 保护。

停机保护（SHUT DOWN）通过 TCS 内部逻辑判断，触发停机顺控中"保护停"信号，使燃气轮机进入停机步序，按照一定速率降负荷至解列。过程中如"保护停"信号消失，可重新启动燃气轮机顺控，使燃气轮机恢复至之前状态。

总的来说，安萨尔多 AE94.3A 型燃气轮机保护系统主要由 SIL3 保护、NON-SIL 保护、SCHLOSSER 保护、TCS 内的燃气轮机顺控停机保护四个部分组成。

四、燃气轮机自动控制系统

（一）GE Mark VIe 控制系统

Mark VIe 控制系统包括核心的主控制系统，还包括一些其他重要的自动控制系统。主控制回路是为了自动改变燃气轮机燃料消耗率而设计的，它主要完成设定启动和运行的燃料极限、控制燃气轮机转子的加速、控制燃气轮机转子的转速、限制燃气轮机的温度四项功能。

其他重要的自动控制系统主要包括燃气轮机 IGV 控制系统和 IBH 控制系统等。主控制系统辅以其他重要自动控制系统才构成了完整的 Mark VIe 控制系统。

燃气轮机的控制是通过燃料流量信号 FSR（fuel stroke reference）去控制燃料调节阀实现的。燃气轮机控制系统中设置了下列几种自动改变燃气轮机燃料的主控制系统：启动控制系统（startup）、转速控制系统（speed）、温度控制系统（temperature）、加速度控制系统（acceleration）、停机控制系统（shutdown）。每个系统输出的燃料行程基准（指令）FSR 如下：

启动控制燃料行程基准 FSRSU、转速控制燃料行程基准 FSRN、温度控制燃料行程基准 FSRT、加速度控制燃料行程基准 FSRACC、停机控制燃料行程基准 FSRSD。

此外还设置了手动 FSR 控制，输出信号为 FSRMAN。以上 5 个 FSR 量进入"MIN"最小值选择门，选出 5 个 FSR 中的最小值作为输出，以此作为该时刻实际执行用的 FSR 控制信号。因而虽然任何时候 5 个系统各自都有输出，但某一时刻只有一个系统的输出在起控制作用，如图 2-19 所示。FSR 选用最小值可给燃气轮机提供最安全的运行。

（二）安萨尔多 AE94.3A 型燃气轮机自动控制系统

安萨尔多燃气轮机控制系统中燃气轮机的闭环控制均在主控制器内实现。该控制器具备快速处理功能，主要实现燃气轮机的重要保护及闭环控制功能，此部分相当于汽轮机的

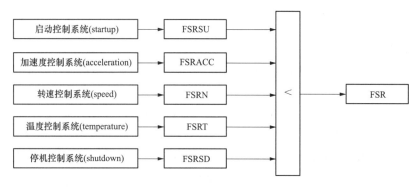

图 2-19　FSR 计算示意图

DEH 控制系统。

在该控制器中主要设计有几个方面的控制功能：启动升速控制、转速/负荷控制、排气温度控制、负荷限制控制、压气机压比控制、阀位控制等。燃气轮机控制系统将机组由 SFC 装置拖动到清吹转速后点火，再把机组转速提升到额定工作转速，并控制同期并网，最终将燃气轮机的负荷提升至目标值，并通过设置一定的负荷变化率减少燃气轮机热通道部件和辅助部件的热应力。这一系列过程均由主控制器自动完成。

燃气轮机闭环控制系统进行四项基本控制：①设定启动和正常的燃料极限；②控制燃气轮机转子的升速；③控制燃气轮机的转速及负荷；④控制燃气轮机的排气温度。燃气轮机的各个运行工况下，燃料量的控制均由最小选择功能块进行选择控制。

燃气轮机点火启动后，通过启动升速控制器按照调试好的启动加速速率控制转速提升，排气温度和转速随之上升。转速到达额定转速，启动升速控制完成，速度控制功能启动，机组稳定在空载转速，准备并网。

并网运行时，速度控制器退出（此工况下由该回路实现一次调频功能），燃气轮机转为负荷控制模式。在 BASE LOAD 基本负荷之前，排气温度达不到温控基准，排气温度控制功能退出，燃气轮机在该工况下由转速/负荷控制器控制。功率增加到一定程度，排气温度升到温控基准，IGV 开度达到 100%，排气温度控制器启动，此时通过小选功能块转速/负荷控制系统退出控制，受环境温度的影响，燃气轮机当前工况下负荷上限受排气温度控制器所限，不能继续提升负荷。前面四种控制模式为燃气轮机的主要工作模式，负荷限制器及压比限制器只有在特殊工况下才会启动。无论何种时刻，仅有一个回路的燃料行程基准通过最小值选择门进行控制，当前工作的回路即为此刻的燃气轮机运行模式。

安萨尔多燃气轮机控制总貌图如图 2-20 所示，在该页画面上可以监视燃气轮机当前的运行模式。该图含有七项控制功能的总貌图，"最小值选择门"选出七项控制功能中的最小值，作为"最小值选择门"的输出，成为执行控制指令送往燃料控制系统。

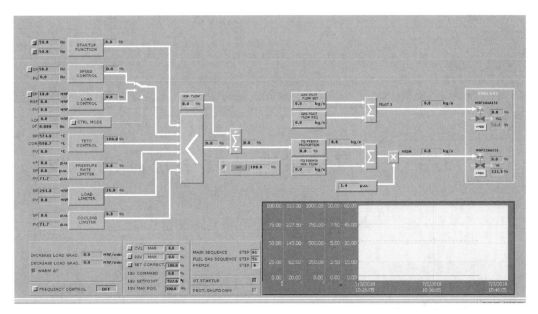

图 2-20　安萨尔多燃气轮机控制总貌

第三章

燃气-蒸汽联合循环分系统调试

第一节 燃气轮机分系统调试

一、调试范围及内容

(1) 各系统调节门（电动、气动、电液伺服）、电动门、气动门的动作检查试验；

(2) 调压站系统调试；

(3) 液压油系统调试；

(4) 燃气轮机发电机氢冷、密封油及定子冷却水系统调试；

(5) 燃气轮机辅助系统调试；

(6) 润滑密封油系统及油净化装置调试；

(7) 顶轴油系统及盘车装置调试；

(8) 天然气前置模块系统调试；

(9) 燃气轮机启动系统调试；

(10) 天然气加热系统调试；

(11) 天然气燃料系统调试；

(12) 冷却、密封空气系统调试；

(13) FGH 加热系统调试；

(14) 热工信号及联锁保护检查试验；

(15) 燃气轮机岛冷却水系统调试投运；

(16) IGV、CV1 系统调整；

(17) 危险气体探测系统调试。

二、调压站系统调试

（一）调试目的

为保障调压站系统调试工作的顺利进行，依据 DL/T 5437《火力发电建设工程启动试运及验收规程》的规定和电厂工程调试合同的要求，在调压站系统安装结束完成设备单体调试结束后应进行分系统的调试工作，通过现场静态与动态的调试检验是否运行正常，确认调压站系统的设计是否合理、联锁保护是否安全可靠。通过对系统进行调整，达到设计规定的要求，使系统能满足机组整套启动需要。

（二）调试范围

调压站系统调试要求调压站安装完毕，包括联锁保护试验、系统严密性试验、充压及对调压器进行整定以及系统投运及动态调整等项目。

（三）调试前应具备的条件

（1）脚手架等调试中不必使用的临时设施拆除，设备及调试环境清理干净，沟道、孔洞均用盖板盖好，并有安全护栏，平台有正规楼梯、通道、栏杆及其底部护板，做到道路平整畅通；

（2）调试现场应有充足的照明或临时照明，紧急照明设备在备用状态；

（3）设备的命名、挂牌、编号工作已结束；

（4）现场应备有足够的消防灭火器材；

（5）配备足够的通信设备，保证就地与 DCS 控制室联系畅通；

（6）准备必要的警示围带及警示牌，限制与调试无关人员进入试运范围；

（7）对于不易操作的阀门等或欲进行安全门校验时，必要时搭设合格的临时操作平台或脚手架；

（8）系统调试组织和监督机构已成立，并已有序开展工作；

（9）仪控、电气专业有关调试结束，参与调试人员配合机务到场；

（10）燃机调压站系统所有设备、管道安装结束，并经验收签证；

（11）热工仪表及电气设备安装完毕，仪表校验合格，并提供有关仪表及压力、温度、振动等开关的校验清单；

（12）调压站模块排污电机单转试验结束，已确认运行状况良好，转向正确，参数正常，DCS 状态显示正确；

（13）各阀门单体调试结束，开、关动作正常，限位开关就地位置及 DCS 状态显示正确；

（14）调压站模块电机绝缘测试合格；

（15）电机轴承已注入合格的润滑油脂；

（16）调试资料、工具、仪表、记录表格已准备好；

（17）天然气管道已由安装单位进行过严密性试验，打压合格，系统已吹扫合格；

（18）天然气管道系统已设置良好的接地电阻，法兰跨接线符合规范要求。

（四）调试工作内容及程序

1. 氮气置换及调压器压力设定

在系统通入天然气前，需要对管道用氮气将空气置换出去。将充氮系统的接头与充氮口相连。在置换过程中保持氮气压力在 0.2MPa，全开放气阀，将系统充至 0.16MPa，缓慢关闭放气阀至半开位置。在放气处检测氧气含量，直至氧气含量小于 1%，关闭放气阀，充氮置换过程结束。系统充入天然气后，可将压力升高至工作压力，部分打开放气阀，可进行调压器压力设定，以及 ESD、SSV 阀门的调试工作。

注意：禁止在调压站出口阀全开情况下调试调压器，会导致调压器皮膜单向受力，引起损坏。

2. 调压站系统的投运

（1）系统投运前的准备工作。

1）检查上游天然气压力在要求范围，过高的天然气压力会损害设备。

2）确认将要投用的设备，已经过气密性试验并合格。设备（包括管道）上的安全阀，经试验合格，并安装在正确的位置。

3）检查系统所有阀门状态，打开 ESD 进口及出口球阀、投入一路过滤器的出口主球阀以及仪表的一次阀，所有的放气阀均应关闭。

4）确认氮气置换已完成。

（2）系统充压。

在充压过程中，应注意压力的上升速度不应过快。

1）开启 ESD 旁路 1 号球阀，缓慢打开 1 号截止阀，当 ESD 出口与进口压力平衡，手动打开 ESD 执行机构的气源控制阀，缓慢打开 ESD。关闭旁路 1 号球阀与 1 号截止阀。

2）打开过滤器旁路球阀，缓慢开启旁路截止阀，向过滤器充气，当压力与上游压力一致且稳定后，关闭旁路球阀和截止阀。

3）打开 SSV 前的主球阀旁路，当主球阀前后压力平衡后，开启主球阀，关闭旁路阀。当 SSV 前的压力升高时，开启 SSV 旁通阀，保证阀上下游压力平衡。

4）由于旁通阀已打开，调压器前已有压力，调压器已参与压力调节，当调压器出口压力超过 SSV 的亏压设定值时，SSV 自动打开。

5）对排污罐进行排污时，应先确认排污罐内水位正常，方可打开排污罐排污阀。

（3）调压站系统的停运。

1）关进气门和出气门，检查旁路门关闭。

2）当设备内失去压力后，应尽快进行氮气置换，使天然气浓度小于 5%。

3）注意在置换时，务必使每段管道的末端都能置换到。置换时，气体排放应到专用的排放口。没有专用排放点而必须排放的，应用警戒线设置出禁止人员进入和禁火区域，并有安全员监护。

（4）调压站的正常运行。

注意监视过滤器液位、排污罐液位、过滤器差压、调压器出口压力等参数。当过滤器差压超过 550mbar 时，应按照投运过滤器方法对备用过滤器进行充压，切换完成后，关闭过滤器进出口阀，开启排气阀，进行氮气置换，并更换备用滤芯。

三、燃气轮机液压油系统调试

（一）调试目的

为保障燃气轮机液压油系统调试工作的顺利进行，依据 DL/T 5437《火力发电建设工程启动试运及验收规程》的规定和调试合同的要求，在机组燃气轮机液压油系统安装结束完成设备单体调试后应进行分系统的调试工作，通过现场静态与动态的调试，检验液压油系统是否运行正常，确认燃气轮机液压油系统的设计合理与否、联锁保护是否安全可靠。通过对系统进行调整，达到设计规定的要求，使系统能满足机组整套启动需要。

（二）调试范围

燃气轮机液压油系统调试从液压油泵、液压油循环泵等单体调试结束、液压油冲洗油质合格后的动态交接验收开始，包括联锁保护试验、各类油泵带负荷试运、系统压力整定、过压自动调节装置、系统投停运及动态调整等项目。

（三）调试前应具备的条件

（1）燃机液压油系统所有设备、管道安装结束，并经验收签证；

（2）热工仪表及电气设备安装、校验完毕，并提供有关仪表及压力、温度等测量元件的校验清单；

（3）燃机液压油系统各泵电机单转试验结束，已确认转向正确、运行状况良好、参数正常、就地及远方状态显示正确；

（4）各阀门开、关动作正常，阀门严密性良好；

（5）油冲洗所接的临时管道、堵头、临时滤网均已拆除，系统恢复至正常运行状态；

（6）燃机液压油系统有关节流孔板等均已恢复安装就绪；

（7）各泵电机绝缘测试合格；

（8）泵和电机轴承已注入合格的润滑脂；

（9）液压油箱清理结束，并已加入合格的液压油至正常位；

（10）液压油质经化验合格；

（11）仪用压缩空气系统、闭式水、开式水系统已调试结束，系统能正常投入运行；

（12）系统调试组织和监督机构已成立，并已有序开展工作；

（13）调试资料、工具、仪表、记录表格已准备好；

（14）试运现场已清理干净，安全、照明和通信方案已落实；

（15）热控、电气专业有关调试结束，配合机务调试人员到场；

（16）根据 DL/T 5437《火力发电建设工程启动试运及验收规程》要求，单体调试前，成立试运指挥部。

（四）调试工作内容及程序

（1）蓄能器充氮气压力检查。

各蓄能器按照厂家说明书的规定充入规定的氮气并检查确认。

（2）液压油系统耐压试验。

1）油循环结束后，关闭蓄能器进口阀，关闭供油管道隔离阀，启动循环油泵、启动主液压油泵，用溢流阀及泵体上压力补偿器调整系统油压 21MPa，保持系统承压 5min，开启供油管道隔离阀系统无漏油即为合格；

2）耐压结束后，将所有冲洗滤芯换为工作滤芯，系统恢复。

（3）油压调整。

1）系统耐压试验结束，系统恢复后，分别启动液压油泵及循环油泵；

2）调整油泵出口溢流阀，将溢流阀动作压力整定为 17MPa，溢流阀锁紧；

3）调整油泵压力补偿器，使系统压力为 16MPa，锁紧压力补偿器。

（4）相同步骤整定辅助液压油泵。

（5）执行机构的调整。

控制系统与执行机构联调结束，对各执行机构进行静态及动态调整，使实际行程与设计行程相符合。

四、燃气轮机发电机氢冷、密封油及定子冷却水系统调试

（一）调试目的

为保障机组发电机氢冷、密封油及定子冷却水系统调试工作的顺利进行，依据 DL/T 5437《火力发电建设工程启动试运及验收规程》的规定和工程调试合同的要求，在机组发电机氢冷、密封油及定子冷却水系统安装结束完成设备单体调试后应进行分系统的调试工作，通过现场静态与动态的调试检验以确认各系统管道及辅助设备安装正确无误，设备运行性能良好，控制系统工作正常，系统能满足机组整套启动需要。

（二）调试范围

发电机氢冷、密封油及定子冷却水系统联锁保护试验、各类风机和泵带负荷试运、系统投停运及动态调整等项目。

（三）调试前应具备的条件

1. 氢冷系统

（1）发电机氢冷系统和所属试转相关设备、阀门和管道均已按照制造厂和设计图纸的要求安装完毕并验收合格，安装技术数据记录齐全；

（2）发电机氢冷系统所有阀门单体调试结束，就地与远方操作时阀门动作正常、无卡涩，就地阀门实际状态、位置指示及 DCS 画面显示一致；

（3）润滑油系统、发电机密封油系统已试运完成，能正常投入运行；

（4）闭冷水系统、仪用空气系统及供氢站调试结束，能投入运行；

（5）发电机气密性试验已完成并且验收合格；

（6）发电机氢冷系统所有管道已完成耐压及气密性试验且验收合格；

（7）发电机氢冷系统电气、热工有关仪表校验合格，指示准确，具备投运条件；

（8）发电机氢冷系统所有电气、热工保护、联锁、信号试验完毕并验收合格；

（9）发电机氢冷系统的所有安全阀已按要求校验完毕，有校验报告；

（10）气体纯度校量装置已经过校准；

（11）已准备充足的二氧化碳及氢气；

（12）与发电机氢冷系统试运无关的管路和系统可靠隔离；

（13）系统充氢及运行期间汽机房严禁烟火，并悬挂警示牌；

（14）系统设备、阀门挂牌完成；

（15）警示区域内不得有易燃物品，准备好足够的消防器材；

（16）全厂消防水系统已调试完成、验收合格且已经正常投运，氢气系统周围自动喷水系统正常投运；

（17）试转区域内场地平整、照明充足、通信正常、道路通畅、沟道盖板齐全、厂区排水通畅、安全措施到位；

（18）根据 DL/T 5437《火力发电建设工程启动试运及验收规程》要求，单体调试前，成立试运指挥部。

2. 密封油系统

（1）系统所有设备、管道安装结束，并经验收签证；

（2）热工仪表及电气设备安装、校验完毕，并提供有关仪表及压力、温度、差压等开关的校验清单；

（3）各阀门开、关动作正常，油管路安全门校验合格；

（4）润滑油系统油循环已结束，油质合格，并能正常投运，可向发电机密封油系统提供密封用油；

（5）密封油系统油循环冲洗结束，油质经化验符合设计要求；

（6）电机绝缘测试合格、密封油泵单体试转合格，转向正确；

（7）油箱排烟风机单体试转合格，转向正确；

（8）调试资料、工具、仪表、记录表格已准备好；

（9）试运现场已清理干净，安全、防火、防爆、照明和通信措施已落实；

（10）根据 DL/T 5437《火力发电建设工程启动试运及验收规程》要求，单体调试前，成立试运指挥部。

3. 定子冷却水系统

（1）定子冷却水系统和所属试转相关设备、阀门和管道均已按照制造厂和设计图纸的要求安装完毕并验收合格，安装技术数据记录齐全；

（2）定子冷却水泵电机及泵轴承润滑油按要求加好且电机经单体试转合格；

（3）除盐水及凝补水系统试运结束，能正常投运；

（4）应备有足够的除盐水，能够满足定子冷却水系统的供水及冲洗用水要求；

（5）定子冷却水箱就地磁翻板水位计显示正确，水箱冲洗合格；

（6）定子冷却水系统电气、热工有关仪表校验合格，指示准确，具备投运条件；

（7）定子冷却水系统所有电气、热工保护、联锁、信号试验完毕并验收合格；

（8）与定子冷却水系统试运无关的管路和系统可靠隔离；

（9）厂房内排污泵试转合格，能正常投入运行；

（10）系统设备、阀门挂牌完成；

（11）试转区域内场地平整、照明充足、通信正常、道路通畅、沟道盖板齐全、厂区排水通畅、安全措施到位；

（12）根据 DL/T 5437《火力发电建设工程启动试运及验收规程》要求，单体调试前，成立试运指挥部。

（四）调试工作内容及程序

1. 氢冷系统

（1）发电机氢冷系统 DAS 点校验。

发电机氢冷系统 DAS 点校验是从就地测量元件拆线或加信号，在操作员站观察显示的点是否与就地一致，确保发电机氢冷系统各热工测点的通道正确。

（2）油水探测报警器。

气密性试验合格之后，发电机内无气压，从试验用阀门处灌入 $800\,cm^3$ 左右的润滑油，报警器应能发出报警信号。试验完毕排尽润滑油，关闭排污和试验阀门。

（3）发电机内气体的置换。

1）准备工作及检查。

a. 发电机密封油系统投入运行，确认在发电机密封瓦形成正常的密封油压；

b. 发电机转子处于静止或盘车状态（盘车状态气体置换耗气量将会大幅增加）；

c. 确认仪表监控系统投入运行，确认氢纯度分析设备在工作；

d. 供氢管道的吹扫，先用压缩空气吹扫供氢管道，发电机充氢时，用二氧化碳吹扫供氢管道合格后，再通氢气。

2）用二氧化碳置换发电机内的空气。

a. 氢气控制站阀门状态正确。

b. 开启二氧化碳瓶阀（一次开两瓶）。

c. 调节二氧化碳瓶减压阀，使母管压力维持在 $0.15\sim0.2MPa$。

d. 调节排气阀，使机内二氧化碳气体压力在 0.02～0.03MPa。

e. 当一组二氧化碳瓶内压力降到 0.5MPa 时，再换一组二氧化碳瓶。

f. 充二氧化碳过程中，要保持二氧化碳供气管路在距发电机 3m 以内无结霜现象。

g. 从取样门取样化验，然后关闭。当二氧化碳含量达 95％以上时，关闭二氧化碳瓶出口阀。

h. 充二氧化碳时应避免放气太快使管子冻结，可以接一临时淋水管路。

i. 打开死角包括氢气干燥器排死角门、氢分析仪、发电机液位信号器排死角门、氢冷器液位信号器等处放气门，排至合格后关闭。

j. 发电机内部存留二氧化碳不允许超过 24h，最好在 6h 内结束工作。

3）用氢气置换发电机内的二氧化碳。

a. 在发电机转子静止或盘车时，发电机内二氧化碳气体含量在 95％以上时，隔离二氧化碳供气系统，向发电机内充入氢气。

b. 开启置换控制阀中相应阀门，打开氢气供气门，调整氢气减压器出口压力，向发电机充入氢气。

c. 充氢期间，发电机内气压保持在 0.02～0.03MPa，注意观察氢气纯度指示。

d. 当氢气纯度达到 98％以上后，关闭置换控制阀中相应阀门，开启氢气干燥器死角门、漏氢检测仪、绝缘过热装置检测仪等处排死角门，排死角的气体。

e. 发电机的压力开始升高，在升压过程中，注意观察氢油差压，必要时进行调整。

4）发电机正常运行时的补氢。

氢冷发电机在正常运行期间，氢气纯度至少保持在 95％或以上。必须补氢的原因是：

a. 氢气的泄漏，包括从密封油真空系统排出的氢气，这就需要补氢以维持氢气压力；

b. 空气的渗入，因此要求补氢以维持氢气纯度。

发电机在运行时，机内每渗入 1 单位空气，为了保持一定的纯度，需要补入多少单位的氢气来维持。例如，为了保持氢气纯度为 95％，每补偿 1 单位的空气就需要补入约 23.5 单位的氢气。同理，如渗入 1 单位空气后，充入约 100 单位的氢气，氢气纯度可保持在 98％。

5）二氧化碳置换氢气。

a. 排氢使发电机内氢压降至 0.02～0.03MPa。

b. 在发电机转子静止或盘车时，隔离供氢系统，向发电机内充入二氧化碳气体。

c. 打开二氧化碳供气门，从发电机底部汇流管向发电机内充入二氧化碳气体。

d. 打开排气阀，使氢气从机座顶部汇流管排出去。

e. 注意观察二氧化碳纯度指示，当发电机内二氧化碳气体含量在 95％以上时，关闭二氧化碳供气门，停止排氢。

6）用压缩空气排二氧化碳。

用压缩空气置换二氧化碳，将二氧化碳排出发电机，直至发电机内二氧化碳含量少于 5％，置换工作结束。

2. 密封油系统

（1）空侧油路调试。

1）将空侧安全阀的调整螺杆旋至最外端，使其在低压下即能打开排油，以防止产生高压而损坏压力表等元件。

2）松开油室的上下两个排气螺塞，让油通过螺塞各滴出 1L 左右后再旋紧，以排掉波纹管内的空气，保证主压差调节阀的稳定运行。

3）打开微压差指示器三阀组中的所有阀门，防止启动空侧密封油泵后损坏微压差指示器。

4）启动空侧密封油泵。

5）空侧油将通过浮子补油阀流入氢侧回油控制箱。

6）空侧油充入消泡箱直到油位达到溢流连接管的溢油口。

7）关闭主压差阀进口阀。逐步关闭空侧油泵出口截止止回阀，密切监视油压不超过 1.0MPa。

8）旋紧安全阀的调整螺杆，直到空侧密封油泵出口压力达到安全阀的设定值。打开截止止回阀和主压差阀进口阀。

9）阀门 MKW19AA273 在正常情况下只需打开 1/2 圈，起阻尼作用，以防止主压差调节阀产生振荡。

10）使其空侧密封油压高于发电机内气压 100kPa。

11）隔离主压差阀，打开备压差阀进口门，同样方法调整空侧密封油压高于发电机内气压 80kPa。

（2）氢侧油路的调试。

1）将氢侧安全阀的调整螺杆退出，使其在低压下即能释压，以防止产生高压而损坏元件。

2）启动氢侧油泵。

3）关闭阀门 MKW35AA255、MKW36AA255 及 MKW25AA183，旋紧安全阀的调整螺杆直到氢侧密封油泵出口压力达到安全阀的设定值。

4）打开阀门 MKW35AA255、MKW36AA255 及 MKW25AA183。初步调整油泵旁路节流阀，使氢侧泵出口压力比空侧泵出口压力高 50～100kPa。调整阀门 MKW35AA173 和 MKW36AA173，使与之对应的各压差计指针偏差在 ±490Pa 压差范围内。用阀门底部的调整螺杆进行调整，向内旋进氢侧压力上升，应注意调整后需锁紧调整螺杆的螺母。

（3）信号系统的校验和试动作。

1）正常运行时强行打开排油阀，使油箱内油位下降。当箱内油位下降到低油位规定值时，浮子式液位开关动作，触发"氢侧回油控制箱液位低"报警信号。试验后必须复原排油阀使之处于自动调节状态。

2）检查液位开关的动作情况，由于液位开关装于消泡箱内，而消泡箱又与发电机内部相通，为防止油误入发电机内，对液位开关的动作校验应特别小心，一般可有下列两种方法：

a. 体外模拟校验：将液位开关拆离消泡箱外，一般调整浮子杆在水平位置，向上托起浮球时，开关应动作。

b. 模拟实际工况校验：停氢侧油泵，关闭氢侧回油箱排油阀，在消泡箱液位正常时送空侧油源，调整空侧进口油压比发电机内压力约高 84kPa，通过视察窗仔细观察消泡箱油位的上升情况，油位上升到视察窗约 2/3 高度时，液位开关动作，触发"消泡箱液位高"报警信号。

在上述所有项目检查完毕之前，发电机应保持处于静止状态，且机内不应充有氢气。

（4）联锁保护试验。

配合热控人员完成密封油泵联锁保护试验。

3. 定子冷却水系统

（1）定子冷却水泵启动和系统水冲洗。

1）启动及冲洗前检查。

a. 在发电机定子绕组进水汇流管与出水汇流管机外接口管道加临时管接通，构成临时冲洗回路；

b. 确认循环水系统工作已结束，具备系统试运条件；

c. 手盘定冷水泵轴，确认转动正常无异声及卡涩；

d. 检查各阀门位置正确，定冷水水路畅通；

e. 检查定子冷却水箱液位正常；

f. 测量电机绝缘合格，送电至工作位。

2）定子冷却水泵启动和系统水冲洗。

a. 启动水泵，观察记录电机启动电流、空载电流、满载电流、泵出口压力、振动、轴承温度等参数；

b. 水泵运行正常即可进行系统水冲洗，定期换水以保证冲洗质量，系统水质达到导电率 $0.5\sim1.5\mu S/cm$，硬度 $<2\mu g/L$，pH 值 6.8～7.3 后，系统外部水冲洗合格；

c. 拆除外部水冲洗时加装的临时管，恢复发电机定子冷却水进水、出水汇流管机外接口，进行定子绕组内部冷却水路冲洗；

d. 冲洗水质达到导电率 $0.5\sim1.5\mu S/cm$，硬度 $<2\mu g/L$，pH 值 6.8～7.3 后，系统水冲洗合格。

（2）定子冷却水系统调整。

1）开启一台定子冷却水泵，冷却水走正常系统回路，滤水器进行排污后调整冷却水泵再循环门，调整系统水流量为 46.7t/h（100％流量）、42.03t/h（90％流量）、37.36t/h（80％流量）；记录此时的发电机定子冷却水进出口差压值，记录完毕后把发电机流量重新调整为（100％流量）。按系统水流量（80％流量）对应的发电机定冷水进出口差压整定三个压力开关，作为发电机断水保护的差压值。

2）调整补水压力调节阀后压力不高于 0.6～0.7MPa。

（3）定子冷却水系统停运。

发电机解列后 30min 可以停运定子冷却水系统，停止冷却水泵后关闭闭式冷却水进水阀。

（4）定子冷却水系统调试安全及注意事项。

1）联锁保护试验时，应将电动机开关置于试验位置；

2）为防止定子冷却水首次通水大量泄漏，应安排有关人员监守巡视，发现问题尽快处理；

3）泵启动前一定要将定子冷却水系统内的空气排尽，注满水；

4）在泵启动及运行时，注意检查冷却水、泵组轴承及线圈温度、振动；

5）监视过滤器前后差压，差压高报警后及时清理滤网；

6）监视泵出口压力及电机电流，防止电机过载；

7）定子冷却水试运期间，厂房内排污泵应处于热备用状态，防止因定子冷却水发生泄漏而淹没厂房设备；

8）定子冷却水停运后，应及时将定子冷却水系统的水排尽，防止因温度过低造成管道内部的水冻结。

五、燃气轮机辅助系统调试

（一）调试目的

为保障机组燃气轮机辅助系统调试工作的顺利进行，依据 DL/T 5437《火力发电建设工程启动试运及验收规程》的规定和工程调试合同的要求，在机组进排气系统、冷却与密封系统、CO_2 灭火系统、水洗系统、火灾探测系统六大辅助系统安装结束完成设备单体调试后应进行分系统的调试工作，通过现场静态与动态的调试检验进排气等辅助系统管道及辅助设备安装正确无误，设备运行性能良好，控制系统工作正常。通过对系统进行调整，达到设计规定的要求，使系统能满足机组整套启动需要。

（二）调试范围

燃气轮机辅助系统调试从进排气系统、冷却与密封系统、通风系统、CO_2 灭火系统、水洗系统、火灾探测系统等单体调试结束动态交接验收开始，包括联锁保护试验、各类风机带负荷试运、系统投停运及动态调整等项目。

（三）调试前应具备的条件

（1）相关辅助系统所有设备、管道安装结束，并经验收签证；

（2）热工仪表及电气设备安装、校验完毕，并提供有关仪表及压力、温度、振动等开关的校验清单；

（3）电机已正确安装，TCS 状态显示正确，相关电机单转试验结束，已确认运行状况良好，转向正确，参数正常，远方状态显示正确；

（4）各阀门单体安装结束，限位开关就地位置及 TCS 状态显示正确；

（5）相关系统冲洗的临时管道已按要求装好；

（6）电机绝缘测试合格；

（7）电机轴承已注入合格的润滑脂；

（8）系统调试组织和监督机构已成立，并已有序开展工作；

（9）水洗水箱已清理干净，水洗水准备充足；

（10）调试资料、工具、仪表、记录表格已准备好；

（11）试运现场已清理干净，安全、照明和通信措施已落实；

（12）仪控、电气专业有关调试结束，配合机务调试人员到场；

（13）根据 DL/T 5437《火力发电建设工程启动试运及验收规程》要求，单体调试前，成立试运指挥部。

（四）调试工作内容及程序

1. 进排气系统

（1）IGV 和 CV1 调试：

1）检查确认 IGV 和 CV1 的液压执行机构及伺服阀安装完毕。

2）进行阀门行程整定及逻辑校验。

（2）进排气导管投用前检查：

1）进气导管检查项目：进气滤网组件安装是否正确、完整，通道内部清洁、无碎片，螺母（帽）是否正确紧固（焊死），并在最终检查后将人孔/门上锁。

2）排气导管检查项目：通道内部清洁、无碎片，螺母（帽）是否正确紧固（焊死），所有疏水阀已注满水，膨胀节可自由膨胀，并在最终检查后将人孔/门上锁。

2. 通风系统

（1）罩壳风机调试：

1）在 TCS 上启动罩壳风机，测量风机振动、温度，记录风机电机电流。

2）确认罩壳进风挡板自动开启。

3）在 TCS 组态中强制信号，确认风机切换正常。

4）在风机切换过程中，检查风机出口挡板是否动作正常。根据检查情况对挡板进行调整。

5）检查风道支吊架是否牢固、伸缩自由，对风道振动进行确认。

（2）消防系统喷吹试验中燃机通风系统的运行：

1）当 CO_2 消防系统开始喷吹后，确认所有风机停运且进气挡板关闭严密。

2）喷吹试验结束后，所有罩壳风机启动通风至少 1h。

3. CO_2 灭火系统

（1）启动程序：

1）确认系统所有设备、管道安装结束。

2）根据图纸检查 CO_2 存储钢瓶和钢瓶架的位置及其与地基的螺栓紧固程度。

3）确认喷放管网到集流管的连接。

4）检查电气和机械所有部件的功能，特别是释放盒释放杆的动作正确。

5）检查释放装置的动作情况。

6）检查并正常调节每只钢瓶的称重装置。

（2）CO_2 钢瓶组的调试：

1）确保系统在正常运行条件下，没有火警或故障警报显示。

2）检查已在安装中调试过的释放盒的动作情况。

3）把释放重锤安装在钢瓶架的释放扁杆上。

4）释放盒调试后把钢瓶架的释放杆放在跌落杠杆上。

5）检查释放控制杆是否插入释放拉杆里。

6）机械锁应锁定于"Betrieb"位置。

7）最后把瓶头阀强栓小心地装在瓶头阀上，同时从瓶头阀中拔出安全销和封丝。

8）保存安全销在钢瓶架附近安全的地方，以备后用。

（3）CO_2 灭火系统程序检测：

1）激活一路探测器，引发预火警（喇叭或闪灯动作）；检查报警顺序。

2）激活另一路探测器，引发主火警（气喇叭和入口处指示灯动作）。同时启动气瓶激活延时装置，开始机械延迟（最长 30s）。

3）测量释放延迟时间，即从主火警开始到钢瓶架释放重锤落下为止。如果有需要，根据当地环境调整延迟时间。

4）按下手动释放按钮。

5）两阶段的警报必须动作。

6）测量释放延迟时间，即从主火警开始到钢瓶架释放重锤落下为止。如果有需要，根据当地环境调整延迟时间。

7）复位所有的灭火系统和火灾探测系统。

4. 水洗系统

（1）初步调试：

1）进行系统的逻辑回路和热回路检查，检查系统的相关的元件。

2）检查防冻保护系统已安装好，所需的水已经准备好。

3）检查所有的气动控制阀气源准备好。

（2）系统的冷态调试：

1）系统整体检查，确认安全设备和系统的整体性及安全通道的检查。

2）确认系统的机械设备和电气设备及 TCS 可以运行。

3）检查并修正在测试过程中出现的不正确的报警信号，记录测试过程中出现的相关数据。

4）确认水洗箱进水阀可以操作，检查是否有泄漏。

5）检查洗涤箱是否装满水并检查是否有泄漏。

6）检查洗涤箱混合器已按照厂家要求正确设置，确认盘车停止，密封压气机和水洗之间母管，保证水不会进入压气机，打开相关的排污阀，打开和停止在线系统控制阀，启动水洗泵，检查系统没有泄漏，系统压力正常，停水洗泵，检查进气室排水情况，移掉压气机进口的盖子。

调试结束，恢复所有的设置，完成相关的逻辑保护联锁并记录清单。

5. 冷却和密封空气系统

由于大多数的冷却空气同样也起到密封的作用，将不再区分冷却空气及密封空气。

（1）初步调试：

1）进行系统的逻辑回路和热回路检查，检查系统的相关元件；

2）检查管道疏水管道已接好；

3）检查所有的冷却空气电动门已送电，阀门能正常开关；

4）监测仪表能正常投运，数值正确。

（2）系统的冷态调试：

1）系统整体检查，确认安全设备和系统的整体性及安全通道的检查；

2）确认系统的机械设备和电气设备及 TCS 可以运行；

3）检查并修正在测试过程中的出现的不正确的报警信号，记录测试过程中出现的相关数据。

调试结束，恢复所有的设置，完成相关的逻辑保护联锁并记录清单。

六、燃气轮机润滑油、顶轴油系统及盘车装置调试

（一）调试目的

为保障机组润滑油、顶轴油及盘车装置调试工作的顺利进行，依据 DL/T 5437《火力发电建设工程启动试运及验收规程》的规定和电厂工程机组调试合同的要求，在机组润滑油、顶轴油及盘车装置安装结束完成设备单体调试后应进行分系统的调试工作，通过现场静态与动态的调试检验润滑油、顶轴油及盘车装置是否运行正常，确认润滑油、顶轴油及盘车装置的设计合理与否、联锁保护是否安全可靠。通过对系统进行调整，达到设计规定的要求，使系统能满足机组整套启动需要。

（二）调试范围

润滑油、顶轴油及盘车装置调试从交流润滑油泵、直流事故油泵、排油烟风机、顶轴油泵等单体调试结束、润滑油冲洗油质合格后的动态交接验收开始，包括联锁保护试验、各类油泵带负荷试运、系统压力整定、盘车装置调试、过压自动调节装置、系统投停运及动态调整等项目。

（三）调试前应具备的条件

（1）润滑油、顶轴油及盘车装置所有设备、管道安装结束，并经验收签证；

（2）热工仪表及电气设备安装、校验完毕，并提供有关仪表及压力、温度等测量元件的校验清单；

（3）润滑油、顶轴油及盘车装置各泵电机单转试验结束，已确认转向正确、运行状况良好、参数正常、就地及远方状态显示正确；

（4）各阀门开、关动作正常，阀门严密性良好；

（5）油冲洗所接的临时管道、堵头、临时滤网均已拆除，系统恢复至正常运行状态；

（6）燃机润滑油系统有关节流孔板等均已恢复安装就绪；

（7）各泵电机绝缘测试合格；

（8）泵和电机轴承已注入合格的润滑脂；

（9）润滑油箱清理结束，并已加入合格的润滑油至正常位；

（10）润滑油质经化验合格；

（11）仪用压缩空气系统、闭式水、开式水系统已调试结束，系统能正常投入运行；

（12）系统调试组织和监督机构已成立，并已有序开展工作；

（13）调试资料、工具、仪表、记录表格已准备好；

（14）试运现场已清理干净，安全、照明和通信方案已落实；

（15）热控、电气专业有关调试结束，配合机务调试人员到场；

（16）根据 DL/T 5437《火力发电建设工程启动试运及验收规程》要求，单体调试前，成立试运指挥部。

（四）调试工作内容及程序

1. 润滑油系统调试

（1）冷油器水侧注水放气，以便根据对润滑油温要求随时投运冷油器。

（2）系统内滤网及冷油器油侧放气阀开启，各放气阀在空气排尽后关闭。

（3）手盘油泵转子，应轻便、灵活且无卡涩等异常情况。

（4）启动主润滑油泵，向系统注油，检查润滑油泵出口压力 0.55MPa 左右，电流在额定值范围内。

（5）检查系统有无泄漏，记录电动机电流、轴承温度及油泵出口压力，测量润滑油泵轴承振动，检查各轴承回油正常。

（6）启动排烟风机，调整油箱负压在 $-0.5 \sim -1\text{kPa}$ 范围内。

（7）记录润滑油泵出口压力、润滑油母管压力及滤网差压。

（8）主润滑油泵试运结束后同样方法试运辅助润滑油泵及紧急油泵。

2. 顶轴油系统调试

（1）在机组各轴承各瓦的轴颈处装好千分表（施工单位安装）；

（2）启动前应检查汽轮机供油系统油泵应正常供油，打开顶轴油泵进、出口油管上的截止阀；

（3）打开滤油器入口门，用滤油器放气螺塞排净空气后旋紧螺塞，保证泵出口滤网压差在正常范围内；

（4）将顶轴油泵出口后恒压变量阀完全松开；

（5）将溢油阀调到最大，打开泵出口的截止阀，启动主顶轴油泵；

（6）检查油泵运转正常后，调整容积泵调压阀提高出口压力；

（7）通过顶轴油泵的调压阀和溢流阀的配合调整，提高顶轴油母管压力到 21MPa，进行系统耐压试验，试验进行 5min，检查系统无泄漏；

（8）调整主顶轴油泵的调压阀至 17.5MPa，锁死母管压力溢流阀；

（9）调整顶轴油泵的调压阀至 15.5MPa，锁死油泵调压阀，使顶轴油母管压力保持在 15.5MPa；

（10）逐个调整燃机各轴承顶轴油进口节流阀，使高压油能将各轴颈顶离轴瓦高度在 0.05～0.08mm；

（11）停主顶轴油泵；

（12）同样方法调整辅助顶轴油泵。

3. 盘车装置调试

（1）油箱油温大于 20℃。

（2）检查马达的连接情况，确保马达工作方向的正确性。

（3）检查进油管、液压腔室油管和接头是否连接完好。

（4）检查所有的螺栓螺母都已经紧固无松动。

（5）启动前应进行液压马达注油，首先确认马达底部的孔已经采用金属塞子堵好，并从马达上半孔注油（与工作系统油一致——VG46），保证两个轴承都能充分润滑。

（6）盘查电磁阀送电，在所有油系统启动前进行开关试验。

（7）检查润滑油系统运行正常。

（8）检查发电机密封油系统工作正常。

（9）检查顶轴油系统运行正常。保持两台顶轴油泵运行，并将第三台顶轴油泵投入备用。

（10）投入盘车装置子回路自动，盘车电磁阀打开，确认转向正确。

（11）保证油压、油温和噪声水平正常；若马达的噪声大，应及时排尽马达体内的空气。

（12）燃机转速逐渐上升，注意监视各轴承温度、振动、轴向位移等变化正常，若燃机主机参数异常应立即停止盘车运行，并检查轴承供油是否正常。

4. 转子位移优化系统调试（若有）

（1）检查润滑油箱油位和温度符合启动要求，油质合格。

（2）所有的阀门状态已按系统恢复操作票确认正常。

（3）RDS 泵绝缘合格，电源已送上。

（4）压力开关及变送器已投入运行，仪表一次阀已打开。

（5）检查滤网前后压差正常，无报警指示。

（6）场地清洁，系统无漏油、渗油现象。

（7）检查充氮蓄能器压力正常。

（8）RDS 泵启动后应检查母管压力正常，系统无渗油、漏油现象。

（9）检查控制界面无系统报警信号存在。

七、燃气轮机振动监测试验

（一）调试目的

为保障机组燃气轮机振动监测试验工作的顺利进行，依据 DL/T 5437《火力发电建设工程启动试运及验收规程》的规定和工程调试合同的要求，对机组启动和带负荷过程中的振动（包括轴承座垂直、水平、轴向三个方向，轴的绝对振动和相对振动）进行测量，以便及时发现机组启动和带负荷过程中出现的振动问题，并评估机组运行中的振动状况，确认其满足机组整套启动和日后正常生产的需要。

（二）调试范围

机组启动和带负荷过程中出现的振动问题，并评估机组运行中的振动状况。

（三）调试前应具备的条件

（1）所有分部试运工作已完成，所有静态试验保护工作已完成，机组具备启动、冲转条件。

（2）振动监测仪器和传感器已安装完毕，并具备测试条件。

（3）所有测点的通道校验工作完成，静态调校合格。

（4）计划采用两套监测装置同时对汽轮发电机组的振动情况进行监测，一套是机组所带的 TSI 监测系统中的振动监测装置及复合式振动传感器，分别用于测量轴及轴承绝对振动和轴相对振动；此外再加装一套振动装置，将 TSI 监测系统测试的信号引入同时监测。

（四）调试工作内容及程序

1. 测试内容

燃气-蒸汽轮机发电机组轴系振动测试工作包括：测取机组启动升速过程中各轴承的振动幅值和相位，并绘制波特图；机组启动带负荷过程中不同工况下机组各轴承的振动幅值和相位，以及在机组整套启动试运期间进行的有关试验中的振动监测。

2. 操作步骤

（1）振动和键相信号确认。

1）在机组启动前（盘车投运前），应在转子合适部位作明显标记，将机组振动监视仪所用键相信号的实际位置标出，以便出现异常时及时、准确地进行分析处理。

2）机组盘车前，应认真检查确认振动、键相信号传感器的安装位置与机组振动监视仪测振方向所对应的关系，并做好记录。

3）确认 TSI 仪表信号显示正确，并检查伟博振动数据采集仪上所显示的参数正确，仪器工作正常。

（2）轴系原始晃动的近似测取。

机组首次启动时，应在 200r/min 及 400r/min 工况下，测取各轴承处轴承的相对振动，可近似作为该机组轴系的原始晃动。

（3）启动升速阶段的振动监测。

在该阶段主要监视机组在升速过程中各轴承的振幅值及相位，注意各测点的振动变化趋势，当振动值超限时，应立即发讯停机。在转速过临界时，应注意测量轴系各临界转速下的振动响应值，并测量轴系实际临界转速，在该转速区一旦振动值达到报警值，应立即通过启动负责人降低转速至低速区运行。

（4）暖机及额定转速阶段的振动监测。

在各暖机转速工况及额定转速工况，全面测量、记录各轴承的相对振动值。机组启动过程中，通过临界转速时，轴承振动超过0.10mm或相对轴振动超过0.26mm，应立即打闸停机，严禁强行通过临界转速或降速暖机。

（5）并网、带负荷阶段的振动监测。

按机组启动程序，在各指定负荷点全面测量机组各轴承的相对振动值，并注意其与并网前的变化情况。

（6）超速试验阶段的振动监测。

超速试验时，对振动最大的轴承进行严密监视。

（7）机组停机过程。

当机组解列停机时随机组的惰走，记录各轴承的相对振动值，得出机组的实际临界转速值。

（8）当机组振动超过制造厂提供的标准值时，应全面分析各测量的数据，并根据振动特点，进行故障诊断，采取降低振动的相应措施。

八、分系统试运主要控制项目及注意事项

（一）进气排气系统

1. 主要控制项目

（1）进气系统重要测点就地安装位置确认及传动，包括过滤器差压变送器、差压开关、压力变送器等。

（2）检查进气系统各级滤网按设计要求安装正确。

（3）参与进气反吹系统功能验收，确认反吹电磁阀逐一带电动作，对应的各反吹喷嘴应达到设计出气工况。

（4）进气系统自动反吹功能调试，滤网差压高联锁启动反吹功能和定时启动反吹功能正常。

（5）排气温度、排气压力等重要测点就地安装位置确认及传动。

（6）防冻管道、阀门、喷头检查。

（7）防爆门检查。

（8）压气机前进气隔离挡板检查。

2. 控制注意事项

（1）进气系统主保护测点，包括过滤器差压变送器、开关或进气压力变送器、开关，应检查取样管安装位置，核对开关校验定值。

（2）排气系统中传动排气温度测点时，应核对测点代码与设计安装位置一致。

（3）进气反吹系统反吹气源若单独设有反吹空压机，应保证反吹空压机运行方式满足反吹系统需求；若反吹系统与厂内其他系统设备共用气源，应调整气源系统和反吹系统匹配，保证反吹系统反吹工作时，共用气源的其他系统设备不受影响。

（4）进气系统调试工作结束后，应联系各方对进气系统进行清洁度检查，合格后封闭人孔门并张贴封条。

（5）排气系统调试工作结束后，应联系各方对排气系统进行清洁度检查，合格后封闭人孔门并张贴封条。

（二）IGV 系统

1. 主要控制项目

（1）检查 IGV 0～100％阀位达到设计角度值。

（2）传动 IGV 就地位置与远方显示一致，偏差精度满足供货商规定。

2. 控制注意事项

（1）IGV 角度测量工作应由专业人员使用专用工具完成，并由设备供货商技术代表确认。

（2）IGV 角度测量过程中，严禁对燃气轮机本体或遮断系统进行任何操作。

（3）单体调试由安装施工单位负责组织进行，在进行调试前，各项验收签证资料应完整、齐全，条件不具备的，不得进入系统调试。

（4）油系统调试严格遵循厂家提供的技术要求、步骤和参数；油系统打压试验要彻底，严防遗漏死角和油压不符合要求。做耐压试验时，应有多人监视并保证通信畅通，压力提升应均匀并做适当停留，严密观察油箱油位，杜绝油系统试运期间漏油以及着火现象发生。

（5）IGV 动态调试开始前应对进气系统及压气机入口清洁度进行检查，验收合格后方可开展相关工作。

（6）进入进气道内工作时应穿连体服，防止异物进入压气机内部造成叶片损伤。

（7）应对 IGV 叶片进行全部或部分角度复测，对偏差较大的叶片应采取相应措施控制在合理范围内。

（三）压气机防喘放气系统

1. 主要控制项目

（1）进行压气机防喘放气阀检查传动，确认各阀门代码与设计安装位置一致，远方与就地状态一致。

（2）模拟燃气轮机启动、升速、定速、跳闸等状态，检查各状态中压气机防喘放气阀联锁动作正确。

2. 控制注意事项

（1）若压气机防喘放气阀阀位状态为主保护项目，调试过程中应重点检查阀位状态可靠性。

（2）若压气机防喘放气阀为气动阀门且设有独立气源，应调整气源参数满足要求，联锁功能正常投入。

（四）燃气轮机冷却与密封系统

1. 主要控制项目

（1）确认冷却系统、密封系统管道洁净、清理合格。

（2）操作系统阀门，开关正常。

（3）风机试运。

2. 控制注意事项

（1）冷却与密封系统管道软连接处应连接可靠。

（2）若冷却系统、密封系统设有滤网，应严格按照设备供货商要求检查清理。

（五）燃气轮机点火及火检系统

1. 主要控制项目

（1）点火器点火功能试验。在燃气轮机静止且燃烧室内未通有燃料情况下，点火器送电，强制进行点火动作，检查点火器功能正常，可观测到有电打火现象。

（2）点火器投入、退出功能试验。确认点火器位移符合要求。

（3）火检系统传动检查。火检装置信号通道传动合格后，采用发光试验器具或模拟火焰设备进行实际火焰检测传动，确定火检系统反应灵敏准确。

（4）假点火试验。应在燃气轮机首次启动过程中完成，确认点火及火检系统工作正常。

2. 控制注意事项

（1）进行点火器点火功能试验时，应注意控制强制点火动作时间在设备允许范围内，避免长时间点火动作造成设备损坏。

（2）进行点火器点火功能试验时，若发现点火器外部出现打火现象，应安排人员检查处理。

（六）天然气调压站系统

1. 主要控制项目

（1）进行系统阀门传动试验。若阀门设有联锁功能或主控室盘前设有紧急按钮，应进行传动检验。

（2）系统气体置换。

（3）调压装置调试。

（4）天然气主、辅路供气切换调试。

2. 控制注意事项

（1）确认系统内过滤器滤芯已安装，精度符合设计要求。

（2）进入调压站区域开展调试工作，应严格执行防火防爆管理规定，所用调试工器具应具有防火防爆特性。

（3）系统通天然气前应确认范围内管道吹扫合格、压力试验合格。置换完毕后系统分段保压，检验系统及各隔离门的严密性，不应对管道直接通天然气进行查漏。

（4）系统天然气置换氮气合格后，控制天然气升压速度，同时进行系统泄漏检查工作。

（5）天然气增压机系统在试运过程中应随燃气轮机负荷变化调整控制参数，避免出现天然气需求量大幅度变化而引起增压机喘振。

（七）天然气前置模块系统

1. 主要控制项目

（1）系统阀门传动试验。

（2）性能加热器调试。

（3）电加热器调试。

（4）系统气体置换。

2.控制注意事项

（1）确认系统内过滤器滤芯已安装，精度符合设计要求。

（2）进入天然气区域开展调试工作，应严格执行防火防爆管理规定，所用调试工器具应具有防火防爆特性。

（3）系统通天然气前应确认范围内管道压力试验合格、吹扫合格，将管道内的空气置换成氮气。置换完毕后系统分段保压，检验系统及各隔离门的严密性。不应对管道直接通天然气进行查漏。

（4）系统天然气置换氮气合格后，控制天然气升压速度，同时进行系统泄漏检查工作。

（八）燃气轮机气体消防系统

1.主要控制项目

（1）各区域火灾检测探头与声光报警传动试验。

（2）区域功能模拟试验。对各区进行自动、电气手动、机械手动、就地触发四种方式功能测试，并检查控制箱显示报警正常。

（3）气体消防喷放试验。模拟火灾环境，触发探头报警联动喷放系统，检查气体消防系统功能正常。

2.控制注意事项

（1）系统管道首次注入消防气体后应进行漏点检查。在管道漏点没有彻底消除前，不应进行下一环节调试。

（2）气体消防系统试验时，火灾信号的触发会对其他系统产生连带影响，应提前做好沟通和预防措施，并检查相关设备联锁动作正常。

（3）气体消防喷放试验时，应确保喷放区域内无人作业，避免发生窒息危害。

（4）气体消防喷放试验结束后，应驱散喷放区域内消防气体。

（九）罩壳通风系统

1.主要控制项目

（1）罩壳通风风门位置检查、传动。

（2）罩壳通风风机试运。

（3）与气体消防系统联动试验。当火灾信号触发后，应联锁停运通风风机、关闭通风风门，形成密闭环境；当检测到环境中天然气浓度达到设定值后，应检查通风系统设备联锁动作正常。

（4）根据罩壳内环境温度投入空间加热器。

2.控制注意事项

（1）风机试运前，应清理环境，保证通风区域内无易漂浮污染物。

（2）罩壳通风风机的风量测量应按供货商规定进行。

（3）试运过程中应进行风机切换试验，检验风机切换过程中风量无明显波动。

（十）压气机清洗系统

1.主要控制项目

（1）确认清洗箱及管道系统已冲洗合格。

（2）清洗泵试运。

（3）清洗系统喷头雾化效果检查，喷头安装角度确认。

（4）清洗系统投运。

2. 控制注意事项

（1）清洗系统调试前应检查进气室内部和压气机进口，清除积累的灰尘，避免水洗时被带进燃气轮机内部。

（2）清洗系统投运前应确认清洗水水质满足设备供货商要求。

（3）离线清洗投运前要检查燃气轮机本体温度应满足清洗要求，避免产生热冲击损坏设备。

（4）清洗工作中使用的清洗剂应符合设备供货商要求。

（十一）燃气轮机润滑油、顶轴油系统及盘车装置

1. 主要控制项目

（1）确认燃气轮机润滑油系统油循环冲洗后油质符合 GB/T 14541《电厂用矿物涡轮机油维护管理导则》的要求，并符合设备供货商规定。

（2）交流、直流辅助油泵、润滑油箱排烟风机试运。

（3）主油箱电加热器投用调整。

（4）润滑油泵及系统调试。

（5）顶轴油系统调试。

（6）盘车装置调试。

（7）润滑油压扰动试验：润滑油系统跳泵联锁启动，记录油泵联锁启动时间和系统最低油压值。

2. 控制注意事项

（1）轴颈顶起高度应符合设备供货商规定，未具体规定时，轴颈顶起高度宜为 $0.05\sim0.08$mm。

（2）盘车装置啮合和脱开时，应就地监视盘车装置无异常。

（3）盘车投运时，盘车装置各项参数应符合设计要求。

（4）润滑油压调整应符合设备供货商要求。

（5）润滑油事故排油系统应能随时投运。

（6）润滑油系统首次投运前，应验证主油箱远传液位计指示正确、反应灵敏。

（7）润滑油系统调试时，应验证事故直流油泵负载运行能力，带负荷运行时间不小于 90min。

（8）燃气轮机首次升速前，应进行润滑油系统滤网及冷油器切换，系统油压应稳定无明显波动。

（9）有特殊设计的润滑油系统应按照制造商设计要求整定。

（10）调试前消防系统应正常投入。

（11）润滑油泵跳闸联锁应具备电气硬接线联锁功能。

（十二）燃气轮机控制油及调节保安系统

1. 主要控制项目

（1）控制油（调节油）系统调试。

（2）燃气轮机燃料关断阀、燃料调节阀行程校验。

（3）调节阀同时全开过程中，检查控制油压力应满足安全运行要求。

（4）控制油压扰动试验：控制油系统跳泵联锁启动，记录油泵联锁启动时间和系统最低油压值。

（5）燃气轮机调节保安及控制系统功能仿真试验验收。

2. 控制注意事项

（1）控制油压力调整时应先缓慢调节油泵出口溢流阀提高系统压力，然后调整出口母管泄压阀，确认系统安全泄压阀正常动作，再调节油泵出口溢流阀，确认系统压力满足设计要求。

（2）燃气轮机首次升速前应进行控制油系统滤网及冷油器切换，系统油压应稳定无明显波动。

（3）特殊设计的控制油系统应按照制造商设计要求整定。

（十三）液体燃料系统

1. 主要控制项目

（1）燃油紧急关断阀动作检查。

（2）流量计检查投运。

（3）液体燃料前置泵调试。

（4）性能加热器调试。

（5）喷水降氮氧化物系统调试。

（6）若系统设计采用两种液体燃料，则进行切换试验。

2. 控制注意事项

（1）确认系统内过滤器滤芯已安装，精度符合设计要求。

（2）进入液体燃料区域工作，应严格执行防火防爆管理规定，所用调试工器具应具有防火防爆特性。

（3）液体燃料管道压力试验合格、清洁度合格。

（4）燃气轮机首次启动前应进行液体燃料系统过滤器切换试验。

（十四）SSS 离合器（若有）

1. 主要控制项目

（1）供油电磁阀、行程开关传动。

（2）锁止环滑动行程测量，动作检查。

（3）SSS 离合器静态功能试验：轴系静止状态下盘动 SSS 离合器输入端转子，检查 SSS 离合器构件向啮合方向旋进，带动输出端转子转动；轴系静止状态下盘动 SSS 离合器输出端转子，检查 SSS 离合器构件向脱开方向旋出，输入端转子静止。

2. 控制注意事项

（1）调试前应核对 SSS 离合器各供油接口连接正确、各喷油口喷油正常。

（2）SSS 离合器静态功能试验前应完成润滑油、顶轴油系统及盘车装置调试工作且正常投运。

九、燃气轮机专业反事故措施

（一）防止燃气轮机压气机发生喘振危及机组安全的措施

假如流经压气机的空气流量减小到一定程度，而使运行工况进入了喘振边界线的左侧区，那么整台压气机的工作就不能稳定。空气流量会忽大忽小，压力会时高时低，甚至会出现气流由压气机倒流到外界大气中去的现象，同时还会发生巨大的声响，使机组伴随有强烈的振动。这种现象通称为喘振现象。在机组的实际运行中，决不能允许压气机在喘振工况下工作，具体措施如下：

（1）机组在启动前调节控制保护系统静态试验合格，IGV 调节机构活动灵活，没有卡涩现象。

（2）确定 IGV 就地测量角度和控制系统上显示的一致，偏差不大于 0.5°。

（3）确保压气机两级抽气防喘振阀动作正常，上位置开关显示，就地开关指示和实际阀门的开关状态一致。

（4）整套启动前保护系统就地和控制台手动跳闸回路动作正常，确保机组在出现疑似喘振运行工况时能及时使机组跳闸。

（5）试运期间油质应符合标准，防止油中进水，防止 IGV 执行机构卡涩。

（二）防止燃烧室发生燃烧故障烧毁燃烧筒的措施

（1）在控制系统静态调试时，确保透平排气温度的布置与 DCS 上显示的一致。

（2）在控制系统静态调试时，确保排气温度控制线，以及排气温度计算方法与设计资料一致。

（3）在控制系统静态调试时，通过模拟试验验证排气温度高报警和跳闸回路动作正常，动作值和设计资料一致。

（4）在控制系统静态调试时，确保排气温度分散度计算方法与设计资料一致。

（5）在试运过程中，严格监视各级排气温度分散度。不仅监视分散度绝对值，也监视分散度的运行趋势。即使分散度没有超过报警值，但其趋势增大，就应该引起重视。

（三）防止天然气系统爆炸的措施

天然气属于无色无味的气体，因此必须依靠一定的检测装置防止天然气外泄发生爆炸。

（1）电厂生产区必须执行禁烟政策。

（2）确保天然气小室以及透平间的危险气体检测系统运行正常，与机组控制系统的通信通畅，报警和跳机逻辑正确。

（3）在机组首次启动前，应彻底检查天然气管道上的所有接口是否存在开口现象，特别是使用的接口堵头必须装上。

（4）在首次启动进行假点火试验过程中，运行人员应利用手持天然气检测仪进入天然气小室以及透平间进行天然气浓度检测。若检测到天然气浓度，必须停机检查天然气管道是否存在泄漏。

第二节　余热锅炉分系统调试

一、调试范围及内容

（1）参加余热锅炉范围内各主要辅机的分部试运行工作，掌握试运情况和问题，确认其是否符合整套启动条件；

（2）对余热锅炉范围内的主要设计及系统进行检查；

（3）组织检查和试验各汽水系统电动阀门、气动阀门；

（4）参加冷却水系统、取样加药及疏水回收系统的试运工作；

（5）进行给水、减温水系统管道冲洗；

（6）调节门（电动、气动）、电动门、气动门的动作检查试验；

（7）膨胀间隙、指示器、通道间隙的检查；

（8）参与锅炉水压试验监督；

（9）锅炉蒸汽冲管临时系统检查；

（10）配合化学专业进行锅炉化学清洗工作；

（11）参加汽包内部装置检查；

（12）参加安全阀热工控制回路冷态试验；

（13）疏水及排污系统调试；

（14）减温水系统调试；

（15）进、排气烟道系统调试；

（16）烟气出口挡板调试；

（17）仪用及杂用空压机及系统调试；

（18）制氮机及系统调试；

（19）配合检查余热锅炉系统的严密性；

（20）热工信号及联锁保护试验；

（21）尾部热水加热（余热利用）系统调试；

（22）尿素储存与输送及脱硝系统调试；

（23）启动锅炉系统调试。

二、压缩空气系统调试

（一）调试目的

在压缩空气系统安装结束完成设备单体调试后应进行分系统的调试工作，通过现场静态与动态的调试检验空气压缩机是否运行正常，确认压缩空气系统的设计合理与否、联锁保护安全可靠。通过对系统进行调整，达到设计规定的要求，使系统能满足机组整套启动需要。

（二）调试范围

空气压缩机本体及其辅助设备，空气净化装置，储气罐及其辅助系统等，仪用压缩空气管路，厂用压缩空气管路，冷却水系统。

（三）调试前应具备的条件

（1）系统设备及管道按要求安装结束，基础强度符合设计要求，电气开关立柜接线要正确牢固。

（2）温度、压力表计都经过校验并安装齐全。

（3）系统吹扫场地平整，环境清洁干净，附近的沟道及孔洞全部盖板。

（4）系统吹扫区域的永久照明或临时照明充足。

（5）系统设备电气回路试验合格，热工保护信号及报警回路试验合格，具备投用条件。

（6）冷却水管路已接通，并经过验漏检查，确保冷却水管路不渗漏，冷却水压力稳定。

（7）试转前，有关系统均要确认到位，电机试转合格。

（8）系统中各设备及阀门铭牌均已挂好。

（9）仪用、厂用压缩空气管道吹扫临时排放口已开好。

（10）根据 DL/T 5437《火力发电建设工程启动试运及验收规程》要求，单体调试前，成立试运指挥部。

（11）从单体调试开始即进入调试管理阶段。在调试管理阶段，设备的启停、调试、消缺等各项工作的安排，由分部试运组负责，设备消缺工作由施工单位具体负责。

（12）进入分系统调试管理阶段后，设备的启停、调试、消缺、维护、检修、操作等工作由调试单位牵头调度，执行电厂两票管理制度，设备消缺工作由施工单位具体负责。

（13）进入运行代保管的设备系统，由运行值班人员在调试人员的指导下进行操作，设备的消缺、维护、检修等工作应办理工作票，履行许可手续。

（四）调试工作内容及程序

1. 冷却水管路冲洗

（1）将冷却水进、出用户的接口断开用管道短接，接口处尽量接近用户。

（2）打开冷却水进、回水阀，冲洗冷却水管路直至排口目视清晰。

2. 空压机试转前检查和准备

（1）开机前制造厂家必须到场，负责开机前调试工作。

（2）配合制造厂家进行空压机本体、除油过滤器、空气净化装置、除尘过滤器、干燥机及气水分离器等设备的调试。

（3）确定空压机本体系统已打通，符合试机前的启动要求。

（4）检查机身油池内润滑油在规定的范围内。

（5）检查冷却水系统，确认已接通，确认水路上的阀门打开，冷却水畅通。

（6）空压机保护系统、超载、逆转、排气温度高保护及报警装置内部设定值已调整好。

（7）确认压缩机自动加载、卸载负荷的压力整定是否符合厂家要求。

（8）热工控制系统检查确认完毕（如：电动机启动、电动机全压、重负荷/无负荷、停机等保护的确认）。

（9）测量电动机绝缘合格（在 1MΩ 以上），并送工作电源。

3. 空压机联锁保护校验

（1）所有的联锁保护必须在空压机试运前完成。

（2）空压机联锁保护。

1）设备采用集中控制系统，可以控制机群中的任何一台压缩机，平衡各压缩机的负荷，可以自动控制每台压缩机的启动、停机、加载或卸载，使站房的总排气量始终能满足生产的需要，当空压机接到启动信号后，应能自动实现三台空压机的联锁控制及遥控。当一台空压机接到启动信号，即可实现自动操作。

2）当供气母管压力低于设定压力时，处于运行备用的空压机自动启动，并维持母管压力在运行压力。

3）当母管压力继续降低及正在运行的空压机故障时，处于运行备用的空压机自动实现启动条件并投入运行，满足系统正常运行的需要。

4）处于备用状态的空压机如果接受启动信号而拒绝启动时能报警，以便及时排除故障，同时手动启动其他备用空压机。

5）运行机及备用机能够通过 DCS 监护和显示。

6）空压机启动后，相应的空气净化装置能联锁启动。

（3）保护与检测。

1）电动机短路保护。

2）电动机超负荷过电流保护。

3）冷却水压力过低保护。

4）压缩机循环油压力过低保护。

5）压缩机运行中排气温度超高报警。

6）压缩机运行中排气压力超高报警。

7）空压机组紧急停车就地按钮。

8）干燥装置超温保护。

4. 空压机试转

（1）条件经检查确认都具备后，进行空压机试转。

（2）第一次启动空压机前，用手转动飞轮数周，检查有无撞击振动或其他声响，检查油位防止启动时压缩机内失油烧损。随后启动空压机进行试转。同时检查运转方向，运转方向必须同压缩机转向标志一致。

（3）空压机试转过程中的检查：

1）空压机显示屏上显示以下数据：排气压力和温度、循环油压力和温度、进气温度、排气温度、空压机电动机电流。试转过程中应该对以上数据进行记录，并且记录空压机启动电流和启动时间，对电动机进行温度测量和振动测量，记录有关参数。400V 开关室有电流数显表，记录空压机启动电流后应与开关室数显电流进行校对。

2）注意压缩机在运转中是否有较大噪声，电动机电流是否正常。

3）检查确认除油过滤器、空气净化装置、除尘过滤器及气水分离器等设备工作正常。

4）空压机的排气温度正常（按制造厂要求应不大于 45℃）。

（4）停机：

1）停机后无负荷运行 20～30min。

2）放出有关罐体内的冷凝水。

3）断开电源。

4）若有任何故障，应先解决，以便于将来运行。

5）关闭冷却水进水阀，将冷却水排尽。

6）对电动机控制盘等电气设备做好保护，防止湿气侵入及锈蚀，并要注意湿气、灰尘进入设备开口处。特别防止异物掉入压缩机体，以免损坏压缩机体。

7）空压机试转时间不小于 4h。

5. 压缩空气系统管道吹扫

（1）仪用、厂用气管路吹扫采用降压法。

（2）仪用、厂用气管路吹扫范围：锅炉侧、汽轮机侧、厂用气母管及支管。

（3）吹扫操作步骤：关闭贮气筒出口门，当贮气筒出口压力升至 0.7MPa 时，开启贮气筒出口门对主管道进行吹扫，再通过各条支管上的阀门进行控制，对各条支管进行吹扫，当贮气筒压力降至 0.2MPa 时关闭其出口门，继续给贮气筒升压，反复来回进行，直到目测各条管道出口空气清洁，则吹扫完毕。

（4）吹扫系统排口位置根据现场情况拟定。

三、启动锅炉调试

（一）调试目的

在启动锅炉安装结束完成设备单体调试后应进行分系统的调试工作，通过现场静态与动态的调试检验启动锅炉是否运行正常，确认启动锅炉的设计合理与否、联锁保护安全可靠。通过对系统进行调整，达到设计规定的要求，使系统能满足机组整套启动需要。

（二）调试范围

该调试主要针对启动锅炉及其配套辅助设备进行。主要调试项目如下：风烟系统挡板检查验收；送风机及烟道内部检查验收；启动锅炉联锁保护试验；送风机试转；汽水系统阀门检查验收；给水泵试转；启动锅炉密封性试验；启动锅炉吹管；启动锅炉蒸汽严密性试验及安全阀校验。

（三）调试前应具备的条件

（1）锅炉房建筑已完工，门窗齐全，障碍物已清除，验收合格。

（2）启动锅炉系统所有设备已按设计要求安装结束，锅炉炉墙砌筑及热力设备和管道保温工作结束，保温良好，并有完整的施工技术记录。

（3）施工现场必须彻底检查和清扫，保持现场地面平整整洁，妨碍运行和有着火危险的易燃物、脚手架及障碍物已拆除，必需保留的脚手架应不妨碍运行，沟道盖板、楼梯平台栏杆齐全，运行人员能安全通行。

（4）现场具备充足可靠的照明、通信及消防设施，消防通道畅通，能满足试运要求。

（5）现场参加试运的有关人员须熟知灭火器材的位置以及灭火操作方法。

（6）温度、压力表计等都经过校验并安装齐全，仪表管做好防冻措施。

（7）系统范围内各种设备都已命名挂牌，各操作阀门已编号挂牌，试运现场挂有明显安全标示牌。

（8）天然气区域安装、承压试验等工作全部结束，消防设施经消防职能部门验收合格，设备静态调试确认完好，天然气区域、运行区域应挂"严禁烟火"警示牌，同时天然气系统各阀门的阀杆应密封良好，无泄漏，系统压力正常。

（9）锅炉风系统的挡板均已校验合格，挡板操作灵活可靠，开关方向正确、开度指示一致。

（10）锅炉熄火保护及其他联锁保护经动作试验正常。

（11）锅炉控制盘主要仪表完整，指示可靠正确。

（12）汽包水位计汽侧、水侧阀门开关正常，水位玻璃镜清晰良好。

（13）膨胀指示器安装正确牢固，膨胀间隙充足，膨胀位移不受阻碍。

（14）锅炉管道的吊架完整、牢固，弹簧吊架的固定销应已拆除。

（15）锅炉各处内部无杂物，各检查孔门应严密关闭。

（16）厂区的天然气系统调试结束，天然气系统能及时供气，系统所属各阀门开关灵活、严密不漏。

（17）锅炉厂房内的天然气系统调试结束，天然气点火装置可靠，性能良好，系统所属各阀门开关灵活、严密不漏。

（18）风机、给水泵等辅机设备应经过试转，辅机能正常工作。

（19）检查各转机轴承及电机地脚螺栓无松动，润滑油及冷却水系统完好可靠。

（20）炉水加药系统完好，水汽取样装置齐全并可投用。

（21）安全阀排汽管完整畅通，装设牢固，弹簧完好，附近无妨碍其动作的杂物。

（22）启动试运需要的燃料、化学药品、备品备件及其他必需品备齐。

（23）进入锅炉的水质应符合标准。

（24）锅炉防爆门经检查动作正常且密封良好。

（25）根据 DL/T 5437《火力发电建设工程启动试运及验收规程》要求，单体调试前，成立试运指挥部。

（26）从单体调试开始即进入调试管理阶段。在调试管理阶段，设备的启停、调试、消缺等各项工作的安排，由分部试运组负责，设备消缺工作由施工单位具体负责。

（27）进入分系统调试管理阶段后，设备的启停、调试、消缺、维护、检修、操作等工作由调试单位牵头调度，执行电厂两票管理制度，设备消缺工作由施工单位具体负责。

（28）进入运行代保管的设备系统，由运行值班人员在调试人员的指导下进行操作，设备的消缺、维护、检修等工作应办理工作票，履行许可手续。

（四）调试工作内容及程序

1. 锅炉密封性试验

（1）试验目的。

通过风烟系统的找漏，并消除漏点，保证启动炉能安全可靠地向外提供所需蒸汽。

（2）试验具备条件及注意事项。

1）锅炉全部安装完毕，炉墙正常养护期已满。会同各单位进行全面检查，条件确认后进行风压找漏，以检查其严密性。

2）送风机运转合格。

3）热工仪表和电气仪表安装完毕经检验合格。

（3）试验方法。

1）启动送风机，调节风门挡板来维持炉膛压力+150Pa 左右。

2）采用涂肥皂液、鸡毛掸等来检查结合部、法兰、各处焊缝的严密性。若发现漏点及时做好标记，等风机停运后均应认真补焊。

3）锅炉密封性试验时，防爆门应采取临时措施封上。在防爆门试验时，首先检查防爆门的动作及复位是否灵活。

2. 启动锅炉烘煮炉

（1）烘煮炉目的。

新砌筑的锅炉墙内含有一定的水分，如果不对炉墙进行缓慢干燥处理以提高其强度，而直接投入运行，炉墙水分就会受到高温急剧蒸发而体积膨胀产生一定应力，致使炉墙发生裂缝、变形、损坏、严重时使炉墙倒塌。因此锅炉在正式投入运行前，必须用小火按要求进行烘烤使其干燥。

煮炉目的就是要清除锅炉受热面内表面的油污及铁锈等杂质，保证锅炉炉水及蒸汽品质，确保锅炉在安全、经济工况下正常运行。

（2）烘煮炉前应具备的条件。

1）锅炉本体及其附属设备全部组装完毕，内部杂物清理干净，保温工作结束。

2）主蒸汽管路系统、给水系统安装全部结束，水压试验合格。

3）锅炉有关的热工仪表远方操作、声光音响信号、保护装置安装校验结束，可投入使用。

4）有关的排水系统安装施工完毕，排水畅通。

5）油系统安装结束，管道试压、吹扫、油循环完成。

6）各转动机械经分部试运合格。

7）锅炉的安全保护系统已进行试验。

8）试运现场的通道及设备应有必要的照明，道路畅通，沟盖板、孔洞盖好。通信完备，保证联系畅通。

9）编制烘煮炉方案及烘煮炉曲线，对参加人员进行技术交底，并准备好有关烘煮炉记录。

10）参加煮炉的人员确定之后，要明确分工，使之熟悉煮炉要点，在煮炉之前，要将胶手套、防护眼镜、口罩等防护用品准备齐全。操作地点应有清水，急救药品和纱布，以备急用。

11）药品准备，煮炉时的加药量应符合锅炉设备技术文件的规定，无规定时，应符合表 3-1 的规定。

表 3-1　　　　　　　　　　　　启动锅炉煮炉加药量推荐

药品名称	加药量（kg/m³）	
	铁锈较薄	铁锈较厚
氢氧化钠（NaOH）	2～3	3～4
磷酸三钠（$Na_3PO_4 \cdot 12H_2O$）	2～3	2～3

（3）烘煮炉范围。

烘炉范围：膜式水冷壁，过热器，门、孔炉墙区块及各夹角炉墙浇注料。

煮炉范围：水冷壁系统、下汽包、上汽包。

（4）烘煮炉注意事项。

1）点火前系统检查。

a. 上水管道电动门调试合格；

b. 放水管道电动门调试合格；

c. 点火排气电动门调试合格；

d. 水泵调试合格；

e. 风机调试合格；

f. 燃烧器调试合格；

g. 天然气压力达到点火要求；

h. 现场照明合格；

i. 现场无孔洞；

j. 上位机调试正常，各个保护系统投运正常；

k. 给水箱出水管道开状态；

l. 水泵进出口管道阀门开状态；

m. 省煤器进水主路阀门开状态，旁路阀门关状态；

n. 水位计阀门开状态，远传水位计关状态，防止药品进入仪表，腐蚀元件；

o. 主蒸汽管道手动门，电动门关状态；

p. 主蒸汽管道、锅炉本体、省煤器、保温完成。

2）上述检查合格后开始上水、加药，上锅筒水位达到正常水位后，通过上锅筒备用管座给锅炉加药，药品必须要在水中溶解后方可加入锅筒，药品加完后进行点火。

3）点火成功后按照烘煮炉曲线进行温度控制，为了更好控制温升曲线，可通过控制点火排汽来控制锅炉压力，效果更佳。

4）烘煮炉期间，控制温度很重要，升温的速度对烘炉的效果有着直接影响，因此，采用监测省煤器入口烟气温度的办法来控制燃料供给量及送风量。

5）烘煮炉期间，每3h进行一次炉水取样试验，监视炉水碱度变化，如果炉水碱度低于45mol/L时，启动加药装置进行加药工作。

（5）烘煮炉后质量合格标准。

1）烘炉质量合格标准：

a. 烟囱烟气无明显水汽；

b. 炉墙经过均匀烘干后，未出现凸出和开裂以及其他变形。

2）煮炉质量合格标准：

a. 用布轻擦内壁能露出金属光泽，表面应无锈斑；

b. 锅筒和联箱内壁无油垢；

c. 煮炉结束后对锅炉进行3~4次水冲洗，冲洗后水质中无明显锈迹为合格。

（6）全面检查。

烘煮炉完毕后应对炉墙进行一次全面检查。

3. 启动锅炉过热器及蒸汽管道蒸汽吹管

（1）蒸汽吹管目的。

过热器及其蒸汽管道系统的吹扫是新建机组投运前的重要工序，其目的是清除在制造、运输、保存、安装过程中留在过热器系统及蒸汽管道中的各种杂物（沙粒、石块、旋屑、氧化铁皮等），避免残留物堵塞过热器管道造成不良后果，保证其蒸汽品质。

（2）蒸汽吹管方法。

利用汽包锅炉蓄热能量大的特点，采用汽包锅炉常用的吹管方法，锅炉点火自产蒸汽进行降压吹管。

（3）蒸汽吹管流程。

启动炉汽包→过热器→主汽阀→主蒸汽管道→主厂房排汽口。

（4）蒸汽吹管前必须具备的条件及注意事项。

1）吹管系统施工完毕，支架牢固，膨胀自由，排汽口疏水点应做好安全措施。

2）考虑用主汽隔离阀控制吹管，该阀应具备遥控操作能力，并将其自保持拆除。

3）吹管系统包括临时管应做好保温，排汽口附近设置围栏及警示牌，以防人身灼伤事故和设备受潮。

4）排汽口不能直对建筑物，应与地面倾斜30°向空旷地区排汽，沿吹管管道两侧，不允许堆放易燃物品。

5）吹管所用临时管的截面积应大于或等于被吹洗管的截面积，临时管应尽量短捷以减少阻力。

6）准备充足合格的除盐水。

7）吹管系统应先经安装单位三级验收合格，再经联合验收合格。

8）如有必要，吹管前由业主提前发布安民告示并做好相关协调工作。

（5）启动锅炉蒸汽吹管程序。

1）通过天然气调压站及启动锅炉调压单元调整燃烧器阀组前的天然气压力至15～30kPa。

2）启动送风机进行炉膛吹扫，投入相关表计和保护。

3）打开给水泵进口阀门和出口一次门，开启给水泵后，逐步开启给水泵出口阀门。

4）锅炉采用较小水流量，缓慢进水至汽包水位−30mm，一切准备就绪，启动风机开启风门进行炉膛吹扫。

5）炉膛吹扫完成后燃烧器风门回至点火位置，启动高能点火装置，产生高能电弧。约1s后，打开燃料阀及调节阀门，向炉膛内喷射燃料，并由电弧直接点燃，电弧产生15s后自动关闭点火装置。这时若火焰检测装置检测不到火焰，将自动关闭燃料阀，并报警。这时应检查三方面的装置：点火装置是否有电弧产生；燃料喷射是否正常；风量是否合适（偏大或风门关闭）。排除故障后才允许再次点火，两次点火的间隔时间应在2min以上，否则可能会产生爆燃现象。

6）锅炉点火升温升压，升压和升温速度要按规定分别不大于0.02MPa/min 和 2℃/min，适当开启向空排汽阀控制升压速度，并且检查锅炉膨胀情况。

7）当汽包压力至 0.1MPa，冲洗汽包的就地水位计。当汽包压力至 0.2MPa，关闭各级空气门，检查启动炉供汽沿程管道疏水状况，确认管道内余水已经疏尽后关闭管道疏水。

8）当汽包压力至 0.5MPa，第一次试吹，检查吹管系统的膨胀、支撑及排汽口安全情况。

9）当汽包压力至 0.9～1.0MPa，主汽温度至 250～300℃时开始吹管，当压力降至0.2～0.5MPa 时停止吹管。

10）降压吹管时主汽隔离阀开启前控制汽包水位在正常水位（指示表）以下约50mm，并停止进水，当汽包压力至 0.5～1.0MPa、打开主汽隔离阀之后，汽包水位会骤然上升，这是虚假水位，这时不必将给水调门关小，相反要增加给水量，以保证主汽隔离阀关闭后汽包水位正常。

11）吹管时发生水位太低造成炉水循环不良或水位太高过热器蒸汽带水造成过热器温度突降等异常情况时，采取紧急停炉的措施。

12）吹管合格后，可进行蒸汽严密性试验和安全阀的校验工作。

13）减温水系统冲洗采用反冲洗的方法进行，冲洗合格后，进行减温水系统恢复。

14）汽轮机辅汽管道的冲管按汽轮机辅汽冲管方案进行吹扫。

4. 蒸汽严密性试验及安全阀校验

（1）蒸汽严密性试验。

1）蒸汽吹管结束后关闭主汽阀，升至工作压力 1.20MPa，在此压力下进行蒸汽严密性试验，试验期间保持压力并检查锅炉焊口、人孔和法兰等处的严密性、锅炉附件和全部汽水阀门的严密性及汽包、下水包、各受热面部件与锅炉范围内的汽水管道的膨胀情况及其支座、吊架、吊杆和弹簧的受力、移位与伸缩情况是否正常，是否有妨碍膨胀之处。

2）经检查无重大设备缺陷，可按要求进行锅炉安全阀校验。

（2）安全阀校验。

校验安全阀的目的是为防止锅炉压力容器因超压而引起破坏，保证设备的安全、经济、稳定运行。

1）安全阀校验方法。

利用锅炉点火升压使安全阀实际起跳的方法进行校验。

2）校验安全阀前必须具备的条件及注意事项。

a. 安全阀在安装前应先进行解体检查，其内部结构是否完好无损。

b. 准备 0.4 级标准压力表，量程为 0～4MPa。

c. 安全阀校验前为提高其精度，压力调整时，临时换上 0.4 级标准压力表置于汽包、过热器就地。

3）安全阀调整。

a. 试验前，当升压至额定压力的 40％时，先对各安全阀进行手动预起座试验，检查阀门的提升高度和吹扫垃圾，以确认其起座、回座灵活严密。

b. 校验安全阀须遵循先高压、后低压的原则，低压力的安全阀可暂时加重固定，待全部校好后解除。

c. 在锅炉升压过程中保持燃烧稳定，以向空排汽及疏水来调整压力。

d. 升压降压时，就地与控制室应有可靠的通信联系。

e. 锅炉升压至各安全阀起跳整定值时，确认其动作值与整定值是否相符。

f. 安全阀校验合格后，锅炉具备送汽条件。

四、余热锅炉辅助系统调试

（一）调试目的

余热锅炉辅助系统安装结束完成设备单体调试后应进行分系统的调试工作，通过现场静态与动态的调试检验余热锅炉各辅机是否运行正常，确认余热锅炉辅助系统的设计合理与否、联锁保护安全可靠。通过对系统进行调整，达到设计规定的要求，使系统能满足机组整套启动需要。

（二）调试范围

余热锅炉辅助系统调试从给水泵、低压省煤器、再循环泵等单体调试结束后的动态交接验收开始，包括联锁保护试验、锅炉进水冲洗、给水泵、低压省煤器再循环泵等带负荷试运行、系统投运及动态调整等项目。

（三）调试前应具备的条件

1. 给水系统

（1）高、中压给水泵系统所有设备、管道安装结束，管路冲洗清洁，并经验收签证；

（2）热工仪表及电气设备安装、校验完毕，并提供有关仪表及压力、温度、振动等开关的校验清单；

（3）电泵电机单转调试已结束，已确认转向正确，参数正常，DCS 状态显示正确，运行状况良好；

（4）各阀门单体调试结束，开、关动作正常，限位开关就地位置及 DCS 状态显示正确；

（5）电机绝缘测试合格；

（6）泵内已注入合格的轴承润滑油，保证油位处于正常位置；

（7）系统调试组织和监督机构已成立，并已有序开展工作；

（8）调试资料、工具、仪表、记录表格已准备好；

（9）试运现场已清理干净，安全、照明和通信措施已落实；

（10）仪控、电气专业有关调试结束，配合机务调试人员到场。

2. 低压省煤器再循环泵系统

（1）低压省煤器再循环泵系统所有设备、管道安装结束，管路冲洗清洁，并经验收签证；

（2）热工仪表及电气设备安装、校验完毕，并提供有关仪表及压力、温度、振动等开关的校验清单；

（3）低压省煤器再循环泵电机单转调试已结束，已确认转向正确，参数正常，DCS 状态显示正确，运行状况良好；

（4）各阀门单体调试结束，开、关动作正常，限位开关就地位置及 DCS 状态显示正确；

（5）电机绝缘测试合格；

（6）泵内已注入合格的轴承润滑油，保证油位处于正常位置；

（7）系统调试组织和监督机构已成立，并已有序开展工作；

（8）调试资料、工具、仪表、记录表格已准备好；

（9）试运现场已清理干净，安全、照明和通信措施已落实；

（10）仪控、电气专业有关调试结束，配合机务调试人员到场。

3. 热水循环泵系统

（1）热水循环泵系统所有设备、管道安装结束，管路冲洗清洁，并经验收签证；

（2）热工仪表及电气设备安装、校验完毕，并提供有关仪表及压力、温度、振动等开关的校验清单；

（3）热水循环泵电机单转调试已结束，已确认转向正确，参数正常，DCS 状态显示正确，运行状况良好；

（4）各阀门单体调试结束，开、关动作正常，限位开关就地位置及 DCS 状态显示正确；

（5）电机绝缘测试合格；

（6）泵内已注入合格的轴承润滑油，保证油位处于正常位置；

（7）系统调试组织和监督机构已成立，并已有序开展工作；

（8）调试资料、工具、仪表、记录表格已准备好；

（9）试运现场已清理干净，安全、照明和通信措施已落实；

（10）仪控、电气专业有关调试结束，配合机务调试人员到场。

4. 疏水排污系统

（1）管道安装工作已结束，管路清洁；

（2）各管系阀门已安装就位；

（3）仪用压缩空气可用，压力正常；

（4）DCS 上能对疏水排污系统各电动阀、调节阀进行操作，状态显示正确；

（5）有关测点上测量元件已安装校核结束。

5. 减温水系统

（1）管路安装工作已结束，管路清洁；

（2）各喷水减温器、阀门已安装就位，阀门润滑油脂已加入；

（3）流量测定装置已装，流量变送器已经校验；

（4）仪用压缩空气可用，压力正常；

（5）DCS 上能对减温水系统各电动阀、调节阀进行操作，状态显示正确；

（6）联调工作已完成，DCS 能正确显示各流量孔板的差压信号。

（四）调试工作内容及程序

1. 高中压给水泵系统调试

（1）阀门动作试验及开关时间测定。

确认电动阀就地及 DCS 开、关动作正常，状态显示正确，并测试其开、关时间。

（2）开展系统联锁保护试验。

1）高中压给水泵联锁保护试验。

a. 高中压给水泵启动条件检查试验；

b. 高中压给水泵启停试验；

c. 高中压给水泵跳闸试验；

d. 高中压给水泵自启动试验。

2）阀门联锁试验。

主要包括给水泵出口电动隔离阀、再循环隔离阀等。

（3）高中压给水泵试运行。

1）试运前检查、确认以下条件满足：

a. 根据分系统调试前检查清单，确认各设备、管路及电气接线等符合要求；

b. 电气试验及联锁试验已完成；

c. 相关阀门的联锁试验已完成；

d. 高中压给水泵电机单体试转结束；

e. 冷却水系统处于正常投运状态；

f. 确认高中压给水泵管路阀门状态符合试运行要求；

g. 电动阀电机的绝缘电阻经过测量符合要求，电源已接通；

h. 电机润滑油充足，且备用润滑油准备就绪；

i. 确认高中压给水泵出口隔离阀全关后，将其马达电源切除以防误开；

j. 临时表计已准备完毕。

2）高中压给水泵启动准备：

a. 投运冷却水系统、仪用空压机系统；

b. 确认低压汽包水位在正常水位；

c. 电泵电机冷却水投运正常；

d. 检查各润滑油油窗内油位正常；

e. 向泵体及管道注水，仔细检查有无泄漏，开启全部的放气阀，排尽泵体及管道内的空气，注意低压汽包水位；

f. 检查调速液力耦合器指示应在最小值；

g. 确认最小流量阀全开；

h. 最后确认高压、中压给水泵启动联锁条件是否已满足。

3）高中压给水泵试运行程序：

a. 合上高中压给水泵电源，DCS 启动高压给水泵，5s 后停泵，确认以下内容：高中压给水泵润滑油油窗油位正常；振动正常，无异常声音；系统无泄漏。

b. DCS 再次启动高、中压给水泵，记录启动电流及电流回落时间；

c. 高、中压给水泵在最低转速运行 60min，检查振动、轴承金属温度等参数；

d. 当高、中压给水泵转速升至泵出口额定压力的 80％时，停止升速，稳定运行 120min后，将高、中压给水泵转速升至泵出口压力为额定压力的 105％，运行 10min 后，再将高、中压给水泵转速降至泵出口额定压力的 80％左右进行 5h 稳定运行，试运过程中如有任何参数超过限值，均停止试运；

e. 高、中压给水泵运行过程中，如出现入口滤网差压高报警应立即停泵，清洗滤网；

f. 高、中压给水泵升速及刚开始稳定运行的 60min 内，每隔 10min 记录一次运行数据（详见分系统试运行记录表），接下来的 120min 每隔 15min 记录一次运行数据，在高、中压给水泵出口压力为额定压力的 105％的 10min 的短暂运行中，应 5min 记录一次运行数据，在以后的 5h 中，每 30min 记录一次运行数据，试运行时间为 8h；

g. 试运行结束后，通过调整液力耦合器勺管降低电泵转速至最低稳定转速，停泵；

h. 记录高、中压给水泵惰走时间。

（4）高、中压给水泵系统停运。

1）确认高、中压给水泵再循环投运正常。

2）逐渐减少出力，注意汽包水位，电泵出水流量降至再循环动作流量时，将再循环阀开启至全开。

3）关闭高、中压给水泵出口电动阀。

4）DCS 上停高、中压给水泵，停止高、中压给水泵运行。

5）高、中压给水泵停止后，如需检修应根据工作需要做好隔离措施，同时泵体泄压疏水。

6）高、中压给水泵停运后如作热备用，则应符合下列条件：高、中压给水泵及有关设备所有交直流电源，控制气源应全部送上，不经许可不得任意停运；高、中压给水泵的出口电动阀在全开位置；确认调速液力耦合器勺管在最小位置。

（5）系统动态调整。

在高、中压给水泵系统投运过程中，应加强对系统内各设备的监护，发现偏离正常运行的情况及时进行调整，以确保系统处于最佳运行状态。

2. 低压省煤器再循环泵系统调试

（1）阀门动作试验及开关时间测定。

确认电动阀就地及 DCS 开、关动作正常，状态显示正确，并测试其开、关时间。

（2）低压省煤器再循环泵联锁保护试验。

1）低压省煤器再循环泵启动条件检查确认；

2）低压省煤器再循环泵跳闸条件检查确认；

3）低压省煤器再循环泵启停试验；

4）低压省煤器再循环泵跳闸试验；

5）低压省煤器再循环泵自启动试验。

（3）低压省煤器再循环泵启动前条件。

启动电机前，应确保通过下列开机前检查项目：

1）确保轴承润滑油油位正常。

2）确认泵上的辅助连接（冲洗液、密封液、冷却液）管道必须完全接通。

3）确保泵真空平衡管路畅通，并关闭真空截止阀。

4）检查连到循环泵上的电压是否正确。

5）压盖与冷却腔处冷却水应畅通。

6）测试所有仪表及报警设施的运行状况。

7）确保泵具有足够的净实际吸入压头，使其在运行中无气穴现象产生。

（4）低压省煤器再循环泵启动。

1）确保泵出口阀在全关状态。

2）入口管道与泵的注水放气已结束。

3）确保开机前检查表已满意通过检查。

4）确认泵的启动联锁条件已满足且无跳闸条件。

5）打开启动器的电源。

6）按下控制台上的启动按钮，给电机通电5s。

7）10min后将泵再通电5s（第二次）。这期间，检查如下项目：

a. 电机电流。

b. 电机转向是否正确。特别是注意压差有无升高，没升高很有可能是因为电机正在倒转，应立即关掉电机。

8）再停机10min后，重复第7）步操作（第三次）。

9）再停机10min，给电机通电（第四次），运转20min。在此期间，作如下检查：

a. 用振动检测仪测量几次电机的振动，记下读数以便将来比较。

b. 手持听音杆在泵壳和电机壳上监听摩擦声或轴承的噪声是否超标。

c. 以固定的时间间隔，多次检测电机的运行温度。开始时应会上升几度，之后会趋于稳定。必要时，检查滤网未被阻塞后，调节次级冷却水的流量。

d. 检测几次电机电流及压差，并将读数记录下来。

10）电机温度稳定下来后检查所有的法兰、封垫和阀门，看是否有泄漏。

3. 疏水排污系统调试

（1）电动阀、调节阀检查与整定。

逐一对各电动阀，调节阀进行检查与整定，在DCS上操作开、关，确认就地阀门动作正确、位置及其反馈信号正确，DCS上显示正确，并记录阀门的开、关时间。

（2）联锁试验。

根据联锁试验记录表，对各电动阀逐项进行联锁试验。

4．减温水系统调试

（1）减温水管道反冲洗。

1）余热锅炉减温水系统需进行管道冲洗之后方可进行投用。

2）冲洗前，减温水调节阀不装，调节阀位置用临时管连接，并在减温水管道进减温器前断开，接临时管至地沟。

3）冲洗时，利用启动锅炉上水，开启减温水隔离阀，通过开启减温水隔离阀对减温水管道进行冲洗，化验水质合格后关闭减温水隔离阀。整个冲洗过程中可开关隔离阀若干次，以保证达到冲洗效果。

4）冲洗完成后，关闭减温水隔离阀，对系统进行恢复。

（2）电动门、调节门检查与整定。

逐一对各电动门，调节门进行检查与整定。

（3）联锁试验。

根据联锁试验记录表进行联锁试验。

（4）喷水调节阀流量特性试验。

过热器喷水减温调节阀置高压过热器减温器喷水温度调节阀于手动位置，打开高压蒸汽减温水管路电动截止阀；维持高压给水泵出口压力恒定，改变高压过热器减温器喷水温度调节阀开度，稳定后记录开度与流量。

（5）减温器喷水温度调节阀漏流量测定方法。

系统调试时，将该调节阀置于全关位置，打开高压蒸汽减温水管路电动截止阀，从流量孔板得到该调节阀的漏流量。阀门严密性试验结合调节阀流量特性试验一起进行。必须确保隔离阀的严密性，如发现隔离阀泄漏，则必须检修或更换该隔离阀，以确保安全经济运行。

（6）阀门严密性试验试验步骤。

关闭过热器喷水减温调节阀，打开过热器喷水电动隔离阀，从 DCS 上记录调节阀的漏流量、流量计压差，以及调节阀前后压力。

五、余热锅炉脱硝系统调试

（一）调试目的

通过调试，使整个脱硝系统包括氨水储存、加氨、喷氨、催化剂、烟气测量取样和氨区辅助系统等正常投运。

（二）调试范围

脱硝系统调试从单体调试结束后的动态交接验收开始，包括余热锅炉氨气（水）制备储存系统调试、喷氨系统冷态调试、脱硝系统热态调试。

（三）调试前应具备的条件

（1）管道、池、罐等内部清扫干净，无余留物，各人孔门、检查孔检查后关闭严密。

（2）控制系统投入，各系统仪表用电源投入，各组态参数正确，测量显示和调节动作正常。

（3）就地显示仪表、变送器、传感器工作正常，初始位置正确。

（4）各压力、压差、温度、液位、流量、浓度等测量装置应完好并投入。

（5）就地控制盘及所安装设备工作良好，指示灯试验合格。

（6）所有机械、电气设备的地脚螺栓齐全牢固，联轴器防护罩完整，连接件及紧固件安装正常。

（7）手动门、调节门开关灵活，指示正确，DCS 显示应与就地指示相符。

（8）电气系统表计齐全完好，开关柜内照明充足，端子排、插接头等无异常松动和发热现象。

（四）调试内容及步骤

1. 冷态试运

（1）各泵组模块试运。

1）常规检查：

a. 联轴器连接牢固，旋转灵活无卡涩，地脚螺栓紧固，保护罩安装完整、牢固。

b. 转动机械周围应清洁，无积油、积水及其他杂物。

c. 电动机绝缘合格，电源线、接地线连接良好，旋转方向正确。电流表、启、停开关指示灯应完好。

2）转动设备联锁试验要求及条件：

a. 试运时，运行人员和热工人员必须到场，发现问题，及时处理，直至试验合格。

b. 在试验前，380V 设备动力及操作电源送电，有试验位置的开关必须放试验位置。

（2）槽罐车卸氨至氨水储罐。

（3）氨水储罐卸氨至氨水槽罐车。

（4）氨罐间相互转移氨水。

2. 热态启动

（1）热态启动调试前应具备的条件。

1）烟气通道畅通，人孔门、检修孔封闭，系统严密；

2）烟气系统内部清洁；

3）相关热工测点投入；

4）脱硝催化剂安装完成；

5）脱硝系统联锁、控制保护试验完成；

6）压缩空气系统正常。

（2）启动步骤。

1）检查供氨系统；

2）检查压缩空气系统；

3）启动氨水输送模块；

4）启动计量分配模块；

5）脱硝系统性能优化。

（3）调试过程中检查和试验。

1）烟气系统是否泄漏；

2）计量分配模块压力流量是否在正常范围内；

3）压缩空气系统压力是否满足要求。

六、余热锅炉蒸汽吹管调试

（一）调试目的

锅炉蒸汽管道系统的吹扫是新建机组投运前的重要工序，其目的是清除在制造、运输、保管、安装过程中留在过热器系统及蒸汽管道中的各种杂物（如砂粒、石块、旋屑、氧化铁皮等），防止机组运行中过热器爆管和汽轮机通流部分损伤，提高机组的安全性和经济性，并改善运行期间的蒸汽品质。

（二）调试范围

调试范围包括低压过热器蒸汽管道及其联络管；低压旁路蒸汽管道；冷段、热段再热器管道；中压过热器蒸汽管道及其联络管；中压旁路蒸汽管道；高压过热器蒸汽管道及其联络管；高压旁路蒸汽管道；再热器减温水管道冲洗；冷段供热减温水管道冲洗；高压再热器减温水管道冲洗。

（三）调试前应具备的条件

（1）余热锅炉各个系统都已经通过符合要求的整体水压试验、化学清洗工作结束，并经鉴定符合化学清洗导则要求，燃气轮机具备点火条件。

（2）主蒸汽经过主汽门及高压旁路阀门，主汽门及高压旁路阀门吹管前应抽出阀芯增加堵板，汽轮机侧盘车、润滑油、缸温测点以及真空系统具备投运条件。

（3）余热锅炉平台等通道处均无障碍物并畅通无阻，照明系统正常。

（4）从燃气轮机排气口到锅炉出口的烟道内确认无易燃物或任何多余杂物存在。所有的人孔门都已经关闭和密封。烟道壳体密封性良好，保温层和内护板完整良好状态。烟囱挡板电动门处于打开位。

（5）各处膨胀节密封良好，膨胀位移无受阻现象。各限位、导向装置、膨胀指示器都已正确安装。

（6）吹管临时管路安装结束，临时管应设警戒线，并悬挂警示标志。所有临时管的焊接采用氩弧焊打底，焊条电弧焊填充和盖面的焊接方法。焊缝表面无裂纹、未熔合、气孔和夹缝。临时管道焊接接头焊口应进行100％无损检测。临时系统保温完整、支撑稳固（特别放临时管时应具有牢固的支撑承受其排空反作用力）、膨胀自由，并经验收合格。

（7）吹管系统的阀门经验收合格，事故放水、过热器启动排气阀、高、中、低压启动排汽电动门上水前全开全关试验一次，动作应良好。其中临冲门开启时间小于1min，且能中停。

（8）临冲门旁应加装设旁路门，用于管路的暖管，公称直径不小于50mm，公称压力不小于10MPa，温度不小于450℃。

（9）排汽口（消声器）周围设大于50m的安全警戒区，排汽口汽流应避开建筑物和设备，落实保卫部门专人看守，消声器按照设计压力不小于1.0MPa，温度不小于450℃设计，消声器安装位置距离厂房外壁大于25m，消声器底部铺设20mm厚钢板，钢板纵横向水平铺设。

（10）蒸汽吹管有靶板安装装置，靶板安装尽量靠近正式管道，靶板器前直管段长度宜为管道直径的4～5倍，靶板器后直管段长度宜为直径的2～3倍。靶板宽度约为管道内径的8％且不小于25mm，厚度不小于5mm，长度纵贯管道内径，并经过验收确认。

（11）锅炉冷态水冲洗至满足燃气轮机点火水质要求。

（12）高、中、低压蒸汽流量孔板拆除（不安装），用短管连接。

（13）高压过热器、高压旁路减温水管道流量孔板和调门拆除（不安装），用短管连接。在靠近减温器前断口接临时管吹出，冲洗减温水用一天，管道恢复用一天。减温水管道在吹管前已经冲洗合格，系统已经恢复（流量孔板和调门装复），可随时投用。

（14）机组疏放水系统可以投用，定期排污扩容器系统及工业冷却水可以投用，阀门摆放位置正确，疏放水管路完整畅通，临时管路疏水距离不大于50m。余热锅炉蒸汽吹管所用到的正式、临时疏水管路，需分系统汇流后外排。

（15）吹管系统命名挂牌结束（包括临时系统）。

（16）高、中压给水泵和凝结水循环泵试转结束，经验收合格。

（17）吹管时高压给水泵和凝结水循环泵投入联锁保护。

（18）化学加药、取样系统、机组排废水、回收水系统具备投用条件。

（19）汽包差压水位计、就地水位监视摄像具备投用条件。

（20）集控室临冲门控制柜已经安装调试结束，吹管所用测点、表计安装调试结束，可投入使用。

（21）DCS上具备吹管系统数据采集，并编制吹管系数逻辑算法，实时反映吹管系数，还可以通过软件，根据吹管数据的输入计算得出。

（22）天然气系统（天然气调压站、前置模块、燃气轮机燃气模块）、仪用、厂用压缩空气系统，闭式冷却水系统，开式冷却水系统，循环水系统等已经投入运行。

（23）汽包、主蒸汽安全阀已放在锁紧位置。

（24）吹管阶段，能保证提供足够的用水量。

（25）临时系统阀门、管道及支吊架、集粒器、靶板器、消音器等满足DL/T 1269《火力发电建设工程机组蒸汽吹管导则》中的要求。

（四）吹管内容及步骤

1. 吹管的方法

高、低压系统采用降压吹管，中压系统采用稳、降压结合的方式。

2. 吹管系统流程

（1）高压系统吹管流程：高压汽包→高压过热器→高压主蒸汽管道→高压主汽门→临时管道→高压临冲阀→集粒器→冷段再热蒸汽管道→各级再热器→热段再热蒸汽管道→临时管道→靶板器→消声器。

（2）中压系统吹管流程：中压汽包→中压过热器→中压主蒸汽管道→中压临冲阀→临时管道→靶板器→消声器。

（3）低压系统吹管流程：低压汽包→低压过热器→低压主蒸汽管道→临时管道→低压临冲阀→临时管道→靶板器→临时管道→消声器。

（4）高压旁路吹管流程：高压汽包→高压过热器→高压主蒸汽管道→高压旁路管道→高压旁路临时手动门→集粒器→冷段再热蒸汽管道→各级再热器→热段再热蒸汽管道→临时管道→靶板器→消声器。

（5）中压旁路吹管流程：中压汽包→中压过热器→中压主蒸汽管道→中压临冲手动阀→临时管道→靶板器→消声器。

（6）低压旁路采用人工清理方式。

3. 吹管程序

（1）启动凝结水泵先进行凝结水系统冲洗。关闭给水加热器出口电动门，打开给水加热器进口电动门，打开给水加热器底部疏水门，给水加热器进行冷态水冲洗。给水加热器冲洗干净后，关闭给水加热器底部疏水门。

（2）将低压汽包上水至正常水位，打开低压系统蒸发器底部定期排污门、低压汽包紧急放水门，进行冷态清洗。冲洗至目测清洁后，关闭低压系统蒸发器底部定期排污门、紧急放水门。上水至低压汽包正常启动水位，启动中压给水泵建立循环，确认给水泵最小流量回路通畅。运转正常后，投入给水泵间的联锁。待中压给水泵系统运行正常后，启动高压给水泵建立循环，确认给水泵最小流量回路通畅。运转正常后，投入给水泵间的联锁。

（3）打开中压省煤器出口放空阀，打开中压给水泵出口至中压省煤器电动阀，上水之后打开中压省煤器出口疏水电动门，冲洗至水质目测清洁。关闭中压省煤器出口疏水电动门，关闭中压省煤器出口放空阀。打开中压汽包顶部放空阀，中压汽包上水至正常水位，打开中压汽包蒸发器底部定期排污门、连续排污门、紧急放水门，进行锅炉中压系统冷态水冲洗至水质合格。

（4）打开高压省煤器出口放空阀，打开给水泵出口至高压省煤器电动阀，上水之后打开高压省煤器出口疏水电动门，冲洗至水质目测清洁。关闭高压省煤器出口疏水电动门，关闭高压省煤器出口放空阀。打开高压汽包顶部放空气阀，高压汽包上水至正常水位，打开高压汽包蒸发器底部定期排污门、连续排污门、紧急放水门，进行锅炉高压系统冷态水冲洗至水质合格。

（5）高、中、低压系统冷态水冲洗至满足燃气轮机点火水质要求后，准备燃气轮机点火。具体锅炉冷、热态冲洗期间的水质要求详见 DL/T 1717《燃气-蒸汽联合循环发电厂化学监督技术导则》。

（6）锅炉进水前、后及高压汽包压力每升高 0.5MPa 左右检查锅炉膨胀情况，记录膨胀指示数据。

（7）确认蒸汽管路启动放空气门、疏水门手动门、气动门打开，打开高、中、低压蒸汽管道至汽轮机电动门，打开余热锅炉出口烟气挡板，全开临时管道上的疏水门，全开高、中、低压系统临时管道上临冲门。

1）高、中、低压汽包压力至 0.15～0.2MPa，关闭汽包空气阀，关闭蒸汽管路的启动排空阀，并定排放水一次。

2）高、中压汽包压力至 0.3～0.5MPa，低压汽包 0.2～0.3MPa，逐个冲洗汽包就地水位计。

3）高、中压汽包压力至 0.3～0.5MPa，低压汽包 0.2～0.3MPa，通知有关人员热紧法兰螺栓，冲洗仪表管路，投入蒸汽管路有关压力表计。检查临时管路各疏水点阀门打开，有疏水器的管路，隔离疏水器，走旁路，关闭正式管路的疏水门。

4）当高、中、低压汽包压力分别至 1.2、0.8、0.1MPa 左右，进行第一次试吹管，通过控制临冲阀开度维持约 2min 以上，检查吹管系统的膨胀、支撑及排汽口安全情况并熟悉控制操作。

5）当高、中、低压汽包压力分别至 2.0、1.2、0.15MPa 左右，进行第二次试吹管，通过控制临冲阀开度维持约 2min 以上，检查吹管系统的膨胀、支撑及排汽口安全情况并熟悉控制操作。

6）当高、中、低压汽包压力分别至 2.8、1.7、0.2MPa 左右，进行第三次试吹管，通过控制临冲阀开度维持约 2min 以上，检查吹管系统的膨胀、支撑及排汽口安全情况并熟悉控制操作。

7）当高压汽包压力升至 4.0～5.0MPa 时，全开高压临冲门进行一次吹管，然后对冲管系统进行全面检查，正常后正式进行降压冲管。

8）当中压汽包压力升至 2.0～3.0MPa 时，全开中压临冲门进行一次吹管，然后对冲管系统进行全面检查，正常后正式进行降压冲管。

9）当低压汽包压力升至 0.4MPa 时，全开低压临冲门进行一次吹管，然后对冲管系统进行全面检查，正常后正式进行降压冲管。

10）高、中、低压蒸汽系统的吹管可以交叉进行，并按要求做好吹管参数的记录工作。

11）整个吹管过程分三阶段进行，每阶段中间要停炉冷却 12h 以上，每次停炉后锅炉带压放水。

12）第一、二阶段吹管结束以及减温水管道吹扫合格并恢复后，第三阶段吹管时，燃气轮机可并网带初负荷状态，通过锅炉试吹管参数判断减温水的投用。

（8）更换靶板时的操作。

1）先进行临冲门关闭严密性试验，打开高压蒸汽管路上的启动排汽阀，关闭高压临冲门、临冲门旁路门，维持高压主汽压力在 3.0MPa，中压主汽压力在 2.0MPa，低压主汽压力在 0.2MPa 左右。查看高、中、低压临冲管排汽消声器处有无蒸汽漏出，若没有表示阀门关闭严密，若有则需关闭高、中、低压蒸汽出口电动门，如果还有蒸汽漏出则需停机，重新对高、中、低压临冲门全关进行定位，确保再次试验时关闭严密。在拆换靶板前，一定要确保临冲门关闭严密。

2）需要更换靶板时，准备工作同临冲门关闭严密性试验。确认临冲门全关后，断开集控室临冲门控制柜电源。由专门负责安装拆换靶板人员到调试所吹管负责人处拿取拆换靶板许可证，方可工作。靶板更换结束后，由负责安装拆换靶板人员把拆换靶板许可证交予调试负责人员处，并且利用对讲机得到就地人员安全撤离信息后方可投入临冲门电源，开启临冲门。

（9）高压旁路加装手动门吹扫，高压旁路管道采用蒸汽吹扫，在高压、中压、再热器系统吹扫后期，待系统吹扫干净后进行高压旁路管道吹扫，吹扫次数不低于 10 次。

（10）中压旁路采用蒸汽吹扫，加设手动门，使用 219mm 管径临时管路吹扫，中压旁路手动门需能承受 450℃，防止燃气轮机升负荷过程中短时间内烟气超温。

（11）低压旁路采用人工清理。

（12）减温水管道的吹扫：减温水管道的吹扫采用汽侧反吹的方式进行。吹扫前，减温水流量孔板和调节阀不装，调节阀位置用临时管连接。并在减温水调节阀前隔离阀处解开法兰。吹扫时，利用过热蒸汽，开启减温水调节阀前隔离阀，通过开启减温水调节阀前隔离阀对减温水管道进行吹扫，待蒸汽合格后关闭减温水调节阀前隔离阀。整个吹扫过程中可开关隔离阀若干次，以保证达到吹扫效果。吹扫完成后关闭减温水调节阀前隔离阀，对系统进行恢复。

（13）正常停炉前应对锅炉设备进行一次全面检查，将存在缺陷记录备案，以便停炉后进行检修。

1）通过关小高、中、低压临冲门控制高、中、低压汽包的压力和该压力下的饱和温度下降速率在规定范围之内。

2）通过调节给水调节门开度，维持高、中、低压汽包水位至 $0\sim+100\text{mm}$。

3）停高压给水泵，中压给水泵，停凝水再循环泵，关闭高、中、低压系统临冲门。

4）确认燃气轮机进气挡板已经关闭后，关闭余热锅炉出口烟气挡板。

4. 试验要点

（1）吹管阶段余热锅炉保护跳闸中高压汽包水位高三值、高压汽包水位低三值、中压汽包水位高三值、中压汽包水位低三值、低压汽包水位高三值、低压汽包水位低三值的逻辑保护解除。吹管阶段注意监视汽包水位，在打开临冲门的时候，由于汽包压力的降低，汽包中部分未饱和的水迅速转化成饱和水，体积增加，造成虚假水位，汽包水位虚涨，此时不要大幅度的减水，这样待水蒸发跑出，水位不会下降太快。当关闭临冲门的时候，压力上升，一些即将蒸发的水又转化为未饱和水，体积收缩，水位下降，此时不要大幅度补水，待加入的水加热到饱和水，体积增大，水位不会上升太快。

（2）在吹管时，注意高、中、低压系统吹管系数是否大于 1。

（3）通过调节主蒸汽管路启动排汽阀开度，控制饱和温度的上升速率限制在规定范围之内。高压汽包低于 $6\text{℃}/\text{min}$，中压汽包低于 $6\text{℃}/\text{min}$，低压汽包低于 $6\text{℃}/\text{min}$。汽包上下壁温差小于 40℃。

（4）高、中、低压系统启动排汽阀不可以在开度小于 10% 时操作，以免损坏阀门的密封件。

（5）按需要加热锅炉建立汽包压力。每阶段吹管过程中，应至少停炉冷却两次，每次停炉冷却时间不得小于 12h。停炉冷却期间锅炉应带压放水。

（6）吹管阶段应监督给水的含铁量、pH 值、硬度、二氧化硅，吹管时监督炉水的 pH 和磷酸根含量。吹管前应检查炉水外观或含铁量，当炉水含铁量大于 $1000\mu\text{g}/\text{L}$，应加强排污，当炉水含铁量大于 $3000\mu\text{g}/\text{L}$ 或炉水发红、浑浊时，应在吹管间隙以整炉换水方式降低其含量。吹管后期应监督蒸汽品质，测定铁、二氧化硅的含量，并观察水样是否清澈透明。

（7）在工程总体进度上合理安排。

（8）加强吹管过程中下降管的汽水膨胀、临时疏水点和正式疏水点的监视。

（五）调试质量验收标准

（1）以铝为吹管的靶板材质，其长度不小于临时管内径，靶板宽度约为管道内径的 8% 且不小于 25mm，厚度不小于 5mm。

（2）吹管系统各段吹洗系数大于 1。

（3）斑痕粒度：没有大于 0.8mm 的斑痕，0.5～0.8mm（包括 0.8mm）的斑痕不大于 8 点，0.2～0.5mm 的斑痕均匀分布，0.2mm 以下的斑痕不计。

（4）每阶段吹管过程中，应至少停炉冷却两次，每次停炉冷却时间不得小于 12h。停炉冷却期间锅炉应带压放水。

（5）吹管连续两次靶板合格。

（6）由试运指挥部成立靶板评定小组，确认靶板是否合格。

七、余热锅炉反事故措施

（一）防止启动锅炉烘煮炉过程安全事故措施

（1）加药员应穿工作服，戴橡皮手套，戴安全面罩。

（2）不许用起重设备或绳子升降氢氧化钠药品。

（3）煮炉时只用一台水位计，其余备用。

（4）煮炉过程中，禁止炉水进入过热器。

（5）煮炉结束后的换水应带压进行，并冲洗药液接触过的疏水阀、放水阀。

（6）换水结束后应投入所有的液位计，投入连排、取样以及各种与汽水系统接触的仪器、仪表。

（7）人员及工器具准备：参加煮炉的人员确定之后，要明确分工，熟悉煮炉要点。在煮炉之前，要将胶皮手套、防护眼镜、口罩等防护用品准备齐全。操作地点应备有清水、急救药品和纱布，以备急用。

（二）防止余热锅炉蒸汽严密性试验事故措施

（1）蒸汽严密性试验应具备的条件：

1）锅炉应具备点火启动条件，所有附属设备都可以投入运行。

2）烟气系统、汽水系统及相关的热工仪表、阀门挡板具备投运条件。

3）锅炉主机及附属设备主要的联锁保护及信号报警可靠。

4）机组的热力系统蒸汽吹管工作完成。

5）锅炉各部的膨胀间隙正确，膨胀指示器安装齐全，冷态调定零位。

6）减温系统调试结束，具备投入条件。

7）汽水系统中的管道、联箱支吊架调整完成。

8）走梯、平台、栏杆完好，道路畅通，照明充足。

9）安全阀调整应装好校验准确的标准压力表。

（2）升压过程注意事项及安全措施：

1）按照锅炉运行规程和辅机启动措施的规定进行有关辅机和系统的启动，注意监视并调整燃烧工况。

2）升温、升压过程中，注意监视汽包上下壁温差及各级受热面金属壁温、各处烟温。

3）发现异常状况应立即停止升压，及时查明原因，消除缺陷之后方可继续升压。

4）若发现有造成设备损坏以及严重危害锅炉运行的缺陷时，应按规定紧急停炉处理。

5）检查炉本体情况时，应事前通知控制室监盘人员，检查人员应做好防护措施。

6）检查汽水管道的阀门、法兰时，要防止内部介质外泄伤人。

7）升压过程中应开启过热器疏水门和对空排汽门，使过热器得到充分冷却。当锅炉压力升到额定压力时，控制燃气轮机燃烧工况，保持锅炉压力稳定，不许超压。检查完成后，待令调整。

8）由专人负责组织试验检查，听从统一指挥，任何人不得做与试验无关的操作，发现问题要及时报告。

（三）防止余热锅炉安全阀校验事故措施

（1）调整安全阀的地点装设充足的照明，电源可靠，安全阀周围的一切杂物清除干净，通道畅通。

（2）调试人员不便于工作的地方，应搭设临时跳板及围栏，确保调试人员的安全。

（3）校验安全阀属于高空作业，在有可能发生高空坠落的地方工作和比较危险的地方工作时，应扎好安全带，防止意外。

（4）为了保证人身安全，安全阀动作排放时，应离开阀门一定的距离。

（5）调整安全阀过程中，要注意防止锅炉意外超压，确保安全。

（6）凡与调试无关人员，不得到安全阀附近逗留。运行人员要认真操作，按调试的要求控制好压力、水位，调整好燃气轮机运行工况。

（7）任何人不得擅自做与调试安全阀无关的操作。

（四）防止余热锅炉蒸汽吹管事故措施

（1）吹管前应具备的条件。

1）吹管临时系统安装工作结束，必须检查确认符合吹管方案对吹管临时系统的要求，复核各段蒸汽管道膨胀补偿设计无误。

2）高、中、低压及除氧器蒸汽管线疏水排放点数量充足，各管路所有疏水具备接汽排放条件，疏水与地面平行排放至安全位置。

3）做好各吹扫口人员分工、劳动防护及各吹扫口人员、设备、安全防护和警戒工作。

4）保证所有参与人员之间通信通畅，建立独立联系方式。

5）所有岗位消防器材齐全，消防通道畅通，消防系统能正常投入。

6）各吹扫口有碍通行和容易引起火灾的脚手架已拆除，沟道盖板齐全，楼梯步道平台栏杆完好，现场所有杂物清理干净，能保证工作人员安全通行。

7）对所有参与吹扫工作的人员进行安全、技术交底，使参与人员熟悉吹扫流程，掌握操作要点。

8）所有排放口和临时吹扫管及其临时支撑、紧固件均已按要求施工完毕，沿途所有管道的支、托、吊架齐备、完好无损；需要打靶的临时吹扫管上的靶板支架安装正确；各吹扫口的有效警戒区域已拉好警戒线、挂好警戒牌并由专人负责巡检。

9）所有参与吹扫的现场照明齐备、完好。

10）所有参与吹扫的单位通信器材齐备、完好、频道统一。

11）所有吹扫口的靶板架已按要求施工完毕具备吹扫打靶条件。

12）所有参与吹扫的单位靶板准备就绪，并符合要求。

13）所有参与吹扫的管路上不许附带的正式仪表，已按要求拆除。

14）所有参与吹扫的管路保温按要求全部施工完毕。

15）所有界区阀门经试压合格，能够关闭严密，具备吹管条件。

16）吹扫各单位的"吹扫记录台账"已建立并安排专人负责。

17）吹管系统沿途不参与吹扫的各支管已按要求关闭界区阀并检验合格。

18）吹扫各单位对参与吹扫的工作人员进行安全、技术交底，使参与吹扫人员熟悉吹扫流程、掌握操作要点。

（2）吹管过程中的技术要求及安全注意事项。

1）严禁在吹扫口附近进行交叉作业。吹扫管线、阀门进行拆装作业时，必须待管线温度降到常温时，方可进行。

2）吹扫结束，温度降到常温后，再恢复（正式）孔板，检查法兰泄漏情况。

（3）锅炉吹管的危险点分析与控制：

1）作业人员进入作业现场不戴安全帽、不穿绝缘鞋可能会发生人员伤害事故。控制措施：进入试验现场，作业人员必须穿工作服、戴安全帽、穿劳保鞋。

2）吹管阶段，管壁金属有超温的危险。控制措施：吹管期间应严格控制温度，按要求保温严格监视各受热面金属温度在许可范围内。

3）在转动设备附近工作时，有被转动设备伤害的危险。控制措施：进入现场应穿工作服，工作服衣扣应扣好，衣袖不得过长；长发应盘在帽子里，不要与转动设备直接接触。转动设备转动部位应加防护罩。

4）登高作业可能会发生高空坠落，在搬运试验仪器、设备过程中也有可能高空坠落。控制措施：登高作业时，扶梯及临时爬梯应牢固可靠，有防滑及防止人员坠落的措施；有坠落危险时，应系安全带，安全带应系在牢固可靠高于作业位置的固定支吊件上，不要挂在活动支架上；在搬运仪器时，有防止仪器坠落的措施；各试验现场试验设备的安放应稳固，并有防止坠落的措施。

5）吹管蒸汽系统暖管不充分时，热力系统发生严重水击，损坏设备。控制措施：吹扫各管道前，必须做好各管道暖管工作，加强导淋的排放。

6）在临时排汽管出口附近停留或工作时有造成烫伤的危险。安装人员在拆装靶板过程中，蒸汽系统冒汽可能造成人身伤害。临时蒸汽管路支撑不牢固，有可能造成吹管临时系统破坏。排汽时吹出的蒸汽和脏物有可能伤及在排汽方向的人员。控制措施：应有专人负责安全巡视，在每次吹管前，检查确认临时系统、排汽口附近无人工作，并报告吹管指挥人员和操作员后，方可进行吹管操作。安装人员拆装靶板必须经吹管指挥人员许可。临时管路的支撑须经过校核计算，足以抵抗排汽时可能出现的最大反作用力。排汽口的排汽方向应指向空旷无人的区域，并在排汽方向设置足够大的警戒区域，设置足够醒目的警示标志，派人加强巡视，防止有人在吹管阶段误入排汽区。

（五）防止余热锅炉整套启动事故措施

（1）锅炉整套启动条件。

1）与尚在继续施工的现场及有关系统之间有可靠的隔离或隔绝措施。

2）妨碍试运和有着火危险的脚手架及障碍物应拆除，沟道盖板、走梯、栏杆齐全，地面平整，现场清洁。

3）工作现场的照明设备齐全、亮度充足、事故照明安全、可靠。

4）消防、通信设施齐全；对于主要辅机、电气设备及易发生火灾的地方，应备有足够合格的消防器材。

5）上、下水道畅通，保证满足供水和排水的需要。

6）各系统分部调试及辅机分步试运结束，可以正常投入使用。

7）工业水系统及设备、化学制水系统均已调试结束，可以满足运行要求。

8）化学加药系统、汽水取样系统及设备均调试结束，可以正常投入使用。

9）锅炉排空系统、疏放水、连续排污、定期排污系统及容器设备调试结束，均经过验收合格。

10）锅炉本体、烟道检修孔、人孔均已封闭，并且经过漏风（或密封）试验检查合格。

11）汽水系统各管道阀门所有电动门的操作及远动装置良好，就地开关度与表盘指示一致，远动操作可靠。

12）所有热工、电气测点及仪表，声光报警信号均校验合格。

13）对锅炉本体及联箱做全面检查，各处预留的膨胀间隙应与设计值相符，消除可能影响膨胀的障碍；膨胀指示器安装正确、牢固，冷态下调到零位。

14）汽、水管道及联箱弹簧支吊架检查、调整完成。

15）锅炉本体及主要汽水系统，经过工作压力下的水压试验检查合格。

16）凝结水系统及高、低压给水系统调试结束。

17）DCS 系统调试结束，可以实现对设备及系统的正常控制操作。

18）厂用工业水投入使用，压力正常。

19）在锅炉启动以前，下述主要调试项目均已结束。

20）锅炉冲洗结束。

21）锅炉烘炉结束。

22）辅机联锁保护试验和锅炉主保护试验结束。

23）厂用电源、保安电源及直流电源可靠并经过联动试验确认良好。

24）设备及所有系统的阀门部件等均已命名并挂牌齐全。

25）运行人员经培训应熟悉系统和设备，能上岗熟练操作。

26）已建立了现场各级启动运行指挥组织。

27）已建立健全的各项规章制度，明确岗位责任制；已制定各工种运行规程和检修规程。

（2）锅炉防范事故措施。

锅炉在试运过程中因操作不当可能出现因超压、缺水、爆管引起的锅炉爆炸事故和天然气燃爆等事故。为避免此类事故的出现，试车过程中须严密监控锅炉的压力、水位、温度以控制锅炉运行状况，并及时采取措施保证安全。

锅炉试运过程中遇特殊情况的处理：

1）锅炉缺水。

现象：锅炉缺水时，水位表内水位低于极限水位而不可见，水位报警器发出低水位报警，铃响灯亮。

处理：判断为严重缺水时，应紧急停炉，严重缺水锅炉严禁向锅炉进水。

2）锅炉超压。

现象：汽压急剧上升，超过许可工作压力，压力表指针超过"红线"，安全阀动作后，压力仍在升高，发出超压报警信号，蒸汽温度升高而蒸汽流量减少。

处理：迅速减弱燃烧，手动开启安全阀或放空阀，加大给水、加大排污（此时要注意保持锅炉正常水位），降低锅水温度从而降低锅炉汽包压力。

3）调试过程中，遇有下列情况之一时，应立即停炉：

a. 锅炉水位低于水位表最低可见边缘；

b. 不断加大给水或采取其他措施，但水位继续下降；

c. 锅炉水位超过最高可见水位，经放水仍不能见到水位；

d. 给水泵全部失效或给水系统故障，不能向锅炉送水；

e. 水位表或安全阀全部失效；

f. 设置在汽空间的压力表全部失效；

g. 锅炉元件损坏且危及运行人员安全；

h. 发电厂全厂停电事故。

（六）防止全厂停电事故措施

（1）全厂停电后，机组跳闸，安全员应立即向当班值长沟通，同时组织好现场调试人员进行事故处理，保证机组安全停机。

（2）余热锅炉立即停炉密封，所有电动操作改为手动操作。立即关闭烟囱挡板，停止上水，关闭减温水隔离门，打开省煤器再循环门。

（3）余热锅炉没有补水条件时，应记录缺水时间、速度。

（4）检查汽封供汽切换至本机主汽供汽，否则手动切换。检查汽封溢流自动关闭，否则手动关闭。

（5）检查低压旁路应处于关闭状态，不得开启。

（6）检查各疏水电动门应处于关闭状态，否则应手动关闭。

（7）厂用电恢复正常后，启动各辅机时应依次启动，不要同时启动大量的设备，避免将6kV母线电压拉得过低。

（8）逐段恢复6kV及380V电源后，启动循环水泵前应注意凝汽器排汽温度，应先开启闭冷水系统、凝结水系统，使用凝结水为其降温，当排汽缸温度降低至50℃以下时方能进行循环水系统的启动。首台循环泵启动应注意工业水至循环泵冷却水系统投入。在各辅机投用后，按照热态启动要求做好机组重新启动的准备。

（9）当派人出去检查设备和寻找故障点时，在未与检查人员取得联系之前，不允许对被检查的设备合闸送电。

（10）牵涉到220kV设备的操作，要严格执行调度的命令。

（七）防止DCS停电事故措施

（1）当全部操作员站出现故障时（黑屏或死机），若主要后备硬手操及监视仪表可用且暂时能够维持机组正常运行，则转用后备操作方式运行，同时排除故障并恢复操作员站运行方式，否则应立即停机、停炉。若无可靠的后备操作监视手段，也应停机、停炉。

（2）当部分操作员站出现故障时，应由可用操作员站继续承担机组监控任务（此时应停止重大操作），同时迅速排除故障，若故障无法排除，则应根据当时运行状况酌情处理。

（3）当系统中的控制器或相应电源故障时，如果是辅机部分，可切至后备手动方式运行并迅速处理系统故障，若条件不允许则应将辅机退出运行；如果是关于调节回路的，应将自动切至手动维持运行，同时迅速处理系统故障，并根据处理情况采取相应措施；涉及炉机炉保护的，应立即更换或修复控制器模块，或应采用强送电措施，此时应做好防止控制器初始化的措施，若恢复失败应紧急停机停炉。

第三节　汽轮机分系统调试

一、调试范围及内容

（1）各系统调节门（电动、气动、电液伺服）、电动门、气动门的动作检查试验；

（2）主、再热、辅助蒸汽系统管道吹扫；

（3）循环水系统及胶球清洗装置调试；

（4）冷却塔、循环水泵及全厂循环水系统调试；

（5）开式、闭式冷却水系统调试；

（6）低压缸喷水系统调试；

（7）凝结水及补给水系统调试投运；

（8）给水泵及给水系统投运；

（9）主、再热、辅助蒸汽系统调试；

（10）配合化学专业进行炉前系统清洗；

（11）汽轮机各蒸汽管路吹管临时系统检查；

（12）蒸汽旁路系统调试；

（13）疏水系统调试；

（14）润滑油系统及净化装置调试；

（15）抗燃油系统及调节保安系统调试；

（16）发电机氢冷、密封油系统调试；

（17）真空系统及汽轮机轴封系统调试；

（18）热工信号及主、辅机联锁保护调试投运试验；

（19）执行并落实技术监督相关要求。

二、闭式水系统调试

（一）调试目的

为保障机组闭式水系统调试工作的顺利进行，依据 DL/T 5437《火力发电建设工程启动试运及验收规程》的规定和项目调试合同的要求，在机组闭式水系统安装结束完成设备单体调试后应进行分系统的调试工作，以确认闭式水泵、系统管道及辅助设备安装正确无误，设备运行性能良好，控制系统工作正常，系统能满足机组整套启动需要。

（二）调试范围

闭式水系统调试从闭式水泵等单体调试结束后的动态交接验收开始，包括闭式水系统联锁保护试验、闭式水泵带负荷试运、紧急停机冷却水泵试运、系统水冲洗、闭式膨胀水箱补水装置调试、系统投运及动态调整等项目。

（三）调试前应具备的条件

（1）闭式水系统所有设备、管道安装结束，并经验收签证，设备及阀门已挂牌。

（2）热工仪表及电气设备安装、校验完毕，并提供有关仪表及压力、温度、振动等开关的校验清单。

（3）闭式水泵电机、紧急停机冷却水泵单转试验结束，已确认运行状况良好，转向正确，参数正常，DCS 状态显示正确。

（4）各阀门单体调试结束，开关动作正常，限位开关就地位置及 DCS 状态显示正确。

（5）闭式水泵、紧急停机冷却水泵进口临时滤网和系统冲洗的临时管道已按要求装好，对于大的闭式水用户，包括启动锅炉冷却水、空压机冷却水、余热锅炉冷却水、发电机氢气冷却器等用户进出口短接；对于小的闭式水用户，包括凝结水泵、轴承冷却水等用户可关闭各进出口门，待主管路冲洗完成后，解开门后法兰，用临时管接地沟进行冲洗。

（6）泵和电机轴承已注入合格的润滑脂。

（7）系统调试组织和监督机构已成立，并已有序地开展工作。

（8）闭式膨胀水箱已清理干净，除盐水出口至闭式膨胀水箱水冲洗工作结束，除盐水准备充足。

（9）闭式水泵测速装置准备就绪。

（10）根据闭式水系统接装好临时管路。

（11）调试资料、工具、仪表、记录表格已准备好。

（12）试运现场已清理干净，安全、照明和通信措施已落实，试运区域已设安全围栏并挂牌标示。

（13）对闭式水系统设备技术性能已完成技术交底。

（14）仪控、电气专业有关调试结束，配合机务调试人员到场。

（15）根据 DL/T 5437《火力发电建设工程启动试运及验收规程》要求，单体调试前，成立试运指挥部。

（四）调试工作内容及程序

系统调试步骤如下。

（1）阀门动作试验及开关时间测定。

1）确认电动阀就地及远方开、关动作正常，状态显示正确，并测试其开、关时间。

2）确认闭式膨胀水箱水位控制阀就地及远方开、关动作正常，水位控制准确。

（2）联锁保护及报警试验。

1）闭式水泵启停试验；

2）紧急停机冷却水泵启停试验；

3）闭式水泵跳闸试验；

4）紧急停机冷却水泵跳闸试验；

5）闭式水泵自启动试验；

6）紧急停机冷却水泵自启动试验；

7）远方报警试验。

（3）闭式水泵、紧急停机冷却水泵带负荷试运行。

1）试运前检查、确认以下条件满足：

a. 电机绝缘测试合格；

b. 闭式膨胀水箱水位在高值，平衡管正常；

c. 闭式膨胀水箱上水管路外，系统内其他管路有关阀门全关；

d. 闭式水泵、紧急停机冷却水泵动力电源开关已处于实际工作位置，动力电源和控制电源未投入；

e. 系统内所有电动阀电源投入；

f. 除闭式水泵、紧急停机冷却水泵进口滤网差压表、出口压力表和闭式膨胀水箱水位计投入外，其余表计均撤出；

g. 集控室与就地以及开关室、闭式膨胀水箱处通信联系已正常建立；

h. 水质检验用的细滤网已准备好；

i. 开启除盐水电动门，做好闭式膨胀水箱补水准备。

2）闭式膨胀水箱冲洗：

a. 打开闭式膨胀水箱人孔门，首先进行人工清理；

b. 确认闭式膨胀水箱出水总阀及水箱排污阀全关；

c. 将闭式膨胀水箱上水至高水位；

d. 打开闭式膨胀水箱排污阀冲洗水箱；

e. 闭式膨胀水箱中水排完后，反复上水、冲洗水箱若干次，直至出水清澈。

3）系统注水：

a. 用除盐水向闭式膨胀水箱上水；

b. 打开闭式膨胀水箱出口总阀，使闭式水泵进口管段充满水，将闭式膨胀水箱水位上至正常水位；

c. 打开闭式水泵 A、B 以及紧急停机冷却水泵进口阀，以及泵体和系统内所有管道放气阀；

d. 打开闭式水泵、紧急停机冷却水泵出口阀向系统内闭式水管路注水；

e. 确认各闭式水进出口短接用户管路已注满水，隔离用户手动门严密；

f. 系统注满水后全关各排气阀和闭式水泵、紧急停机冷却水泵出口阀。

4）闭式水泵、紧急停机冷却水泵试运行：

a. 手盘闭式水泵 A、B，紧急停机冷却水泵转子，确认转动正常，动静部分无金属摩擦声。

b. 投入闭式水泵、紧急停机冷却水泵动力电源和控制电源。

c. 记录原始参数：闭式膨胀水箱水位；闭式水泵、紧急停机冷却水泵进、出口压力；闭式水温；环境温度；闭式水泵及电机、紧急停机冷却水泵及电机轴承振动；闭式水泵及电机、紧急停机冷却水泵及电机轴承温度；闭式水泵、紧急停机冷却水泵轴封温度；转速；电机壳体温度；电机电流。

d. 远方启动 A 泵，确认泵组转子转向正确，无异常声音，记录启动电流及正常电流。

e. 通过手动控制出口电动门开度，监视电流控制闭式水泵流量尽量接近满负荷值，观察电流值。

f. 确认各轴承振动、温度及其他参数正常，设备无异常声响，系统管道无泄漏。

g. 设备运行稳定后，每隔 15min 记录一次运行参数。

h. 如泵进口滤网差压高报警，停泵清洗滤网。

i. 因管路较脏，泵不能连续运行，可先开始系统管路冲洗，同时监视并记录各项运行参数，待各轴承温度及电机线圈温度稳定且各参数均在允许范围内后，可停止记录。

j. 同上过程将 B 泵、紧急停机冷却水泵投入系统水冲洗。

k. 待系统主管路冲洗干净后，闭式水泵、紧急停机冷却水泵可连续进行试运行。

（4）系统水冲洗。

1）目的。

系统水冲洗的目的是清理管道内部的铁锈、油污及其他杂物，降低闭式水的浊度。

2）冲洗范围。

系统水冲洗范围为 1 号机组闭式水系统所有管道和冷却器。

3）检验标准。

a. 闭式水泵、紧急停机冷却水泵进口滤网内无硬质颗粒；

b. 水质清洁。

（5）闭式水系统投运及停止。

闭式水系统正常投运及停止按以下步骤执行,试运行期间可根据现场情况决定现场临时操作方法。

1) 系统投运前的检查工作:

a. 关闭系统中所有放水阀,开启有关放气阀,开启系统中各类表计的一、二次阀;

b. 开启闭式膨胀水箱出水总阀;

c. 确认具备向闭式膨胀水箱上水条件,开启除盐水至闭式膨胀水箱补水隔离阀;

d. 开启闭式水泵、紧急停机冷却水泵进出口隔离阀;

e. 检查系统联锁试验合格,投入有关保护、报警装置;

f. 检查泵组润滑油脂满足要求,泵及有关电动阀电机绝缘合格,电源送上;

g. 开启闭式水热交换器 A/B 闭式水侧进/出口阀;

h. 开启已可投运的各冷却器进/出口阀,对于一台运行、一台备用的冷却器应将备用或将要备用的冷却器的闭式水进口阀关闭,出口阀开启;

i. 开启除盐水至闭式膨胀水箱上水阀,待放气阀冒水时关放气阀,闭式膨胀水箱水位尽可能补高一些。

2) 闭式水泵的启动:

a. 确认闭式水泵、紧急停机冷却水泵注水放气结束,无闭式膨胀水箱水位低报警,备用泵自启动联锁解除,关闭闭式水泵 A 或 B 或紧急停机冷却水泵的出口阀,启动该闭式水泵,逐渐开启泵出口阀直至全开;检查电机和泵组的振动、声音、轴承温度均应正常。

b. 闭式水泵启动后,水箱水位可能下降很多,应加强监视,必要时除盐水向系统补水;当水箱水位稳定在正常值,检查水位自动调节正常。

c. 确认备泵进/出口阀开启,将备泵投入联锁。

3) 闭式水系统补水:

闭式水膨胀水箱补水水源来自除盐水。

4) 闭式水泵、紧急停机冷却水泵及系统正常运行监视:

a. 泵组轴承温升正常;

b. 泵组轴承振动不超限;

c. 泵组运行声音正常;

d. 泵进出口压力正常;

e. 泵组电流不超限;

f. 闭式膨胀水箱水位正常,自动补水正常;

g. 闭式水温正常;

h. 对于一台运行,一台备用的冷却器,确认备用冷却器的闭式水进出口阀关闭。

5) 闭式水泵运行切换:

a. 解除闭式水泵自启动联锁,启动备用泵,确认该泵运行正常、出口阀开启;

b. 停原运行泵,检查原运行泵是否倒转,若发生倒转,则关其出口阀,联系检修处理;

c. 泵切换正常后,投入备用泵自启动联锁。

6) 闭式水泵及系统停运:

a. 确认闭式水用户已具备停闭式水条件，各空压机已停用；

b. 解除备用泵自启动联锁，停运行泵，关闭泵出口阀；

c. 停止向闭式膨胀水箱补水；

d. 如果泵或系统需检修，则应按工作票要求做好安全措施。

（6）系统动态调整。

在闭式水系统投入运行后，泵连续运行 4h 以上，过程中加强对系统内各设备的监护，发现偏离正常运行情况及时进行调整，以确保系统处于最佳运行状况。

三、凝结水系统调试

（一）调试目的

为保障机组凝结水系统调试工作的顺利进行，依据 DL/T 5437《火力发电建设工程启动试运及验收规程》的规定和机组调试合同的要求，在机组凝结水系统安装结束完成设备单体调试后应进行分系统的调试工作，通过现场静态与动态的调试检验凝结水泵是否运行正常，确认凝结水系统的设计合理与否、联锁保护是否安全可靠。通过对系统进行调整，达到设计规定的要求，使系统能满足机组整套启动需要。

（二）调试范围

凝结水系统调试从凝结水泵等单体调试结束后的动态交接验收开始，包括联锁保护试验、凝汽器进水冲洗、凝结水泵带负荷试运行、系统投运及动态调整等项目。

（三）调试前应具备的条件

（1）凝结水系统所有设备、管道安装结束，并经验收签证；

（2）热工仪表及电气设备安装校验完毕，提供有关仪表及一次元件的校验清单；

（3）凝结水系统凝结水泵电机单转试验结束，已确认运行状况良好，转向正确，参数正常，状态显示正确；

（4）凝结水系统各阀门单体调试结束，开、关动作正常，限位开关就地位置及远方状态显示正确；

（5）凝结水泵进口临时滤网和凝结水系统水冲洗的临时管道已按要求安装好；

（6）凝结水系统有关孔板、流量喷嘴及低压缸减温器喷嘴等均已拆除；

（7）各泵电机绝缘测试合格；

（8）凝结水泵电机上、下轴承润滑油脂已加；

（9）系统调试组织和监督机构已成立，并已有序开展工作；

（10）凝汽器热井均已清理干净，除盐水准备充足；

（11）凝结水系统水压试验合格；

（12）凝结水泵坑内排污系统具备投用条件；

（13）需冲洗的系统临时管道安装完毕，同时做好了安全防范措施；

（14）泵轴承冷却水及密封水冲洗完毕并能投用；

（15）调试资料、工具、仪表、记录表格已准备好；

（16）试运现场已清理干净，安全、照明和通信措施已落实；

（17）仪控、电气专业有关调试结束，配合机务调试人员到场；

（18）根据 DL/T 5437《火力发电建设工程启动试运及验收规程》要求，单体调试前，成立试运指挥部。

（四）调试工作内容及程序

1. 调试步骤

（1）阀门动作试验及开关时间测定。

确认电动阀就地及远方开、关动作正常，状态显示正确，并测试其开、关时间。

（2）联锁保护试验。

为保证凝结水系统各泵安全、可靠地进行试运，联锁保护试验安排在泵运前进行，如因条件限制不能全部完成，部分不影响泵试运的项目可延后进行。联锁试验时，泵动力电源开关置于试验位置，以避免泵频繁启停。联锁试验具体项目如下：

1）凝结水泵启动允许条件；

2）凝结水泵启停试验；

3）凝结水泵跳闸试验；

4）凝结水泵自启动试验；

5）凝结水系统阀门联锁试验。

（3）凝结水泵带负荷试运行。

1）试运前检查、确认以下条件满足：

a. 确认电机绝缘测试合格；

b. 确认电机、泵推力轴承油脂和油位正常；

c. 确认密封水和冷却水正常投入；

d. 凝汽器热井水位在高值，凝汽器补水正常；

e. 除热井补水管路外，系统内其他管路有关阀门全关；

f. 凝结水泵动力电源开关处于非工作位置，动力电源和控制电源能够投入；

g. 统内所有电动阀电源投入；

h. 除凝结水泵进口滤网差压表、出口压力表和凝汽器热井水位计（包括水位开关）等监控凝结水泵运行状况的就地和远程表计投入外，其余表计均撤出；

i. 闭式水系统调试结束，凝结水泵轴承冷却水能正常投入，调整冷却水压力；

j. 冷却水流量正常，温度不大于38.5℃；

k. 仪用压缩空气系统调试结束，凝结水系统所有气动阀气源均能正常投入；

l. 集控室与就地以及开关室通信联系已建立；

m. 水质检验用的细滤网已准备好；

n. 确认热井上水正常，做好凝汽器热井补水准备；

o. 调整凝结水泵密封水压力正常，流量正常，温度小于38.5℃（首次启动由除盐水供密封水，正常运行后自供密封水）。

2）凝汽器热井及凝结水泵进口管路冲洗：

a. 拆除凝结水泵进口临时滤网，将进口管与排地沟的临时管连接；

b. 分别打开凝结水泵A、B进口隔离阀，冲洗进口管路，直至排水与水箱水颜色相同，注意凝汽器热井水位，并及时补水；

c. 将临时滤网装复，系统恢复正常。

3）系统注水：

a. 凝汽器未抽真空状态：①确认凝结水泵密封水已经投入且压力正常，关闭凝结水泵进口滤网放水阀，开启泵体抽真空阀，开启滤网放气阀；②打开凝结水泵进口隔离阀对泵体注水，当滤网放气连续出水后，凝结水泵注水放气结束。

b. 凝汽器抽真空状态：①确认凝结水泵密封水已经投入且压力正常，关闭凝结水泵进口滤网放水阀及放气阀；②缓慢打开凝结水泵进口隔离阀约 1 圈（注意凝汽器真空和备用泵运行状态是否正常，如有真空下降较快及备用泵运行异常立即关闭），完成后检查凝结水泵进口压力是否为负压，之后缓慢开启泵体抽真空阀（注意凝汽器真空），全开后凝结水泵注水放气结束；③确认除盐水压力正常；④确认凝结水系统所有放水阀关闭，打开除盐水到凝结水管路注水阀，向系统内凝结水管路注水，由于凝结水泵出口处弯管较多，对出口处管道注水放空气要特别注意，避免管道振动；⑤系统注满水后全关注水阀。

4）凝结水泵试运行：

a. 手盘凝结水泵 A、B 转子，确认转动正常，动静部分无金属摩擦声。

b. 投入凝结水泵动力电源和控制电源，动力电源开关处于工作位置。

c. 检查确认凝结水泵进、出口隔离阀全开，关闭最小流量再循环阀前电动阀，关闭最小流量再循环阀后手动阀，打开最小流量再循环旁路阀电动门，凝结水系统用户阀门关闭；记录以下原始参数：凝结水泵进口滤网差压，凝结水泵进口压力，凝结水泵出口压力，凝结水温，环境温度，泵组轴承振动、温度、转速，电机线圈温度、电压、电流。

d. 变频点动凝结水泵 A，确认泵组转子转向正确，无异声。

e. 重新启动凝结水泵 A，记录启动电流及电流回落时间，凝结水泵 A 启动后立即手动打开凝结水再循环旁路阀，调节凝结水系统再循环旁路阀的开度，通过监视电流来控制凝结水泵流量，使得凝结水泵能安全稳定运行。

f. 确认各轴承振动、温度及其他参数正常，设备无异常声响，系统管道无泄漏。

g. 设备运行期间，应定时记录运行参数。

h. 同上过程将 B 泵投入试运行，两泵分别连续运行 4h 以上，试运时可同步进行系统水冲洗。

i. 停泵时记录泵的惰走时间。

（4）系统补水装置调试。

凝结水系统通过补水调节站向热井补水，调节站由气动调节阀控制管路，该管路系统的调试待压缩空气系统调试完成后进行，主要需完成以下工作：

1）确保热井能正常补水；

2）确认热井水位与调节站的联锁正常。

（5）凝结水系统投运及停止。

1）系统投运前的准备工作：

a. 关闭系统中所有放水阀，开启有关放气阀，开启系统中各类表计的一、二次阀；

b. 确认除盐水向凝汽器热井上水条件，开启除盐水至热井补水隔离阀、凝汽器热井水位调节阀前后隔离阀、凝结水泵再循环调节阀前后隔离阀；

c. 将热井补水至正常水位；

d. 检查泵组润滑油、冷却水、密封水满足要求，泵及有关电动阀电机绝缘合格，电源送上；

e. 确认凝结水各杂项用户调节阀前后隔离阀关闭，锅炉上水阀门关闭；

f. 检查系统联锁试验合格，投入装置的有关保护和报警；

g. 打开凝结水泵进口阀进行泵体注水。

2）凝结水泵的启动：

a. 确认凝结水泵再循环阀旁路全开后，启动凝结水泵，确认凝结水泵出口阀联开；检查电机电流和泵组的振动、声音、轴承温度均应正常。

b. 确认凝结水母管压力正常，将另一台泵投入备用。

3）凝结水系统补水：

凝结水系统投运期间，由除盐水向凝汽器热井补水。

4）凝结水泵及系统正常运行参数监视：

a. 凝汽器热井水位正常；

b. 凝结水泵进口滤网差压正常；

c. 凝结水母管压力正常，流量正常；

d. 电机线圈温升正常；

e. 电机电流正常；

f. 泵组轴承温升正常；

g. 泵组轴承振动不超限；

h. 泵组运行声音正常。

5）凝结水泵运行切换：

a. 解除凝结水泵自启动联锁，启动备泵，确认该泵运行正常；

b. 停原运行泵，其出口阀自动关闭，就地手动操作打开出口阀并控制其开度慢慢至全开，以检查原运行泵是否倒转，若发生倒转，则立即关出口阀、停运行泵；

c. 若泵未发生倒转，则待运行泵正常后，投入备泵自启动联锁；

d. 若泵发生倒转，则停泵，进行系统隔离，检修止回阀。

6）凝结水泵及系统停运：

a. 在机组停运后，确认凝结水各主要杂项用户不需要用水时，可停止凝结水系统运行；

b. 解除备泵自启动联锁；

c. 停运此凝结水泵，出口阀自动关闭，如未关闭立即手动关闭；

d. 若泵长期停运，应关闭电机上轴承冷却水、凝结水泵密封水隔离阀；

e. 机组正常运行中，若单台凝结水泵需停运，待其停运后，关闭其进、出口阀，关闭泵体、泵进口滤网的气平衡阀，切断电源，并挂"禁止操作，有人工作"警示牌，将泵体中的水放掉或按有关工作票要求进行隔离，注意凝汽器真空的变化。

（6）系统动态调整。

在凝结水系统投入运行过程中，应加强对系统内各设备的监护，发现偏离正常运行的情况应及时进行调整，以确保系统处于最佳运行状况。

四、循环水及开式水系统调试

（一）调试目的

为保障机组循环水及开式水系统调试工作的顺利进行，依据 DL/T 5437《火力发电建设工程启动试运及验收规程》的规定和工程调试合同的要求，在机组循环水及开式水系统安装结束完成设备单体调试后应进行分系统的调试工作，通过现场静态与动态的调试，检验循环水及开式水泵是否运行正常，确认循环水及开式水系统的设计合理与否、联锁保护是否安全可靠。通过对系统进行调整，达到设计规定的要求，使系统能满足机组整套启动需要。

（二）调试范围

循环水及开式水系统调试从循环水泵等单体调试结束后的动态交接验收开始，包括联锁保护试验、循环水泵带负荷试运行、系统投运及动态调整等项目。

（三）调试前应具备的条件

（1）设备及系统安装结束，施工单位安装记录及技术资料齐全。提供安装记录及相关技术资料，并以文件包形式提出。

（2）循环水及开式水系统范围内建筑工程已完成，场地平整，通道畅通，障碍物已清除，所有孔洞、沟盖盖好，隔离护栏安装完成，并经验收合格。

（3）高压带电区等危险区域均应有防护设施及警告标志，坑、沟、孔洞等均应铺设与地面平齐的盖板或可靠的围栏、挡脚板及警告标志。

（4）循环水及开式水管清理干净经验收合格，循环水及开式水管道具备进水条件。

（5）冷却塔内部清理完成，具备进水条件。

（6）循环水及开式水系统中电动阀门经校验合格，手动阀门开关灵活。

（7）循环水及开式水泵出口液动蝶阀调试完成，开关时间整定合格，静态逻辑校验合格。

（8）系统中的就地表计按要求安装到位，并校验合格，凝汽器底部加装千分表，监视凝汽器位移。

（9）DCS能正常投用，能正确显示系统中有关数据。

（10）开式水系统冲洗的临时管道已按要求装好，对于大的开式水用户，包括润滑油冷却水、发电机密封油冷却水、发电机定冷水、燃气轮机液压油、汽轮机控制油等用户进出口短接；对于小的开式水用户，包括氢气干燥器冷却水、真空净油装置冷却水、真空泵冷却水等用户可关闭各进出口门，待主管路冲洗完成后，解开门后法兰，用临时管接地沟进行冲洗。

（11）循环水泵轴承、电机轴承润滑油已加好。

（12）循环水泵电机试转完成。

（13）系统上的放空气门安装齐全并能正常投用，凝汽器水侧具备通水条件。

（14）热工信号和联锁保护经校验动作正确。

（15）循环水及开式水系统注水及补水有充足的水源。

（16）凝结水泵坑、循泵房排污泵具备投运条件。

（17）与邻机组循环水及开式水系统已采取隔离措施。

（18）确认不参与试转的循环水泵进口电动阀、出口蝶阀关闭，电动滤水器进、出口门、旁路门确认关闭后拉电。

（19）根据DL/T 5437《火力发电建设工程启动试运及验收规程》要求，单体调试前，成立试运指挥部。

（四）调试工作内容及程序

1. 阀门动作试验及开关时间测定

确认电动阀就地及远方开、关动作正常，状态显示正确，并测试其开、关时间。

2. 联锁保护试验

为保证系统各泵安全、可靠地进行试运，联锁保护试验安排在泵运前进行，如因条件限制不能全部完成，部分不影响泵试运的项目可延后进行。联锁试验时，泵动力电源开关置于试验位置，以避免泵频繁启停。

（1）循环水泵联锁保护试验；

（2）循环水泵启停试验；

（3）循环水泵自启停试验；

（4）液控蝶阀联锁试验；

（5）机械通风冷却塔联锁试验。

3. 循环水及开式水系统投运与停运

（1）冷却塔及循环水与开式水系统注水。

1）经监理、安装公司、业主、调试等各方确认后通过处理的原水至冷却塔水池补水管道对冷却塔水池进行补水。

2）待水池注满水后，继续进水，检查水池溢流是否畅通。

3）开启凝汽器水侧进/出水电动门，确认关闭凝汽器水侧放水门，开启循环水及开式水管道及凝汽器水侧沿线放空门（确认沿线放空门状态），缓慢开启循环水泵进口电动门，全开循环水泵出口蝶阀，对循环水泵至凝汽器循环水及开式水进水母管静压注水。启动辅助循环水泵，继续对母管及凝汽器注水，当循环水及开式水沿线管道放空门连续出水后逐一关闭，整个循环水及开式水母管注水完毕，停运辅助循环水泵。

4）将冷却塔水池补水至正常水位。

（2）循环水泵试转。

1）循环水泵试运转系统为循环水泵至凝汽器回冷却塔，其他的用户隔离。

2）投入本措施范围内涉及的有关热工仪表及联锁。

3）检查控制盘上准确地显示温度、压力、电流等数据能正确显示。

4）确认所有循环水泵出口蝶阀关闭，隔绝循环水胶球清洗装置、开式冷却水系统。

5）检查循环水泵及电机轴承油脂正常。

6）检查循环水前池水位不低于启动允许的最低水位，确认凝汽器循环水进出水电动阀已全开，水室空气门打开。

7）准备工作完成后，测量循环水泵电动机绝缘，合格后送上电源。

8）首次以低速挡点动循环水泵，以检查其动态工况如声音情况（有无异常响声）、振动情况、仪表的功能、惰走特性、系统及泵有无泄漏点。

9）在上述启动过程中未发现任何不正常，则等转子停转后 30min，重新启动循环水泵（低速挡）。

10）DCS 程控启动循环水泵，就地确认出口蝶阀是否联动打开，继续向凝汽器注水，确认凝汽器水侧排空门出水后关闭。同时监视 DCS 画面循环水及开式水系统各测点反馈数值，注意观察循环水及开式水母管压力变化情况。

11）如循环水泵启动后汽机房内凝汽器无大泄漏，检查冷却塔出水情况，循环水压力正常后，开始进入循环水系统试运。

12）循环水泵启动后应注意循环水泵前池水位，水位降低过多要及时向冷却塔内补水。

13）检查循环水管道上的排空气门动作是否正常。

14）对凝汽器水室人孔门、大盖及系统管道查漏。

15）记录循环水泵电机电流、轴承温度及循环水泵出水压力，测量轴承振动。

16）循环水泵运行正常后检查冷却塔出水情况，看水量分布是否均匀，记录布水不均匀填料的位置，以便消缺。

17）循环水泵的试转时间为 4h 以上，并以泵轴承温度 15min 温升不超过 1℃为结束试运的必要条件。

18）循环水泵以低速挡试转结束后，切换至高速挡，再次进行试转。

（3）开式水系统冲洗。

1）目的。

系统水冲洗的目的是清理管道内部的铁锈、油污及其他杂物，降低开式水的浊度。

2）冲洗范围。

系统水冲洗范围为开式水系统所有管道和冷却器。

3）冲洗方法详见安装单位开式水系统冲洗图纸。

4）冲洗步骤：

a. 循环水系统投运正常；

b. 打开循环水至开式水供回水门，向开式水系统注水；

c. 全开真空泵冷却器及闭式水冷却器进回水门；

d. 检查系统有无泄漏；

e. 启动辅助循环水泵，对各冷却水用户进行冲洗 2～3 天；

f. 待停泵放水，清理冷却塔水池及相关管道，恢复开式水短接用户管道，重新注水后，循环水泵及辅助循环水泵可连续进行试运行。

（4）冷却塔风机调试。

1）5 台冷却塔风机电机试转；

2）连接传动机构后对风机进行试转，监视电机电流、电机温度等参数在正常范围内；

3）若循环水温度较高，可打开冷却塔风机进行辅助降温。

（5）循环水泵及循环水系统停运。

1）循环水泵试转完成后程控停循环水泵。

2）循环水泵出口蝶阀关至约 15％后，确认循环水泵联停，记录惰走时间。

3）检查循环水泵出口蝶阀全部关闭。

4）试运行结束，停泵，切断电源。

5）试转结束后，视情况决定是否对系统进行放水，对冷却塔水池进行清理。

五、胶球清洗系统调试

（一）调试目的

为保障机组胶球清洗系统调试工作的顺利进行，依据 DL/T 5437《火力发电建设工程启动试运及验收规程》的规定和工程调试合同的要求，进行机组胶球系统静态调试、联锁保护试验、系统投运和热态调整等调试工作，以确认胶球系统设备运行性能良好，控制逻辑动作工作正常，能满足机组正常启停和运行的需要。

（二）调试范围

胶球清洗系统调试范围包括：信号联调；胶球清洗系统静态调试试验；胶球清洗联锁保护试验；胶球泵试转试验；系统投、停运及动态调整等项目。

（三）调试前应具备的条件

（1）本调试涉及的开式循环水管道经验收合格，与本系统相连的而不属于此调试范围的系统能有效隔离。

（2）收球网在循环水系统通水前应单体验收合格，监理需确认收球网关闭严密，与管道结合面安装到位，并对收球网进行收球位和冲洗位操作，收球网处于相应位置。

（3）设备及系统安装结束，安装单位安装记录及相关技术资料齐全，并以文件包形式提出。

（4）系统中就地表计及热控仪表安装结束，热控仪表电缆接好。

（5）确认泵组各转动部件盘动灵活无卡涩。

（6）电动机经单独试转合格，旋转方向正确。

（7）确认泵组润滑油加好。

（8）胶球清洗循环泵程控盘静态调试结束，电气、热工信号正确，就地操作盘能正确指示有关测点，自动联锁和程控经校验正确。

（9）系统中阀门经校验合格，操作灵活、正确。

（10）循环水系统试转结束，能正常投运。

（11）根据 DL/T 5437《火力发电建设工程启动试运及验收规程》要求，单体调试前，成立试运指挥部。

（四）调试工作内容及程序

1. 胶球清洗泵试转

（1）确认循环水运行正常。

（2）确认胶球清洗泵进/出口门开足，对系统及设备进行注水、放气工作。

（3）手盘动泵与电动机转子应轻便、灵活、无卡涩等异常情况。

（4）确认收球网及收球器处于运行位置。

（5）确认电动机绝缘合格，并送上电源。

（6）启动胶球清洗循环泵，开始试运转。

（7）监测泵的运转情况：振动、电流、轴承温度。

（8）试转结束停泵。

2. 胶球清洗系统收球试验

（1）打开收集器上部盖板加入 800 只浸泡过水的胶球，关好盖板充水排空气。

（2）确认收球网在收球位置及收球室在运行位置。

（3）确认胶球清洗泵进/出口门全开。

（4）胶球清洗装置使用手动方式运行。

（5）启动胶球清洗泵，确认泵出口压力及电动机电流正常。

（6）清洗时间 8h，收球时间 2h 后系统隔离放水，清点收球数。

（7）胶球清洗系统自动运行方式可在收球率合格后进行试验。

3. 反冲洗

胶球清洗装置在不清洗胶球时，若循环水管道垃圾较多，差压变送器动作，打开活动网板反冲洗。胶球清洗装置在清洗胶球时，不得打开活动网板进行反冲洗。

六、高低压蒸汽及旁路系统调试

（一）调试目的

为保障机组高中低压蒸汽及旁路系统调试工作的顺利进行，依据 DL/T 5437《火力发电建设工程启动试运及验收规程》的规定和机组调试合同的要求，在机组高中低压蒸汽及旁路系统安装结束完成设备单体调试后应进行分系统的调试工作，通过现场静态与动态的调试，检验旁路系统是否运行正常，确认高中低压蒸汽及旁路系统的设计合理与否、联锁保护是否安全可靠。通过对系统进行调整，达到设计规定的要求，使系统能满足机组整套启动需要。

（二）调试范围

高低压蒸汽及旁路系统调试从单体调试结束后的动态交接验收开始，包括高中低压蒸汽及旁路系统管路安装情况检查；高中低压蒸汽及旁路系统电动门、调整门检查验收；高中低压蒸汽及旁路系统 DAS 点检查；高中低压蒸汽及旁路系统管道吹扫；高中低压蒸汽及旁路系统减温水管道的冲洗；高中低压蒸汽及旁路系统联锁保护试验。

（三）调试前应具备的条件

（1）系统的设备和管道安装工作结束并经验收合格，有关表计齐全。

（2）系统中所有电动门、调整门单体调试完成，验收合格，动作灵活可靠，就地指示、远方反馈与实际位置一致。

（3）系统设备、阀门挂牌完成。

（4）凝结水、给水系统具备投用条件。

（5）热工信号和联锁保护经校验正常。

（6）现场地平整、道路畅通、附近的沟道及孔洞盖板齐全，厂区内排水畅通。

（7）根据 DL/T 5437《火力发电建设工程启动试运及验收规程》要求，单体调试前，成立试运指挥部。

（四）调试工作内容及程序

1. 旁路系统吹扫

在安装高、中、低压旁路阀之前利用蒸汽对旁路系统管道进行吹扫，具体吹扫流程及工艺见吹管调试方案。

2. 旁路减温水管道冲洗

（1）高压旁路减温水管道冲洗流程：高压给水管道→高压旁路减温水管道→排放。

（2）中压旁路减温水管道冲洗流程：凝结水杂用水管道→中压旁路减温水管道→排放。

（3）低压旁路减温水管道冲洗流程：凝结水杂用水管道→低压旁路减温水管道→排放。

对减温水管道冲洗至排放口水质清晰为止。

3. 静态特性试验

（1）阀门动作试验及开关时间测定：

在就地对高压旁路压力控制阀、高压旁路减温水阀、高压旁路减温水隔离阀、中压旁路压力控制阀、中压旁路减温水阀、中压旁路减温水隔离阀、低压旁路压力控制阀、低压旁路减温水阀、低压旁路减温水隔离阀进行阀位操作。开关动作正常，状态显示正确。

（2）阀门快开/快关时间测试：

模拟高压旁路压力控制阀、中压旁路压力控制阀、低压旁路压力控制阀的快开/快关信号，对阀门的开关时间进行测试。

（3）阀门静态特性：

模拟阀位控制信号，开启、关闭（0％、25％、50％、75％、100％）高压旁路压力控制阀、高压旁路减温水阀，记录阀位控制信号和阀位反馈信号。

模拟阀位控制信号，开启、关闭（0％、25％、50％、75％、100％）中压旁路压力控制阀、中压旁路减温水阀，记录阀位控制信号和阀位反馈信号。

模拟阀位控制信号，开启、关闭（0％、25％、50％、75％、100％）低压旁路压力控制阀、低压旁路减温水阀，记录阀位控制信号和阀位反馈信号。

4. 阀门动态特性试验

在系统投运稳定时，高压、中压、低压旁路均在自动，对高压旁路阀门做 0.5MPa 定值扰动，观察主汽压力和高压旁路出口温度控制在设定值附近；反复调整控制器参数，直到调节品质满意为止。同样方法对中压旁路和低压旁路进行扰动试验。

七、真空系统调试

（一）调试目的

为保障机组真空系统调试工作的顺利进行，依据 DL/T 5437《火力发电建设工程启动试运及验收规程》的规定和工程调试合同的要求，在机组真空系统安装结束完成设备单体调试后应进行分系统的调试工作，通过现场静态与动态的调试检验真空泵是否运行正常，确认真空系统的设计合理与否、联锁保护是否安全可靠。通过对系统进行调整，达到设计规定的要求，使系统能满足机组整套启动需要。

（二）调试范围

真空系统调试从真空泵单体调试结束后交接验收开始，包括联锁保护试验、泵组试转、系统投运及动态调整等项目。

（三）调试前应具备的条件

（1）真空系统所有设备、管道安装结束，并经验收签证；

（2）热工仪表及电气设备安装、校验完毕，并提供有关仪表及压力、温度、振动等开关的校验清单；

（3）真空泵电机绝缘测试合格；

（4）真空泵电机试转已结束，已确认转向正确，参数正常，DCS 状态显示正确，运行状况良好；

（5）各阀门单体调试结束，开、关动作正常，限位开关就地位置及 DCS 状态显示正确；

（6）真空泵和电机轴承已注入合格的润滑脂；

（7）真空泵补水管路、真空泵体和气水分离器均已冲洗干净，泵体补水工作结束，补水自动装置控制正常；

（8）真空泵测速装置准备就绪；

（9）真空泵工作液冷却器能投入运行；

（10）系统调试组织和监督机构已成立，并已有序开展工作；

（11）调试资料、工具、仪表、记录表格已准备好；

（12）试运现场已清理干净，安全、照明和通信措施已落实；

（13）热控、电气专业有关调试结束，配合机务调试人员到场；

（14）根据 DL/T 5437《火力发电建设工程启动试运及验收规程》要求，单体调试前，成立试运指挥部。

（四）调试工作内容及程序

调试工作内容及程序如下：

（1）阀门动作试验及开关时间测定。

确认系统内所有电动阀就地及远方开、关动作正常，状态显示正确，并测试其开、关时间。

（2）联锁保护试验。

为保证真空系统各泵安全、可靠地进行试运，联锁保护试验安排在泵试运前进行，如因条件限制不能全部完成，部分不影响泵试运的项目可延后进行。联锁试验时，泵动力电源开关置于试验位置，以避免泵频繁启停。

1）真空泵"启允许"条件验证。

2）真空泵启停试验。

3）真空泵跳闸试验。

4）真空泵自启动试验。

5）真空水系统阀门联锁试验。

（3）真空泵单独试转（水环式真空泵）。

1）打开真空泵进口手动门。

2）启动除盐水泵或凝结水泵，保证真空泵分离器水位正常（120～200mm）。

3）启动循环水泵及开式水泵，投入真空泵冷却器。

4）手动盘动转子能灵活运转。

5）测量电动机绝缘合格后送上电源。

6）短暂启动真空泵几秒钟，以检查其动态运行是否正常。

7）在上述启动过程中未发现任何不正常，则等转子停转后，重新启动真空泵，开始试运转。

8）确认启动真空泵后，进口气动阀应联开。

9）检查泵的运转声音正常，泵和电机的轴承温度、振动正常，电机线圈温度正常，泵运行电流正常。

10）检查与调整泵的填料密封处漏出的密封水适量。

11）检查泵的气水分离器的液位在正常范围内（120～200mm）。

12）检查冷却器的冷却水压力、换热效果正常，补水压力正常。

13）试运转时间以轴承温度变化已稳定且不再有上升趋势而定，应不小于 2h 的连续试运行。

（4）真空泵带负荷试运行。

1）系统试运前的准备工作：

a. 电机绝缘测试合格；

b. 确认系统各仪表、测量元件能正确投入；

c. 电机及泵的轴承已注入合格的润滑脂；

d. 泵进口已设置临时滤网；

e. 关闭泵体和管道有关放水阀，向真空泵体注水，确认气水分离器水位正常；

f. 真空泵工作液冷却器已投运；

g. 运行参数测点已准备完毕，并完成初始记录；

h. 开式冷却水系统投入运行，向真空泵冷却器通水；

i. 集控室与就地以及开关室通信联系已正常建立。

2）真空泵试运行：

a. 置真空泵 A 动力电源开关处于非工作位，手动盘转子，确认转动正常；

b. 送真空泵 A 动力电源，远方点动真空泵，确认旋转方向正确，无异常声音；

c. DCS 启动真空泵 A，记录启动电流及返回电流；

d. 检查确认泵和电机各轴承温度、振动、电机电流及其他运行参数正常；

e. 泵组稳定运行后，每隔 15min 记录一次运行数据，运行 60min 后每 30min 记录一次运行数据，试运行时间为 4h 以上，期间确认各参数均在限值以内且趋于稳定；

f. 按上述过程试运真空泵 B。

（5）罗茨-液环式真空泵组（节能真空泵组）试转。

1）水环真空泵将真空拉至 -88kPa 以下。

2）打开真空泵进口手动门。

3）启动除盐水泵或凝结水泵，保证真空泵分离器水位正常（120～200mm）。

4）启动循环水系统，投入热交换器和冷凝器的冷却水。

5）手动盘动水环真空泵、密封液循环泵及罗茨泵转子能灵活运转。

6）测量电动机绝缘合格后送上电源。

7）启动水环真空泵。

8）启动密封液循环泵。

9）打开入口气动蝶阀。

10）延时 15s，罗茨泵自动启动。

11）短暂启动真空泵组几秒钟，以检查其动态运行是否正常。

12）在上述启动过程中未发现任何不正常，则等转子停转后，重新启动真空泵，开始试运转。

13）节能真空泵组正常运行一段时间后，停运大容量水环真空泵，记录凝汽器真空变化，测试节能泵组的出力。

（6）凝汽器及系统抽真空。

1）试验前应具备的条件：

a. 低压缸喷水减温装置。

b. 凝结水系统。

c. 闭式冷却水系统、循环水系统、开式冷却水系统。

d. 仪用空气系统。

e. 润滑油系统，包括油净化装置。

f. 汽轮机盘车装置。

g. 汽轮机安全监测系统（TSI）。

h. 轴封系统能正常投入运行。

i. 测量缸胀及阀门移动的仪表已安装好。

j. 系统管路的悬挂及支撑装置已安装且调节完毕。

k. 汽轮机的保温已安装。

l. 真空系统的阀门水封管路已全部接好，并投入。

2）步骤：

a. 由启动锅炉向辅汽联箱供汽，确认辅汽参数正常。

b. 投入轴封汽系统。

c. 抽真空（包括汽轮机、凝汽器）。

d. 启动真空泵 A/B。

e. 关闭凝汽器真空破坏阀。

f. 待真空稳定后，记录真空值。

g. 记录两台泵抽真空至额定值的时间。

（7）真空系统投运及停止。

1）系统投运前检查：

a. 压缩空气系统已投运，仪用气压力正常。

b. 凝结水系统已投运，真空泵冷却器已投运。

c. 凝结水系统已投运正常，各阀门水封投入。

d. 润滑油系统已投入运行，投入主机盘车，且转速正常。

e. 轴封系统已投运正常，轴加风机已投入运行。

f. 抽真空系统有关联锁试验合格，有关控制、动力电源送上，所有仪表、报警装置投入。

g. 检查关闭下列阀门：系统中所有放水阀和放气阀；凝汽器真空泵进口控制阀；主机的真空破坏阀，确认水封正常。

h. 检查开启下列阀门：凝汽器抽真空隔离阀；凝汽器真空泵进口隔离阀；凝汽器真空泵分离器补水阀，确认分离器水位正常。

2）真空泵投运：

a. 选择开关打在远操位置。

b. 启动一台凝汽器真空泵，确认真空泵气侧进口控制阀开启。

c. 当凝汽器真空正常小于 10kPa，根据真空系统情况，可以停运一台凝汽器真空泵。

3）运行中的正常维护：

a. 凝汽器真空低于 12kPa，检查备用真空泵自启动。

b. 检查真空泵气水分离箱水位正常，水温小于 35℃。

c. 检查真空泵振动、声音无异常，电机工作正常。

d. 检查主机真空破坏阀水封水位正常。

4）真空泵停运：

正常停运真空泵时，确认真空泵进口控制阀先关闭，真空泵再停运。（试运时试验真空泵先停运、进口控制阀后关闭对机组真空的影响，确认真空无变化。）

5）真空泵运行中的切换：

a. 确认备用真空泵气水分离器水位正常，启动备用真空泵。

b. 真空泵启动且真空建立后，确认真空泵进口控制阀自动开启。

c. 停运原运行泵，确认气侧进口控制阀先关闭，投入正常备用。

（8）系统动态调整。

在真空系统投运过程中，应加强对系统内各设备的监护，发现偏离正常运行的情况及时进行调整，以确保系统处于最佳运行状态。

八、辅助蒸汽及轴封系统调试

（一）调试目的

为保障辅助蒸汽及轴封系统调试工作的顺利进行，依据 DL/T 5437《火力发电建设工程启动试运及验收规程》的规定和工程调试合同的要求，在机组轴封系统安装结束完成设备单体调试后应进行分系统的调试工作，通过现场静态与动态的调试检验旁路系统是否运行正常，确认轴封系统的设计合理与否、联锁保护是否安全可靠。通过对系统进行调整，达到设计规定的要求，使系统能满足机组整套启动需要。

（二）调试范围

辅助蒸汽系统调试从辅汽系统单体调试结束后的静态交接验收开始，包括联锁保护试验、辅汽系统及减温水管路冲洗、系统投运及动态调整等项目。

轴封系统调试从轴加风机单体调试结束后的静态交接验收开始，包括联锁保护试验、轴加风机试运行、供汽系统及减温水管冲洗、轴封加热器装置的投运、系统的静态调试、系统投运及动态调整等项目。

（三）调试前应具备的条件

（1）辅助蒸汽及轴封系统所有设备、管道安装结束，并经验收签证；

（2）热工仪表及电气设备安装、校验完毕，并提供有关仪表及压力、温度等开关的校验清单；

（3）各阀门单体调试结束，开、关动作正常，限位开关就地位置及 DCS 状态显示正确；

（4）辅助蒸汽及轴封管道吹扫结束；

（5）系统调试组织和监督机构已成立，并已有序开展工作；

（6）凝结水系统调试完毕并已投运；

（7）仪用压缩空气系统处于投运状态；

（8）调试资料、工具、仪表、记录表格已准备好；

（9）试运现场已清理干净，安全、照明和通信措施已落实；

（10）仪控、电气专业有关调试结束，配合机务调试人员到场；

（11）根据 DL/T 5437《火力发电建设工程启动试运及验收规程》要求，单体调试前，成立试运指挥部。

（四）调试工作内容及程序

1. 辅助蒸汽、轴封系统管道吹扫

对于新建机组，启动过程中辅助蒸汽由燃气锅炉或邻机提供，管道吹扫汽源为燃气锅炉来汽。

(1) 吹扫前的准备工作。

1) 辅助蒸汽、轴封系统管道及临时管道安装完毕,所有电动门传动试验正常,各手动门开关灵活,且应严密;

2) 有关的温度、压力测点安装完毕,并校验合格;

3) 高压主蒸汽至辅汽联箱止回门、再热(冷段)蒸汽系统至辅汽联箱止回门的阀芯拆下;

4) 吹扫系统中所有调整门整体拆除,用同管径临时管道连接;

5) 所有吹扫系统中的减温水管道应在进入汽侧管道前断开并加堵板,减温装置拆除,用同管径临时管道连接;

6) 所有排气管均接至厂房外排大气,所有管道疏水应保持通畅并临时排至地沟,严禁排至凝汽器,临时管道低凹处应加装疏水管,疏水管上加装截止阀;

7) 所有涉及辅汽、轴封系统吹扫的管道保温工作完成;

8) 各排汽口应加固,注意排汽方向不影响设备和人身安全,并派专人监视,严禁任何人员进入排汽区域;

9) 吹扫前,成立专门的辅汽吹扫领导小组,全面指挥辅汽系统和轴封系统管道的吹扫工作,参加人员应明确分工,统一指挥。

(2) 吹扫范围。

辅助蒸汽管道吹扫工作须在锅炉吹管阶段前完成,为辅汽、轴封系统等调试提供必要条件。主要吹扫范围包括以下系统管道:

1) 辅助蒸汽联箱至尿素加热蒸汽管道;

2) 辅助蒸汽联箱至废水零排放蒸汽管道;

3) 高压主蒸汽至辅助蒸汽联箱;

4) 辅助蒸汽至轴封蒸汽管道;

5) 轴封供汽回汽管道(高、低压轴封供、回汽管道);

6) 辅助蒸汽联箱至冷态快速启动蒸汽系统;

7) 再热(冷段)蒸汽系统至辅助蒸汽联箱。

(3) 吹扫流程。

1) 将辅助蒸汽、轴封系统管道吹扫分为 6 个流程:

流程 1:燃气锅炉来汽→辅助蒸汽管道→轴封供汽母管→高、低压轴封(进、回汽环接)→轴加风机排汽管道(轴加风机处加堵板)→排大气;

流程 2:燃气锅炉来汽→辅助蒸汽管道→主蒸汽至辅助蒸汽联箱管道(倒吹)→临时管道→排大气;

流程 3:燃气锅炉来汽→辅助蒸汽管道→再热冷段蒸汽系统至辅助蒸汽联箱管道(倒吹)→临时管道→排大气;

流程 4:燃气锅炉来汽→辅助蒸汽管道→尿素加热蒸汽管道→临时管道→排大气;

流程 5:燃气锅炉来汽→辅助蒸汽管道→废水零排放蒸汽管道→临时管道→排大气;

流程 6:燃气锅炉来汽→辅助蒸汽管道→冷态快速启动蒸汽系统→临时管道→排大气。

2) 为保证吹扫效果,蒸汽吹扫参数保证在压力 0.6MPa、温度 280℃以上,当辅助蒸汽母管压力达到要求值时，开阀进行吹扫，当压力降至 0.3MPa 时关闭阀门。重新升压至吹扫压力反复吹扫，直至排汽洁净为止。

2. 阀门动作试验及开关时间测定

确认电动阀就地及 DCS 开、关动作正常，状态显示正确，并测试其开、关时间。

3. 联锁保护及报警试验

（1）轴加风机联锁试验；

（2）DCS 报警试验。

4. 轴封系统投运

（1）试运前检查、确认以下条件满足：

1）仪用压缩空气系统已投运，压力正常；

2）凝结水系统已正常投运；

3）轴封系统有关阀门电源、气源已送上，有关联锁保护试验合格并投入；

4）轴加风机电机测绝缘合格后，送上动力电源及控制电源；

5）将轴封冷却器疏水 U 型管注满水；

6）投用有关仪表，设定值正确；

7）集控室与就地以及开关室处通信联系已正常建立；

8）汽轮机处于盘车状态，汽缸本体疏水门全开，真空系统能正常投运；

9）检查辅助蒸汽至轴封进汽母管安装完毕，具有投用条件；

10）系统有关疏水门开启；

11）保证辅助蒸汽联箱供汽汽源管道吹扫完毕，视情况投入启动炉供辅助蒸汽联箱、主蒸汽供辅助蒸汽联箱或者再热蒸汽供辅助蒸汽联箱管路供汽，投入各汽源管路时，需微开管路供汽调门，对管道进行充分暖管。

（2）轴封系统投运：

1）微开轴封供汽调节阀，对轴封调压站前管道进行充分暖管；

2）轴封供汽压力、温度符合要求；

3）进入汽轮机轴封内蒸汽应保持一定的过热度，在盘车装置投入前不得将轴封蒸汽投入使用。

（3）根据机组启动要求，投入轴封系统：

1）开启轴加风机入口门；

2）确认凝结水已切至轴封冷却器水侧主路；

3）DCS 启动一台轴加风机，通过控制进口手动门，使轴封冷却器压力维持在微负压，确认轴加风机投运正常；

4）开启压力调节阀前电动隔离阀，微开轴封母管压力调节阀，对系统进行暖管疏水，确认轴封汽温度上升；

5）根据汽轮机金属温度与轴封汽温度匹配情况决定是否投入减温器；

6）暖管结束后，轴封母管压力调节阀投自动，控制轴封汽压力在 0.023～0.027MPa 范围内；

7）关闭轴承回汽调节阀，当轴端稍微冒汽后，将回汽调节阀开大 1～2 圈，使轴端不冒汽即可；

8）将轴封蒸汽溢流阀投入自动。

5. 轴封系统停运

（1）确认汽轮机真空到零后，可以停运轴封系统；

（2）撤出轴封各汽源调节阀及轴封减温水调节阀自动，关各调节阀及隔离阀；

（3）当轴封母管压力至零后，停运轴加风机；

（4）开启轴封系统各疏、放水阀，系统放水泄压。

6. 疏水系统

根据机组启动要求，投入疏水系统开启主汽管道疏水，开启高压蒸汽、低压蒸汽、汽轮机本体疏水阀至本体疏水扩容器。投入疏水系统时，应注意外置疏水扩容器压力温度，不应使扩容器超压超温，并应及时投入减温水减温。如果发现扩容器扩容容量不够，可适当调节主蒸汽管道疏水阀开度，控制进入疏水扩容器蒸汽量，以保证扩容器工作在正常的压力温度范围内。

7. 系统动态调整

在辅助蒸汽、轴封及疏水系统投入运行过程中，应加强对系统内各设备的监护，发现偏离正常运行情况及时进行调整，以确保系统处于最佳运行状况。

九、汽轮机润滑油及控制油系统调试

（一）调试目的

为保障机组润滑油、顶轴油及盘车装置调试工作的顺利进行，依据 DL/T 5437《火力发电建设工程启动试运及验收规程》的规定和机组调试合同的要求，在机组润滑油、顶轴油及盘车装置安装结束完成设备单体调试后应进行分系统的调试工作，通过现场静态与动态的调试检验润滑油、顶轴油及盘车装置是否运行正常，确认润滑油、顶轴油及盘车装置的设计合理与否、联锁保护是否安全可靠。通过对系统进行调整，达到设计规定的要求，使系统能满足机组整套启动需要。

（二）调试范围

润滑油、顶轴油及盘车装置调试从交流润滑油泵、直流事故油泵、排油烟风机、顶轴油泵等单体调试结束、润滑油冲洗油质合格后的动态交接验收开始，包括联锁保护试验、各类油泵带负荷试运、系统压力整定、盘车装置调试、过压自动调节装置、系统投停运及动态调整等项目。

（三）调试前应具备的条件

（1）润滑油、顶轴油及盘车装置所有设备、管道安装结束，并经验收签证；

（2）热工仪表及电气设备安装、校验完毕，并提供有关仪表及压力、温度等测量元件的校验清单；

（3）润滑油、顶轴油及盘车装置各泵电机单转试验结束，已确认转向正确、运行状况良好、参数正常、就地及远方状态显示正确；

（4）各阀门开、关动作正常，阀门严密性良好；

（5）油冲洗所接的临时管道、堵头、临时滤网均已拆除，系统恢复至正常运行状态；

（6）燃机润滑油系统有关节流孔板等均已恢复安装就绪；

（7）各泵电机绝缘测试合格；

（8）泵和电机轴承已注入合格的润滑脂；

（9）润滑油箱清理结束，并已加入合格的润滑油至正常位；

（10）润滑油质经化验合格；

（11）仪用压缩空气系统、闭式水、开式水系统已调试结束，系统能正常投入运行；

（12）系统调试组织和监督机构已成立，并已有序开展工作；

（13）调试资料、工具、仪表、记录表格已准备好；

（14）试运现场已清理干净，安全、照明和通信方案已落实；

（15）热控、电气专业有关调试结束，配合机务调试人员到场；

（16）根据 DL/T 5437《火力发电建设工程启动试运及验收规程》要求，单体调试前，成立试运指挥部。

（四）调试工作内容及程序

1. 润滑油系统调试

（1）冷油器水侧注水放气，以便根据对润滑油温要求随时投运冷油器。

（2）系统内滤网及冷油器油侧放气阀开启，各放气阀在空气排尽后关闭。

（3）手盘油泵转子，应轻便、灵活且无卡涩等异常情况。

（4）启动主润滑油泵，向系统注油，检查润滑油泵出口压力在 0.55MPa 左右，电流在额定值范围内。

（5）检查系统有无泄漏，记录电动机电流、轴承温度及油泵出口压力，测量润滑油泵轴承振动，检查各轴承回油正常。

（6）启动排烟风机，调整油箱负压在 $-0.5 \sim -1$ kPa 范围内。

（7）记录润滑油泵出口压力、润滑油母管压力及滤网差压。

（8）主润滑油泵试运结束后同样方法试运辅助润滑油泵及紧急油泵。

2. 顶轴油系统调试

（1）在机组各轴承各瓦的轴颈处装好千分表（施工单位安装）；

（2）启动前应检查汽轮机供油系统油泵能够正常供油，打开顶轴油泵进、出口油管上的截止阀；

（3）打开滤油器入口门，用滤油器放气螺塞排净空气后旋紧螺塞，保证泵出口滤网压差在正常范围内；

（4）将顶轴油泵出口处恒压变量阀完全松开；

（5）将溢油阀调到最大，打开泵出口的截止阀，启动主顶轴油泵；

（6）检查油泵运转正常后，调整容积泵调压阀提高出口压力；

（7）通过顶轴油泵的调压阀和溢流阀的配合调整，提高顶轴油母管压力到 21MPa，进行系统耐压试验，试验进行 5min，检查系统无泄漏；

（8）调整主顶轴油泵的调压阀至 17.5MPa，锁死母管压力溢流阀；

（9）调整顶轴油泵的调压阀至 15.5MPa，锁死油泵调压阀，使顶轴油母管压力保持在 15.5MPa；

（10）逐个调整燃机各轴承顶轴油进口节流阀，使高压油能将各轴颈顶离轴瓦高度在 0.05～0.08mm；

（11）停主顶轴油泵；

（12）同样方法调整辅助顶轴油泵。

3. 盘车装置调试

外部条件满足之后可自动或手动启动盘车电机，电机启动之后，自动通过电磁阀控制气缸活塞动作推动离合齿轮啮合或手推扳手促使离合齿轮啮合实现盘车。在盘车电机故障时可直接人工盘车。盘车停止在自动方式下靠机组冲转甩开复位、手动方式下需人工迫使离合齿轮脱开。

（1）确认盘车控制柜内接线正确，动力电源、控制电源与要求一致。

（2）按设计逻辑现场模拟有关信号进行逻辑的验证，确认逻辑正确、合乎设计要求。

（3）确认离合齿轮未啮合，并给盘车电机供电，满足盘车电机启动条件，实现电机的点动，判断电机转向。

（4）切断盘车电机电源，满足电磁阀动作条件，确认电磁阀和气缸活塞动作正确，离合齿轮啮合到位。

（5）确认现场真实条件满足，盘车电机已供电，则经一段延时后电机和电磁阀动作，汽轮机转子开始转动。持续监视，确认齿轮润滑良好、盘车转动正常无异声，汽轮机 TSI 参数正常。

（6）待机组冲转、转速升高，确认盘车能甩开复位，记录该时刻转速。

十、汽轮机真空严密性试验

（一）调试目的

（1）检查汽轮机真空系统（包括凝汽器汽侧、低压缸排汽以及处于真空状态下的辅助设备与管道）的安装质量；

（2）检查汽轮机真空系统的辅助设备能否达到满足机组正常运行需要；

（3）检查汽轮机真空系统的严密程度是否达到验收标准。

（二）调试范围

汽轮机真空系统严密性试验。

（三）调试前应具备的条件

（1）真空系统试运结束且合格；

（2）机组经过带负荷启动调试，运行情况正常；

（3）试验时，机组负荷稳定在额定负荷的 80%，凝汽器真空值不得低于 88kPa；

（4）汽轮机本体及辅机各项重要参数正常，不会因真空值的少量降低影响运行；

（5）试验前保持轴封压力和温度平稳，轴封冷却器水位正常，轴封冷却器至凝汽器水封建立良好；

（6）试验前确认轴封排地沟疏水手动门已关闭，且无内漏，与真空侧相连的各测量仪表排污门关闭，对空接头封闭无泄漏；

（7）试验资料、工具、仪表、记录表格已准备好；

（8）试运现场已清理干净，安全、照明和通信措施已落实，试运区域已设安全围栏并挂牌标示；

（9）根据 DL/T 5437《火力发电建设工程启动试运及验收规程》要求，单体调试前，成立试运指挥部。

（四）调试工作内容及程序

（1）试验开始前记录机组负荷、主蒸汽压力/温度、再热蒸汽压力/温度、循环水压力、循环水进水温度、出水温度、轴封进汽压力、温度、真空、排汽温度等参数。

（2）检查真空泵汽水分离器水位正常；确认汽轮机凝汽器真空、排汽温度正常。

（3）解除真空泵联锁。

（4）就地关闭凝汽器至真空泵进口手动门、DCS画面关闭凝汽器至真空泵进口气动门，注意真空下降速度，一旦真空下降过快，立刻开启凝汽器至真空泵进口手动门、气动门；若严密性合格后，停止正在运行的真空泵，真空泵入口蝶阀应自动关闭，注意真空下降速度，一旦过快，立刻重新启动真空泵。

（5）30s后开始每半分钟记录真空一次，试验持续8min。如果真空低于低Ⅰ值，中止试验启动真空泵。

（6）试验数据取后5min的真空下降的平均值。

（7）试验结束，启动真空泵恢复正常运行。

（8）如果在试验期间真空下降率超过0.4kPa/min，应立即停止试验。

（9）严密性试验标准：真空下降率小于0.27kPa/min合格。

十一、汽轮机振动监测试验

（一）调试目的

为保障机组汽轮机振动监测试验工作的顺利进行，依据DL/T 5437《火力发电建设工程启动试运及验收规程》的规定和工程调试合同的要求，对机组启动和带负荷过程中的振动（包括：轴承座垂直、水平、轴向三个方向，轴的绝对振动和相对振动）进行测量，以便及时发现机组启动和带负荷过程中出现的振动问题，并评估机组运行中的振动状况，确认其满足机组整套启动和日后正常生产的需要。

（二）调试范围

机组启动和带负荷过程中出现的振动问题，并评估机组运行中的振动状况。

（三）调试前应具备的条件

（1）所有分部试运工作已完成，所有静态试验保护工作已完成，机组具备启动、冲转条件。

（2）振动监测仪器和传感器已安装完毕，并具备测试条件。

（3）所有测点的通道校验工作完成，静态调校合格。

（4）计划采用两套监测装置同时对汽轮发电机组的振动情况进行监测，一套是机组所带的TSI监测系统中的振动监测装置及复合式振动传感器，分别用于测量轴及轴承绝对振动和轴相对振动；此外再加装一套振动装置，将TSI监测系统测试的信号引入同时监测。

（四）调试工作内容及程序

1. 测试内容

燃气-蒸汽轮机发电机组轴系振动测试工作包括：测取机组启动升速过程中各轴承的振动幅值和相位，并绘制波特图；机组启动带负荷过程中不同工况下机组各轴承的振动幅值和相位；在机组整套启动试运期间进行的有关试验中的振动监测。

2. 操作步骤

（1）振动和键相信号确认。

1）在机组启动前（盘车投运前），应在转子合适部位作明显标记，将机组振动监视仪所用键相信号的实际位置标出，以便出现异常时及时、准确地进行分析处理。

2）机组盘车前，应认真检查确认振动、键相信号传感器的安装位置与机组振动监视仪测振方向所对应的关系，并做好记录。

3）确认 TSI 仪表信号显示正确，并检查振动数据采集仪上所显示的参数正确，仪器工作正常。

（2）轴系原始晃动的近似测取。

机组首次启动时，应在 200r/min 及 400r/min 工况下，测取各轴承处轴承的相对振动，可近似作为该机组轴系的原始晃动。

（3）启动升速阶段的振动监测。

在该阶段主要监视机组在升速过程中各轴承的振幅值及相位，注意各测点的振动变化趋势，当振动值超限时，应立即发讯停机。在转速过临界时，应注意测量轴系各临界转速下的振动响应值，并测量轴系实际临界转速，在该转速区一旦振动值达到报警值，应立即通过启动负责人降低转速至低速区运行。

（4）暖机及额定转速阶段的振动监测。

在各暖机转速工况及额定转速，全面测量、记录各轴承的相对振动值。机组启动过程中，通过临界转速时，轴承振动超过 0.10mm 或相对轴振动超过 0.26mm，应立即打闸停机，严禁强行通过临界转速或降速暖机。

（5）并网、带负荷阶段的振动监测。

按机组启动程序，在各指定负荷点全面测量机组各轴承的相对振动值，并注意其与并网前的变化情况。

（6）超速试验阶段的振动监测。

超速试验时，对振动最大的轴承进行严密监视。

（7）机组停机过程。

当机组解列停机时随机组的惰走记录各轴承的相对振动值，得出机组的实际临界转速值。

（8）当机组振动超过制造厂提供的标准值时，应全面分析各测量的数据，并根据振动特点，进行故障诊断，采取降低振动的相应措施。

十二、汽轮机专业反事故措施

（一）汽轮机防进水

汽缸应具有良好的保温条件，保证在正常启动和停机过程中不产生过大的上下缸温差。蒸汽室内的深孔热电偶与浅孔热电偶间的最大温差不应超过 83℃；高中压外缸内壁与高压内缸外壁温差小于 50℃；高中压汽缸上、下温差小于 42℃，如超过 56℃，应立即打闸停机；高压内缸外壁上、下温差小于 35℃；调节级后蒸汽温度均不得比当地金属温度高 111℃或低 38℃；进入汽轮机和主汽阀的蒸汽温差须保持在 14℃以下，在特殊情况下，差值允许达到 42℃，但不能超过 15min；主蒸汽和再热蒸汽温差不得偏离额定条件的 28℃，特殊情况下允许高达 42℃，但仅限于再热蒸汽温度低于主蒸汽进口温度。

（1）冲转前主蒸汽温度至少高于汽缸内壁温度 50℃，并有 56℃以上的过热度。合理选择开机方式和冲转参数，避免汽温大幅度的变化。

（2）启动中应严格监视汽缸温差、胀差和轴向位移的变化，汽轮机的各项监视仪表指示正确，并有专人监视振动情况。

（3）轴封供汽之前，盘车应在运行状态且将轴封管道所有的疏水打开，确保暖管充分。轴封供汽温度应保持 14℃ 以上的过热度，高中压汽封区内蒸汽温度与转子金属温度的差在 111℃ 内，低压缸汽封内蒸汽温度为 121～177℃。热态启动时应先向轴封供高温蒸汽，后抽真空。

（4）机组正常运行时应注意监视主、再热蒸汽温度变化，凡在 30min 内连续下降 66℃，应立即打闸停机。

1）汽缸本体及管道疏水系统的控制。

2）负荷小于 10% 额定负荷时，打开高压阀门、高压缸和高压缸导汽管、高压缸抽汽管的有关疏水。

3）负荷小于 20% 额定负荷时，打开再热管冷、热段、中压联合汽门、中压缸和中压缸各抽汽管疏水。

4）负荷小于 30% 额定负荷时，打开低压缸各抽汽管疏水。

（5）检查各级旁路喷水减温装置，防止阀门不严导致漏水到蒸汽管道，管道疏水装置联锁可靠。

（6）凝汽器水位应不超过高水位，防止水进入汽缸，尤其停机后应监视凝汽器水位。

（7）停机后检查抽汽止回门关闭严密。

（8）汽轮机发生水冲击时的现象：

1）主汽门、调节汽门及法兰等处冒白汽；

2）主汽温及再热汽温 30min 下降 66℃ 以上；

3）轴向位移增大；

4）推力瓦温度升高；

5）胀差超限；

6）汽缸内发出噪声和水击声，振动增大；

7）汽缸上下缸温差超过 42℃。

（9）确认水击发生时应立即破坏真空紧急停机，开启主汽导管、调节汽门座及本体疏水，若由于加热器满水或除氧器满水引起，则应立即停用加热器和除氧器，记录转子惰走时间，倾听机内声音。如轴向位移超限，惰走时间缩短，应停机检查。

（二）防止大轴弯曲

汽轮机大轴弯曲事故多发生在机组启动时（尤其是在热态启动），也有少数是在滑参数停机过程和停机后发生的。大轴发生弯曲时会发生异常的振动，严重时汽封处会冒火星，差胀值增加，停机后惰走时间明显缩短，投入盘车后盘车电流明显增大且周期性摆动。如果转子冷却到常温时，偏心度相对于原始值大许多，即确认大轴产生永久弯曲，必须进行直轴处理，严禁在此情况下强行启动。

（1）机组安装完首次冲转前应掌握的资料：

1）转子安装原始弯曲的最大晃动值（双振幅）、最大弯曲点的轴向位置及在圆周方向的位置；大轴弯曲表测点安装位置转子的原始晃动值（双振幅）、最高点在圆周方向的位置。

2）汽缸的原始膨胀值、差胀值、转子位置。

3）机组在各种状态下的典型启动和停机曲线。

4）顶轴油压，大轴顶起高度，盘车电流。

5）通流部分轴向间隙及径向间隙值（查安装记录）。

（2）汽轮机启动前必须符合如下条件，否则禁止启动：

1）大轴晃度、串轴、差胀、低油压、振动保护等表计显示正确，并可靠投入；机组监测仪表必须完好准确，并定期进行校验。

2）盘车时仔细倾听各汽封、汽缸内、发电机内、油挡处应没有摩擦声音。

3）大轴晃动值不超过制造厂的规定值或不超过原始值的±0.02mm。

4）高中压外缸上下缸温差小于50℃，内缸上下缸温差小于42℃。

5）冷态启动时主蒸汽温度至少高于汽缸最高金属温度50～100℃（但不超过额定温度），蒸汽过热度不低于50℃。

6）主蒸汽与再热蒸汽两侧温差符合制造厂规定。

（3）汽轮机启动过程应做好如下记录：

1）记录各轴振及瓦振的幅值及相位（波德图）和实测轴系临界转速。

2）汽轮机在3000r/min时记录轴承油膜压力、瓦温、供油温度及回油温度。

（4）汽轮机停机后，做好如下记录：

1）投入盘车时的盘车电流及其摆动值、顶轴油压力、大轴晃度。

2）转子的惰走曲线，以及相应的真空和顶轴油泵的开启时间。

3）汽缸各主要金属温度的下降曲线。

4）定时记录汽缸金属温度、大轴弯曲、盘车电流、汽缸膨胀、差胀等重要参数，直至机组下次热态启动或汽缸金属温度低于150℃。

（5）机组启、停过程操作要点：

1）机组启动前连续盘车时间应符合制造厂规定，冷态不少于2h，热态开机连续盘车必须大于4h，若盘车中断应重新计时。

2）机组启动因振动异常停机必须回到盘车状态，应全面检查、认真分析、查明原因。当机组已符合再次启动条件时，连续盘车不少于4h方可再次启动，严禁盲目启动。

3）热态启动前，确认盘车装置运行正常，应先送轴封，后抽真空。汽封温度要与金属温度相匹配，轴封供汽前应充分暖管疏水。停机后真空到零方可停止轴封供汽。

4）确认振动保护可靠投入。

5）禁止在转子停止情况下向轴封送汽。停机之后转子惰走阶段真空未到零之前，不允许停止轴封供汽，防止冷空气进入。

6）停机后立即投入盘车，当盘车电流较正常值大、摆动或有异音时，应查明原因及时处理。当汽封摩擦严重时，将转子高点置于最高位置，关闭汽缸疏水，保持上下缸温差，监视转子弯曲度，当确认转子弯曲度正常后，再手动盘车180°。当盘车盘不动时，严禁强行盘车。

7）盘车后因盘车故障暂时停止盘车时，应监视转子弯曲度的变化，当弯曲度较大时，应采用手动盘车180°。当盘车正常后及时投入连续盘车。

8）启动过程中，防止高压缸排汽温度过高。热态及极热态中压缸启动时，汽轮机升速至额定转速时应尽快并网带负荷，禁止空载下长时间运行。

9）定速暖机、带负荷暖机时，要求密切监视汽缸的膨胀、胀差、串轴的变化。随时有效地调整进汽参数、轴封温度，避免进汽参数的大范围变化。

10）各种工况下的汽轮机启停时，汽压升降率，汽温升降率，负荷升降率要合适选择。

（6）发现下列情况应立即打闸停机：

1）机组启动过程中，通过临界时振动超标（轴承振动超过 0.10mm 或轴振超过 0.254mm）。

2）机组运行中要求轴振不超过 0.08mm，超过时应设法消除。当轴承振动变化 ±0.015mm 或轴振变化 ±0.05mm，应查明原因设法消除。当轴承振动突然增加 0.05mm，应立即打闸停机。

3）高压外缸上下缸温差超过 56℃，高压内缸上下缸温度超过 42℃。

4）机组正常运行时主再热汽温在 30min 内突然下降 66℃。

5）机组差胀超过允许值。

（三）防止机组轴瓦烧毁

（1）机组启动前应化验油质合格，否则继续滤油，各油泵联锁保护试验正常。

（2）试运期间应派专人巡回检查各轴承油流、轴承温度及回油温度，发现异常及时处理。

（3）油系统重要阀门（如冷油器进出口门）应挂"禁止操作"警示牌，非工作人员不得操作，油箱事故放油门应加铅封。

（4）冷油器投入及切换时应放净空气，操作上宜缓慢进行，并由专人监护，防止误操作。

（5）定期检查冷油器水侧出口有无油花，冷却水压应低于油压，防止冷油器破裂引起油中进水。

（6）严格控制润滑油压、油温在正常范围内，防止大幅度的温升与温降，以免油膜遭到破坏。

（7）排烟风机应连续运行，但应调整负压不应过高，以防轴封汽被吸入轴承，造成油中进水。运行中还应控制轴封供汽压力，防止汽压过大进入轴瓦。

（8）油净化装置应投入运行，定期化验油质。

（9）油系统做任何检修和调试工作都必须开工作票。

（10）主油箱油位指示正确，报警信号可靠。

（11）油泵切换时应密切注意油压的变化，打闸前应先启动交流润滑油泵和高压密封油备用油泵，厂用电全停时，应立即启动直流润滑油泵和空侧、氢侧直流密封油泵。

（四）防止油系统着火

（1）试运现场应备有足够数量的灭火器材，消防设备处于随时可用的状态。

（2）试运前进行防火安全检查，组织参加试运人员熟悉各种消防器材的使用方法及一般消防常识。

（3）试运期间，在油系统及氢系统附近严禁吸烟及明火作业，有检修工作时应办理工作票，检查合格后方可进行工作。

（4）清除现场的易燃物，特别是高温管道及油系统附近，及时消除油系统的泄漏。

（5）对有关电缆通道进行检查。

（6）事故放油门要接在远离油箱的地方，并保证道路畅通。

（7）当发生火灾后，无论什么原因引起，危及人身和设备安全而又无法扑灭时应立即停机。

(8) 现场应有专职消防人员值班，加强巡回检查，消除隐患。

（五）防止机组超速和轴系断裂

机组超速事故在所有事故中，性质最严重、安全威胁最大。汽轮机转速若超过极限时（汽轮机各转动部件，一般按照120%额定转速进行强度核算）各转动部件就会超过设计强度而断裂，造成机组强烈振动，设备损坏，严重时会造成"飞车"，引起机组轴系断裂，使机组报废。所以必须引起极大的重视，防止事故的发生。

1. 产生超速和轴系断裂的原因

(1) 汽轮机发生超速的主要原因是机械控制部件失灵，如透平油、EH油质不良，油中带水，造成电磁阀、伺服阀、油动机活塞、保安滑阀等犯卡，在事故工况下拒动，从而导致机组超速。

(2) 控制系统性能不好，迟缓率过大。

(3) 转速控制性能不好。

(4) 汽门关闭时间，抽汽止回门关闭时间过长。

(5) 高压缸排汽止回门卡涩或关不到位。

(6) 危急保安器拒动或动转速偏高，电超速保护定值不当或失灵。

(7) 由于蒸汽品质不良，使自动主汽门、调速汽门门杆结垢，造成卡涩。

2. 防止汽轮机超速和轴系断裂事故的要求

(1) 汽轮机润滑油、抗燃油系统应按照要求进行冲洗工作，油质合格。油中含水率、颗粒度指标化验合格。机组运行中应定期进行油质化验，油净化装置正常投入运行，以免造成遮断滑阀、伺服阀、电磁阀等卡涩。

(2) 对于铸造形式的前箱、轴承箱及其箱盖，应将铸造型砂彻底清理干净。机组安装时，油系统的施工工艺与油净化循环应符合要求。

(3) 汽封间隙应适当调整，汽封系统设计及管道配置合理，汽封压力自动调节应正常投入。

(4) 汽轮机前箱、轴承箱负压具有调整手段，但负压不宜过高，以防止灰尘及汽、水进入油系统。

(5) 机组运行期间，透平油净化装置、抗燃油再生过滤装置必须投入连续运行。

(6) DEH控制系统静态调试合格，高压自动主汽门、调速汽门动作灵活，关闭时间合格。快关电磁阀动作可靠，远方打闸、就地打闸动作正确可靠，负荷不平衡保护（PLU）经模拟试验动作正确可靠。

(7) 高压缸排汽止回门试验动作可靠，关闭严密迅速灵活，联锁关闭正常。机组就地及主控试验按钮性能良好。

(8) 调节系统静态、动态特性良好，一次调频系数5%左右，迟缓率不大于0.2%。

(9) 汽轮机运行中超速保护必须投入，电超速保护电源必须可靠，抗燃油温控制在36～49℃之间。超速保护不能可靠动作时，静止机组启动和并网。

(10) 超速试验合格。

(11) 在额定参数下调节系统应能维持3000r/min的空负荷稳定运行，否则机组不能并网。

（12）抗燃油系统母管蓄能器压力必须维持在设计值 8.9MPa。

（13）定期检查电液伺服阀的安全偏置，并做好记录。对于安全偏置不足或反向偏置的要及时进行调整。

（14）高中压自动主汽门、调速汽门严密性试验合格。

（15）按运行规程要求，定期进行阀门活动试验。

（16）在任何情况下绝不可强行挂闸。

（17）运行中发现主汽门、调速汽门卡涩时要及时消除，消除前要有防止汽轮机超速的安全措施。主汽门、调速汽门卡涩不能及时消除时，必须停机处理。

（18）专业人员应熟知 DEH 的控制逻辑、功能及运行操作，以确保系统实用、安全、可靠。

（六）防止误操作

（1）现场应悬挂符合实际的热力系统图，以便随时查用。

（2）运行人员应经过培训，了解设备性能结构、熟悉系统、掌握运行规程及试运措施。

（3）由运行单位对系统各阀门编号挂牌，并标明开关方向。

（4）设备及系统的检修要实行工作票制度。

（5）凡属运行系统及设备，除运行人员进行操作外，其他人员不得擅自操作。

第四节　电气分系统调试

一、调试范围及内容

（1）参加施工图纸的会审；

（2）熟悉电气一次主接线，检查一次设备的试验数据是否合格；

（3）熟悉全厂电气设备的性能特点及有关一、二次回路图纸和接线，并检查接线正确性；

（4）根据施工计划结合施工进度及质量情况，编制调试进度计划；

（5）负责编制电气专业调试方案和特殊试验方案；

（6）准备和校验调试需用的调试设备及仪器、仪表；

（7）负责全厂的继电保护定值计算；

（8）负责升压站和厂用受电、调试工作；

（9）负责完成升压站的 220kV 系统设备的调试工作（包括保护、自动、远动、NCS、五防、和通信等系统的调试），编制升压站受电方案；

（10）负责主厂房接地热稳定容量校核计算；

（11）编制厂用高、低压系统及保安系统受电、调试方案；

（12）检查电气设备的试验记录是否满足 GB 50150《电气装置安装工程电气设备交接试验标准》规定的要求；

（13）检查直流系统、UPS 系统、中央信号系统是否正确；

（14）检查各保护与安全自动装置压板投入是否正确及安全设施是否投入，自动和联锁回路是否正常；

（15）组织升压站与厂用受电及调试工作；

（16）与电力系统调度配合进行升压站母线受电，电源定相或并列，主、厂用变压器五次冲击及励磁涌流录波等各项试验，负责与对侧变电站进行线路保护联调工作，负责进行厂用工作电源与备用电源定相、备用电源切换、自投试验；

（17）检查各级母线电压数值、相序及相位仪表指示是否正确；

（18）负责完成发电机-变压器组保护、升压站、6kV 厂用保护用电流互感器带载 10% 误差计算分析；

（19）负责完成全厂直流断路器级差配合试验；

（20）整理试验记录与调试报告。

二、升压站系统受电调试

（一）调试目的

通过升压站受电及系统相关试验，验证开关站所涉及所有系统、设备、装置可以正常运行，保证开关站安全、稳定、高效运行，并完成并网发电及负荷输送。

（二）调试范围

调试范围包括甲、乙线间隔及附属设备、220kV 升压站 I 母、II 母及母线所属设备，母联间隔所属设备，主变压器间隔所属设备，母线 TV 间隔及所属设备，1 号主变压器及 1 号高压厂用变压器、1 号机 6kV 母线（2 号主变压器及 2 号高压厂用变压器、2 号机 6kV 母线具备条件时受电）。

（三）调试前应具备的条件

（1）开关站内所有一、二次电气安装工程和相应的建筑工程全部施工完毕，验收签证齐全、符合规范，单体调试完毕，验收合格，受电设备具备投入运行条件。

（2）直流系统安装、调试及验收完毕，具备投运条件。

（3）不停电交流电源 UPS 系统安装、调试及验收完毕，具备投入运行条件。

（4）DCS 系统网络连接、上电、相应组态等工作结束，具备投入运行条件。

（5）受电范围内的设备在 NCS 中监视与操作控制以及相关逻辑调试完毕，验收合格。

（6）受电区域道路畅通，便于送电工作的进行及运行人员的日常巡视检查。

（7）受电范围内的一次设备安装、试验及验收等工作结束，一次设备试验合格。

（8）受电范围内的二次接线、保护单体调试、二次回路调试、保护带开关传动、仪表校验、设备标识等工作结束，并通过验收合格。

（9）受电设备定值完成审批且正式下发，并正确输入到保护装置中。

（10）接地系统施工完毕，接地电阻经测试符合设计要求。

（11）待受电设备的命名和运行编号应标识正确、清晰。

（12）受电范围环境整洁、无施工痕迹，安全警示和隔离保卫工作以及消防器材布设符合规定要求。照明充分，采用临时电源供给正式照明。

（13）通过质监站的监督检查与验收。

（14）升压站受电措施和安全技术措施已报试运总指挥审批，并报调度中心备案。

（15）开关站受电后的管理方式已确定。

（16）相关的生产准备工作已经就绪。

（17）根据 DL/T 5437《火力发电建设工程启动试运及验收规程》要求，单体调试前，成立试运指挥部。

（18）从单体调试开始即进入调试管理阶段。在调试管理阶段，设备的启停、调试、消缺等各项工作的安排,由分部试运组负责,设备消缺工作由施工单位具体负责。

(19)进入分系统调试管理阶段后,设备的启停、调试、消缺、维护、检修、操作等工作由调试单位牵头调度,执行两票管理制度,设备消缺工作由施工单位具体负责。

(20)进入运行代保管的设备系统,由运行值班人员在调试人员的指导下进行操作,设备的消缺、维护、检修等工作应办理工作票,履行许可手续。

(四)受电过程安排

电厂开关站经由甲线和乙线接至电网开关站,故电厂开关站受电由甲线和乙线间隔倒送入厂。受电时厂内无法提供足够负荷用以进行线路保护、母线保护相量测试,若系统运行方式允许,能在甲线和乙线之间形成环流,则可以提供足够的负荷电流完成相关保护相量测试。若系统运行方式不允许,可在甲线、乙线厂内做外接负载,则可以提供足够的负荷电流完成相关保护相量测试。

(五)受电程序

1. 在甲线和乙线之间形成环流方法

(1)由网侧开关站对甲线进行冲击。

(2)合上厂内甲线开关,对电厂开关站Ⅰ母进行冲击。

(3)合上母联开关,对Ⅱ母进行冲击。

(4)对Ⅰ母TV及Ⅱ母TV进行一次同源二次核相。

(5)将母联开关断开。

(6)由网侧开关站对乙线进行冲击。

(7)合上厂内乙线开关,对电厂开关站Ⅱ母进行冲击。

(8)对Ⅰ母TV及Ⅱ母TV进行核相。

(9)网侧开关站停电,合上母联开关。

(10)网侧开关站提供负荷,形成合环,利用环流进行母联、甲线及乙线的母线保护相量试验。

(11)利用环流进行甲线和乙线的线路保护相量试验及光纤纵差保护带负荷对调试验。

(12)分别完成厂内甲线开关及乙线开关同期核相。

(13)按照调度要求将厂内开关站转为正常运行方式。

2. 外接负载方法

(1)由网侧开关站对甲线进行冲击。

(2)合上厂内甲线开关,对厂内开关站Ⅰ母进行冲击。

(3)合上母联开关,对Ⅱ母进行冲击。

(4)对Ⅰ母TV及Ⅱ母TV进行一次同源二次核相。

(5)将母联开关断开。

(6)由网侧开关站对乙线进行冲击。

(7)合上厂内乙线开关,对厂内开关站Ⅱ母进行冲击。

(8)对Ⅰ母TV及Ⅱ母TV进行核相。

(9)引接厂内负载,利用负载电流进行甲线及乙线的线路保护和母线保护相量试验及光纤纵差保护带负荷对调试验。

(10)分别完成厂内线路甲线开关及乙线开关同期核相。

（11）按照调度要求将厂内开关站转为正常运行方式。

三、NCS 系统调试

（一）调试目的

遵照"以安全为基础，质量为保证，效益为中心，精心操作，精心调试，确保优质高效，按时全面完成调试任务"的调试工作指导思想，结合电气专业调试工作的特点，编写措施，通过对升压站 NCS 系统的分部调试，消除设备及系统中出现及可能出现的缺陷和隐患等，使该系统及设备能够达到如下要求：

（1）二次测量回路测量精度满足要求；

（2）各项信号指示正确；

（3）控制功能正常，能准确实现相关操作；

（4）五防闭锁逻辑正常；

（5）能够满足机组启动和正常运行时对该系统的要求。

（二）调试范围

调试范围包括交流电压及电流回路通电检查；测控装置带开关传动及信号反馈；220kV 升压站系统五防闭锁逻辑校验；220kV 升压站系统保护系统动态调试；220kV 升压站故障录波系统动作校验；与调度中心通信（遥信、遥测等）。

（三）调试前应具备的条件

（1）继电器楼土建工作完毕，已清扫干净，道路通畅且照明充足。

（2）NCS 盘柜固定良好，无明显变形及损坏现象，各部件安装端正牢固。

（3）电缆的连接与图纸相符合，施工工艺良好，连接紧固且导线无裸露现象。

（4）装置接地线以及 TV 接地点位置应符合设计要求，各接地点稳固可靠。

（5）装置交、直流电源具备投运条件，电压值符合装置允许范围。

（6）盘柜内的设备和元件标识清晰、齐全。

（7）升压站土建工作完毕，清扫干净，道路通畅。

（8）升压站内所有设备单体调试完毕，能就地操作。

（9）升压站至 NCS 系统所有电缆连接完毕，并与图纸相符合。

（10）根据 DL/T 5437《火力发电建设工程启动试运及验收规程》要求，单体调试前，成立试运指挥部。

（11）从单体调试开始即进入调试管理阶段。在调试管理阶段，设备的启停、调试、消缺等各项工作的安排，由分部试运组负责，设备消缺工作由施工单位具体负责。

（12）进入分系统调试管理阶段后，设备的启停、调试、消缺、维护、检修、操作等工作由调试单位牵头调度，执行两票管理制度，设备消缺工作由施工单位具体负责。

（13）进入运行代保管的设备系统，由运行值班人员在调试人员的指导下进行操作，设备的消缺、维护、检修等工作应办理工作票，履行许可手续。

（四）调试工作内容及程序

（1）对各屏柜进行外观和结构检查，按以下项目进行：

1）对外观进行检查，确保所有设备及附件无损伤。

2）屏内及外部接线检查，确保与图纸一致。

3）屏面布置及按钮检查，确保与技术文件一致。

4）屏柜电源检查，确保装置电源接线稳固，电压达到额定电压，确认直流系统无接地、无短路，交流系统无短路，各电源无串接，各套保护、控制电源独立。

（2）各屏柜初次上电之前需要进行绝缘检查，按以下项目进行：

1）直流电源回路对地绝缘电阻。

2）直流信号回路对地绝缘电阻。

3）交流电流测量回路对地绝缘电阻。

4）交流电压测量回路对地绝缘电阻。

5）直流控制回路对地绝缘电阻。

6）直流回路与交流回路之间的绝缘电阻。

7）交流回路之间的绝缘电阻。

8）绝缘检查正常后，对装置上电，确认装置自检正常，面板信号灯指示正确，并核对软件版本号；无误后，依据使用说明书进行各功能块顺序操作测试，并整定试验用定值。

（3）交流采样回路检查包括屏柜内采样通道的检查及屏柜外采样回路的检查，按以下项目进行：

1）先确认 TA 及 TV 变比与实际变比一致，然后断开屏柜外部交流采样回路，在采样通道中分别加入三相正序电流、电压，屏幕显示应与施加量一致，并满足精度要求。

2）TA 回路检查包括以下几个方面：TV 的计量、测量及保护绕组使用正确；抽头变比使用正确；极性与要求相一致；备用绕组已短接接地；所有接线螺丝紧固；二次回路通电以确认二次回路完整，并测量二次回路阻抗；确保所有回路一点接地。

3）TV 回路检查包括以下几个方面：TV 的计量、测量、保护绕组使用正确；极性与要求相一致；备用绕组开路并一端接地；所有接线螺丝紧固；一次绕组的尾端良好接地；击穿熔断器完好；二次回路通电以确认二次回路完整；确保所有回路一点接地。

（4）变送器通道检查。

对变送器通道的检查可采用输入校验法，即采用信号源输入 4～20mA 信号进入该通道，查验后台显示值与理论值的差额是否满足精度的要求。每个通道可分别输入 5 个不同值进行测试，即满量程的 0%、25%、50%、75% 和 100%。测试结果要详细记录。

（5）开入量通道检查。

对开入量通道的检查，可采用对点的方法。可以通过装置来检验开入量正确性的点必须通过装置来检验，实际无法通过装置检验的点可采用就地短接打点的方法来进行。对每个点的测试情况都要做好记录。

（6）开出量通道检查。

开出量即测控屏发出的操控指令，对此类通道的检查可采用实际操作法。分别在测控屏及后台对相关断路器、隔离开关和接地开关进行操作，相关设备应能正确动作，并把正确状态返回至测控屏及后台。在升压站内设备本体上将操控方式打到就地，测控屏及后台应不能动作相应设备。对所有设备的操控情况要做好相应记录。

（7）五防闭锁逻辑校验。

投上相应电气闭锁和相应压板，按照五防闭锁逻辑表逐项进行试验。对每个设备，先进行正逻辑校验，即所有条件满足时，该设备能正确动作；再进行反逻辑校验，即将相关条件逐条设置为不满足时，该设备均应能正确闭锁。试验同时进行记录，避免遗漏。

四、发电机-变压器组保护系统调试

（一）调试目的

遵照"以安全为基础，质量为保证，效益为中心，精心操作，精心调试，确保优质高效，按时全面完成调试任务"的调试工作指导思想，结合电气专业调试工作的特点，编写调试措施。通过全面检验保护装置的性能，消除设备及系统中出现及可能出现的缺陷和隐患，使之满足技术规范的要求，以满足机组稳定、安全运行的需求。

（二）调试范围

调试范围包括交流回路通电检查；带开关传动；报警信号至 DCS 系统、故障录波器校验。

（三）调试前应具备的条件

（1）土建工程基本结束，调试工作现场已打扫清洁，照明充足。

（2）发电机-变压器组保护屏安装工作结束，符合规程、规范要求。

（3）发电机-变压器组保护系统的一、二次回路设备安装工作已全部结束，符合规程、规范要求。

（4）调试现场无腐蚀性气体和可燃性气体。

（5）调试现场无强磁干扰。

（6）供发电机-变压器组保护系统用的交直流电源回路已完善，核查无误，随时可投入使用。

（7）根据 DL/T 5437《火力发电建设工程启动试运及验收规程》要求，单体调试前，成立试运指挥部。

（8）从单体调试开始即进入调试管理阶段。在调试管理阶段，设备的启停、调试、消缺等各项工作的安排，由分部试运组负责，设备消缺工作由施工单位具体负责。

（9）进入分系统调试管理阶段后，设备的启停、调试、消缺、维护、检修、操作等工作由调试单位牵头调度，执行两票管理制度，设备消缺工作由施工单位具体负责。

（10）进入运行代保管的设备系统，由运行值班人员在调试人员的指导下进行操作，设备的消缺、维护、检修等工作应办理工作票，履行许可手续。

（11）保护装置单体调试已完成且工作电源正常。

（12）保护柜回路绝缘测试符合要求，绝缘电阻均大于 1MΩ。

（13）保护柜交直流电源已投入，柜内连接片均投上。

（14）保护装置定值均已按给定值输入，继电器自检正常。

（15）保护装置交流回路输入采样精度符合要求。

（16）保护装置各保护功能均按给定值可靠动作，继电器面板 LED 显示正确，相关保护出口正确，DCS 画面显示正确。

（17）保护装置开入及开出量显示正常，触点动作正确。

（18）相应开关、设备本体试验完成，操作正常。

（19）汽轮机主汽门相关试验已完成，关闭动作正常。

（20）快切装置静态调试已完成，工作/备用开关切换正常。

（21）故障录波器调试已完成，开入量显示正常。

（22）已对各参建单位进行本调试措施的安全与技术交底，并填写调试措施交底记录表。

（23）已联合各参建单位进行系统试运条件检查确认，并填写系统试运条件检查确认表。

（四）调试工作内容及程序

（1）外观及结构检查：

1）所有电气设备及附件上无损伤痕迹。

2）安装检查。

3）接地检查。

4）电缆连接检查。

5）所有器件与技术文件无差异。

6）所有器件无遗漏。

（2）电源检查：

检查装置电源接线稳固，电源电压至额定 80％以上时，装置应启动正常，无异常信号。

（3）保护装置功能逻辑静态调试：

1）开入量、开出量回路检查。

2）交流回路检查。开启装置，不加入任何模拟量，观察装置显示的采样值零漂值均在误差范围以内，并且在一段时间内零漂值稳定在规定范围内。在装置各模拟量输入端子分别加入额定电压、电流，观察面板显示值，计算采样精度应满足设计要求。

3）保护装置功能静态试验：

a. 使用试验装置进行试验时，必须保证不得接入其他测量值，必须切断与电流、电压互感器的引线及继电器跳闸线圈相连接的跳闸引线。

b. 在试验中使用保护装置的实际整定值。

c. 在所有试验中，保护动作后一定要确保所有输出触点正确、可靠闭合，信号指示正确。装置动作后应进行复归。

d. 对保护装置进行静态试验时应严格按照制造厂说明书的规定进行。

e. 保护装置静态试验完成后应进行保护装置与外部连接设备的联动试验。

（4）保护系统动态调试：

1）保护、切换及控制电源系统检查。

2）交流回路检查校验及回路负荷阻抗的测量核对。

a. 检查统计发电机、主变压器、高压厂用变压器系统 TA、TV 及回路的一次与二次朝向，核对 TA 绕组的极性。

b. 检查各 TA、TV 回路的电缆及相关设备是否符合规程及反事故措施要求。

c. 检查各 TA、TV 回路的绝缘电阻，核对接地点，应符合规程及反事故措施要求。

d. 测量 TA 回路负荷阻抗，并与 TA 的额定参数进行校核。

3）开入联锁回路的检查。

a. 检查开入回路电源是否正常。

b. 尽可能接近真实地模拟开入变位，检查装置开入继电器或光耦是否正确动作。

4）开出回路及中央信号、远动信号及录波信号系统检查。

a. 模拟或后台传动保护使之动作或发信，对应的中央信号、远动信号及录波信号应正确反映。

b. 主变压器、发电机、厂用变压器非电量保护及报警信号，应由变压器本体的非电量继电器传出至保护屏或 ECS，保护屏或 ECS 画面反应正确。

5）出口回路及带开关传动试验。

a. 为全面检查保护系统的状况，抽取各种不同出口逻辑的保护带开关传动一次，应正确动作。

b. 抽取相关逻辑的保护出口至快切等设备应正确地启动或闭锁。

c. 测量开关整组动作时间，应满足要求并做记录。

（5）相关控制联锁及接口：

1）发电机-变压器组保护连跳逻辑检查。

2）升压站断路器联锁及操作回路检查。

（6）发电机-变压器组保护冷控系统调试：

1）电源检查切换：核对电源的取向及相序，并模拟一组电源失电后系统自动切换，确认无误。

2）送上冷控电源后，分别手动启动、模拟超温度启动及电流启动，确认无误。

3）模拟冷却器全停及主变压器油流继电器返回，开出至发电机-变压器组，确认无误。

4）冲击试验后保护向量测量与保护投入。

5）差动保护向量测量与保护投入。

a. 带负荷校验发电机、主变压器、高压厂用变压器差动试验时测量相关差动保护电流向量，整理分析并核对符合保护要求后，即具备投入该保护的条件。

b. 电压回路检查。

c. 主变压器、发电机冲击试验期间，测量输入保护装置的电压的数值及相位，并与实际电压进行比较来确定电压互感器的接线是否正确，并进行核相工作。

6）测量及计量设备的向量测量。

机组并列并带有一定负荷后，测量相关电能表及变送器的电流电压角度关系，观察电能表工作状况及 ECS 显示的测量值，应与相位仪测量值保持一致。

7）文件整理签署及归档，撰写调试报告。

发电机-变压器组试运结束后，整理、签署相关调试文件并归档；撰写调试报告，并于 168h 满负荷试运结束后及时向甲方提交正式的调试报告。

五、厂用电快切系统调试

（一）调试目的

通过厂用电快切装置及系统相关试验，验证厂用电快切系统所涉及所有系统、设备、装置可以正常运行，保证其可以安全、稳定、高效运行。

（二）调试范围

调试范围包括保护单体调试；交流回路通电检查；快切装置带开关传动及信号反馈；报警信号至 DCS 系统、故障录波器校验；厂用电源一次核相；厂用电带负荷切换。

（三）调试前应具备的条件

（1）根据 DL/T 5437《火力发电建设工程启动试运及验收规程》要求，单体调试前，成立试运指挥部。

（2）从单体调试开始即进入调试管理阶段。在调试管理阶段，设备的启停、调试、消缺等各项工作的安排，由分部试运组负责，设备消缺工作由施工单位具体负责。

（3）进入分系统调试管理阶段后，设备的启停、调试、消缺、维护、检修、操作等工作由调试单位牵头调度，执行两票管理制度，设备消缺工作由施工单位具体负责。

（4）进入运行代保管的设备系统，由运行值班人员在调试人员的指导下进行操作，设备的消缺、维护、检修等工作应办理工作票，履行许可手续。

（5）快切装置盘柜安装完毕，具备单体调试条件。

（6）6kV 厂用段工作电源、备用电源开关控制回路、信号回路、交流回路、到 DCS 监控回路等接线完毕，具备分系统调试条件。

（7）6kV 母线带电，且已通过工作电源开关将电送至 6kV 工作电源开关上口。

（8）机组并网后进行厂用电一次核相，6kV 厂用段工作电源和备用电源相序、相位检查正确。

（四）调试工作内容及程序

（1）保护单体调试。

1）交流回路检查。

从 6kV TV 二次插头端子处施加电压，TA 二次根部端子施加电流，在快切端子处测量并观察装置显示。检查结束后，要对交流回路进行紧固。

2）控制回路检查。

主要包括 6kV 工作电源进线断路器控制、DCS 控制、发电机-变压器组保护启动控制、6kV 母线 TV 触点控制等（6kV 工作电源进线断路器在倒送电前调试完毕）。检查结束后，要对直流控制回路进行紧固。

3）信号回路检查。

快切装置至 DCS 信号，DCS 光子牌应做好，然后模拟各种故障、动作结果，驱动快切装置发出相应信号，DCS 中显示的报警及信号应与实际对应。

（2）切换功能试验。

切换功能试验，是检查装置及其整定值、控制回路、信号回路、DCS 逻辑等的正确性和完整性。切换试验，可以根据实际情况，用其他段工作电源断路器作为本段的工作电源断路器，外部加模拟量模拟母线电压、工作电源、备用电源电压，不带电进行切换。切换的具体过程可结合打印切换记录进行分析。试验前，投入相应的出口压板（切换试验在倒送电前完成）。

（3）正常手动切换。

1）方向由工作电源向备用电源，选择"并联""全自动"方式。试验时应保证 DCS、继电器室、6kV 开关室三处有人并且通信畅通。

2）外加交流量满足并联切换条件。

3）DCS 中选择"并联"方式。

4）DCS 中对快切装置进行复位。

5）检查快切装置指示灯及显示是否正常。

6）DCS 中点击"手动切换"按钮，快切装置开始工作，进行切换。

7）在切换过程中，注意观察装置指示灯的动作是否正确。

8）检查开关动作顺序是否正常，是否对应。

9）打印切换记录，分析结果是否与实际一致，切换时间是否正确。

10）如一切正常，进行备用电源到工作电源切换，操作步骤相同。

11）事故切换、切负荷（保护启动）方向由工作电源到备用电源。

12）外加交流量满足并联切换条件。

13）DCS 中对快切装置进行复位。

14）检查快切装置指示灯及显示是否正常。

15）在发电机-变压器组保护柜上模拟保护动作，发电机-变压器组保护启动快切及切负荷。

16）在切换过程中，注意观察装置指示灯的动作是否正确。

17）检查工作、备用开关切换及切负荷开关动作顺序是否正常，是否对应。

18）打印切换记录，分析结果是否与实际一致，切换时间是否正确。

19）失压启动切换、切负荷方向由工作电源到备用电源。

20）外加交流量满足并联切换条件。

21）DCS 中对快切装置进行复位。

22）检查快切装置指示灯及显示是否正常。

23）降低母线电压，使其低于快切启动及母线低电压切负荷整定值。

24）在切换过程中，注意观察装置指示灯的动作是否正确。

25）检查工作、备用开关切换动作顺序是否正常，是否对应。

26）检查切负荷开关动作顺序是否正常，是否对应。

27）打印切换记录，分析结果是否与实际一致，切换时间是否正确。

（4）保护闭锁。

在发电机-变压器组处模拟 6kV 母线故障（如分支过流），"保护闭锁"灯亮，装置发出"闭锁报警"信号（在 DCS 光字牌中能看到），按下"手动"启动按钮，"手动"灯亮，但装置不发出跳合闸命令。

（5）断线报警、故障报警。

模拟母线 TV 断线，或工作、备用电压低于设定值时，装置发出"断线报警"信号。断开装置电源或断路器位置异常，将发出"故障报警"信号。

（6）去耦合试验。

并联自动切换时，如果由于某种原因使应跳开的断路器未跳开，就可能造成两路电源长时间并列运行。当两电源并列时间超过 100ms，装置自动跳开后合上的电源。然后关闭所有跳合闸出口，并发出"耦合闭锁"灯光信号和"闭锁报警"信号。试验时，断开要跳开的断路器出口连接片，然后进行试验。

（7）开关偷跳试验。

模拟正常运行，就地跳开工作电源，观察装置是否自动投入备用电源。

（8）厂用电源核相。

在主变压器及高压厂用变压器受电运行后，厂用电由工作电源供给。移出 6kV 各段备用电源进线开关，用专用的一次核相仪核对开关上、下静触头电压，正确后在快切装置电压输入端子上测量 6kV 工作电源进线 TV、母线 TV 和备用电源进线 TV 二次电压。

（9）厂用电源带负荷切换。

厂用电源核相完成后即可进行厂用电源带负荷切换试验。

六、保安电源系统调试

（一）调试目的

（1）验证柴油发电机组启动建压、同期并网等功能以满足设计要求。

（2）验证柴油发电机 DCS 中保安电源失电切换逻辑，保证切换正确性和切换时间。

（二）调试范围

调试范围包括柴油发电机和对应的保安 PC 段、保安 MCC 段以及涉及保安电源切换的所有母线、开关。

（三）调试前应具备的条件

（1）确认柴油发电机控制盘柜，电缆敷设、二次接线完毕且经检验正确。

（2）交流电源敷设及做头接线结束，绝缘良好，核对相序正确。

（3）柴油发电机小室施工结束，门窗齐全，墙面、通风管道完好，室内已清理打扫。

（4）确认通风装置和照明施工完毕，并运行良好。

（5）出厂资料齐全且厂家有技术人员现场指导。

（6）参加回路操作的调试人员应熟悉图纸，了解原理、了解和熟悉每个开关位置及用途。

（7）400V 保安 PC 段、各 400V 保安 MCC 段安装工作已结束并经验收合格。

（8）柴油发电机单体试转完毕，发电机电压、频率、转速已整定，各种保护功能性校验正确。

（9）根据 DL/T 5437《火力发电建设工程启动试运及验收规程》要求，单体调试前，成立试运指挥部。

（10）从单体调试开始即进入调试管理阶段。在调试管理阶段，设备的启停、调试、消缺等各项工作的安排，由分部试运组负责，设备消缺工作由施工单位具体负责。

（11）进入分系统调试管理阶段后，设备的启停、调试、消缺、维护、检修、操作等工作由调试单位牵头调度，执行两票管理制度，设备消缺工作由施工单位具体负责。

（12）进入运行代保管的设备系统，由运行值班人员在调试人员的指导下进行操作，设备的消缺、维护、检修等工作应办理工作票，履行许可手续。

（四）调试工作内容及程序

（1）信号及操作回路传动：

检查柴油发动机至 DCS 状态信号、模拟量信号、事故报警信号等回路；DCS 及控制室紧急启动柴油发动机按钮的操作回路等。

（2）同期回路检查：

启动柴油发动机，核对柴油发电机出口电压与保安段电压的一致性。

（3）柴油发动机启动：

确认厂家发电机单机系统各项调试已完成，保护已正确校验并投入运行。发电机单机运行良好，机械运转良好。开关柜各项工作已完成，试验工作结束，各开关处于良好冷备用状态。同时电源切换过程中进行录波，监视电压波动。

（4）柴油发电机系统与保安段电源同期假并列：

1）柴油发电机出口开关退出到试验位置。

2）将 400V 工段 A 段至保安段电源开关 1 及其馈线开关 1、柴油发电机至保安段进线开关推入工作位置并置于合闸状态。

3）手动启动柴油发电机并使之工作稳定。

4）手动同期合上柴油发电机出口开关。

5）检查开关下端口电压应在正常范围内（交流 AB 400V，BC 400V，CA 400V，A-N 220V，B-N 220V，C-N 220V）。

6）测量三相 A/B/C 相序应为正相序。

7）测量频率应为 50Hz。

8）分开开关，手动停机，结束此项调试。

（5）柴油发电机系统与保安段同期并列：

1）接上述调试进行。

2）将柴油发电机出口开关推入工作位置。

3）柴油发电机自动调节各项参数达到并联运行条件。

4）手动同期合上柴油发电机出口开关，与工作电源合环运行。

5）测量各项参数符合要求。

6）调节负荷分配旋钮，带 30% 负荷运行，观察运行情况。

7）分开开关，手动停机，退出此项调试。

（6）保安段主用电源事故（失压）退出运行切换备用电源试验：

1）调试工作接上述进行，确认保安段以 400V 工段 A 段供电，按正常方式运行，柴油发电机至保安段进线开关、400V 工段 B 段至保安段馈线开关 2 在热备用状态，400V 工段 1B 段至保安段电源开关 2 在合闸状态。

2）柴油发电机方式选择开关位于自动位置。

3）将 400V 工段 A 段至保安段馈线开关 1 中的电压空气开关手动拉开，模拟保安段失压。

4）DCS 经逻辑判断跳开 400V 工段 A 段至保安段馈线开关 1，此时若系统判 400V 工段 B 段至保安段电源开关 2 合位且有压，DCS 直接发出合 400V 工段 B 段至保安段馈线开关 2 指令，合上保安段馈线开关 2。同时发出启动柴油发电机指令，当柴油发电机输出电压、频率达到额定值后，控制柜自动合发电机出口开关，并进行以下操作：

①经 1s 延时后，VT 有压，则切换成功，发出指令停柴油发电机，保安段由 400V 工段 B 段带负荷。

②经 1s 延时后，VT 无压，则切换失败，跳开保安段馈线开关 2，确认保安段馈线开关 1、保安段馈线开关 2 在分位后，投入保安段进线开关，保安段由柴油发电机带负荷。

③记录从保安段到恢复供电所用时间为多少。

（7）保安段恢复供电试验：

1）调试工作接上述进行，当保安段电源恢复后，在 DCS 画面上点击"恢复供电"按钮。

2）若保安段由柴油发电机供电，由保安段馈线开关 1 上的同期检查继电器检同期后，合上保安段馈线开关 1，跳开保安段进线开关，保安段由柴油发电机供电切换至 400V 工段 A 段供电。DCS 逻辑检测保安段进线开关跳开后，发出指令停柴油发电机，然后自动跳开柴油发电机出口开关。

3）若保安段由 400V 工段 B 段供电，由保安段馈线开关 1 上的同期检查继电器检同期后，合上保安段馈线开关 1，跳开保安段馈线开关 2，保安段由 400V 工段 B 段供电切换至 400V 工段 A 段供电，DCS 逻辑检测发出指令停柴油发电机，然后自动跳开柴油发电机出口开关。

4）在集控室紧急停机台设有"紧急启动柴油发电机"按钮，可不经 DCS 直接手动进行启动请求向柴油发电机组发出紧急启动指令。

七、同期系统调试

（一）调试目的

通过同期装置及系统相关试验，验证同期系统所涉及所有系统、设备、装置可以正常运行，保证同期系统可以安全、稳定、高效运行，并完成并网发电及负荷输送。

（二）调试范围

调试范围包括静态调试和整组试验两部分，其中静态调试包括交流回路通压试验，同期装置带开关传动，控制及信号回路校验。整组试验包括一次同源校验同期电压回路，假并网试验，机组并网。

（三）调试前应具备的条件

（1）同期装置盘柜安装完毕，单体调试完毕并验收合格。同期系统中的中间继电器、电压继电器、同步检查继电器等校验完毕，应合格。

（2）定值已按照定值通知单整定完毕，具备投运条件。

（3）同期装置柜内的设备和元件标识清晰、齐全。

（4）工作现场道路通畅，照明充足。

（5）主变压器、主变压器高低压侧 TV、发电机出口 TV 安装完毕，相关试验完成并验收合格。

（6）主变压器、主变压器高低压侧 TV、发电机出口 TV 二次至同期装置的交流电压回路已接线完毕并校验正确，具备调试条件。

（7）主变压器高压侧断路器、发电机出口断路器单体调试完毕，至同期装置的控制回路接线完毕并校验正确，具备调试条件。

（8）同期装置至 DCS、DEH 的控制回路、信号回路、调速、调压等回路均已接线完毕并校验正确，具备调试条件。

（9）开始调试前，对各单位进行同期调试措施技术和安全交底，并做好记录。

（10）开始调试前，组织各单位进行条件检查确认并做好记录。

（11）根据 DL/T 5437《火力发电建设工程启动试运及验收规程》要求，单体调试前，成立试运指挥部。

（12）从单体调试开始即进入调试管理阶段。在调试管理阶段，设备的启停、调试、消缺等各项工作的安排，由分部试运组负责，设备消缺工作由施工单位具体负责。

（13）进入分系统调试管理阶段后，设备的启停、调试、消缺、维护、检修、操作等工作由调试单位牵头调度，执行两票管理制度，设备消缺工作由施工单位具体负责。

（14）进入运行代保管的设备系统，由运行值班人员在调试人员的指导下进行操作，设备的消缺、维护、检修等工作应办理工作票，履行许可手续。

（15）在做假并网之前，应解除并网开关至 DEH 的并网信号，防止在做同期系统试验时，因并网断路器合闸，引起 DEH 误判断发电机已并网而初加负荷，导致汽轮机转速飞升，试验结束后，应及时恢复正常。假并网试验时，机炉所有联锁保护均应投入。

（16）同期系统，必须经过试验，一切正确无误后方可投入使用，正式并网。

（17）机务各备用辅机处于备用状态；机组做好甩负荷及停机、停炉准备；汽轮机旁路系统正常投入。

（四）调试工作内容及程序

（1）静态调试：

同期系统静态调试主要包括同期交流电压回路通压试验、直流控制回路（调速、调压、合闸、DCS 到装置的控制等）传动、信号回路校验等。

1）装置同期判断用的交流电压确定是相电压还是线电压。依据设计图纸对所有与同期相关的电压互感器回路进行检查。检查正确后，用继电保护测试仪在电发电机-变压器组同期屏端子处加入待并侧、系统侧同期电压。检查同期装置电压幅值及频率的采样，压差、频差、角差应与所加模拟量一致。

2）进行二次回路紧固，防止回路松动、接触不良或开路。

3）进行合闸回路检查时，要保证同期屏到开关端子排之间的正确性。检查该回路正确后，用继保仪给同期装置加量，做同期装置带开关传动试验。在 DCS 启动同期装置，选择同期点。同期装置根据装置采样及所设定的同期模式在条件满足的情况下自动合上并网开关。

4）DCS 控制命令调试。DCS 画面对装置进行相关操作，观察装置执行情况。

5）信号回路试验。DCS 画面显示应和装置实际情况一致。创造条件，实际模拟"同期系统直流电源消失""系统侧无压"等，使装置发出相关信号。

6）同期转换把手试验。同期开关有"现场""遥控"等位置，应检查在各个状态下有关回路的正确性。

（2）整组试验：

此试验在电气整套启动阶段，做完发电机空载特性试验和励磁调节器试验之后进行。除特殊说明外，该试验操作均在 DCS 中实现。同期系统整组试验，主要是最后检查同期系统交流电压回路、直流控制回路和参数整定值是否合理等。一般分为一次同源校验同期电压回路试验、假同期试验和并网试验。

1）在整套启动试验之前，解除并网断路器至 DEH 的并网信号，并做好记录，以避免试验合上并网断路器时，DEH 误认为已并网。同期系统试验结束，正式并网前应恢复。

2）试验之前要将发电机中性点解除。

3）系统 6kV 电压反送发电机，发电机 TV 受电，在同期装置端子排测量发电机电压和系统电压，确认压差为零，角度差为零。在发电机 TV 端子排和 6kV Ⅰ段母线 TV 端子排测量发电机相序，确认发电机相序为正相序。把同期转换把手打到"就地"位置，合上同期装置电源，检查装置测试中的采样参数和同步表屏显示是否正确，压差为零，角度差为零。

（3）假同期试验：

1）检查确认发电机出口开关（GCB 开关）及其两侧的隔离开关在分开位置。在 DCS 中临时模拟其两侧隔离开关在合位。

2）投入主变压器高压侧 TV 二次空开，投入发电机-变压器组保护中跳灭磁压板，把同期装置转换开关打到"遥控"位置。

3）DCS 操作励磁系统起励，增磁使发电机升至额定电压。在同期屏对同期电压进行二次核相。

4）确认压差、角差、频差在允许范围内后，DCS 选择 GCB 开关，启动自动同期装置，观察装置能自动发出调速、调压脉冲。

5）同期装置在同期条件满足后，能够在同期点自动发合闸脉冲合上 GCB 开关，试验结果应满足设计和运行要求。试验结束后断开 GCB 开关，励磁系统灭磁，断开灭磁开关，恢复 DCS 中临时模拟的信号。

6）在切换前测录同期导前时间，同时同期装置自身也会启动录波，测量导前时间。

7）经假同期试验确认同期控制系统的正确性后，同期系统方可投入运行，选择同期点与系统并网。

八、励磁系统调试

（一）调试目的

为验证发电机励磁系统的各项性能和质量满足规程及现场运行的要求，确保励磁系统静态试验、空载试验、并网后试验的正常开展。

（1）检验励磁系统的各项性能指标是否满足国家标准规定的要求；

（2）检验励磁系统的各项设计功能是否运行正常；

（3）检验励磁系统的抗干扰能力；

（4）检验励磁系统的运行稳定性和连续长期运行的能力；

（5）检验励磁系统的运行操作是否方便可靠。

（二）调试范围

调试范围包括励磁系统二次回路调试、励磁调节器静态性能检查、发电机空载下励磁调节器（AVR）的动态试验、发电机带负荷下励磁调节器（AVR）的动态试验。

（三）调试前应具备的条件

（1）发电机励磁系统一、二次设备的回路安装工作已全部结束，符合规程、规范要求。

（2）试验人员应准备好有关图纸、资料和试验记录表格以备查用。

（3）根据 DL/T 5437《火力发电建设工程启动试运及验收规程》要求，单体调试前，成立试运指挥部。

（4）从单体调试开始即进入调试管理阶段。在调试管理阶段，设备的启停、调试、消缺等各项工作的安排，由分部试运组负责，设备消缺工作由施工单位具体负责。

（5）进入分系统调试管理阶段后，设备的启停、调试、消缺、维护、检修、操作等工作由调试单位牵头调度，执行两票管理制度，设备消缺工作由施工单位具体负责。

（6）进入运行代保管的设备系统，由运行值班人员在调试人员的指导下进行操作，设备的消缺、维护、检修等工作应办理工作票，履行许可手续。

（7）测量励磁系统一次设备的绝缘电阻，应符合要求（发电机的励磁回路连同连接设备绝缘电阻，不应低于 1MΩ）。

（8）确认二次电流回路无开路，二次电压回路无短路现象。

（9）调整好电量采集分析仪，用以录取发电机空载灭磁时间常数、励磁调节器阶跃特性曲线。

（10）DCS 系统正常投运，励磁系统和热控 DCS 系统通道试验完毕，结果应正确。

（11）试验时主变压器高压侧隔离开关应在分位。

（12）静态试验工作已完成，试验结果正常。

（13）发电机转速 3000r/min。

（14）发电机短路试验、空载试验已完成，发电机出口短路接线已拆除，机端母线无接地点。

（15）调试开始前对调试措施进行技术及安全交底工作。

（16）试运现场道路畅通、照明充足，事故照明可靠。

（17）试运现场通信设备方便可用。

（18）备有足够的消防器材。

（19）具备合格的交直流电源。

（20）励磁调节器定值整定通知单已下达、核对。

（21）配备足够的检修人员（包括电气、热工人员）和经过培训合格上岗的运行人员。

（22）准备必要的检修工具和材料。

（23）准备好运行用的工具和记录表格。

（24）励磁系统开始调试前组织各方进行条件检查确认。

（四）调试工作内容及程序

（1）励磁系统二次回路调试：

1）检查励磁控制柜至 DCS、发电机-变压器组保护柜、同期屏、并网开关等设备的二次回路接线，确认接线正确且符合设计要求。

2）检查励磁变压器至 DCS、发电机-变压器组保护柜等设备的二次回路接线，确认接线正确且符合设计要求。

（2）励磁系统传动试验：

1）励磁调节器静态调试完毕且励磁系统二次回路检查工作完毕后，进行励磁调节器与 DCS 之间的指令、信号传动试验。

2）由 DCS 逐一发出控制励磁调节器的指令，检查励磁调节器是否正确接收到指令。

3）由 DCS 操作合、分灭磁开关，检查灭磁开关动作结果及信号反馈。

4）由励磁厂家配合控制励磁调节器逐一发出各种信号至 DCS，检查 DCS 信号接收显示正确。

5）由励磁厂家配合控制励磁调节器发出励磁系统故障信号至发电机-变压器组保护柜，检查保护动作情况是否正确。

6）合上励磁系统灭磁开关，在发电机-变压器组保护柜模拟保护动作出口跳灭磁，检查灭磁开关正确动作跳闸。

（3）励磁调节器静态性能检查：

1）励磁系统各部件绝缘检查。

2）模拟量、开关量单元检查，励磁系统接入三相标准电压源（机端电压）和电流源（定子电流）设置 4～5 个测试点，其中要求有 0 和额定值两点，观测励磁调节器显示值并记录。

3）无功低励限制单元试验。

4）励磁电流过励单元试验。

5）定子电流限制单元试验。

6）电压/频率限制单元试验。

7）开环小电流负载试验。

（4）励磁调节器空载试验：

试验目的是整定调节器的自动/手动通道的参数，对运行中的有关参数、限制器进行设置和检验，并检验通道间的切换和 TV 断线切换功能。

1）自动方式和手动方式下的起励试验。

2）录取发电机机端电压、励磁电流、励磁电压等输出信号，试验中优化有关参数。

3）自动方式和手动方式下灭磁试验。

在参数调整优化后，分别进行励磁退出命令灭磁及直接跳灭磁开关灭磁试验，并记录波形。

4）自动方式和手动方式之间的切换试验。

进行通道自动运行方式与手动运行方式之间的切换，并录波机端电压、励磁电压、励磁电流及状态指示信号等。

5）自动通道 1 和自动通道 2 之间的转换试验。

模拟通道故障，进行自动通道 1 和自动通道 2 之间的切换并录波机端电压、励磁电压、励磁电流及状态指示信号等。

模拟 TV 断线时自动通道 1 和自动通道 2 以及自动方式和手动方式之间的切换试验在空载运行的情况下，人为断开 TV 回路接线，模拟 TV 断线，进行通道切换试验，并录取波形。

6）阶跃试验。

在空载运行的情况下，分别做 $\pm5\%$ 阶跃试验和 $\pm10\%$ 阶跃试验并录波，验证空载时的 AVR 的稳定性。

7）软起励试验。

软起励功能是为了防止在起励时机端电压超调。当机端电压大于 10% 额定值时，调节器以一个可调整的速度逐步增加给定值，使发电机电压逐渐上升到额定值，试验中录取波形。

8）电压/频率限制试验。

设置电压/频率限制的定值，汽机专业配合降低转速，使电压/频率限制器动作，并录取波形。调整三个整流柜之间均流，做各整流柜脉冲闭锁试验。部分整流柜故障退出试验。

（5）励磁系统带负荷阶跃试验：

1）合上灭磁开关，手动按增减磁按钮使极端电压升至额定电压（简称 U_N），进行 -1% 阶跃试验，用数据采集仪录取波形。

2）手动按增减磁按钮使极端电压调至 95% U_N，进行 $+1\%$ 阶跃试验并录取波形。

3）手动按增减磁按钮使极端电压升至额定电压，进行 -2% 阶跃试验并录取波形。

4）手动按增减磁按钮使极端电压调至 95% U_N，进行 $+2\%$ 阶跃试验并录取波形。

5）切换通道进行以上阶跃试验。

（6）励磁系统低励限制试验：

根据电厂要求设定低励限制整定值。在发电机组并网运行的情况下，验证低励限制在预先的限制线上能正确动作，并在限制点上做阶跃响应（阶跃量 3%），以检验低励限制器动作的稳定性，根据系统响应情况，适当调整参数。在试验过程中，录取机端电压、励磁电流、励磁电压、有功及无功等波形，并记录限制动作时对应的励磁电流值。

九、静止变频启动装置（SFC）系统调试措施

（一）调试目的

为验证燃气轮机 SFC 系统的各项性能和质量满足规程及现场运行的要求，确保 SFC 系统静态试验、动态试验的正常开展。

（1）检验 SFC 系统的各项性能指标是否满足要求；

（2）检验 SFC 系统的各项设计功能是否运行正常；

（3）检验 SFC 系统的启动稳定性和可靠性；

（4）检验 SFC 系统的运行操作是否方便可靠。

（二）调试范围

调试范围包括 SFC 系统静态检查；SFC 系统相关保护、信号传动试验；SFC 系统低压动态试验；SFC 系统冷态拖动试验；SFC 系统点火拖动试验；多机组交叉启动试验。

（三）调试前应具备的条件

（1）燃气轮机 SFC 系统一、二次设备的回路安装工作已全部结束，符合规程、规范要求；

（2）试验人员应准备好有关图纸、资料和试验记录表格以备查用；

（3）测量 SFC 系统输入断路器、隔离变压器、平波电抗器、输出切换开关、隔离开关、整流桥及逆变桥等一次设备的绝缘电阻以及静止变频器控制保护单元等二次设备的绝缘电阻，应符合要求；

（4）断路器、隔离开关、输出切换开关手动分合闸试验完成；

（5）确认二次电流回路无开路，二次电压回路无短路现象；

（6）TCS 系统正常投运，SFC 系统和 TCS 系统通信线已连接，且 TCS 已按 SFC 系统提供的点表配置完成；

（7）SFC 系统与励磁系统的通信正常；

（8）SFC 系统屏柜可靠接地；

（9）调试开始前对调试措施进行技术及安全交底工作；

（10）试运现场道路畅通照明充足，事故照明可靠；

（11）试运现场通信设备方便可用；

（12）备有足够的消防器材；

（13）具备合格的交直流电源；

（14）SFC 系统保护定值整定通知单已下达、核对；

（15）配备足够的检修人员（包括电气、热工人员）和经过培训合格上岗的运行人员；

（16）准备必要的检修工具和材料；

（17）准备好运行用的工具和记录表格；

（18）SFC 系统开始调试前组织各方进行条件检查确认；

（19）根据 DL/T 5437《火力发电建设工程启动试运及验收规程》要求，单体调试前，成立试运指挥部；

（20）从单体调试开始即进入调试管理阶段，在调试管理阶段，设备的启停、调试、消缺等各项工作的安排，由分部试运组负责，设备消缺工作由施工单位具体负责；

（21）进入分系统调试管理阶段后，设备的启停、调试、消缺、维护、检修、操作等工作由调试单位牵头调度，执行两票管理制度，设备消缺工作由施工单位具体负责；

（22）进入运行代保管的设备系统，由运行值班人员在调试人员的指导下进行操作，设备的消缺、维护、检修等工作应办理工作票，履行许可手续。

（四）调试工作内容及程序

（1）SFC 系统绝缘检查：

SFC 系统输入断路器、隔离变压器、平波电抗器、输出切换开关、整流桥及逆变桥、辅助回路及控制回路绝缘电阻检查。

（2）SFC 系统回路检查：

1）检查 SFC 系统控制柜、网桥柜、机桥柜、电抗器柜、输出切换柜之间的接线，确认接线正确且符合设计要求；

2）检查 SFC 控制柜至 TCS、DCS、励磁控制柜、发电机-变压器组保护柜等设备的二次回路接线，确认接线正确且符合设计要求；

3）检查 SFC 输入变压器至 DCS、发电机-变压器组保护柜等设备的二次回路接线，确认接线正确且符合设计要求。

（3）模拟量和开关量的输入输出检查：

1）使用继保仪输出电压和电流信号，模拟 SFC 主回路各测点处的二次电压、二次电流信号，输入到控制柜，检查模拟量采样是否正确。其中，厂用电 AC 380V（或经调压器降压）作为交流电源，分别接至网桥、机桥，作为整流电源，使用线性电阻作为各桥直流侧试验负载。

2）分别模拟各开入量输入，在 SFC 控制柜中观察对应开入量是否变位。开出信号通过SFC 控制柜的试验功能，分别控制开出板出口，用万用表检查是否有信号输出。

（4）接地可靠性检查：

检查 SFC 系统各接地点是否可靠接地，接地线是否完好。

（5）低压小电流试验：

该试验的目的是检查 SFC 系统内部交流一次接线、二次 TV 测量回路（桥触发同步回路）接线是否正确，以及确定各桥的触发角补偿大小。因变流桥是 12 脉动桥，须分别按照两个 6 脉动桥来进行试验。

（6）保护定值检查：

在 SFC 系统厂家配合下，对 SFC 系统的保护定值进行检查。

（7）报警及保护传动：

在 SFC 系统厂家配合下，进行装置闭锁、TV 断线、TA 断线等报警信号传动，以输入变压器差动保护、输入变压器高压侧过流保护、SFC 差动保护、网桥机桥过流保护、机桥侧过励/低励保护、机桥过电压保护、机桥过频保护、机桥零序过电压保护等相关保护传动试验。

（8）输入断路器和输出切换开关开合试验：

在 SFC 系统厂家配合下，由 TCS、DCS 操作合、分输入断路器和输出切换开关，检查输入断路器和输出切换开关的开关动作结果及信号反馈。

(9) 控制系统指令信号传动：

1) SFC 系统静态调试完毕且 SFC 系统二次回路检查工作完毕后，进行 SFC 控制柜与 TCS、DCS 之间的指令、信号传动试验；

2) 由 TCS、DCS 逐一发出控制 SFC 系统的指令，检查 SFC 控制柜是否正确接收到指令；

3) 由 TCS、DCS 控制输入断路器开关，检查输入断路器开关动作结果及信号反馈。

(10) 定子通流试验：

在 SFC 系统厂家的协助下，进行定子通流试验，验证一次回路连通性。SFC 控制器内选择试验模式，由 TCS 选中机组后，检查回路中开关是否合闸正确，在控制器内选择相关试验模式，选择机桥导通阀组，通过录波检查机桥导通是否按照所选阀号导通，同时确定 SFC 系统与发电机连接是否正常。

(11) 转子通流试验：

在 SFC 系统厂家的协助下，进行转子通流试验。该试验主要是为了检查励磁控制通道是否正常，包括励磁电流测量通道是否正常、励磁控制输出通道是否正常；在进行励磁电流控制试验时，对机端感应的电压信号进行录波，检查其是否满足转子初始位置计算对机端感应电压的要求。

控制器内选择试验模式，由 TCS 选中机组后，检查回路中开关是否合闸正确，手动合上灭磁开关，就地起励，由控制器给定励磁电流参考值，励磁系统将励磁电流升至给定值，通过录波检查励磁电流通道控制与反馈通道是否正确，同时分析励磁系统 PI 参数是否满足初始位置检测要求。

(12) 初始位置计算试验：

在 SFC 系统厂家的协助下，进行初始位置计算试验。在励磁电流控制及机端感应电压测量试验正常的基础上进行初始位置计算试验，该试验由就地控制进行。转子通流试验无误，控制器会根据机端感应电压与励磁电流的关系进行转子初始位置计算。在转子同一位置重复几次试验，分别记录各次计算的转子初始位置角，检查其一致性。

(13) SFC 系统冷态拖动试验：

在 SFC 系统厂家的协助下，进行冷态拖动试验。

检查控制器模拟量采样是否正确，控制器相关控制参数是否合适。控制器处于远控模式，TCS 发启动令，SFC 系统接收启动令后，向发电机定子输入电流，拖动机组转动，发电机经加速-高速盘车-惰性降速-低速盘车过程，之后 TCS 模拟点火信号，TCS 经过一定延时判定点火失败后跳开关，退出试验流程。期间，SFC 系统和励磁系统的配合需要验证。冷拖试验包括高速盘车、吹扫模式、水洗模式、直启模式。

(14) 高速盘车：

在 SFC 系统厂家的协助下，进行高速盘车试验。由 SFC 拖动机组升速至 710r/min 左右，维持该转速运行。试验目的：满足燃气轮机水洗、吹扫、检修后状态检查，加速冷却等。

(15) 吹扫模式试验：

在 SFC 系统厂家的协助下，进行吹扫模式试验。试验目的：验证吹扫模式是否正常。

在启动过程中，如燃气轮机点火失败，可以使用 SFC 装置拖动燃气轮发电机组，在一定转速范围内（一般为 11.4～13.4Hz），对燃气轮机排气管道和余热锅炉进行吹扫，防止发生天然气爆燃现象。

（16）清洗模式试验：

在 SFC 系统厂家的协助下，进行清洗模式试验。试验目的：验证清洗模式是否正常。燃气轮机运行一段时间后，压气机会积灰积垢积盐，定期使用 SFC 装置对燃气轮发电机组拖动，在一定转速范围内（一般为 5～12.5Hz），通过清洗装置完成压气机离线或在线清洗的功能。

（17）直启模式：

不需要高速盘车、吹扫、清洗环节，SFC 系统直接将燃气轮机由盘车速度拖动到 SFC 设计最高拖动转速（一般为 15Hz）。

（18）SFC 系统点火拖动试验：

SFC 系统拖动燃气轮机机组由盘车状态拖动机组进行高速盘车、吹扫、清洗环节，惰性降速后，到点火转速，燃气轮机点火，SFC 与燃气轮机燃烧动力共同拖动机组达到自持转速（一般为 35Hz）时，SFC 装置才退出启动，最终由天然气燃烧提供动力达到转子额定转速。

（19）多机组交叉启动试验：

在 SFC 系统厂家的协助下，进行多机组交叉启动试验。2 套 SFC 系统可以启动任意一台机组。分别进行 1 号 SFC 启动 1 号机，2 号 SFC 启动 1 号机，1 号 SFC 启动 2 号机，2 号 SFC 启动 2 号机。

十、直流电源系统调试

（一）调试目的

通过开展直流电源系统调试，给信号设备、保护、自动装置、事故照明、应急电源及断路器分、合闸操作提供可靠稳定的直流电源。直流系统是一个独立的电源，它不受发电机、厂用电及系统运行方式的影响，并在外部交流电中断的情况下，保证由后备电源（蓄电池）继续提供直流电源的重要设备。直流屏的可靠性、安全性直接影响到电力系统供电的可靠性和安全性。

（二）调试范围

调试范围包括直流系统所属开关、充电器及蓄电池。具体内容包括充电器调试；蓄电池检查及浮充电；蓄电池组放电试验。

（三）调试前应具备的条件

（1）直流系统、UPS 接线完成。

（2）直流充电器、UPS 调试用的临时电源已接线完毕，具备送电条件。

（3）蓄电池室照明充足，通风良好。

（4）根据 DL/T 5437《火力发电建设工程启动试运及验收规程》要求，单体调试前，成立试运指挥部。

（5）从单体调试开始即进入调试管理阶段。在调试管理阶段，设备的启停、调试、消缺等各项工作的安排，由分部试运组负责，设备消缺工作由施工单位具体负责。

（6）进入分系统调试管理阶段后，设备的启停、调试、消缺、维护、检修、操作等工作由调试单位牵头调度，执行两票管理制度，设备消缺工作由施工单位具体负责。

（7）进入运行代保管的设备系统，由运行值班人员在调试人员的指导下进行操作，设备的消缺、维护、检修等工作应办理工作票，履行许可手续。

（四）调试工作内容及程序

（1）充电器调试：

1）测量交流进线、直流母线对地绝缘电阻（用 500V 绝缘电阻表），380V 交流进线相序正确、直流母线极性正确。

2）充电模块调试：

两路交流切换正常，仪表指示正确，充电模块稳压、稳流、均流精度、纹波系数，报警正确，均充、浮充投入正常。

3）绝缘监测仪调试：

投入绝缘监测仪，其工作应正常，分别用 $5k\Omega$ 可调电阻检查每一路馈线绝缘低报警值是否达到绝缘检测仪的设定值。

（2）蓄电池检查及浮充电：

充电前测量并记录每个电池的电压，对蓄电池组浮充 24h 后，测量并记录每个电池的电压，投入蓄电池组巡检仪，检查巡检正常。

（3）蓄电池组放电试验：

1）放电前测量并记录每个电池的电压；

2）检查放电装置良好；

3）确认电池已充满，放电过程中每隔 1h 测量并记录每个电池的电压，放电 10h 后，测量并记录每个电池的电压，计算放电容量满足要求；

4）按蓄电池充电要求给蓄电池再充电，充满后转浮充电运行，直流系统投入。

十一、UPS 系统调试

（一）调试目的

通过对 UPS 系统调试，保证 UPS 系统能在机组调试试运和正常运行期间可靠运行，为机组的安全生产提供保障。

（二）调试范围

调试范围包括 UPS 单体调试；交直流回路通电检查；报警信号至 DCS 系统校验；UPS 切换试验。

（三）调试前应具备的条件

（1）图纸、说明书齐全，技术员已经完成施工图纸会审。

（2）施工技术措施已经通过批准，并正式下发。

（3）施工人员已经进行技术交底。

（4）施工现场清洁无杂物。

（5）施工区域照明充足。

（6）施工所用的工器具准备齐全，计量器具检验合格。

（7）试验人员应充分了解被试验设备和所用试验设备、仪器的性能。严禁使用有缺陷或有可能危及人身或设备安全的设备。

（8）进行系统调试工作前，应全面了解系统设备状态。对与运行设备有联系的系统进行调试应办理工作票,同时采取隔离措施,必要的地方应设专人监护。

(9) 柜体制造符合柜体图纸,结构设计便于安装调试、维护和操作。

(10) 柜体无油迹、掉漆、异物、破损、断裂、无接线、安装错误。

(11) 系统所有接线整齐规范,所有紧固件无松动。

(12) 系统所有标识文字正确无误,符合图纸要求。

(13) 系统保护可靠接地。

(14) 柜内电气回路检查正确。

(15) 交流回路对地,用 500V 绝缘电阻表测量,绝缘电阻不小于 10MΩ。

(16) 交流回路对直流回路,用 500V 绝缘电阻表测量,绝缘电阻不小于 10MΩ。

(17) 直流回路对地,用 500V 绝缘电阻表测量,绝缘电阻不小于 10MΩ。

(18) 主回路输入 380V 三相交流电源,相序应为正相序。

(19) 直流输入 220V 直流电源。

(20) 旁路输入两相 220V 交流电源。

(21) 已对各参建单位进行本调试措施的安全与技术交底,并填写调试措施交底记录表。

(22) 已联合各参建单位进行系统试运条件检查确认,并填写系统试运条件检查确认表。

(23) 根据 DL/T 5437《火力发电建设工程启动试运及验收规程》要求,单体调试前,成立试运指挥部。

(24) 从单体调试开始即进入调试管理阶段。在调试管理阶段,设备的启停、调试、消缺等各项工作的安排,由分部试运组负责,设备消缺工作由施工单位具体负责。

(25) 进入分系统调试管理阶段后,设备的启停、调试、消缺、维护、检修、操作等工作由调试单位牵头调度,执行两票管理制度,设备消缺工作由施工单位具体负责。

(26) 进入运行代保管的设备系统,由运行值班人员在调试人员的指导下进行操作,设备的消缺、维护、检修等工作应办理工作票,履行许可手续。

(四) 调试工作内容及程序

(1) 保护装置调试:

信号检查:检查 UPS 至 DCS 信号,要求与设计图纸及 DCS 实际信号一致。

(2) 切换试验:

1) UPS 恢复供电,开机是否正常。

2) 检查装置面板及指示灯运行正常,检查 UPS 风扇是否运行正常。

3) 装置主电源供电,手动拉开主电源开关,将 UPS 由主电源供电切换至直流供电。同时进行切换录波检查输出电压波形,要求波形无明显波动及中断现象,供电正常。

4) 装置直流供电,合上主电源开关,将 UPS 由直流供电切换至主电源供电。同时进行切换录波,检查输出电压波形,要求波形无明显波动及中断现象,供电正常。

5) 装置主电源供电,断开直流电源开关,手动拉开主电源开关,将 UPS 由主电源供电切换至自动旁路供电。同时进行切换录波检查输出电压波形,要求波形无明显波动及中断现象,供电正常。

6) 装置旁路供电,合上主电源开关,手动拉开旁路供电电源开关,将 UPS 由旁路供电切换至主电源供电。同时进行切换录波检查输出电压波形,要求波形无明显波动及中断现象,供电正常。

7）手动切换试验，装置正常状态由主电源供电，手动启动切换。将 UPS 由主电源供电切换至手动旁路供电。同时进行切换录波检查输出电压波形，要求波形无明显波动及中断现象，供电正常。

8）手动切换试验，装置正常状态由手动旁路供电，手动启动切换。将 UPS 由旁路供电切换至主电源供电。同时进行切换录波检查输出电压波形，要求波形无明显波动及中断现象，供电正常。

（3）检查恢复：

上述试验全部完成后，应拆除试验接线，恢复试验所做安全措施。紧固 UPS 柜门，UPS 可恢复供电。

十二、ECMS 调试

（一）调试目的

厂用电监控 ECMS 系统调试是通过 ECMS 系统对机组和厂用电系统各开关的遥信信号回路进行调试，对输入计算机数据采集系统和控制模拟量系统进行调试，为今后电气系统的顺利投用做好必要的准备工作。

（二）调试范围

调试范围（包括试验范围）为：机组的 DCS 系统、SIS 系统、保护装置、故障录波装置、自动准同期装置 ASS、柴油发电机监控模块、直流系统、UPS 系统、厂用电切换装置、励磁系统等。ECMS 系统监视信号除包括上述的控制设备外，还包括机组的发电机-变压器组保护、柴油发电机、单元机组、直流、UPS 等装置的状态及报警信号。

（三）调试前具备的条件

（1）ECMS 的机房土建工作已完成，并通过验收签证。

（2）整个机房清洁工作已完成且已具备防尘、防静电、照明及安全保卫等防护措施。

（3）机房的空调已具备投运条件，能保证装置正常工作必需的温度、湿度。

（4）DCS 系统复原调试工作已完成，并通过验收签证。

（5）开关本体已完成就地操作和保护装置校验，至 ECMS 的通信接线已结束。

（6）现场设备就位，接线工作完成。

（7）现场设备用电已具备供电条件。

（8）电气开关已完成本体试验，就地/远方操作"分""合"动作正常。

（9）电气自动装置单体调试完毕。

（10）所有相关电气回路的绝缘检查合格。

（四）调试工作内容及程序

（1）调试方法及步骤：

1）ECMS 通电检查，确保 ECMS 服务器屏、ECMS 通信接口设备屏上电正常，具备基本工作条件。

2）ECMS 系统装置的通信检查，检查 ECMS 服务器屏与 ECMS 主交换机及公用通信接口设备屏之间的通信顺畅。

3）编制通信点表，包括 A 段、B 段 6kV 综合保护、380V 工作 PC 段、MCC 段、保安段至站控层交换机之间的通信线路，以及站控层至 2 号机组监控主站之间的通信线路。

4）设备单体试验完成，开出、开入量实际单体调试的显示和试动作结果正确。

（2）数字量输入信号检查：

在就地电气设备柜内模拟短接相应信号，观察 ECMS 画面状态变化。

（3）数字量输出信号检查：

在 ECMS 画面上强制命令输出，观察就地设备运行状态以及在 ECMS 画面上反馈信号。

（4）模拟量输入信号检查：

在就地电气设备柜内相应信号端子上加电流电压二次量，观察 ECMS 画面状态变化，并根据实际情况调整模拟量在 ECMS 画面显示的量程。

（5）电气开关保护动作告警：

检查电气开关定值是否符合设计要求，在综合保护装置上模拟开关保护动作，检查后台相关报警是否可靠收到。

（6）相关监控设备实时监测数据校对：

检查柴油发电机、单元机组、直流、UPS 等装置的状态及报警信号，检查就地状态是否与 ECMS 画面上显示一致。

十三、电气专业反事故措施

（一）防止全厂停电

（1）严格执行防止全厂停电的有关规定。

（2）加强蓄电池和直流系统的巡检，保证直流充电机运行良好，对直流接地系统进行随时检查，发现问题及时处理。

（3）加强柴油发电机组的定期维护和投运工作，整套启动前，应进行柴油发电机组备用自投试验，保证任一保安段失电时柴油发电机组均能快速启动并自投成功，确保危机负荷的供电可靠性。

（4）加强继电保护工作，投入开关失灵保护，严防开关误、拒动扩大事故。

（5）整套启动过程中进行任何试验，事先必须对继电保护的投入方案进行仔细分析，防止因试验导致继电保护误动。

（6）整套启动前，应保证 6kV 各段厂用电快切装置功能动作可靠，互为备用电源系统运行良好。

（7）整套启动前，应进行危机负荷的直流电机联锁启动试验。

（8）整套启动过程中，如出现高压厂用电源失去而 6kV 各段厂用电快切装置切换又不成功的情况，应在判断 6kV 配电段无故障后，考虑手动抢合 6kV 配电段备用进线开关。

（二）防止人身触电伤亡事故

（1）试验应防止误入带电间隔，造成人员伤亡事故。试验人员应做到"三清"，即清楚工作内容，清楚工作范围，清楚工作地点。工作过程中应做到"一停、二看、三核对、四工作"，即工作人员来到工作现场，不要盲目接触设备；首先要看清停电范围和安全措施是否与工作票相符；核对设备运行编号是否与工作内容相符；在没有问题的前提下开始进行工作。工作中不得随意变更安全措施或随意移动现场的安全设施，不得随意扩大工作范围。围栏设置完成后，所有人员不得随意跨越。

（2）在工作现场要合理设置围栏，并在醒目位置悬挂"止步，高压危险"标示牌，高压试验引线要绑扎牢固，防止在加压过程中脱落；在运行设备上加试验线应戴好绝缘手套；工作中严禁上下抛掷试验引线；加压过程中操作人员呼唱其他试验人员各就其位。工作现场应有专人监护,严防非试验人员误入试验测试区域,防止高压触电;试验结束应先拆除连接设备的试验线,再拆除设备电源线,最后拆除接地线。

(3)试验人员应保障人身与带电部位有足够的安全距离。测试用绝缘杆、定相杆应长短相宜,便于操纵控制,并有足够的机械强度。为了防止引线随意摆动,测试前要沿绝缘杆把引线绑牢。工作人员应严格遵守带电作业的安全规定,穿绝缘靴戴绝缘手套。

(4)电气调试作业要求必须两人或两人以上,严禁单人作业。

(5)试验时应把低压侧有明显断开点作为重要的安全措施,并在工作票中明确指出,严格实施。

(6)对于有运行着的同杆并架线路或较长的平行架设线路,应在安排停电时进行测量。测量前应用静电电压表测量线路感应电压,在倒接线过程中合上线路两侧接地开关。

(三)防止电气误操作事故

(1)严格执行操作票和工作票制度。

(2)严格执行调度命令,操作时不允许改变操作顺序,操作产生疑问时应立即停止操作。

(3)误防闭锁装置应与主设备同时投运。

(4)整套启动试验过程中,应严格执行启动指挥小组批准下发的措施文件,严禁任意变更试验内容。

(5)采用计算机监控系统时,远方、就地操作均应具有防误闭锁功能。

(6)NCS工程师站、操作员站等重要微机设备不能从事无关工作。

(7)防误装置所用电源应与保护、控制电源分开。

(8)断路器、隔离开关闭锁回路不应使用重动继电器。

(四)防止火灾事故

(1)整套启动过程中,应保证主变压器、厂用变压器的消防系统正常投运,在其他电气设备附近的显眼处配置足量的二氧化碳、1211灭火器或干粉灭火器等灭火器;整套启动过程中,消防车应进入值班状态。

(2)如电气设备发生火灾,首先要想办法切断电源,然后用二氧化碳、1211灭火器或干粉灭火器等灭火器进行灭火;如火灾周围有电气设备并遭受火灾威胁时,也应停止设备运行,切断电源。

(3)自动喷水灭火系统、防烟排烟系统和联动控制设置在自动控制状态,并定期进行试验。因故需要退出运行的,须经消防主管部门批准。

(五)防止发电机损坏事故

(1)机组在第一次并网前必须进行以下工作:

1)对装置及同期回路进行全面和细致的校核、传动。

2)利用发电机-变压器组带空载母线升压试验,校核同期电压检测二次回路的正确性,并对整步表及同期检定继电器进行实际校核。

3)进行机组假同期试验,试验应包括断路器的手动准同期及自动准同期合闸试验、同期(继电器)闭锁等内容。

(2)发电机绝缘过热监测器发生报警时,运行人员应及时记录并上报发电机运行工况及电气和非电量运行参数,不得盲目将报警信号复位或随意降低监测仪检测灵敏度。经检查确认非监测仪器误报，应立即取样进行色谱分析，必要时停机进行消缺处理。

（3）有进相运行工况的发电机，其低励限制的定值应在制造厂给定的容许值和保持发电机静稳定的范围内，并定期校验。

（4）水内冷或双水内冷的发电机在停机（运行）期间应保持发电机绕组温度高于环境温度（或风温），以防止发电机内结露。

（5）水内冷定子绕组内冷水箱应加装氢气含量检测装置，定期进行巡视检查，做好记录。

（6）水内冷发电机发出漏水报警信号，经判断确认是发电机漏水时，应立即停机处理。

（六）防止继电保护事故

（1）保证继电保护操作电源的可靠性，防止出现二次寄生回路。

（2）发电机-变压器组的微机保护必须双重化。

（3）保护装置直流空气开关、交流空气开关应与上一级开关及总路空气开关保持级差关系，防止由于下一级电源故障时，扩大失电元件范围。

（4）发电厂升压站监控系统的电源、断路器控制回路及保护装置电源，应取自升压站配置的独立蓄电池组。

（5）电流互感器的二次绕组及回路，必须且只能有一个接地点。来自同一电流互感器二次绕组的三相电流线及其中性线必须置于同一根二次电缆。

（6）来自同一电压互感器二次绕组的三相电压线及其中性线必须置于同一根二次电缆，不得与其他电缆共用。来自同一电压互感器三次绕组的两（或三）根引入线必须置于同一根二次电缆，不得与其他电缆共用。

（7）所有差动保护（线路、母线、变压器、电抗器、发电机等）在投入运行前，除应测量各侧相电流及差流外，还必须测量各中性线的不平衡电流、电压，以保证保护装置和二次回路接线的正确性。

（8）低励限制定值应考虑发电机电压影响并与发电机失磁保护相配合，应在发电机失磁保护之前动作。应结合机组检修定期检查限制动作定值。

（9）发电机变压器组及220kV及以上电压等级的断路器，应采用断路器本体的三相不一致保护，同时应启动失灵保护并动作于启动母差及失灵保护。

（10）发电机负序电流保护应根据制造厂提供的负序电流暂态限值（A值）进行整定，并留有一定裕度。发电机保护启动失灵保护的零序或负序电流判别元件灵敏度应与发电机负序电流保护相配合。

（七）防止机网协调事故

（1）新投产的大型汽轮发电机应具有一定耐受带励磁失步振荡的能力，且应为发电机解列设置一定的时间延迟。

（2）发电机励磁系统设备选型时应保证励磁电流在不超过其额定值的1.1倍时能连续运行，且励磁系统强励电压倍数为2倍，强励电流倍数等于2倍时，允许强励时间不低于10s。

（3）发电机组低频保护定值可按汽轮机和发电机制造厂有关规定进行整定，低频保护定值应低于系统低频减载的最低一级定值，机组低电压保护定值应低于系统（或所在地区）低压减载的最低一级定值。

（4）并网电厂应认真校核涉网保护与电网保护的整定配合关系，并根据调度部门的要求，做好每年度对所辖设备的整定值进行全面复算和校核工作。

（5）发电机励磁系统正常应投入发电机自动电压调节器运行，电力系统稳定器正常必须置入投运状态。

（6）发电机励磁系统（包括电力系统稳定器）的整定参数应适应跨区交流互联电网不同联网方式运行要求，对 $0.1\sim2\mathrm{Hz}$ 系统振荡频率范围的低频振荡模式应能提供正阻尼。

（7）发电厂应根据发电机进相试验绘制指导实际进相运行的 $P\text{-}Q$ 图，编制相应的进相运行规程，并根据电网调度部门的要求进相运行。调整厂用变压器变比，确保厂用电电压无论在进相还是滞相时均在允许范围内。

（8）防止重大恶性事故的注意事项：

1）加强对电气一、二次系统的巡检，对发电机-变压器组励磁系统加强监护。

2）整套启动过程中，发现问题，应立即请示试运指挥部，及时处理，消除故障隐患。

3）做好整套启动过程中的设备运行记录，对一些重要参数定时记录。

4）在机组异常情况下，处理事故应准确、果断，不得扩大事故。

5）在启动试验或机组运行过程中如有危及人身及设备安全时，应严格执行有关规程及规定，必要时立即停止试验以至停止机组运行。

6）在机组事故跳闸的情况下，每次都应查明原因，并采取相应措施后方可再次启动。

7）机组启动前，应检查发电机-变压器组 TA、TV 回路，保证 TA 回路无开路，TV 回路无短路。

8）机组整套启动过程中，如发生厂用电源失电事故，调试人员首先应协助运行人员保证保安电源的安全运行，协助运行人员判断事故原因，尽快恢复厂用电源。

（9）防止电气重大恶性事故措施的专项学习：

1）在机组进入整套试运前，要求电气调试人员对该措施进行学习，做到心中有数，安全意识始终贯穿于整个工作过程。

2）在机组试运过程中，要经常对运行人员进行防止机组重大恶性事故措施的宣传，在进行每一项重大操作过程要做好事故预想。

3）在机组一旦发生事故的情况下，要沉着、冷静、正确处理事故，不使事故扩大。

第五节　化学分系统调试

一、调试范围及内容

1. 原水预处理系统调试

（1）加药系统调试；

（2）反应沉淀池调试；

（3）净水站系统设备整体调试；

（4）空气擦洗滤池调试；

（5）污泥浓缩脱水系统调试；

（6）系统整体调试。

2. 锅炉补给水系统调试

（1）加药系统的调试；

（2）预处理系统调试；

（3）机械加速澄清池调试；

（4）双介质过滤器调试；

（5）超滤系统调试；

（6）一、二级反渗透系统调试；

（7）EDI 系统调试；

（8）系统整体调试。

3. 工业废水处理系统调试

（1）加药系统调试；

（2）pH 中和池调试；

（3）混凝澄清池调试；

（4）过滤器调试；

（5）污泥浓缩脱水系统调试；

（6）系统整体调试。

4. 循环水处理及加药系统调试

（1）稳定剂加药系统调试；

（2）杀菌剂加药系统调试；

（3）硫酸加药系统调试。

5. 供氢系统调试

（1）参与系统严密性试验；

（2）供氢汇流排系统调试；

（3）供氢系统报警装置调试；

（4）在线仪表（氢气纯度、露点）调试。

6. 生活污水系统调试

（1）加药系统调试；

（2）生活污水一体化设备调试；

（3）过滤器调试；

（4）系统整体调试。

7. 机组加药系统调试

（1）凝结水加药系统调试；

（2）给水加药系统调试；

（3）炉水加药系统调试；

（4）闭式水加药系统调试。

8. 机组汽、水取样系统调试

（1）系统调试前静态检查；

（2）进入水汽取样装置前的各路水汽取样管路水压检查；

（3）水汽取样装置的冷却管路水压检查；

（4）水汽取样系统的阀门、冷却器、减压阀、节流阀、流量等主要部件性能试验；

（5）恒温装置的恒温效果试验。

二、原水预处理系统调试

通常原水在进入反应沉淀池处理前，先投加次氯酸钠溶液、混凝剂、助凝剂三种辅助药剂，沉淀池出水部分直接进入循环水泵房前池，部分进入气水反冲洗重力式滤池过滤后进入化学、消防水水池。生活水水源来自自来水。综合水泵房内各种水泵分别从化学、消防水水池及生活水水池吸水，加压后送至各用户。沉淀池排泥至污泥浓缩池浓缩，浓缩池排泥通过污泥泵提升至工业废水处理站的污泥脱水机间脱水，泥饼外运，浓缩池上清液与滤池反冲洗排水送入中间水池，加压后送至沉淀池回收利用，溢流水排至厂区雨水管网。

（1）原水预处理的工艺流程：

原水→取水泵→反应沉淀池→气水反冲洗重力式滤池→化学水池、消防水池。

（2）冷水塔补水的处理工艺流程：

原水→补给水泵→反应沉淀池→循环水泵房前池。

（3）接触絮凝斜板沉淀处理工艺流程：

原水→管式静态混合器→翼片隔板絮凝池→接触絮凝斜管沉淀池→出水。

（4）污泥处理工艺流程：

反应沉淀池泥水→排泥沟道→污泥浓缩池→污泥提升泵→污泥脱水机间脱水→泥饼（汽车外运）。

（一）调试目的

（1）考察新安装的设备及系统的制造、安装质量。

（2）考察新安装的设备系统运行出力及制水效果。

（3）发现并消除缺陷，使净水站系统正常运行。

（二）调试范围

原水预处理系统调试从加药泵、搅拌机等单体调试结束后交接验收开始，包括加药系统调试；反应沉淀池调试；净水站系统设备整体调试；空气擦洗滤池调试；污泥浓缩系统调试；脱水机的调试；系统整体调试。

（三）调试前应具备条件

（1）取水泵房相关设备及管线施工完毕，试运合格并提供充足的原水。

（2）原水预处理系统土建工作已完成，防腐施工完毕，净水站区域排水沟道畅通，栏杆沟盖板齐全平整。

（3）沟道、各类水池及水箱灌水试验合格。

（4）道路畅通，能满足各类填料以及水的预处理用药品的运输要求。

（5）原水预处理系统相关设备应施工完毕，且试运合格。

（6）加药间应安装完毕，防腐工作完成。加药计量泵等分部试运正常，并能投入使用，储存和溶药箱清理干净。

（7）污泥系统具备投用条件，刮泥机等机械设备均已验收合格，制造厂家按规程要求进行空载试运行，并保证刮泥机润滑水量充足。

（8）水池与滤池必须清理干净，水池无异物，并有明显的水位或水量标志，滤池按设计要求填装好滤料和垫层，滤料检验合格。

（9）水处理用药品应符合设计规定和要求，质量符合相关标准要求，数量满足试运要求。调试所需用的分析药品、分析仪器应保证供用。

（10）各压力表、流量表均应安装校验完毕，指示正确，并能投用。

（11）各类电源均已施工结束，可随时投入使用，确保安全可靠，照明及电源应能满足调试工作的正常进行。

（12）各阀门应操作灵便，启闭正常。

（13）根据 DL/T 5437《火力发电建设工程启动试运及验收规程》要求，单体调试前，成立试运指挥部。

（四）调试工作内容及程序

1. 原水预处理系统调试前的准备与检查

（1）参与工程建设单位组织的原水预处理系统相关设备的确认试验。

（2）参与原水预处理系统相关设备的分部试运。

（3）结合原水泵的试运进行管道、澄清池、空气擦洗滤池的冲洗。

（4）完成仪表、阀门及执行机构的性能确认试验。

2. 反应沉淀池的启动调试

（1）计量泵（次氯酸钠、混凝剂、助凝剂）性能试验。

将次氯酸钠、混凝剂、助凝剂溶药箱充水后，进行次氯酸钠、混凝剂、助凝剂计量泵出力试验，包含行程开度分别为：20％、40％、60％、80％、100％所对应的计量泵出力。记录在计量泵不同行程时，输出 1.0L 液体所需时间，以及换算的流量。通过上述过程得出计量泵实际出力标定的数值。在小行程时，可根据测定的参数对计量泵行程进行修正。

（2）反应沉淀池的加药试运转，制渣出水。

1）将混凝剂计量箱内配制成 1％～5％的溶液（或原液）。由于反应沉淀池为空池投运，因此在反应沉淀池初投时，首先必须在池内积累泥渣，可加入适量的活性黏土以加速泥渣层的形成（视进水水质）。这一过程的进行应将进水流量控制在额定流量的 1/4～1/3，并加大混凝剂的投加量，约为正常的 2～3 倍，直至正常泥渣层形成为止。再逐步增加进水量至设计流量，每次增加水量不宜超过设计水量的 20％，水量增加间隔不小于 1h。

2）在澄清池按设计负荷稳定运行一段时间后，然后逐渐减少加药量，出水浊度小于 3 NTU，稳定运行一段时间。

3）在制水量和加药量稳定的情况下，根据反应池末端矾花情况进行排泥周期和排泥量的调整。

4）当设备运行正常后将加药系统切至自动加药状态进行自动加药运行。

（3）水质指标：反应沉淀池出水浊度不大于 3NTU。

3. 空气擦洗滤池的启动调试

（1）调试前的准备：

1）配合厂家对滤料做反洗均匀性试验及水帽漏砂检查。

2）滤料的冲洗：对滤料进行反洗，启动罗茨风机进行空气擦洗，反复数次直至反洗出水清澈透明。

（2）滤池处理及出水水质试验：

当澄清池出水水质合格（浊度不大于 3NTU）后，开滤池进水门进水，排水门进行滤池冲洗，逐步加大流量至设计流量，测定出水浊度应小于 1NTU。

（3）滤池运行周期的测定：

根据滤池进出水压差控制反洗周期，对滤池进行反洗（压差值按设备说明书要求执行），并记录运行时间。

（4）滤池反洗试验：

停止运行，关进水阀，开启进气阀、放空阀，2min 后关放空阀，启动罗茨风机维持风压擦洗（5min 或 10min）左右，使污物与滤料松开，停罗茨风机，开启滤池连通阀，反洗排水阀，反洗 5min，使污物冲出，重复以上步骤数次至反洗出水清澈透明，然后投运，记录风压，滤池投运前冲洗至出水浊度小于 1NTU。

（5）滤池稳定后逐步投程控。

（6）水质指标：空气擦洗滤池出水浊度不大于 1NTU。

三、锅炉补给水系统调试

锅炉补给水处理常采用超滤、反渗透、离子交换法除盐的一级二级除盐工艺和超滤、一级反渗透、二级反渗透加电除盐（EDI）的全膜法水处理工艺。下面就这两种工艺进行详细介绍。

1. 一级二级除盐工艺流程

化学水池→化学水泵→生水加热器→自清洗过滤器→超滤装置→超滤水箱→一级升压泵→保安过滤器→二级升压泵→反渗透装置→预脱盐水箱→预脱盐水箱→逆流再生阳离子交换器→除二氧化碳器→中间水箱→中间水泵→逆流再生阴离子交换器→混合离子交换器→除盐水箱。

2. 全膜法水处理工艺流程

化学水池→生水加热器→自清洗过滤器→超滤装置→超滤水箱→一级反渗透给水泵→一级反渗透保安过滤器→一级反渗透高压泵→一级反渗透装置→一级反渗透产水箱→二级反渗透给水泵→二级反渗透保安过滤器→二级反渗透高压泵→二级反渗透装置→淡水箱→电除盐给水泵→电除盐保安过滤器→EDI 装置→除盐水箱。

（一）调试目的

考察新安装的设备及系统的制造、安装质量，发现并消除缺陷，使 PCF 和除盐系统正常运行，制备充足的合格除盐水，从而满足机组整套启动和日后正常生产的需要。

（二）调试范围

锅炉补给水系统调试从一二级升压泵、中间水泵、反渗透给水泵、电除盐给水泵等单体调试结束后交接验收开始，包括过滤器及相关系统调试；离子交换除盐系统调试；超滤及反渗透膜系统调试；相关加药系统调试。

（三）调试前应具备条件

（1）补给水处理系统土建工作完成，防腐施工完毕，排水沟道畅通，栏杆、沟盖板齐全平整。

（2）道路畅通，能满足各类填料及水处理大宗药品的运输要求。

（3）所有的管道、设备按相应规定的颜色涂漆完毕，管道介质标明流向，各种设备、阀门和开关应有标识牌。

（4）化学水池土建完成，水池内部杂物清扫干净，灌水试验合格。

（5）除盐水箱安装完毕，防腐合格，具备进水条件。

（6）系统及设备安装完毕，且各设备单体调试、单机试运完成验收签证。

（7）各类阀门调试完毕，就地/远程操作灵活，严密性合格。

（8）仪用与工艺用气满足调试要求，仪用控制压缩空气管道吹扫结束（有关设备管道、容器、表盘、电磁阀、气动阀）。

（9）动力电源、控制电源、照明均已施工结束，可随时投入使用，确保安全可靠。

（10）所有电气、热工、化学仪表均已安装、调试完毕，并具备投运条件。

（11）酸碱单元包括卸酸、碱缓冲管和卸（酸、碱泵）完成安装并试转结束，酸碱再生系统已安装结束，电火花试验合格。储罐（4个）和计量箱（4个）的灌水试验合格。酸碱区域应设置围栏安全隔离，悬挂醒目的安全警示标志，阀门悬挂禁止操作牌，区域内应确保应急冲洗用水、洗眼器可投用。

（12）系统内各个水池、水箱、罐液位计量标尺调整结束，并在DCS画面上指示准确。

（13）废水池与回收水池防腐已完成，具备投用条件，回收水泵与废水泵已安装结束并单体合格，废水泵至工业废水池的管路已接通，工业废水池已安装结束并防腐合格。能收纳废水，并具有中和排放能力。

（14）系统设备工艺正确，水压试验合格。调试现场应具备化学分析条件，并配有分析人员，化学分析仪器、药品、记录报表齐全。

（15）水处理用树脂及大宗药品质量检验合格。

（16）参加试运的值班员应经过上岗培训考试合格。

（17）提供调试所需的资料（例如运行规程、系统图纸、设备说明书等）。

（18）根据 DL/T 5437《火力发电建设工程启动试运及验收规程》要求，单体调试前，成立试运指挥部。

（四）调试工作内容及程序

1. 双介质过滤器调试

（1）过滤器处理及出水水质试验。

当澄清池出水水质合格（浊度不大于 3NTU）后，开过滤器进水门和正洗排水门，进行过滤器冲洗，逐步加大流量至设计流量，测定出水浊度应小于 1NTU。

（2）过滤器运行周期的测定。

根据过滤器进出水压差控制反洗周期，对过滤器进行反洗（压差值按设备说明书要求执行），并记录运行时间。

（3）过滤器反洗试验。

停止运行，关进水阀，开启进气阀、放空阀，2min 后关放空阀，启动过滤器反洗风机维持风压擦洗（5min 或 10min）左右，使污物与滤料松开，停过滤器反洗风机，开启过滤器反洗进水阀、反洗排水阀，反洗 5min，使污物冲出，重复以上步骤数次至反洗出水清澈透明，然后投运，记录风压，过滤器投运前冲洗至出水浊度小于 1NTU。

（4）过滤器稳定后逐步投入程控。

（5）水质指标：双介质过滤器出水浊度不大于 1NTU。

2. 超滤装置调试

（1）自清洗过滤器的冲洗。

（2）超滤装置（膜）的冲洗。

1）启动生水泵，彻底冲洗泵出口至 UF 进口部分，冲掉杂质和其他污染物，防止进入超滤装置膜元件；

2）检查所有阀门并保证所有设置正确，打开超滤装置上排水阀和超滤装置进水阀；

3）用低压、低流量合格的澄清水赶走膜元件内和压力容器内的空气，冲洗压力为 0.08～0.15MPa，流量控制在额定的 50%；

4）在冲洗操作中，检查所有阀门和管道连接处是否有渗漏点，紧固或修补漏水点。

3. 超滤装置投运

（1）确认双介质过滤器、物理除垢装置、自清洗过滤器的进出水阀门均处于打开状态；

（2）当超滤装置启动时，确认超滤装置本体和超滤清洗装置的所有自动阀门均处在关闭状态，超滤装置本体的所有手动阀门均处在打开状态；

（3）确认电源处于开启状态；

（4）先打开超滤反洗上排水阀，待开到位后，启动超滤进水阀，同时启动生水泵；

（5）待超滤反洗上排水阀出水无泡沫后，打开超滤产水阀，关闭超滤反洗上排水阀，超滤装置进入正常产水阶段；

（6）每一次的产水周期为 30min，当产水周期完毕或出水浊度超标后，组件将进入反洗步骤。

4. 反洗/冲洗

（1）反洗。

1）停运生水泵，关闭超滤进水阀、产水阀。

2）待超滤进水阀、产水阀关闭到位后，打开超滤反洗下排水阀，10s 后关闭。

3）待超滤反洗下排水阀关闭到位后，打开超滤反洗上排水阀、反洗进水阀。

4）待超滤反洗进水阀、反洗上排水阀开到位后，启动超滤反洗水泵，并打开超滤进气阀，进行反洗和空气擦洗操作，持续 60s。

（2）反洗后冲洗投运。

1）关闭超滤进气阀。

2）停运超滤反洗水泵。

3）待超滤反洗水泵停运后，关闭超滤反洗进水阀、反洗上排水阀。

4）待超滤反洗进水阀、反洗上排水阀关闭到位后，打开超滤反洗上排水阀，准备进行正冲。

5）打开超滤进水阀，待开到位后，启动生水泵，进行 30s 正洗。

6）打开超滤产水阀。

7）待超滤产水阀开到位后，关闭超滤反洗上排水阀。

8）超滤进入投运产水状态。

（3）维护清洗。

当制水达到某个周期后，超滤装置需要进行维护清洗。维护清洗每天 1 次，每周进行 6 次次氯酸钠清洗，1 次酸洗＋碱洗，碱洗为可选项。维护清洗步骤程序如下：

1）打开超滤反洗下排水阀，持续 3min 后关闭，以将膜内水排空。

2）打开超滤反洗上排水阀、反洗进水阀。

3）待超滤反洗上排水阀、反洗进水阀开到位后，启动超滤反洗水泵。

4）启动加药计量泵（次氯酸钠清洗时启动超滤加次氯酸钠泵，酸、碱清洗时启动超滤加酸计量泵、加碱计量泵）。

5）持续 10min 后，加药洗结束，进入浸泡。

6）停加药计量泵。

7）停超滤反洗水泵。

8）关超滤反洗进水阀、反洗上排水阀。

9）持续 10min 后，浸泡结束，准备再次加药洗。

10）打开超滤反洗下排水阀、反洗进水阀。

11）待超滤反洗下排水阀、反洗进水阀开到位后，启动超滤反洗水泵。

12）启动加药计量泵。

13）持续 10min 后，再次加药洗结束。

14）关闭加药计量泵、超滤反洗水泵、反洗进水阀，打开超滤反洗上排水阀，关闭反洗下排水阀。

15）打开超滤进水阀，待开到位后，启动生水泵，进行 2min 正冲。

16）打开超滤产水阀。

17）待超滤产水阀开到位后，关闭超滤反洗上排水阀。

18）超滤进入投运产水状态。

（4）超滤装置停止步骤。

1）正常停运。

设备接到正常停运信号后，首先判断处于何种状态。当处于反洗状态时，将此步序完成，不再进入下一步序，此时超滤设备即进入停运状态；当正处于运行状态时，停运此步序，直接进入下一步反洗步序，反洗步序完成后，不再进入下一步序，此时设备即进入停运状态。

2）紧急停运。

设备接到急停信号后，所有设备直接停止运行。

（5）超滤装置运行注意事项。

1）在超滤装置运行过程中禁止关闭超滤产水阀，在任何时候超滤装置进水压力都不允许超过 0.2MPa，反洗进水压力不允许超过 0.2MPa，否则将造成膜组件不可逆转的损坏。

2）在任何时候都必须保持超滤膜处于湿态，否则将造成膜组件不可逆损坏。

3）任何情况下（包括化学清洗和化学反洗时）不允许超过膜元件允许的 pH 值操作范围。

5. 反渗透装置调试

（1）一级反渗透装置的自动启停操作。

1）启动：将相关控制箱上"手动/自动"操作方式选择开关置于"自动"位置上；按下反渗透"程序启动"按钮，DCS 自动进行如下程序：打开产水不合格排放阀、浓水排水阀、进水电动阀→启动超滤产水泵、反渗透加阻垢剂泵、反渗透加还原剂泵→一级反渗透高压泵进口低压开关消失后启动高压泵运行→高压泵频率逐渐升高至一级反渗透出口流量为 45m³/h；各手动阀门的开启位置都已经在手动操作过程中设置好，设备启动完毕。

2）停运冲洗：DCS 先自动停止高压泵运行（缓慢降频至关闭），然后停运各加药泵、超滤产水泵，关闭进水电动阀；打开浓水排水阀、产水不合格排放阀、冲洗水阀，然后启动反渗透冲洗水泵，冲洗 5min 后停冲洗泵，关闭浓水排放阀、产水不合格排放阀、冲洗水阀，设备停运；在操作员站上按"停止按钮"，执行冲洗程序。

（2）二级反渗透装置的自动启停操作。

1）启动：将相关控制箱上"手动/自动"操作方式选择开关置于"自动"位置上；按下反渗透"程序启动"按钮，DCS 自动进行如下程序：打开二级 RO 浓水排放阀、产水不合格排放阀、进水电动阀，并启动一级 RO 产水泵→关闭二级 RO 浓水排放阀，启动二级 RO 高压泵→低压冲洗 5min 后关闭产水不合格排放阀→启动二级 RO 加碱泵→二级反渗透高压泵进口低压开关消失后高压泵升至正常频率，二级反渗透启动完成，各手动阀门的开启位置都已经在手动操作过程中设置好，设备启动完毕。

2）停运冲洗：关闭二级 RO 反渗透加减泵，停止高压泵运行（缓慢降频至关闭）。打开二级 RO 浓水排放阀、产水不合格排放阀，冲洗 5min。冲洗结束后，停运一级 RO 产水泵，关闭二级 RO 进水电动阀、浓水排放阀、产水不合格排放阀，设备停运；在操作员站上按"停止按钮"，执行冲洗程序。

（3）反渗透系统清洗及保养工作。

反渗透系统如停运 24h 以内，不必采取特殊保护措施，但如停运超过 24h，则应采取必要的保护措施。反渗透系统处于备用期间（3 天内），停运前，先对系统进行低压（0.2～0.4MPa）、大流量（约等于系统的产水量）冲洗，时间为 15min。

（4）注意事项。

1）保安过滤器进出口压差大于 0.15MPa 时，应考虑对滤芯进行清洗或更换；

2）产水不合格排放阀、浓水排放阀一定要缓慢打开，缓慢关闭；

3）注意观察各级各段压力、产水量、脱盐率变化，发现异常及时分析原因，采取相应措施；

4）停止反渗透设备后，应及时关闭相应的保安过滤器的进水阀，防止异常情况下，超压造成保安过滤器损坏；

5）如果保安过滤器停用时间较久，请注意在使用前将保安过滤器内的存水排出，避免污水进入 RO 设备污染 RO 膜。

6. 离子交换系统调试

（1）离子交换树脂的填装。

1）阳离子交换器、阴离子交换器与混合离子交换器必须严格按设计要求填装树脂。为了杜绝阳、阴离子交换树脂混装事故的发生，装填前监理应组织安装单位、建设单位、调试单位、设备厂家进行多方见证，安装单位现场应设有专人负责监督树脂的开包和进罐，对无明显标志的树脂或外观有异的树脂应由专人负责鉴定后决定是否填装，一定不能发生错装或混装事故。临时装填水源建议采用消防水或自来水，流量不小于 5t/h，接软管至上部人孔门处，阳、阴床装填惰性树脂前应对阳、阴离子交换树脂界面进行平整，惰性树脂填装后应对树脂进行再次平整。

2）阳离子交换树脂的填装：按设计要求装填好强酸型阳树脂，采用喷射器将强酸阳树脂装入阳离子交换器内至设计装填高度 $H=2000mm$，压脂层 300mm（或开上部人孔门人工装入树脂，下部要有水垫层），装填后进行正洗、反洗至出口水清无细碎树脂（反洗强度控制在上窥视孔可见树脂为宜）。

3）阴离子交换树脂的填装：按设计要求装填强碱型阴树脂。采用喷射器将强碱阴树脂装入阴离子交换器内至设计装填高度 $H=2500mm$，压脂层 300mm（或开上部人孔门人工装入树脂，下部要有水垫层），进行正洗、反洗至出口水清无细碎树脂（反洗强度控制在上窥视孔可见树脂为宜）。

4）混合离子交换器（强酸、强碱）树脂的填装：按设计要求装填好强酸性阳离子交换树脂与强碱性阴离子交换树脂，树脂装填高度（强酸阳离子交换树脂 $H=500mm$，强碱阴离子交换树脂 $H=1000mm$），可采用喷射器装入树脂于混合离子交换器内（或开上人孔人工装入树脂，下部要有水垫层）至设计装填高度，接着小流量正洗混合离子交换器至出口水清无色，混床树脂填装时应尽量保证阴阳离子交换树脂分界面，阳离子交换树脂填装后应整平后再填装阴离子交换树脂，填装后直接进行正洗与首次再生。

（2）阳床、阴床、混床首次再生用水要求。

1）阳、阴床首次再生用水为软化水。启清水泵首先对阳床进行正洗，正洗排水至澄清透明后，经过阳床离子交换的软化水进入除盐水箱，阳、阴床树脂的首次再生过程中各阶段均使用软化水，应确保阳、阴床首次再生的用水量充足。

2）混床的首次再生各阶段用水为经过阳、阴床离子交换后的为一级除盐水，将除盐水箱中的软化水放尽后注入一级除盐水，应确保混床首次再生的用水量充足。

（3）阳床的首次再生。

1）再生：关闭阳床出口阀，关闭阳床入口阀；开启阳床排气阀进行泄压，压力表指针回零后关闭。

2）备酸：开启阳酸计量箱进酸阀，向阳酸计量箱进规定量的酸后，关闭阳酸计量箱进酸阀，首次再生用酸量应为正常的 1.5～2 倍剂量。

3）反洗：开启反洗排水门，反洗进水门；开启再生水泵入口手动门，启动再生水泵、开启再生水泵出口门；用再生水泵出口门调节反洗水流量使阳树脂反洗层高不超过阳床最上部窥视孔，监视排水不带有正常粒径的树脂颗粒，反洗至阳床反洗排水出水清晰为止。

4）静止：关闭阳床反洗排水阀，静止 5min。

5）预喷射：开阳床进酸阀，启动再生自用水泵，开再生水泵出口阀，开阳酸喷射器入口阀及出口阀，调整好流量，控制阳床内流速为 3～5m/h。

6）进酸：开阳床酸浓度计电磁阀，开阳酸计量箱出酸气动阀及手动阀，调整好酸液浓度为 3%～4%，首次再生进酸浓度为正常的 1.5～2 倍，时间应适当延长。

7）置换：关闭阳酸计量箱出酸阀，保持其他原有状态不变；置换规定的时间（暂定 45min）后关阳床进酸阀，关阳酸喷射器入口阀、出口阀。

8）小正洗：开启阳床小正洗进水气动阀，待排气阀出水后，开启中部排水阀，关闭排气阀，调节进水流量 60t/h，时间 10min（暂定）。

9）正洗：阳床小正洗结束后，开启阳床正洗排水阀，关闭中部排水阀，正洗 20min，至出水 Na^+ 不大于 $50\mu g/L$（手工取样测定）。

10）再生结束备用：停再生泵，关闭再生泵进、出口门，正洗进水、排水门，备用。

（4）阴床的首次再生。

1）再生：关闭阴床出口阀，关阴床入口阀；开阴床排气阀进行泄压，压力表指针回零后关闭。

2）备碱：开启阴床碱计量箱进碱阀，向阴碱计量箱进规定量的碱后，关闭阴床碱计量箱进碱阀，首次再生用碱量应为正常的 1.5～2 倍剂量。

3）反洗：开启反洗排水门，反洗进水门；开启再生水泵入口手动门，启动再生水泵、开启再生水泵出口门；用再生水泵出口门调节反洗水流量使反洗层高不超过阴床最上部窥视孔，监视排水不带有正常粒径的树脂颗粒，反洗至阴床反洗排水出水清晰为止。

4）静止：关闭阴床反洗排水阀，静止 5min。

5）预喷射：启动再生自用水泵，开再生水泵出口阀，开阴碱喷射器入口阀及出口阀，开阴床进碱阀，调整好流量，控制阴床内流速为 3～5m/h。

6）再生：开阴碱浓度计电磁阀，开阴碱计量箱气动阀及手动阀，调整好碱液浓度为 2%～3%，进完规定量的碱，首次再生进碱浓度为正常的 1.5～2 倍，时间应适当延长。

7）置换：关闭阴碱计量箱出碱阀，保持其他原有状态不变；置换规定的时间（暂定 45min）后关阴床进碱阀，关阴碱喷射器入口阀，阴床中间排水阀。

8）小正洗：开启阴床小正洗进水气动阀，待排气阀出水后，开启中部排水阀，关闭排气阀，调节进水流量 60t/h，时间 10min（暂定）。

9）正洗：小正洗结束后，开阴床正洗排水阀，关阴床中间排水阀，开阴床出口取样电磁阀，正洗至 DD 不大于 $5\mu S/cm$、SiO_2 不大于 $100\mu g/L$。

10）再生结束备用：关阴床出口阀、阴床入口阀，关阴床取样电磁阀、阴床正洗排水阀，关阴床入口阀，再生结束列为备用。

（5）混床树脂再生。

1）再生：关闭混床出口阀，关混床入口阀；开混床排气阀进行泄压，压力表指针回零后关闭。

2）备酸碱：同时开启混床酸、碱计量箱进酸、碱阀，向酸、碱计量箱进规定量的酸、碱后，关闭酸、碱计量箱进酸、碱阀，首次再生用酸、碱量应为正常的 1.5～2 倍剂量。

3）正洗：开启再生自用水泵、混床手动进水阀、进水阀、混床排气阀，待混床排气阀出水后，关闭混床排气阀，开启混床中排阀，小正洗时间调试确定，小正洗结束后，开启混床正排阀，关闭混床中排阀，正洗至出水澄清透明。

4）放水：开混床排气阀，开混床上部排水阀（以上部排水阀不出水为准），关混床上部排水阀，关混床排气阀。

5）预喷射：启动再生水泵，开再生水泵出口阀，开混床酸、碱喷射器入口阀，开混床中间排水阀，开混床进酸、碱阀，混床再生进水流量调试确定。

6）再生：开混床酸、碱浓度计电磁阀，开混酸、碱计量箱出酸、碱阀，进规定量的酸碱，首次再生进酸、碱浓度为正常的 1.5～2 倍，时间应适当延长。

7）置换：进酸碱结束后，关闭混床酸、碱计量箱出酸、碱阀，置换至排水中性时结束，关混床进酸、碱阀，关混床中间排水阀，关混酸、碱喷射器入口阀，关再生专用水泵出口阀，停再生专用水泵。

8）小正洗：开启混床进水阀、混床排气阀，待混床排气阀出水后，关闭混床排气阀，开启混床中排阀，小正洗时间调试确定。

9）正洗：小正洗结束后，开启混床正排阀，关闭混床中排阀，正洗时间调试确定。

10）排水：开启上部排水门、排气门，放到混床水位线高于树脂层 200～300mm。

11）混脂：开启储气罐出口阀、混床反洗排水阀、混床进气阀，进行空气混合，5min 后关闭混床进气阀、储气罐出口阀。如混脂不均匀，应重新进行混脂。空气压力与流量调试确定。

12）落床：开启正洗排水阀，1分钟后（暂定）关闭正洗排水阀、反洗排水阀。

13）充水：开混床入口阀向混床进水，待混床排气阀不出水时，关混床排气阀。

14）正洗：开混床正洗排水阀，启取样电磁阀、针型门，洗至出水 SC 小于 $0.2\mu S/cm$、SiO_2 不大于 $20\mu g/L$。

15）再生结束备用：停止再生泵，关闭再生水泵进出口手动门、正洗进水门、正洗排水门、取样电磁阀，开启混床在线硅表前取样手动门，将混床转入备用。

（6）除盐水箱的冲洗。

除盐系列制出合格的除盐水后，应对除盐水箱进行灌水冲洗。制水至水箱高位后进行浸泡，浸泡后放水冲洗，如此反复，直至水箱出水水质指标达到 DL/T 1717《燃气-蒸汽联合循环发电厂化学监督技术导则》中规定，除盐水箱出口电导率（25℃）应不大于 $0.40\mu S/cm$。

四、工业废水处理系统调试

通常燃气-蒸汽联合循环机组工业废水处理系统按机组负荷设计，配套加药系统、污泥处理系统等。含有 pH 调节槽、反应槽、混合槽、絮凝池、斜板澄清器、过滤器等设备，污泥脱水设备一般与当前原水预处理系统共用。工业废水主要来源于锅炉的化学清洗排水，设备和场地杂排水（非经常性排水）以及锅炉补给水处理系统酸碱废水、实验室排水（经常性排水）。经过处理后的生活污水、含油废水也进入工业废水系统进一步处理。各项工业废水分别输送至废水贮存池，经空气搅拌、加碱调节 pH 值、加药混合、反应后进入斜板澄清器，出水经重力式过滤器过滤后进入最终中和池，加酸、碱调节 pH 值后，最终达标排放。

（一）调试目的

工业废水直接排放将造成环境污染，必须经过处理达到国家或地方排放标准后才可进行排放，或重新利用。废水处理的设备要经过调试才能达到较理想的运行状态。

（1）考察新安装的设备及系统的制造、安装质量。

（2）考察新安装的设备系统运行出力及制水效果。

（3）发现并消除缺陷，使工业废水处理系统正常运行。

（二）调试范围

工业废水处理系统调试从加药泵、搅拌机、罗茨风机等单体调试结束后的交接验收开始，包括加药系统调试，pH 中和池调试，混凝澄清池调试，过滤器调试，污泥浓缩脱水系统调试工作。

（三）调试前应具备条件

（1）工业废水处理系统及设备安装结束，安装记录及技术资料以文件包形式完成。

（2）系统设备、池、管系、泵、风机等均应参照设备说明书和施工验收技术规范有关章节的要求进行检查验收合格。

（3）动力、照明等电源均已受电。

（4）已确认转动机械润滑油能正常工作。

（5）转动部件已试转合格。

（6）系统上有关的电气、热工、化学仪表和自动控制均经校验可投运，测量仪表系统能正常工作（流量、压力、温度、液位、pH 值等）。

（7）各阀门动作正常、灵活，遥控装置动作正常（电源开关、电磁阀等）。

（8）有关槽、药箱、管道等内部清理干净，并经冲洗。液位计、液位开关、高低位报警设定正确。

（9）照明及通信设备应能满足现场工作需要。地坪、道路、排水沟畅通无阻。

（10）调试前设备（系统）挂牌标示已完成。

（11）分析所用药剂、玻璃器皿已备足，调试用的仪器均已校对无误，并能正确使用。

（12）各种调试用的记录报表齐全。

（13）参加调试的运行及化验人员应熟知本系统的操作规程，各自分工明确，调试区域进行有效隔离，悬挂安全警示牌，并设专人监护。

（14）严格执行公司重点部位准入制度。

（15）调试前进行调试措施安全技术交底工作，并完成全员签字确认。

（四）调试工作内容及程序

1. 工业废水处理系统调试前准备工作

（1）参加废水系统检查验收。

（2）参与系统中各传动设备单体试运及压力试验。

（3）进行调试条件确认，办理安装交付调试手续。

2. 经常性废水系统调试

（1）开启罗茨风机出口门，启动罗茨风机，依次对废水储存池进行曝气强度及均匀性试验。

（2）测量待处理废水 pH 值，启动废水输送泵、向最终中和池进水，启动酸（碱）计量泵（视废水 pH 值确定），根据最终中和池废水 pH 值调整计量泵频率，使 pH 值在 6～9 范围内。

（3）每次废水排放时要做好排放记录，内容为：废水排放量、水质、排放操作人、排放监督人。

3. 非经常性废水系统调试

（1）取样分析废水中 pH 值、COD 含量；

（2）启动罗茨风机进行曝气处理 2h，启动次氯酸钠计量泵向废水储存池加次氯酸钠（加药量根据 COD 含量确定），每天重复进行上述工作，直至废水 COD 小于 90mg/L。

（3）测量废水 pH 值，启动加碱泵调废水 pH 值大于 6.5。

（4）启动废水输送泵，控制流量为额定值，向 pH 调整槽进水，废水进入反应槽后，开启搅拌机，开启絮凝剂计量泵向反应槽加絮凝剂。当废水溢流入混合槽时，开启搅拌机，开启助凝剂计量泵向反应槽加助凝剂，如果矾花较小，应向混合槽投加活性泥土。

（5）当斜板澄清器出水目视清洁，逐步提高废水输送泵流量（每小时提高 5t），加药量也跟着增加。

（6）当废水输送泵流量达到额定时，稳定运行一段时间。并测量斜板澄清器出水 pH 值、COD、悬浮物含量，如果 COD、悬浮物含量不合格返回废水储存池。

（五）废水排放指标

废（污）水处理后的水质指标应满足 GB 8978—1996《污水综合排放标准》中第二时段一级标准及污水处理厂进水水质要求，主要指标见表 3-2。

表 3-2　　　　　　　　　　　　污水排放指标

监测项目	监测指标
pH 值	6～9
BOD5	≤20mg/L
挥发酚	≤0.3mg/L
石油类	≤3.0mg/L
NH_3-N	≤10mg/L
CODcr	≤90mg/L
砷	≤0.5mg/L
SS	≤0.3mg/L

五、循环水处理及加药系统调试

蒸汽轮机冷却水的用量很大，占火力发电厂用水量的 90％以上。采用高位收水自然通风冷却塔的循环水系统。循环水的流程是：用循环水泵从循环水池中将水抽出，送入汽轮机凝汽器以冷凝做功后的蒸汽，使循环水的温度升高到 40℃左右。此高温水经压力排水管到冷却塔进水沟，并沿各竖井流入水槽后，经配水管上的喷嘴喷出，均匀地流到淋水盘上，循环水沿波形淋水板流动时与空气进行热交换，冷却后的循环水落入集水池，由循环水泵打出送入凝汽器重复使用。冷却水蒸发的水蒸气及被带出的水珠经除水器时，沿除水器通道 90°转弯，除掉部分水后从冷却塔顶部排入大气。循环水补水水质为絮凝沉淀池出水，由综合水泵房的循环水补水泵补入冷却塔，电厂两台机组之间也可互相补水。

循环冷却水的水质在运行过程中会逐渐受到污染。其污染原因为：由补充水带进悬浮固体、溶解性盐类、气体和各种微生物物种；由空气带进尘土、泥沙及可溶性气体等；由塔体、水池及填料的侵蚀，剥落下来的杂物；系统内由于结垢、腐蚀、微生物滋长等产生各种产物等。上述各种原因都会使水质受到不同程度的污染。

因此，循环冷却水处理的目的就是防止或减缓冷却系统（特别是换热器）的结垢、腐蚀和微生物生长等问题。在火力发电厂的循环冷却水系统中，凝汽器管材采用耐蚀性很强的不锈钢管，而且设计成列管式，水流特性好，沉积物不易沉积。因此，循环冷却水处理的主要目的是防止水垢产生，其次是控制微生物生长。

1. 防垢处理

凝汽器钢管结垢后，会使做功后的蒸汽不能很快冷凝成水，造成凝汽器的真空下降，端差升高，被迫降低出力，直接影响经济效果。特别在夏季循环水温较高的情况下，这种现象更为严重。防垢处理，主要是以防止碳酸盐水垢为主，目前常用石灰沉淀法、加酸处理、阻垢剂法等。

2. 微生物控制

循环冷却水系统的水温和 pH 值适宜多种微生物的生长，微生物的数量和它们生长所需的营养源均随循环水的浓缩而增加，冷水塔水池常年露置室外，阳光充足，也有利于微生物的生长。微生物的滋长，对循环冷却水系统会构成危害，所以必须对其进行控制。

（一）调试目的

通过对循环水加药系统的分部调试，消除设备及系统中出现及可能出现的缺陷、隐患和杂物等，使该系统及设备能够达到以下要求：

（1）考察循环水加药系统的制造及安装质量；

（2）加药泵单体试转各项性能指标符合设计要求；

（3）通过调试使循环水加药系统能正常自动控制投运，以准确及时调节机组循环水水质。

（二）调试范围

循环水加药系统调试从各加药泵单体调试结束后交接验收开始，包括稳定剂加药系统调试、杀菌剂加药系统调试、硫酸加药系统调试。

（三）调试前应具备条件

（1）循环水加药系统土建施工工作均已完成，应有的防腐施工完毕，排水沟畅通，所有地沟盖板应铺盖完毕，齐全平整；

（2）设备、场地（孔洞、临边）安全防护措施齐全；

（3）全系统单体调试已完成，相关记录、签证齐全；

（4）系统各类在线仪表应安装调试完毕，可以投入运行；

（5）化学分析仪器、药品、运行规程、检验分析记录报表齐全；

（6）化学加药系统各种设备、阀门挂牌完整；

（7）水处理用稳定剂、硫酸、次氯酸钠等药品规格、数量、质量符合设计要求；

（8）水处理用稳定剂供应商已提供具体的加药方案；

（9）设备安装结束后，应将容器内清扫干净，检验合格后进行水冲洗。冲洗水本身应无色透明，无沉淀。

（四）调试工作内容及程序

1. 系统冲洗

（1）系统检查。检查加药装置及系统的安装情况，应符合设计要求，适合生产运行的操作。

（2）系统冲洗。用水冲洗溶药系统和加药系统，直至出水澄清透明。

2. 加药泵试转

（1）加药泵试运。泵的额定流量及扬程达到设计要求。

（2）加药泵安全阀定值试验。加药泵的安全阀在压力到定值时是否动作，如果不动作应由安装单位或设备生产厂家进行调整。

3. 加药量调整

（1）加药溶液配制。在溶药箱内按药品要求的浓度配制加药溶液。

（2）稳定剂加药量。根据稳定剂供应商提供的加药方案，调整加药泵的出力，使稳定剂的加入量能满足循环水处理的要求。

（3）硫酸加药量。根据循环水流量和 pH 表值信号，调整加药泵的出力，使硫酸的加入量能满足循环水处理的要求。

（4）杀菌剂加药量。调试期间加次氯酸钠量按 3mg/L 计，使机组循环水出口剩余氯量为 0.2～0.5mg/L；根据余氯耗量调整计量泵出力，控制加药量水平。

4. 加药检测

（1）凝汽器出口（或进口）循环水含氯量，加氯半小时后测定；

（2）值班人员应记录每天循环泵号、循环水量、水温、次氯酸钠和水质稳定剂的耗用量等，并做好该药品的登记工作。

六、供氢系统调试

机组供氢系统设备，包括供氢汇流排、在线氢气纯度分析仪、在线氢气露点仪、在线氢气检漏报警仪、控制柜、氢气钢瓶、氢瓶集装格、氮气钢瓶、氮气汇流排、阻火器、减压阀与安全阀等。通过汽车运输氢瓶集装格至电厂供氢站内，减压后为燃气轮机发电机氢冷系统提供氢气。

燃气轮机发电机供给氢气质量如下：

氢气纯度不低于 99.7%，露点温度不高于－50℃（在冷却水温不高于 35℃时），常温下氢气瓶内氢气压力不低于 12.5MPa。

供氢系统流程为：

氢瓶集装格（氢气压力不低于 12.5MPa）→氢气汇流排（减压至 0.8MPa）→主厂房发电机氢冷系统。

（一）调试目的

（1）考察新安装的设备及系统的制造、安装质量；

（2）考察新安装的设备系统运行出力；

（3）发现并消除缺陷，使供氢系统正常运行。

（二）调试范围

供氢系统调试从单体调试结束后交接验收开始，包括参与系统严密性试验、供氢汇流排系统调试、供氢系统报警装置调试、在线仪表（氢气纯度、露点）调试等。

（三）调试前应具备条件

（1）供氢站内地面沟道施工完毕，排水通畅，沟内无杂物，沟盖板齐全完整，站内上下水、采暖、照明及各种设施，应按施工要求安装完毕。供氢室内应清洁，气瓶架及其他设备上清洁无杂物。

（2）供氢室内防爆装置器材完整无缺。

（3）供氢室内外，调试期间，应挂有禁止明火和禁止吸烟的警告牌距供氢站 25m 内不能动火作业。

（4）所有管路设备，应按照规定的颜色涂漆完毕，设备阀门标志明显。

（5）供氢设备及安装工作全部结束，各部安装的记录完整齐全。

（6）供氢设备及系统的热工自控装置、控制仪表、化学分析仪表应按施工技术安装，校正完毕指示正确，操作准确灵敏，能随时投入使用。安装校正记录完整。

（7）供氢管路使用压缩空气吹扫干净。

（8）供氢管路完成气密性及严密性试验。

（9）供氢设备及系统所需置换气体和高纯度氢气的质量应符合技术规定的质量标准，其数量应满足启动调试运行的需要。

（10）生产准备就绪，运行人员上岗后能够连续值班。

（11）根据 DL/T 5437《火力发电建设工程启动试运及验收规程》要求，单体调试前，成立试运指挥部。

（四）调试工作内容及程序

1. 供氢系统启动试运

（1）供氢系统气体严密性试验：供氢站根据厂家、设计规定，对供氢系统充氢气减压阀前以及二级减压阀后的系统管路分别进行水压、气体严密性试验，并达到规定的要求。

（2）确认安全阀的动作压力检验合格，高于氢气工作压力的 0.05～0.1MPa。

2. 自控系统静态试验已经调试完毕，确认相关逻辑保护试验

（1）汇流排供氢系统可实现自动向发电机组供氢气：当发电机侧氢气压力低于设定压力时，汇流排上的电磁阀门打开向发电机补氢；当达到发电机压力设定值时，汇流排上的电磁阀门关闭停止向发电机补氢。

（2）氢气组架管道气体置换：在两套氢气汇流排的末端组架上接入氮气瓶，关闭供氢管路至主厂房的总阀门，逐个打开每个组架的供氢阀门，用氮气逐一地置换各组架供氢管道内的空气，当出口的排氮气的纯度到达 99％以上充氮结束。

（3）供氢系统、发电机氢气系统用氮气置换完毕后，组架上安装的氢气瓶，由框架向发电机送氢气至出口排气，氢气的纯度大于 99.7％，置换结束关出口排气门。

（4）供氢设备的停止运行，逐一关闭组架上的供气阀，可使其进入备用状态。系统在备用状态时候，可以随时启动供应氢气。

七、生活污水系统调试

生活污水来自电厂职工日常生活中（烹调、洗涤、沐浴、冲洗等）排出的污水，其水量取决于电厂职工的人数以及管理水平的高低。生活污水中考虑的主要污染因素是生物需氧量 BOD5 和油类。

全厂生活污水包括：建筑物内的生活污水排水，厂区内生产建筑物、附属、辅助建筑物内的生活污水排水。生活污水一般经收集后从市政污水管集中排至污水处理厂处理。生活污水管道分自流管、压力管两种。污水自流管采用 UPVC 双壁波纹管，管径为 DN200、DN300，坡度为 0.4％、0.3％；污水压力管采用 HDPE 管，管径为 DN100。

生活污水收集至化粪池一起自流至污水提升站，然后经潜水排污泵提升后经压力管排至污水处理厂处理。生活污水的排放按照 GB 8978—1996《污水综合排放标准》中三级排放极限、GB/T 31962—2015《污水排入城镇下水道水质标准》要求执行。

（一）调试目的

生活污水直接排放将造成环境污染，必须经过处理达到国家或地方排放标准后才可进行排放或重新利用。污水处理的设备要经过调试才能达到较理想的运行状态。

（1）考察新安装的设备及系统的制造、安装质量。

（2）考察新安装的设备系统运行出力及制水效果。

（3）发现并消除缺陷，使生活污水处理系统正常运行。

（二）调试范围

生活污水系统调试从潜水排污泵等单体调试结束后交接验收开始，包括加药系统调试；生活污水一体化设备调试；过滤器系统调试等。

（三）调试前应具备条件

（1）生活污水处理系统及设备安装结束，试运合格。安装记录及技术资料以文件包形式完成。

（2）系统设备、水池、管系、泵、风机等均应参照设备说明书和施工验收技术规范有关章节的要求进行检查验收合格。

（3）动力、照明等电源均已受电。

（4）已确认转动机械润滑油能正常工作。

（5）转动设备已试转合格。

（6）系统上有关的电气、热工、化学仪表、自动控制均经校验可投运，测量仪表系统能正常工作（流量、压力、温度、液位、pH值等）。

（7）各阀门动作正常、灵活，遥控装置动作正常（电源开关、电磁阀等）。

（8）有关水槽、药箱、管道等内部清理干净，并经冲洗。液位计、液位开关、高低位报警设定正确。

（9）照明及通信设备应能满足现场工作需要。地坪、道路、排水沟畅通无阻。

（10）分析所用药剂、玻璃器皿已备足，调试用的仪器均已校对无误，并能正确使用。

（11）各种调试用的记录报表齐全。

（12）参加调试的运行及化验人员应熟知本系统的操作规程，各自分工明确。

（13）根据DL/T 5437《火力发电建设工程启动试运及验收规程》要求，单体调试前，成立试运指挥部。

（四）调试工作内容及程序

1. 设备灌水试验

（1）按设计工艺顺序向各单元进行灌水试验，建筑物未进行灌水试验的，按照设计要求一般分三次完成，每充水1/3后，暂停3～8h，检查液面变动及建筑物池体的渗漏和耐压情况。

（2）已进行灌水试验的建构筑物可一次灌水至满负荷。

（3）灌水试验按设计水位高位要求，检查水路是否畅通，保证正常运行后满水量自流和安全联锁功能，防止出现冒水和跑水现象。

2. 分段调试

（1）分段调试按水处理工艺过程分类进行调试，即水处理设计的每个工艺单元进行，分为调节池单元、初沉单元、生活污水处理单元、消毒单元。

（2）分段调试是在单元内单机试运基础上进行的，单元调试是检查单元内各设备联动运行情况，应能保证单元正常工作。

（3）分段调试目的是解决设备的协调连动，但是不能保证单元达到各类物质设计去除率的要求，因为它涉及工艺条件、菌种等很多因素，需要在系统连调中予以确认。

3. 生物膜的培养

接触氧化法的处理作用是靠填料表面附着生长的微生物的代谢来完成的，在正常运行之前，要求填料表面形成生物污泥（即挂膜）。挂膜可采用直接培养挂膜法，也可以采用分步挂膜法。

（1）接种培养。

将曝气池注满水，由于生物曝气池内部采用特制的（火山岩）过滤及生物膜支持媒介，只需开启曝气风机即可满足要求。

（2）生物膜系统挂膜。

连续闷曝（曝气期间不进水）15天（暂定）后，检查处理效果，在确定微生物生化条件正常时，方可小水量连续进水20～30天（暂定）。随生物膜的增长、处理效果的提高，逐渐加大进水量，直至设计值。生物膜不断增厚，达到设计所需的生物膜时，系统便可进入正常运行。

4．分系统联调

（1）当上述工艺分段调试完成后，污水处理工艺全线贯通，污水处理系统处于正常条件下，即可进行分系统联调。

（2）按工艺单元顺序，从第一单元开始检测每个单元的pH值（用试纸）、SS（经验目测）、COD（仪器检测），检查各个单元运行是否正常。

（3）对不能达到设计要求的工艺的单元，全面进行检测及调试，直至达到设计要求。

（4）各单元运行均正常，出水指标达标后，分系统调试结束。

八、机组加药系统调试

燃气-蒸汽联合循环机组中的余热锅炉作为一种热交换设备，炉水在锅炉运行中发生受热、蒸发、浓缩、结晶及物质间反应等一系列的物理化学变化，导致炉水中钙镁等沉淀物析出。进行炉内加药处理使炉水形成黏附性差、流动性好的轻质水渣，而非坚硬的水垢。

1．给水、凝结水和闭式水加氨系统

为防止或消除炉前的酸性腐蚀，一般在给水泵入口母管、凝结水泵出口母管、闭式水泵出口母管加氨，提高pH值，以达到防腐目的。加氨采用自动控制，根据给水、凝结水和闭式水的pH值、电导率及流量反馈进行自动调节，加药计量泵一般采用柱塞泵，电动机采用变频控制，加氨系统采用两箱三泵两炉布置方式，即给水、凝结水和闭式水共用两个氨溶液箱，每台加药计量泵控制一台锅炉的加药，剩余的一台加药计量泵备用。两台机组共设一套组合加药装置，为机电控一体化装置，给水、凝结水和闭式水加氨泵各3台。

2．锅炉磷酸盐加药系统

燃气-蒸汽联合循环机组一般为多汽包余热锅炉，采用磷酸盐进行炉内处理，以达到调节炉水pH值、防止炉内管道腐蚀结垢的目的，加药点一般设在高压汽包或中压汽包。磷酸盐加药系统也采用两箱三泵两炉布置方式，两台机组共设一套组合加药装置，为机电控一体化装置，共两个溶液箱、三台炉水加磷酸盐泵（2用1备）。

（一）调试目的

通过对机组加药系统的分部调试，消除设备及系统中出现及可能出现的缺陷、隐患和杂物等，使机组各项控制指标达到标准要求：

（1）考察机组加药系统的制造及安装质量；

（2）加药泵单体试转各项性能指标符合设计要求；

（3）通过调试使机组加药系统能正常自动控制投运，以准确及时调节机组水汽品质。

（二）调试范围

机组加药系统调试从各加药泵等单体调试结束后交接验收开始，包括凝结水加药系统调试、给水加药系统调试、炉水加药系统调试、闭式水加药系统调试。

（三）调试前应具备条件

（1）配药用水能正常供应，水质、水量符合要求。

（2）动力照明电源受电完毕，能正常投入使用，现场照明充足。

（3）加药系统、机械、电气、自动控制系统等部件均按设计要求安装完毕。

（4）加药系统的电气控制柜、操作盘及热工、化学监测仪表，应校验完毕。

（5）溶液箱及管系冲洗干净，全部承压设备和系统水压试验合格，非承压容器灌水试验合格。

（6）加药间内无杂物，沟道盖板齐全，排水畅通；设备、场地（孔洞、临边）安全防护措施齐全。

（7）系统所有设备均已挂牌，并且指示正确。

（8）药品等准备齐全，质量符合要求。

（9）所需的测试药品、仪器、仪表、记录表格、运行规程以及配药所需的劳动防护用品均准备齐全。

（10）运行、分析人员已培训合格，具备独立上岗操作资格。

（11）根据 DL/T 5437《火力发电建设工程启动试运及验收规程》要求，单体调试前，成立试运指挥部。

（四）调试工作内容及程序

1. 启动前的检查

（1）检查溶液箱内应有足够的药液。

（2）电气控制系统接线正确。在不合隔离开关的前提下，检查各空气断路器、接触器、继电器、定时器、按钮、旋钮等机械部分转动情况，应灵活无卡涩等异常现象。

（3）计量泵润滑油油位是否正常。

（4）测试各电机绝缘电阻，其阻值不小于 $1.0M\Omega$。

（5）计量泵的进出口门应开启，并联系机、炉值班人员开启加药一次门。

（6）用手转动转轴使柱塞往复几次，应转动灵活，无卡涩等情况。

（7）将计量泵量程调至零位。

（8）测量仪表处于良好的备用状态。

2. 加药系统的启动

（1）确认计量泵的进、出口管路所有阀门已开启后，合上主开关，此时各电源柜正面电压表应正确指示，依次合上各空气断路器，面板红色指示灯亮。

（2）检查无异常后，合上控制电源开关，此时报警器等电源指示灯亮。

（3）操作泵启动按钮，启动泵。注意电机的转向是否与指示方向一致。

（4）计量泵启动后，运转应稳定可靠，无异常声响和卡涩现象，管路应无泄漏。然后慢慢调节计量泵行程旋钮，保持工作压力，通过检测相应的 pH 值来调整泵的出口流量。

3. 加药系统电气控制试验

（1）电气设备的启停试验。按下启动按钮或停止按钮，用电设备应正常运行或停止。

（2）搅拌器的定时控制试验。设定搅拌器工作时间 5min，启动搅拌器，设定时间过后，搅拌器应自动停止运转。

（3）溶液箱低液位报警试验。使液位计液位至低液位，报警器应声光报警。

（4）低低液位联锁停泵试验。使液位计液位至低低液位，计量泵停止运行。

（5）计量泵自动调节试验。手动调节变频器，使其输出频率在 $0\sim50Hz$ 变化，计量泵的转速也应在 $0\sim100\%$ 变化。然后采用化学在线监测仪表，氨、磷酸盐的加药量分别根据水汽取样分析装置中的 pH 表输出信号通过 PLC 进行自动控制加药泵。

4．氨溶液的配制

（1）氨箱的冲洗：开启氨箱底排门，放尽箱中剩水，开氨箱进水门，用除盐水冲洗，关氨箱底排门，至高水位，关闭氨箱进水门，再次开启氨箱底排门，反复冲洗数次至冲洗排水澄清，之后冲洗系统管路。

（2）向氨计量箱中加入预定量的除盐水，启动机械搅拌装置。

（3）开启氨水箱的出口阀门向氨计量箱中通入一定量的氨水，配制成浓度为 $0.5\%\sim2.0\%$ 的氨溶液。

5．磷酸盐溶液的配制

（1）磷酸盐箱的冲洗：开启磷酸盐箱底排门，放尽箱中剩水，开进水门，用除盐水冲洗，关底排门，至高水位，关闭进水门，再次开启底排门，反复冲洗数次至冲洗排水澄清，之后冲洗系统管路。

（2）向磷酸盐计量箱中加入定量的除盐水，启动机械搅拌装置。

（3）开启磷酸盐箱的出口阀门向磷酸盐计量箱中通入一定量的磷酸盐溶液，配制成浓度为 $1\%\sim5\%$ 的稀溶液。

6．凝结水、给水、闭冷水加氨调试

（1）采用自动连续加药方式，经电控加药计量泵送至凝结水泵出口母管和中压、高压给水泵进口母管以及闭冷泵进口。

（2）凝结水自动加氨通过凝结水流量和凝结水出口母管加药点后电导率实时数据监控实现加药自动控制。给水自动加氨通过中、高压给水泵流量控制加药泵转速，通过中、高压给水 pH 值控制加药泵行程，来实现加药自动控制。闭冷水自动加氨通过闭冷水泵流量控制加药泵转速，通过闭冷水 pH 值控制加药泵行程，来实现加药自动控制。机组正常运行时，保持系统 pH 值为 $9.5\sim9.8$。

7．炉水加磷酸盐调试

（1）采用自动连续加药方式，经电控加药计量泵送至中压、高压汽包。

（2）中压汽包自动加磷酸盐通过中压炉水 pH 值和磷酸根含量实现加药自动控制。高压汽包自动加磷酸盐通过高压炉水 pH 值和磷酸根含量实现加药自动控制。

九、机组水汽取样系统调试

水汽集中取样装置是将整个热力系统各个部位取出的具有代表性的水、汽样品，用管道输送到集中取样盘，通过减温、减压使汽水样品的压力、温度符合分析的要求，以便各种分析仪表准确及时地提供水汽品质和相关参数，并对监测对象的异常工况进行报警，准确有效地控制热力系统的水质工况；同时，计算机检测系统能根据仪表所测量的结果，控制加药系统，实现加药装置的加药自动化。

每台机组配备一套完整的水汽集中取样分析装置，包括高温高压架、仪表盘、恒温装置、人工取样槽以及装置范围内的取样管和取样管架、冷却水管、排水管，两台机组的取样装置布置在同一取样间。联合循环发电机组水汽集中取样点及在线仪表配备情况见表3-3。

表 3-3 联合循环发电机组水汽集中取样点及在线仪表配备

项 目	取样点名称	配置仪表及手工取样	备注
凝结水	凝结水泵出口	CC、O_2、M	用海水或电导率高于$2000\mu S/cm$冷却宜安装 Na 表
	精处理除盐设备出口	CC、SC、M	每台精除盐设备出口设置SC；系统出口母管设置CC
	凝结水加药点后	SC、M	用于控制凝结水泵出口加氨，距离加氨点至少 10m 以上
给水	中压省煤器入口	CC、pH、O_2、M	
	高压省煤器入口	CC、pH、O_2、M	
炉水	低压汽包	SC、CC、pH、O_2、M	低压汽包磷酸盐处理时安装磷酸根表；当低压汽包兼除氧器时，需在高压/中压给水泵入口或低压汽包下降管设置一台 O_2 表
	中压汽包	SC、CC、PO_4^{3-}、SiO_2、pH、M	
	高压汽包	SC、CC、PO_4^{3-}、SiO_2、pH、M	
饱和蒸汽	低压汽包饱和蒸汽	DCC、M	
	中压汽包饱和蒸汽	CC、M	
	高压汽包饱和蒸汽	CC、M	
过热蒸汽	低压汽包过热蒸汽	DCC、M	
	中压汽包过热蒸汽	CC、Na、SiO_2、M	
	高压汽包过热蒸汽	CC、Na、SiO_2、M	
再热蒸汽	再热器入口和出口	M	再热器出口和入口样水合并检测
疏水	热网加热器/热泵/燃气加热器	CC、M	每台加热器、热泵、燃气加热器疏水配疏水取样点
冷却水	发电机内冷却水	SC、pH、M	可由发电机厂配套设置，但应将仪表信号送至水汽取样监控系统
	取样冷却装置冷却水/闭式循环冷却水	SC、pH、M	
	凝汽器检漏	CC、M	海水或循环水电导率大于$5000\mu S/cm$时，每侧凝汽器应配备

注 1. CC—水样经过氢型强酸阳离子交换树脂处理后测得的电导率；DCC—水样经过脱气处理后的氢电导率；SC—电导率表；O_2—溶氧表；pH—pH 表；SiO_2—硅表；Na—钠度计；M—人工取样。
　　2. 高、中压省煤器入口给水宜配备计算型 pH 表。
　　3. 每个监测项目的样品流量为$300\sim500mL/min$，或根据仪表制造商要求。
　　4. 硅表可选择多通道仪表，高、中炉水共用，高、中过热蒸汽共用。

（一）调试目的

为了使新建机组试运行期间在线仪表及时投入，监督水汽品质，尽快达到基建机组联合启动化学监督有关的要求规定，确保机组的顺利投产及机组投产后的安全稳定运行，该系统调试目的主要为：

（1）指导及规范机组水汽取样装置及各种仪表的调整试验工作。

（2）考察水汽取样分析系统的制造及安装质量；检验系统的性能，发现并消除可能存在的缺陷。

（3）通过调试使水汽取样分析系统能正常投运，以满足对机组水汽品质进行准确及时的取样分析。

（二）调试范围

机组汽、水取样系统调试从测点、在线仪表等单体调试结束后的交接验收开始，包括系统调试前静态检查；进入水汽取样装置前的各路水汽取样管路水压检查；水汽取样装置的冷却管路水压检查；水汽取样系统的阀门、冷却器、减压阀、节流阀、流量等主要部件性能试验；恒温装置的恒温效果试验。

（三）调试前应具备条件

（1）冷却水系统安装工作结束，取样冷却水系统水冲洗及水压严密性试验合格，应能够保证在机组冲管、整套启动过程中正常连续供水。

（2）水汽取样管经吹扫后组装连接工作结束，水压试验合格；特别要注意各取样管路不要接错；排水沟道畅通。

（3）设备、场地（孔洞、临边）安全防护措施齐全；动力、照明电源能正常投入使用，照明充足。

（4）各在线分析仪器、温度、流量等检测仪表均经过校验，具备投运条件。

（5）取样装置的操作盘及热工、化学监测仪表等应校正（化学分析仪表在机组整套启动前静态校正试验结束）完毕，指示正确，并能随时投入使用。

（6）设备编号挂牌完毕。

（7）恒温装置已经初步调试，具备制冷效果。

（8）人工分析所需的药品、仪表、仪器、记录表格等均准备齐全。

（9）运行、分析人员已培训合格，具备上岗操作资格。

（10）根据 DL/T 5437《火力发电建设工程启动试运及验收规程》要求，单体调试前，成立试运指挥部。

（四）调试工作内容及程序

水汽取样系统随机组在不同状态下逐步投入运行，当机组整套启动试运行达到大负荷或满负荷时水汽取样系统全部投入运行，所有在线化学仪表投入分析监视运行，从而提高水汽监督正确性，水汽监督调节的稳定性，以保证水汽品质的优良。

1. 启动前的检查

（1）水汽取样装置所有阀门处于关闭状态；

（2）冷却水回路运行正常，压力足够（0.4～0.6MPa），进水母管上的电接点压力表的下限报警值设定在 0.15～0.2MPa 范围内，冷却水回水管上的电接点温度表的上限报警值设定在 38～40℃范围内；

（3）电气回路接线正确，绝缘符合要求，绝缘电阻不小于 20MΩ，接地标志明显可靠；

（4）各种在线分析仪表调试完毕，各项指标符合要求；

（5）恒温装置的保护水箱液位正常，同时接通恒温装置电源对其电路及温控仪进行检查及试验。

2. 取样系统试投运

（1）开启水汽取样装置一次减温减压架取样冷却水母管出入口门，调节取样冷却水压力在 0.4MPa 左右，投入冷却水流量表、超温保护温控仪。

（2）开启水汽取样装置二次减温减压架取样冷却水母管出入口门，首先开启水汽取样装置二次减温减压架取样冷却水各取样部位串联二次冷却器出口门，再开启各取样部位串连二次冷却器入口门。

（3）当机组整套启动前锅炉上水及进行冷热态冲洗时，根据 DL/T 1717《燃气-蒸汽联合循环发电厂化学监督技术导则》要求，依次投入凝结水、给水、炉水等部位的取样。首先逐路开启水汽取样装置减温减压架上述各取样部位的排污门，冲洗取样管 30min 左右关排污门，调节各取样部位的取样门开度调整水量（观察入口压力指示，一般在 0～0.2MPa 范围内）。开启水汽取样装置二次减温减压架上述各取样部位的排污门，冲洗取样管 30min 左右关排污门，调节各取样部位的取样门开度调整水量。

（4）机组整套启动汽轮机并汽前锅炉升温、升压，投入饱和蒸汽、主蒸汽、再热蒸汽等部位的取样。首先开启水汽取样装置减温减压架上述各取样部位的排污门，冲洗取样管 30min 左右关排污门，调节各取样部位的取样门开度调整水量。开启水汽取样装置二次减温减压架上述各取样部位的排污门，冲洗取样管 30min 左右关排污门，调节各取样部位的取样门开度调整水量（随机组整套启动试运各种参数增高，各取样部位的取样门开度应重新调整）。

（5）机组整套启动前闭式冷却水系统投入，启动冷却水泵即可开取样门投入闭式冷却水部位的取样。

（6）当水汽取样装置手操盘，手工取样全部通水投入使用后，启动水汽取样装置仪表二次冷却恒温控制系统（启动制冷压缩机、循环冷却泵），投入各部位的仪表取样，开启至仪表的阀门，调节仪表取样水的流量一般为 5.0L/h 左右（具体流量按照仪表说明书控制）。在各部位的仪表取样未投入前，应做好所有在线仪表的调整校验。

十、化学专业反事故措施

（一）原水预处理与锅炉补给水系统调试反事故措施

（1）进入施工现场的施工人员必须穿戴合格的劳动保护服装并正确佩戴安全帽。严禁穿拖鞋、凉鞋、高跟鞋或带钉的鞋，以及短袖上衣或短裤进入施工现场。严禁酒后进入施工现场。

（2）各种储酸设备应装设溢流管和排气管。

（3）靠近通道的酸管道应有防护设施。

（4）化验人员应配置口罩、防护面具、耐酸服及胶鞋等劳保用品。

（5）控制室和化验室应有自来水水源，消防器材等安全设施。

（6）进行浓酸、浓碱操作时，工作人员应戴口罩，橡胶手套及防护眼镜，穿橡胶围裙及长筒胶靴，裤脚应放在靴筒外。

（7）现场应配有 2%、0.5% 的 $NaHCO_3$ 溶液和 2% 的硼酸等急救药液；若酸液溅到皮肤上，应立即用清水冲洗，再用 2% 的 $NaHCO_3$ 清洗，若酸液溅到眼睛里，应立即用大量清水冲洗，再用 0.5% 的 $NaHCO_3$ 清洗；若碱液溅到眼睛里或皮肤上，应立即用大量清水冲洗，再用 2% 硼酸溶液清洗眼睛。

（8）搬运和使用化学药剂的人员应熟悉药剂的性质和操作方法，并掌握操作安全注意事项和各种防护措施。

（9）对性质不明的药品严禁用口尝或鼻嗅的方法进行鉴别。

（10）在进行酸、碱作业的地点应备有清水、毛巾、药棉和急救中和用的药液。

（11）操作前，确认设备、系统状态良好。

（12）防止误操作，严禁再生用酸碱进入混床制水运行。

（13）加药点按时检漏，操作时戴防护手套。

（14）各种水处理材料、药品到货时，应进行检验，合格后分类保管。在使用前，化验人员应再次取样化验，确认无误后，方可使用。

（15）严格对药品加入管道及容器进行检漏并按时巡检。

（16）补给水处理程控系统没有调试好之前，没有调试人员的同意，任何人员不得操作计算机，所有程序要在调试完好的情况下才能投入使用；操作前确认设备、系统状态。

（17）控制系统送电前，严格检查系统内的电源接线，防止强、弱电混接或电源短路。

（18）调试前应对设备验电，防止触电事故的发生。

（19）安装公司必须严格按照设计要求配给供电电源的等级，避免电源等级不符损坏 PC 机或其他设备。

（20）参加调试人员熟悉调试措施及加药系统图，并且在操作过程中必须严格遵守操作规程和安全规程。

（二）水汽取样系统调试反事故措施

（1）在照明不足场所安装临时照明或自带手电；

（2）调试现场的场地必须清理干净，沟道、孔洞应设置盖板；

（3）工作人员进入现场应戴安全帽，着装须符合 GB 26164.1《电业安全工作规程　第 1 部分：热力和机械》要求；

（4）控制室和化验室应有自来水水源、消防器材等安全设施；

（5）调试过程中，进行自我和相互监督，提高自我安全防范意识；

（6）取样时戴塑胶手套，注意防止烫伤，配备治疗烫伤药品；

（7）化验人员应配置口罩、防护面具、耐酸服及胶鞋等劳保用品；

（8）开门要缓慢，一级一级开启，同时应注意站在阀门侧面，避免有蒸汽冒出而烫伤；

（9）加强监视，如有超温现象，立即关闭取样架上取样门；

（10）样水排入废液池，经中和处理达标后进行排放。

（三）加药系统调试反事故措施

（1）在照明不足场所安装临时照明或自带手电。

（2）调试现场的场地必须清理干净，沟道、孔洞应设置盖板。

（3）工作人员进入现场应戴安全帽，着装须符合 GB 26164.1《电业安全工作规程　第 1 部分：热力和机械》要求。

（4）化验人员应配置口罩、防护面具、耐酸服及胶鞋等劳保用品。

（5）控制室和化验室应有自来水水源，消防器材等安全设施。

（6）调试过程中，进行自我和相互监督，提高自我安全防范意识。

（7）进行加药操作时，工作人员应戴口罩、橡胶手套及防护眼镜，穿橡胶围裙及长筒胶靴，裤脚应放在靴筒外。

（8）操作泵等电气设备时，应注意防止发生触电事故，湿手不得操作电气开关。

（9）加药泵运行异常导致设备损坏。

（10）加药调节控制不当导致系统腐蚀，损害锅炉设备。

（11）设备启动前做好检查，运行中做好监护。

（12）严格按标准控制水质，调整加药量时，不要出现大幅度波动。

（13）氨水、磷酸盐到货时，应进行检验，合格后分类保管。在使用前，化验人员应再次取样化验，确认无误后，方可使用。

（14）参加调试人员熟悉调试措施及加药系统图，并且在操作过程中必须严格遵守操作规程和安全规程。

（15）调试过程中，如发现药品泄漏等异常情况应汇报，及时处理，遇到紧急情况应先停止加药系统运行，关闭有关阀门，并通知有关人员进行处理。

（16）硫酸泄漏应急处理：迅速撤离泄漏污染区人员至安全区隔离，严格限制进入污染区。应急处理人员应戴正压式呼吸器与防酸碱工作服，不要直接接触泄漏物。尽可能切断泄漏源，防止流入雨水井等限制性空间。小量泄漏可以用砂土、干燥石灰混合，也可用大量水冲洗，稀释后放入废水系统。大量泄漏可以构筑围堤或挖坑收容，用泵转移至槽车或工业废水池内，进行回收或废水中和处理。

（四）锅炉蒸汽冲管水汽品质监督反事故措施

（1）在照明不足场所安装临时照明或自带手电。

（2）调试现场的场地必须清理干净，沟道、孔洞应设置盖板。

（3）工作人员进入现场应戴安全帽，着装须符合 GB 26164.1《电业安全工作规程　第1部分：热力和机械》要求。

（4）化验人员应配置口罩、防护面具、耐酸服及胶鞋等劳保用品。

（5）控制室和化验室应有自来水水源，消防器材等安全设施。

（6）调试过程中，进行自我和相互监督，提高自我安全防范意识。

（7）进行浓酸、浓碱操作时，工作人员应戴口罩，橡胶手套及防护眼镜，穿橡胶围裙及长筒胶靴，裤脚应放在靴筒外。

（8）现场应配有 2％、0.5％的 $NaHCO_3$ 溶液和 2％的硼酸等急救药液。若酸液溅到皮肤上，应立即用清水冲洗，再用 2％的 $NaHCO_3$ 清洗，若酸液溅到眼睛里，应立即用大量清水冲洗，再用 0.5％的 $NaHCO_3$ 清洗；若碱液溅到眼睛里或皮肤上，应立即用大量清水冲洗，再用 2％硼酸溶液清洗眼睛。

（9）操作泵等电气设备时，应注意防止发生触电事故，湿手不得操作电气开关。

（10）水汽品质监督出现异常情况，应立即报告有关负责人员，及时分析原因，根据 DL/T 1717《燃气-蒸汽联合循环发电厂化学监督技术导则》中有关规定处理。

（11）蒸汽冲管阶段为确保汽水质量，凝水、给水加药系统必须达到连续稳定运行条件。

（12）蒸汽冲管结束后，应排净凝汽器热水井和除氧器水箱内的水，仔细清扫内部铁锈和杂物。

（五）整套启动水汽品质监督反事故措施

（1）在照明不足场所安装临时照明或自带手电。

（2）调试现场的场地必须清理干净，沟道、孔洞应设置盖板。

（3）工作人员进入现场应戴安全帽，着装须符合 GB 26164.1《电业安全工作规程　第 1 部分：热力和机械》要求。

（4）化验人员应配置口罩、防护面具、耐酸服及胶鞋等劳保用品。

（5）控制室和化验室应有自来水水源，消防器材等安全设施。

（6）调试过程中，进行自我和相互监督，提高自我安全防范意识。

（7）进行浓酸、浓碱操作时，工作人员应戴口罩，橡胶手套及防护眼镜，穿橡胶围裙及长筒胶靴，裤脚应放在靴筒外。

（8）现场应配有 2％、0.5％的 NaHCO₃ 溶液和 2％的硼酸等急救药液。若酸液溅到皮肤上，应立即用清水冲洗，再用 2％的 NaHCO₃ 清洗，若酸液溅到眼睛里，应立即用大量清水冲洗，再用 0.5％的 NaHCO₃ 清洗；若碱液溅到眼睛里或皮肤上，应立即用大量清水冲洗，再用 2％硼酸溶液清洗眼睛。

（9）操作泵等电气设备时，应注意防止发生触电事故，湿手不得操作电气开关。

（10）水汽品质监督出现异常情况，应立即报告有关负责人员，及时分析原因，尽快处理。根据 DL/T 1717《燃气-蒸汽联合循环发电厂化学监督技术导则》中有关规定处理。

（11）当水汽质量劣化时，应迅速检查取样是否有代表性，化验结果是否正确，并综合分析系统中水汽质量的变化，确认判断无误后，立即向值长及试运领导小组汇报，并提出建议。由领导小组及值长责成有关部门采取措施，使水、汽品质在允许时间内恢复到标准值。

（12）水质三级处理值的含义：

1）一级处理值——有因杂质造成腐蚀的可能性，应在 72h 内恢复到标准值。

2）二级处理值——肯定有因杂质造成腐蚀的可能性，应在 24h 内恢复到标准值。

3）三级处理值——正在进行快速腐蚀，如水质不好转，应在 4h 内停炉。

在异常处理的每一级中，如果在规定时间内不能恢复正常，则应采取更高一级的处理方式，对于汽包炉，恢复标准值的方法之一是降压运行或降负荷运行。凝结水、给水及炉水的三级处理值规定见表 3-4～表 3-6。

表 3-4　　　　　　　　　　　凝结水的三级处理值规定

项　　目	标准值	一级值	二级值	三级值
氢电导率（μS/cm）（无精处理除盐）	≤0.30	>0.30	>0.40	>0.65
钠（μmol/L）（无精处理除盐）	≤5	>5	>10	>20

表 3-5　　　　　　　　　　　给水的三级处理值规定

项目	标准值	一级值	二级值	三级值
pH 值（25℃）	9.5～9.8	<9.5	—	—
氢电导率（μS/cm）	≤0.30	>0.30	>0.40	>0.65

表 3-6　　　　　　　　磷酸盐处理高、中、低压炉水的三级处理值规定

项目	pH 值（25℃）标准值	一级值	二级值	三级值
低压炉水	9.0～11.0	<9.0，>11.0	<8.5，>11.5	<8.0，>12
中压炉水	9.0～10.5	<9.0，>10.5	<8.5，>11.0	<8.0，>11.5
高压炉水	9.0～9.7	<9.0，>9.7	<8.5，>10.2	<8.0，>10.5

若水汽品质劣化经处理不见好转，危及机组安全经济运行，需降负荷减压运行或停机停炉，必须报告启动委员会，由启动委员会决定。

1）必须做好机组从安装、调试到试运行各个环节的质量监督工作，不留隐患。水处理设备及系统未投运或运行不正常时，不准启动机组。启动过程中，要严格控制水汽质量标准，发现异常及时处理，任何情况下都不准往锅炉内送原水。

2）氨水、磷酸盐到货时，应进行检验，合格后分类保管。在使用前，化验人员应再次取样化验，确认无误后，方可使用。

3）整套启动期间产生的废液经中和处理达标后进行排放。

（六）工业废水处理系统调试反事故措施

（1）调试人员在现场应严格执行 DL 5009.1《电力建设安全工作规程 第 1 部分：火力发电》及现场的有关安全规定，以确保现场调试工作安全可靠地进行。

（2）严格执行广东省地方废水排放标准，处理后的废水必须经过化学分析，合格后才可进行排放。

（3）进入施工现场的施工人员必须穿戴合格的劳动保护服装并正确佩戴安全帽。严禁穿拖鞋、凉鞋、高跟鞋或带钉的鞋，以及短袖上衣或短裤进入施工现场。严禁酒后进入施工现场。

（4）各种储酸设备应装设溢流管和排气管。

（5）靠近通道的酸管道应有防护设施。

（6）化验人员应配置口罩、防护面具、耐酸服及胶鞋等劳保用品。

（7）控制室和化验室应有自来水水源、消防器材等安全设施。

（8）进行浓酸、浓碱操作时，工作人员应戴口罩、橡胶手套及防护眼镜，穿橡胶围裙及长筒胶靴，裤脚应放在靴筒外。

（9）现场应配有 2％、0.5％的 $NaHCO_3$ 溶液和 2％的硼酸等急救药液。若酸液溅到皮肤上，应立即用清水冲洗，再用 2％的 $NaHCO_3$ 清洗，若酸液溅到眼睛里，应立即用大量清水冲洗，再用 0.5％的 $NaHCO_3$ 清洗；若碱液溅到眼睛里或皮肤上，应立即用大量清水冲洗，再用 2％硼酸溶液清洗眼睛。

（10）搬运和使用化学药剂的人员应熟悉药剂的性质和操作方法，并掌握操作安全注意事项和各种防护措施。

（11）对性质不明的药品严禁用口尝或鼻嗅的方法进行鉴别。

（12）在进行酸、碱作业的地点应备有清水、毛巾、药棉和急救中和用的药液。

（13）操作前，确认设备、系统状态良好。

（14）加药点按时检漏，操作时戴防护手套。

（15）各种水处理材料、药品到货时，应进行检验，合格后分类保管。在使用前，化验人员应再次取样化验，确认无误后，方可使用。

（16）严格对药品加入管道及容器进行检漏并按时巡检。

（17）废水处理程控系统没有调试好之前，没有调试人员的同意，任何人员不得操作计算机，所有程序要在调试完好的情况下才能投入使用。操作前确认设备、系统状态。

（18）控制系统送电前，严格检查系统内的电源接线，防止强、弱电混接或电源短路。

（19）调试前应对设备验电，防止触电事故的发生。

（20）安装公司必须严格按照设计要求配给供电电源的等级，避免电源等级不符损坏 PC 机或其他设备。

（21）参加调试人员熟悉调试方案及加药系统图，并且在操作过程中必须严格遵守操作规程和安全规程。

第六节　热控分系统调试

一、调试范围及内容

（1）检查测量元件、取样装置的安装情况及校验记录、仪表管路严密性试验记录，仪表管路、变送器的防护措施。

（2）检查执行机构（包括电动门、电磁阀、气动、液动、电动执行机构等）的安装情况，配合安装单位进行单体调试和远方操作试验。

（3）检查有关一次元件及特殊仪表的校验情况。

（4）参加调节机构的检查，进行特性试验。

（5）参加调节仪表、顺序装置和保护装置的单体调校。

（6）配合厂家进行各控制系统的受电和软件恢复。

（7）各控制系统硬件检查和 I/O 通道精确度检查、按卡件类型和重要测点的卡件分布分别进行 25％数量的系统校验，重要测点通道（如 VCC 卡、ETS、SOE 等）全部检查校验，并检查接线正确性。

（8）各控制系统组态检查及参数修改。

（9）检查热控用气源的质量和可靠性。

（10）燃气轮机监视系统（包括 TDM）调试。

（11）汽轮机监视系统调试。

（12）配合进行报警、联锁、保护定值确定、修改。

（13）给水泵及相关系统监控及保护系统调试。

（14）配合确定单个设备和分系统的控制逻辑。

（15）计算机监视系统调试与投入。

（16）事件顺序记录系统调试与投入。

（17）配合有关专业进行主辅机联锁及保护试验。

（18）燃气轮机电液控制系统和蒸汽轮机电液控制系统调试及仿真试验。

（19）模拟量控制系统的开环试验及静态整定。

（20）顺序控制系统调试及模拟试验。

（21）主机保护、旁路控制系统调试及开环试验。

（22）主机跳闸保护系统调试。

（23）燃气轮机火焰监控系统调试。

（24）分散控制系统、燃气轮机控制系统技术指标检查、测试。

（25）机组控制系统调试。

（26）配合机组 AGC 控制系统调试及一次调频控制功能调试及试验。

（27）热工信号逻辑报警系统调试与测试。

（28）给水泵控制系统调试。

（29）机组主要辅机监视仪表系统调试。

（30）余热锅炉联锁保护调试。

（31）汽轮机保护联锁调试，燃气轮机保护联锁调试。

（32）机组横向保护传动试验（燃气轮机、汽轮机、余热锅炉、发电机大联锁试验）。

（33）DCS、TCS 性能及技术指标检查、测试。

（34）可编程控制系统性能及技术指标检查、测试。

（35）机组协调控制系统（CCS）调试。

（36）机组附属设备及外围程序控制系统（空压机、胶球清洗、液控蝶阀、暖通、启动炉、供氢站、天然气调压站系统等控制装置以及取样加药、循泵远程 I/O 站、补给水泵房远程 I/O 站）调试。

（37）汽水分析仪表调试。

（38）烟气分析仪表调试。

（39）调压站热控系统调试。

（40）化学水热控系统调试。

（41）净水站热控系统调试。

（42）辅助蒸汽监控（调节、保护、联锁）系统调试。

（43）暖通设备监控（调节、保护、联锁）系统调试。

（44）APS 系统调试。

（45）负责组织各单位进行热控逻辑讨论，在热控系统 DCS 控制逻辑组态调试期间，要重点抓好 DCS 系统测试、试验、逻辑组态与定值审核工作。调试单位必须全面检查和优化联锁逻辑，并严格执行逻辑修改的审批程序，提早检查和优化热控模拟量控制系统逻辑，并且在机组吹管期间逐步投入和调整，为整套试运期间自动控制系统的高质量投入奠定基础。

（46）配合智慧电厂有关系统调试和验收。

二、DCS 受电调试

（一）调试目的

保证分散控制系统从硬件上和软件上能够正常操作和运行，以便进行机组其他控制系统的正常调试。

（二）调试范围

（1）DCS 各机柜（DPU 及扩展柜、继电器柜、通信柜）和电源柜安装工作完毕，预制电缆已连接完毕，UPS 电源、电气保安段电源电缆已连接到 DCS 电源柜，电源柜至各用电对象的电缆已连接好，检查质量和设计是否符合要求。

（2）DCS 接地系统已按设计要求连接好，接地电阻和接地电缆质量及设计检查。

（3）UPS 电源已能正常供电、检查供电电源品质。

（4）机组通信网已连接，检查通信网络。

（5）分散控制系统软件装载及恢复。

（6）控制室、电子设备间、工程师站内外照明检查。

（7）暖通空调系统能正常投运，配合相关调试。

（三）调试前应具备条件

（1）分散控制系统的硬件设备安装完毕，操作员站安装完毕，工程师站安装完毕，控制设备具备通电条件。

（2）分散控制系统的所有预制电缆安装完毕。

（3）分散控制系统的接地系统施工完毕，经检测合格。

（4）分散控制系统通信网络安装完毕。

（5）分散控制系统的通信网络检查合格。

（6）电气侧不停电电源（UPS）安装完毕，接线完成，具备投入条件。

（7）主控室内、计算机室的工作照明、空调系统应投入使用，环境条件符合和 DCS 厂家的设计要求。

（8）根据 DL/T 5437《火力发电建设工程启动试运及验收规程》要求，单体调试前，成立试运指挥部。

（9）从单体调试开始即进入调试管理阶段。在调试管理阶段，设备的启停、调试、消缺等各项工作的安排，由分部试运组负责，设备消缺工作由施工单位具体负责。

（10）进入分系统调试管理阶段后，设备的启停、调试、消缺、维护、检修、操作等工作由调试单位牵头调度，执行肇庆热电公司两票管理制度，设备消缺工作由施工单位具体负责。

（11）进入运行代保管的设备系统，由运行值班人员在调试人员的指导下进行操作，设备的消缺、维护、检修等工作应办理工作票，履行许可手续。

（四）调试工作内容及程序

1. 电源系统的检查

电源应设置两路交流 220V±5％，50Hz±0.5Hz 的单相电源，实现所有 DCS 系统设备的电源分配。这两路电源分别来自一路不停电电源（UPS）和一路低压厂用电源。操作员站、工程师站应提供两路电源的快速切换装置，两路电源切换时的瞬间失电不应影响操作员站等的正常工作。对于远离主厂房的远程 I/O 站，应能接受来自区域变压器的两路厂用电，并配置就地独立的 UPS 装置（容量不小于 30min），对远程 I/O 站及相关控制设备供电。DCS 除能接受上述两路电源外，应在各个机柜和站内配置相应的冗余电源切换装置和回路保护设备，并用这两路电源在机柜内馈电。冗余电源切换应是无扰的，以确保装置不受任何影响。两套直流电源应分别来自两套不同的交流电源。任一路电源故障都应报警，两路冗余电源应通过二极管切换回路耦合。在一路电源故障时自动切换到另一路，以保证任何一路电源的故障均不会导致系统的任一部分失电。

（1）检查分散控制系统的所有供电电源接线的正确性。即按照热工设计图纸（热工电源系统）对每一个接入分散控制系统的工作电源的电缆进行检查。电源取出位置应正确，电源接入位置正确，电缆两端有明显的标志和名称，保证无漏接和误接。

（2）电源系统接线必须牢固可靠，无松动和接触不良现象。

（3）检查电源线线径应符合电源负荷要求。

（4）检查分散控制系统所有供电电缆回路的绝缘电阻。用 500V 绝缘电阻表对电源电缆进行线芯对地和线芯之间的绝缘电阻测试。其绝缘电阻值均应不小于 1MΩ。

（5）接地系统检查：

1）接地系统检查与电源系统检查方法相同，检查接地系统的正确性和牢固性。

2）检查接地系统应布线合理，远离强磁场干扰，与大型开关设备、旋转设备或其他干扰源距离应大于 10m。

3）绝缘电阻检查，将端子板上的现场接线解开，利用绝缘测试仪检查直流系统接地、交流系统接地，或利用其他设备进行检查，其接地电阻应小于 4Ω，且交、直流地应可靠短接。

2. 机柜送电

首先将机柜所有电源开关置于"断开"位置。检查电源进线接线端子上是否有误接线或者误操作引起的外界馈送电源电压，确认所有机柜未通电。在控制模件柜内，将全部电源模件插入，按厂家要求分别拔出主控制模件、通信模件和 I/O 模件，以确保机柜通电时不会发生烧毁控制模件的事故，不会对外部设备误发操作指令而导致设备和人身伤亡事故。

（1）电源柜受电。

在供电电源处，联系电气专业或相关人员投入总电源开关。在电源柜内，用万用表测量电源进线端子处的电压值，其电压值不应超过额定电压的 ±5%。如果误差较大，则应通知对侧送电人员停电进行检查，合格后再送电。投入柜内主电源开关（待整个电源系统工作正常后，应先投入 UPS 电源开关，后投入厂用电源开关）。

（2）控制柜受电。

在控制机柜电源入口处测量电压正常，投入各电源模件的电源开关，用万用表测试电源模件的输出直流电压，观察电源模件的状态指示灯。指示灯状态应正确，输出电压值应在厂家说明书规定的范围内。如果出现错误状态指示，应进行停电检查，处理完后再重新送电，检查各控制柜直流控制总线电压正常。

（3）控制模件送电。

依次插入各个控制模件，观察其状态指示是否正确，或者用工程师站对控制模件的基本功能或性能进行测试。对于冗余系统还应该进行主控制模件和备用控制模件的切换试验。

（4）通信网络检查。

1）依次插入各个通信模件，对各机柜内通信模件的工作状态进行检查，确认无异常。

2）对控制系统各机柜之间的通信进行检查，确认无异常。

3）对工程师站、运行人员操作站、终端设备与控制系统之间的通信进行检查，确认无异常。

（5）操作员站、工程师站软件恢复。

将分散控制系统主机、操作员站、工程师站及打印机的通信电缆全部接好，按照厂家说明书进行操作员站硬件和软件恢复建立与主机的正常通信，在操作员站上进行各种检查，操作员站与主机应能够做出正确反应。

将工程师站硬件和软件按照说明书进行恢复并与主机建立正常通信，在工程师站上进行对系统软件进行检查，应能正确无误地实现系统提供的各种功能。

（6）控制系统冗余功能的检查。

首先投入具有冗余功能的控制系统，使之处于正常工作状态。采用组态方法或其他的编程方法改变控制系统中的某一个模拟量的数值并进行监视。试验时应拔出主控制器或关断主控制器的工作电源，此时备用控制器应该立即投入，相应的各个指示灯应指示备用控制器已经接替原主控制器的任务，此时被监视的模拟量的值应没有任何变化，同样可进行另一台控制器的冗余功能试验。

三、计算机监视系统调试

（一）调试目的

DAS 的调试目的就是将现场测点如变送器、压力温度开关等与控制系统作为一个整体来调试，使 LCD 显示的数据和位置以及打印机打印的内容达到设计的要求，各项性能指标符合相关标准及 DCS 厂家要求，使机组运行时所显示的参数与实际工况一致。

（二）调试范围

机组与 DAS 直接有关的设备、系统、功能、参数等的调试和确认。

（三）调试前必须具备的条件

（1）DCS 控制系统的复原调试已经结束，具备长时间工作的条件。

（2）DCS 控制系统到现场设备的电缆已经连接完毕。

（3）现场设备已经安装完毕，并已完成校验。

（4）控制台和显示屏已经投运。

（5）根据 DL/T 5437《火力发电建设工程启动试运及验收规程》要求，单体调试前，成立试运指挥部。

（6）从单体调试开始即进入调试管理阶段。在调试管理阶段，设备的启停、调试、消缺、维护、检修、操作等工作由分部试运组负责，整套试运阶段由整套试运组负责，设备消缺工作由施工单位具体负责。

（7）进入运行代保管的设备系统，由运行值班人员在调试人员的指导下进行操作，设备的消缺、维护、检修等工作应办理工作票，履行许可手续。

（四）调试工作内容及程序

1. 调试前的准备

（1）编写需要确认的信号清单，并对其进行分类，如 4~20mA 或热电阻等，对模拟量信号需了解其量程及输入与 LCD 显示的数据的关系，对开关量信号也要区分闭合动作还是断开动作。

（2）熟悉 LCD 的显示画面及操作，并了解每个信号在 LCD 上显示的部位，还需要了解每个信号在现场的位置，在信号模块上的位置。

（3）准备必需的工具、仪器及通信设备。

2. 冷态调试方法

（1）装置至现场设备的电缆确认。

（2）对变送器、压力、温度开关的量程和定值进行二次确认。

（3）对变送器进行复零。

（4）对流量修正回路进行模拟试验。

（5）对装置内部的设定值进行确认。

（6）进行控制柜电源的冗余切换的试验。

3. 热态投运

在机组分部试运转、化学清洗、吹管和整套启动等阶段中，根据机组运行的要求，逐步对试运系统的变送器、压力、温度开关进行投运。

(1) 投运现场各类信号发送器，检查其显示的正确性及报警值是否正常。

(2) 检查系统报表的生成及定时打印功能，确认报警生成是否合理。

(3) 检查历史趋势数据能否生成显示。

(4) 事故顺序追忆装置投入后，检查在发生事故时，能否按顺序进行打印。

四、顺序控制系统调试

（一）调试目的

1. 前期准备工作的目的

确认现场设备动作的正确性和可靠性，为控制系统的正常动作提供必要的保证。

2. 冷态调试的目的

根据控制系统设计思路，在机组试运转前进行冷态调试，模拟机组运行时的工况，进行试验确认逻辑组态的适用性和正确性，为机组启动后 SCS 系统的热态投入做准备。

3. 热态调试的目的

根据控制系统的实际应用来确认控制策略和动作时间、组级程序每步等待时间设定的合理性，并对应用中的不合理部分提出修改意见，确保设备及系统的安全启停。

（二）调试范围

机组与 SCS 直接有关的设备、系统、功能、参数等的调试和确认。

（三）调试前必须具备的条件

(1) DCS 复原工作已结束，相关卡件已插入。

(2) 机柜的预置电缆全部接好。

(3) 保安电源及 UPS 电源已正式投入使用。

(4) 机柜内的所有模件插好。

(5) 机柜的接地可靠。

(6) 机柜与现场的连线全部接完且正确。

(7) 控制室、机房及盘内外照明齐全完好。

(8) 空调系统已投入运行，工作环境满足要求。

(9) 一次测量元件校验合格且安装位置正确。

(10) 执行机构调校完毕。

(11) 仪表用压缩空气气源品质达到要求。

(12) 设计图纸、厂家资料齐备。

(13) 现场设备已就位，接线工作已完成，并已核对正确。

(14) 现场设备已具备供电条件。

(15) 气动设备气管已连接结束。

(16) 仪用气源已投入，气源母管已冲管结束。

(17) 气动、电动执行机构安装就位并现场手动校验完毕，动作方向与反馈正确。

(18) 热态调试前与调节系统有关的热力系统已经投运，且工作正常、稳定。

(19) 根据 DL/T 5437《火力发电建设工程启动试运及验收规程》要求，单体调试前，成立试运指挥部。

(20) 从单体调试开始即进入调试管理阶段。在调试管理阶段，设备的启停、调试、消缺等各项工作的安排，由分部试运组负责，设备消缺工作由施工单位具体负责。

（21）进入运行代保管的设备系统，由运行值班人员在调试人员的指导下进行操作，设备的消缺、维护、检修等工作应办理工作票，履行许可手续。

（四）调试工作内容及程序

（1）电动门试验。

该电动门接线工作已完成并校线工作结束，确认涉及该电动门无人就地工作并且该系统已隔绝，在 MCC 上完成操作后进行遥控操作试验，确认操作与反馈正确。

（2）挡板试验。

该挡板接线工作已完成并校线工作结束，确认涉及该挡板无人就地工作并且该系统已隔绝，在 MCC 上或就地完成操作后进行遥控操作试验，确认操作与反馈正确。

（3）闸板门及电磁阀试验。

该闸板门及电磁阀接线工作已完成并校线工作结束，确认涉及该闸板门无人就地工作并且该系统已隔绝，气源管路已冲洗完成，在就地完成操作后进行遥控操作试验，确认操作与反馈正确。

（4）马达操作试验。

该马达接线工作已完成并校线工作结束，在 MCC 盘上已完成就地操作并且放试验位置后进行遥控操作试验，确认操作与反馈正确。

（5）执行机构试验。

执行机构及电磁阀接线工作已完成并校线工作结束，确认涉及该执行机构无人就地工作并且该系统已隔绝，气源管路已冲洗完成，在就地完成操作后进行遥控操作试验，确认操作与反馈正确。

（6）联锁保护试验。

在完成设备单体试验后并且确认该系统已隔绝及该现场无人工作，进行联锁保护试验，模拟试验的条件，观察试验结果。

（7）子组顺控试验。

在完成单体试验及联锁保护试验后并且确认该系统已隔绝及该现场无人工作，进行顺控试验，模拟试验的条件，观察试验结果。

（8）冷态调试方法及步骤。

1）电动旋转设备放在试验位置（MCC），电动阀门和气动阀门供电。

2）从信号源端模拟满足启、停或开、关允许条件。

3）在操作台上手动操作启、停或开、关，观察设备的动作结果。

4）模拟联锁或跳闸条件产生，观察系统动作结果。

5）进行设备的系统保护、联锁试验，完成电气、热工保护投入状态确认表。

6）将组级程控中所涉及的设备级置自动方式。

7）模拟满足组级程控中相关启停条件及每步中所必须的条件。

8）进行组级程控的启动、停止操作，观察组级程控动作情况，完成程控试验签证。

9）进行控制柜电源的冗余切换的试验。

（9）热态调试方法。

根据机组在不同阶段的需要投用相关系统，观察设备级程控及组级程控的动作结果，并根据实际情况作适当的调整或对不合理的地方提出修改意见。

五、MCS 调试

（一）调试目的

1. 前期准备工作的目的

确认现场设备动作的正确性和可靠性，为控制系统的正常动作提供必要的保证。

2. 静态调试的目的

根据控制系统设计思想，在机组试运转前进行静态开环调试，模拟机组运行时的工况，将变送器、执行机构等现场设备与控制系统连起来调试，以尽早发现并解决系统设计、软硬件设备中存在的问题，为机组启动后 MCS 系统的热态投入做准备。

3. 热态调试的目的

热态调试是在机组启动过程中逐步投入各系统，并在实际应用中对控制策略及各种参数进行调整，使调节系统达到自动控制的要求，并对应用中的不合理部分提出修改意见。

（二）调试范围及主要调试项目

与 MCS 直接有关的设备、信号、功能、参数的检查、试验和确认。MCS 系统调试范围包括本机组 DCS 系统所涉及的所有模拟量自动调节系统，主要包括高压汽包水位控制、中压汽包水位控制、低压汽包水位控制、过热蒸汽温度控制、再热蒸汽温度控制、高压旁路压力和温度控制、中压旁路压力和温度控制、低压旁路压力和温度控制、协调控制以及其他单回路控制系统等。

（三）调试前必须具备的条件

1. 静态调试的条件

（1）分散控制系统已通电，通道测试及接线检查已完成。

（2）MCS 系统各站工作正常。

（3）各运行软件工作正常。

（4）模拟量控制回路组态完成。

（5）操作画面组态完成并已投入正常使用。

（6）相关系统组态完成。

（7）就地变送器、测量信号、执行机构安装完毕，并工作正常，开始进行联调。

（8）根据 DL/T 5437《火力发电建设工程启动试运及验收规程》要求，单体调试前，成立试运指挥部。

（9）从单体调试开始即进入调试管理阶段。在调试管理阶段，设备的启停、调试、消缺等各项工作的安排，由分部试运组负责，设备消缺工作由施工单位具体负责。

（10）进入运行代保管的设备系统，由运行值班人员在调试人员的指导下进行操作，设备的消缺、维护、检修等工作应办理工作票，履行许可手续。

2. 动态调试的条件

（1）静态调试完毕。

（2）分散控制系统各组态功能及在线下载功能正常。

（3）屏幕拷贝功能正常，以便试验曲线记录。

（4）机组已带上一定负荷在稳定运行，各控制设备运行正常。

（5）部分控制系统的投运需机务调整试验完成，并提供所需要的回路参数。

（6）根据 DL/T 5437《火力发电建设工程启动试运及验收规程》要求，单体调试前，成立试运指挥部。

（7）从单体调试开始即进入调试管理阶段。在调试管理阶段，设备的启停、调试、消缺等各项工作的安排，由分部试运组负责，设备消缺工作由施工单位具体负责。

（8）进入运行代保管的设备系统，由运行值班人员在调试人员的指导下进行操作，设备的消缺、维护、检修等工作应办理工作票，履行许可手续。

（四）调试工作内容及程序

1. 前期准备工作步骤

（1）对压力、水位、流量等逻辑开关的设定值进行确认。

（2）对 I/O 接线进行确认。

（3）对气源管、气源压力进行确认。

（4）在输出端子模拟输出指令，观察现场设备动作结果及反馈信号的正确性。

（5）调试人员熟悉现场设备安装情况，检查一次仪表安装是否符合技术要求。

（6）熟悉有关图纸资料，理解设计意图，了解有关控制逻辑的原理。

（7）对输入/输出信号的去向进行核查，保证输入/输出模件上通道电压等级及供电来源的跨接片设置正确。

（8）按工程进度及各系统接线情况，对 MCS 系统的输入/输出信号回路进行检查，同时确认信号线无接地，端子不松动；确认系统接口及外部设备配置正确，性能可靠，可正常实现设计功能。

（9）电厂组织逻辑讨论与审核，热控调试人员根据讨论会议纪要对 MCS 系统的逻辑组态进行检查、督促 DCS 厂家进行修改，确认软件组态定值及初始参数设置正确，MCS 系统各超驰功能和调节指标满足设计需求。

（10）对 MCS 系统的画面组态进行检查、督促 DCS 厂家进行修改、完善。

（11）分系统对外部设备进行联调，确认执行机构动作正确，状态反馈正确，调节机构的静态特性满足调节特性要求。

（12）检查并调整控制器参数，使控制系统满足调节品质要求，控制功能安全可靠。

（13）条件满足时，将模拟量控制系统逐一投入，并完成相关的对象特性和调节品质试验，并记录有关数据及曲线；通过调整试验，为机组自动安全运行和启停提供建议和保证。

（14）MCS 控制逻辑检查与修改：针对逻辑讨论会确定的 MCS 逻辑，热控调试人员在工程师站上进行逐一审核，对不符合要求的请 DCS 厂家进行修改。检查内容主要包括测点量程和报警值检查、数据库检查，系统组态静态检查和修改。

（15）主要测点量程检查：对照设计院的 I/O 清单和热工设备清册以及 MCS 组态中 AI 信号的设置，对所有的模拟量尤其是变送器的量程进行检查，对重要的水位、压力等变送器逐一进行检查与核实，对流量变送器全部在 DCS 组态中补偿。

（16）参数显示正确性检查：根据分部试运和分系统试运的进度安排，检查正在试运系统的参数显示正确性，以发现安装上的缺陷；对照变送器实设量程，修改组态中对应测点的量程，确保参数显示正确；根据厂家提供的各流量孔板资料在组态中修改、完善流量计算公式，确保流量信号显示正确。

（17）配合设备远操试验：配合电建公司和运行人员进行调节机构的远方操作试验，验证外回路的正确性。确保执行机构安装正确，外观检查无损坏，阀门能保证全开、全关；动作灵活、平稳、无卡涩、跳动现象，各开度和位置变送器输出保持线性关系。

2. 静态调试方法及步骤

（1）解除限制手动操作的有关逻辑信号，满足执行机构动作时必需的机务条件如润滑油、系统要求等。

（2）在 LCD 和手动操作站上开、关执行机构，并检查模拟量、开关量反馈是否正确，以及在 LCD 上显示是否正确，并进行签证。

（3）模拟机组运行时的状态，满足有关的调节系统投运时必需的模拟量信号和逻辑条件。

（4）检查调节系统的跟踪情况，做到手动、自动切换无扰动。

（5）将系统切到自动，改变被调量信号，检查调节方向是否正确。

（6）对于有多种调节方式的系统进行各种方式切换，并检查切换时是否有扰动。

（7）模拟系统的各种切换、保护等逻辑条件，以检查系统的逻辑保护功能是否达到设计要求。

（8）检查与其他系统（如 DEH、TSI 等）的接口信号。

（9）检查故障报警是否正确。

（10）对静态调试中发现的问题，及时与有关方面联系并提出解决方法。

3. 热态调试方法及步骤

（1）检查与调节系统有关的热力系统已经投运，且工作正常、稳定。

（2）检查有关的变送器已经投运，并且所显示的温度、压力、水位等模拟量、开关量参数与热力系统运行的实际状况一致。

（3）检查系统有关的模拟量、开关量信号、逻辑保护的状态及跟踪是否达到投运的条件。

（4）检查执行机构可控，并且调节余地较大。

（5）对被调量进行动态特性试验，以记录其动态响应曲线，并计算出有关的微分、惯性环节的参数。

（6）对系统的参数进行初步设置及整定。

（7）在有关热力系统运行稳定的情况下将系统投入自动。

（8）对自动状态下的调节系统进行扰动试验，观察调节过程，对各参数进行修正。

（9）对协调等复杂的锅炉控制系统必须在比较高（70%MCR 以上）且稳定的负荷时才能投运，并进行扰动试验，修正参数，然后进行变负荷扰动试验，以进一步修正参数，提高调节品质。

六、汽轮机旁路控制系统调试

（一）调试目的

对旁路控制系统进行冷、热态调试，使运行人员能在机组启动过程对高、中、低压旁路阀及减温阀进行操控，并在运行条件具备的情况下将自动调节系统及设计的保护功能投入使用，对控制回路中的不合理部分提出修改意见。

（二）调试范围

与汽轮机旁路控制系统直接有关的设备、系统、功能、参数的调试和确认。

（三）调试前必须具备的条件

（1）现场设备已经安装完毕，并已完成一次校验。

（2）控制装置到现场设备的电缆已经连接完毕。

（3）控制装置与有关仪表的电源已连接并具备送电条件。

（4）现场执行机构具备远方操作的条件。

（5）与试运有关的安装工作应按设计已基本结束并经验收。

（6）根据 DL/T 5437《火力发电建设工程启动试运及验收规程》要求，单体调试前，成立试运指挥部。

（7）从单体调试开始即进入调试管理阶段。在调试管理阶段，设备的启停、调试、消缺等各项工作的安排，由分部试运组负责，设备消缺工作由施工单位具体负责。

（8）进入运行代保管的设备系统，由运行值班人员在调试人员的指导下进行操作，设备的消缺、维护、检修等工作应办理工作票，履行许可手续。

（四）调试工作内容及程序

1. 调试前的准备

（1）编写需要测试的信号清单，并对其进行分类，对模拟量信号需了解其量程，对开关量信号也要区分闭合动作还是断开动作。

（2）了解每个信号和控制装置在现场的位置，以及在信号处理模块上的位置。

（3）准备必需的工具、仪器及通信设备。

（4）审阅所有执行机构、开关、变送器等调校报告。

2. 控制系统冷态调试

冷态调试是在旁路投运前，模拟旁路运行时的工况，将变送器、执行机构等现场设备与控制系统连接起来调试，以尽早发现并解决系统设计、软硬件设备存在的问题，为旁路投运投入做准备。

（1）压力、温度调节阀联调。

1）联调前必须具备的条件：

安装接线工作已完成，控制信号电缆已确认正确，阀门已就位，控制卡件已按要求插好。

2）配合阀门制造厂进行联调。

（2）冷态系统调试。

1）确认系统有关的变送器、开关校验工作已完成。

2）确认控制阀门安装就位，气源管路连接完毕，蓄能器投运正常。

3）送 4～20mA 信号对阀门进行开关试验及反馈调整。

（3）系统回路试验。

1）输入确认各相关参数。

2）对系统的控制功能进行仿真试验。

3）完成保护动作试验签证。

4）对试验中发现问题提出修改意见，并协同厂方进行修改。

3. 热态调试

热态调试是在锅炉启动中，旁路正式投入系统，并根据实行情况对旁路系统进行各参数调整或修改，使旁路系统投入自动，以达到自动控制的要求。

（1）热态调试的条件。

1）冷态调试已完成，调试中发现的问题已处理完毕，各种功能已达到设计与投运要求。

2）旁路系统的所有阀门已能通过系统进行手动操作。

3）与旁路有关的系统已经投运。

（2）热态调试步骤。

1）对有关的变送器、开关等进行排污及热态投运，并确认显示的温度、压力是否正常。

2）高压旁路压力控制系统投入。

根据不同的运行工况，设置压力控制器的压力设定点发生器的参数，使高压旁路控制系统在机组启动、带负荷运行、甩负荷和跳闸等工况下能自动调节高压旁路开度，满足机组运行要求。

3）高压旁路温度控制系统投入。

在高压旁路阀打开的工况下设置控制器的参数，使高压旁路喷水调节阀能正确地控制旁路阀后的温度，满足不同运行工况的要求。

4）中压旁路压力控制系统投入。

根据不同的运行工况，设置压力控制器的压力设定点发生器的参数，使中压旁路控制系统在机组启动、带负荷运行、甩负荷和跳闸等工况下能自动调节中压旁路开度，满足机组运行要求。

5）中压旁路温度控制系统投入。

在中压旁路阀打开的工况下设置控制器的参数，使中压旁路喷水调节阀能正确地控制旁路阀后的温度，满足不同运行工况的要求。

6）低压旁路压力控制系统投入。

根据不同的运行工况，设置压力控制器的压力设定点发生器的参数，使低压旁路控制系统在机组启动、带负荷运行、甩负荷和跳闸等工况下能自动调节低压旁路开度，满足机组运行要求。

7）低压旁路温度控制系统投入。

在低压旁路阀打开的工况下设置控制回路的相关参数，使低压旁路喷水调节阀能根据不同的蒸汽工况和低压旁路开度保持合适的开度。

8）保护功能投入。

在运行工况及热力系统允许的情况下，将高压、中压、低压旁路的保护功能投入。

七、汽轮机监视仪表与保护系统调试

（一）调试目的

（1）为了保证汽轮机的安全运行，有计划、有步骤地投入对各项参数的监视，提高监视参数的可靠性，为完成 TSI 系统的调试任务提供一个切实可行的依据。

（2）通过进行前期准备工作、冷态调试和热态调试，确认 ETS 控制系统涉及的现场设备动作的正确性和可靠性，确认系统控制策略、逻辑组态的适用性和正确性，并根据控制系统的实际应用来确认控制系统设计的合理性，验证其设计功能，为整个机组的正常运行提供必要的保证。

（二）调试范围

与汽轮机 TSI 系统和 ETS 系统直接有关的设备、系统、功能、参数等的调试和确认。

（三）调试前必须具备的条件

（1）热控装置设备完整，标志清楚齐全。

（2）测量元件及 TSI 装置校验完毕，校验报告完整齐全。

（3）回路接线正确，端子固定牢靠，接触良好，信号屏蔽符合要求。

（4）电源可靠，电压等级、品质符合要求，系统接地检查合格，工作环境符合要求。

（5）现场压力、温度、水位开关，电磁阀、接线完毕，并已经过校验。

（6）电缆已接好，并已核对正确。

（7）系统组态已下装，定值与量程已经正确填入，并且探头与卡件的校验报告也已提供。

（8）取源部件、就地设备应满足其设计说明书对环境温度和相对湿度的要求。

（9）ETS 柜已受电，复原调试已结束，保护方案中修改的部分已改好。

（10）SCS、电气等系统中与本保护系统有关的部分已调试完毕。

（11）根据 DL/T 5437《火力发电建设工程启动试运及验收规程》要求，单体调试前，成立试运指挥部。

（12）从单体调试开始即进入调试管理阶段。在调试管理阶段，设备的启停、调试、消缺等各项工作的安排，由分部试运组负责，设备消缺工作由施工单位具体负责。

（13）进入运行代保管的设备系统，由运行值班人员在调试人员的指导下进行操作，设备的消缺、维护、检修等工作应办理工作票，履行许可手续。

（四）调试工作内容及程序

1. TSI 系统调试过程

（1）基本调试步骤。

1）熟悉有关图纸资料，理解设计意图，了解有关逻辑的原理。

2）对 TSI 机柜、卡件、传感器探头等相关设备进行外观检查。

3）对 TSI 机柜进行上电。

4）对 TSI 现场接线情况进行检查、确认。

5）现场检查、确认 TSI 传感器探头安装。

6）TSI 信号联调。

7）TSI 逻辑检查、确认及试验。

（2）系统设备外观检查。

1）检查大机探头、前置器、监测器、延伸电缆的外观应完整无损，延伸电缆和探头、前置器连接可靠。

2）检查机柜设备所有按键、开关、固定各元件板的螺丝、螺帽与垫圈应齐全牢固。

3）检查机柜设备开关部件应灵活可靠，接插件接触良好。

4）检查设备铭牌与各种标志（型号、规格、精度、编号、出厂日期等）清晰可见。

（3）机柜受电。

将机柜内所有开关置于关断位置，测量线路对外壳绝缘电阻应满足 TSI 厂家要求。依据提供的柜内接线图检查内部接线回路，供电回路，保证接线正确；确认机柜供电电压在 220V±10％内（交流 220V 供电），系统无短路现象，机柜投入第一路电源，检查系统无异常后，投入第二路电源。机柜受电正常后，应进行冗余电源切换试验。

（4）现场接线检查。

按照设计院的图纸，对现场接线进行检查确认正确无误。

（5）传感器安装及信号联调。

大机 TSI 传感器探头的安装由电建单位根据设计要求和机务图纸资料以及校验数据进行安装；安装时热工调试人员、TSI 厂家、监理单位应到场指导、确认；在传感器探头定位后应立即作好延伸电缆和前置器的固定连接工作。

在传感器探头安装过程中，应对 TSI 装置及 DCS 画面中显示的 TSI 监测数据进行对比，以确认探头安装正确、信号电缆连接正确，完成就地传感器到 TSI 系统的信号联调。

传感器探头安装完毕后，还应进行 TSI 系统到 DEH、ETS 等系统的开关量保护信号联调，以及 TSI 系统到 DCS 系统的模拟量、SOE 信号联调，确保接线正确、数值显示正确。

（6）软件设置确认及逻辑试验。

通过 TSI 厂家提供的专用组态软件，检查大机 TSI 装置各项软件设置（包括报警定值、保护定值、保护逻辑等）是否正确无误。检查后，还应采用加模拟信号或修改定值的方式，对相关逻辑进行试验，以检测报警、保护输出正确无误。

2. ETS 系统调试过程

（1）输入信号确认。

在电缆核对完毕后，在现场开关处短接或拆除一根线，同时在保护机柜内观察是否收到该信号。如果是其他系统如 SCS 等的信号则在 SCS 等系统输出处短接或拆线试验。

（2）回路试验。

1）根据保护设计方案在就地一次元件处模拟（短接或断开）正常运行时的状态，使所有最终的结果不动作。

2）逐一模拟每一个输入条件（包含 ETS 停电及通信故障模拟试验），观察相应的动作情况，是否符合原设计要求，并查看 SOE 输出是否与实际一致。

3）逐一检查最终结果输出到现场设备或其他系统的动作情况，是否符合原设计要求。

4）逐一检查各种报警及 SOE 的显示、打印情况。

5）对试验中发现的问题提出修改意见，如涉及原设计和设备的问题，由业主方负责联系设计方和供货方解决。

6）ETS 的各种在线功能试验。

（3）热态投运。

1）对现场设备如压力、温度、水位开关等进行排污和热态投运。

2）ETS 电超速试验。

3）根据机组调试阶段的实际情况的要求，逐渐投入部分或全部保护回路。汽轮机冲转前应全部投入保护。

4）对机组试运行时暂时无法达到的保护条件，经试运行领导小组同意，在机柜中模拟，待机组达到条件时再解除。

八、汽轮机电液控制系统调试

（一）调试目的

通过进行前期准备工作、冷态调试和热态调试，确认 DEH 控制系统涉及的现场设备动作的正确性和可靠性，确认系统控制策略、逻辑组态的适用性和正确性，并根据控制系统的实际应用来确认控制系统设计的合理性，验证其设计功能，为整个机组的正常运行提供必要的保证。

（二）调试前必须具备的条件

（1）机柜接地工作已完成，并通过验收签证。

（2）控制装置电源电缆已接好，具备正式供电条件。

（3）现场设备已安装到位，信号接线工作已完成。

（4）EH 油质合格，EH 油系统、润滑油系统调试完毕。

（5）根据 DL/T 5437《火力发电建设工程启动试运及验收规程》要求，单体调试前，成立试运指挥部。

（6）从单体调试开始即进入调试管理阶段。在调试管理阶段，设备的启停、调试、消缺等各项工作的安排，由分部试运组负责，设备消缺工作由施工单位具体负责。

（7）进入运行代保管的设备系统，由运行值班人员在调试人员的指导下进行操作，设备的消缺、维护、检修等工作应办理工作票，履行许可手续。

（三）调试范围

与 DEH 直接有关的设备、系统、功能、参数等的调试和确认。

（四）调试工作内容及程序

1. DEH 硬件要求

（1）DEH 系统采用与机组 DCS 相同的硬件，DEH 至少设置一对冗余控制器。

（2）DEH 的分散处理单元、电源模件、通信卡件及重要的过程 I/O 冗余配置。系统中用于保护、跳闸、调节的所有多重测量现场信号的 I/O 点分别配置在不同输入卡上。单个 I/O 模件的故障，不能引起系统的故障或跳闸。

（3）DEH 监视的重要参数采用三重测量，至少包括转速、功率、挂闸、并网、压力等。

（4）装置所有输出模拟量信号均采用 4～20mA。

（5）DEH 系统 I/O 卡件的配置留有至少 15％的 I/O 余量。

2. DEH 电源要求

（1）DEH 控制系统能接受两路交流 220V±10％，50Hz±2.5Hz 的单相电源。这两路电源中的一路来自不停电电源（UPS），另一路来自厂用电电源。两路电源互为备用，任一路电源故障都能报警，两路冗余电源在一路电源故障时自动切换到另一路，以保证任何一路电源的故障均不会导致系统的任一部分失电。

（2）在各个机柜和站内配置相应的冗余电源切换装置和回路保护设备，并用这两路电源在机柜内馈电。

（3）机柜内提供两套冗余直流电源。这两套直流电源都具有足够的容量和适当的电压，能满足设备负载的要求。

（4）电子装置机柜内的馈电装置应分散配置，以获取最高可靠性，对 I/O 模件、处理器模件、通信模件和变送器等都提供冗余的电源。

（5）系统故障或电源丧失时，其输出确保汽轮机趋于安全状态。

DEH 控制系统调试分为前期准备、冷态调试、热态调试三个阶段。

3. 前期准备

（1）I/O 接线确认、电磁阀线圈阻值确认。

（2）控制柜的确认，包括系统接地，机柜与操作台、工程师站的联络电缆。

（3）UPS 至各站专用 UPS 电源线敷设，组件受电，冷却风扇运转正常。

（4）熟悉 DEH 控制逻辑及油系统的工作原理。

（5）会合各相关单位、部门联合对接地屏蔽进行检查，作为一个质量检查控制点。

（6）在调试过程中，尤其要对与其他系统的接口加以重视。

4. 冷态调试

（1）DEH 数据的 I/O 检查。

DEH 的信号主要有变送器、热电偶、热电阻、压力开关、限位开关，根据制造厂提供的 I/O 清单及设计院提供的接线图，对每个测点信号在 DCS 上进行观测确认。

（2）对 DEH 与其他控制系统如 TSI、SCS、CCS、ETS 等控制系统的接口检查。

（3）在油系统调试完成后，由厂家现场服务人员校验阀门，使阀门控制信号与阀门开度对应，尤其确保阀门起始时的线性度。

（4）调整主汽门、调门限位开关，保证阀门开启、关闭时送 DCS 控制系统的信号正常。

（5）在控制柜端加转速信号模拟 110% 超速动作功能。

（6）配合制造厂完成系统的仿真试验，带旁路的启动方式、并网带初始负荷、升负荷、阀门试验、压力控制等，并对应用中的不合理部分提出修改意见。

5. 热态调试

（1）在机组启动时，运行人员可以根据提供的启动参数采用适当的升速率启动汽轮机。汽轮机升速过程中，检查转速信号，监视汽轮机运行状态。随着汽轮机在不同状态下的启动和启动次数的增加，全面检查 DEH 控制系统的各项功能，为机组协调控制系统的投入提供条件。

DEH 系统的动态调试，在汽轮机正式启动前，应检查各电源系统是否正常，机组主保护系统是否投入运行，EH 油系统是否正常运行，所有静态试验是否全部完成以及合格。在汽轮机第一次启动过程中，应检查各个转速信号的指示是否一致，包括 DEH 系统用的冗余转速信号、TSI 系统用的转速信号以及汽轮机保护系统用的转速信号，如果有异常则应保持当前状态进行转速信号检查。

在进行超速试验过程中，应缓慢增加汽轮机转速，不应有阶跃性的跳动升速现象。汽轮机升速的过程应是平稳的，如果发生有跳跃或振荡现象，应适当减小转速调节器的比例。

在汽轮机并网后，DEH 系统应立即自动转为初始负荷控制，如果没有带上初始负荷，则应检查发电机并网信号是否有效。

随机组不同负荷运行，检查所有运行参数应准确无误。

（2）超速保护试验。

将超速保护开关投入，将转速升至超速保护目标值，检查机组超速保护能否正常动作。

（3）自启动控制方式的调试，将机组置于自启动方式，各辅助设备准备就绪，启动汽轮机。

（4）在机组并网带一定负荷时进行阀门活动试验。

九、燃气轮机控制系统调试

（一）调试目的

通过进行前期准备工作和燃气轮机控制系统的调试，确认燃气轮机控制系统（TCS）涉及的现场设备动作的正确性和可靠性，确认系统控制策略、逻辑组态的适用性和正确性，并根据控制系统的实际应用来确认控制系统设计的合理性，验证其设计功能，为整个机组的正常运行提供必要的保证。

（二）调试前必须具备的条件

（1）燃气轮机控制系统机柜接地工作已完成，并通过验收签证，电源电缆已接好，具备受电条件；

（2）燃气轮机控制系统相关测量元件、一次设备等安装完毕，校验合格；

（3）燃气轮机控制系统相关的执行机构安装完毕，并已进行相应的调整；

（4）各设备接线已完成，标牌正确，端子固定牢固；

（5）对控制油驱动的阀门调整，需要在控制油循环完成，油质化验合格、控制油系统调试结束之后进行；

（6）安全、照明和通信措施已完成；

（7）燃气轮机控制系统厂家已到达现场，相关资料提供齐全；

（8）根据 DL/T 5437《火力发电建设工程启动试运及验收规程》要求，单体调试前，成立试运指挥部；

（9）从单体调试开始即进入调试管理阶段，在调试管理阶段，设备的启停、调试、消缺等各项工作的安排，由分部试运组负责，设备消缺工作由施工单位具体负责；

（10）进入运行代保管的设备系统，由运行值班人员在调试人员的指导下进行操作，设备的消缺、维护、检修等工作应办理工作票，履行许可手续。

（三）调试范围

燃气轮机控制系统调试包括各项控制功能实现、I/O 通道检查、调节机构联调、控制设计功能确认、静态参数设置、动态参数调整和扰动试验、试投自动方式运行等项目。

（四）调试工作内容及程序

1. 调试工作程序

燃气轮机控制系统的调试工作可按图 3-1 进行。

2. 调试步骤

（1）前期准备。

1）I/O 接线确认、电磁阀线圈阻值确认。

2）控制柜的确认，包括系统接地，机柜与操作台、工程师站的联络电缆、电源电缆敷设，组件受电，冷却风扇运转正常。

3）熟悉燃气轮机控制逻辑及油系统的工作原理。

4）燃气轮机各系统完成单体调试。

（2）静态调试。

1）燃气轮机控制系统信号的 I/O 检查。

燃气轮机控制系统的信号主要有变送器、热电偶、热电阻、压力开关、限位开关，根据

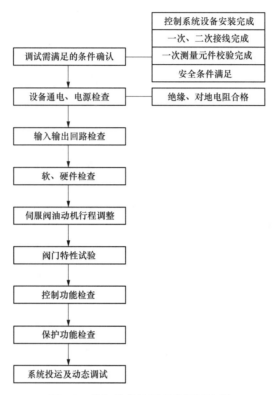

图 3-1 燃气轮机控制系统调试流程

制造厂提供的 I/O 清单及设计院提供的接线图，对每个测点信号在 DCS 上进行观测确认。

2）对燃气轮机控制系统与其他控制系统（如 DCS 等控制系统）的接口检查。

3）在燃气轮机各系统完成单体调试后，进行各辅助系统主要设备的联锁保护试验，如润滑油泵、液压油泵等。

4）对燃气轮机的特殊设备进行模拟试验，如火焰检测系统、点火系统等。

5）在液压油系统调试完成后，由制造厂对液压阀门进行伺服阀整定，使各阀门控制信号、现场阀门开度及 DCS 显示一一对应。

6）在制造厂的指导下完成燃气轮机控制系统的主保护试验。

7）配合制造厂完成燃气轮机控制系统的仿真试验，通过试验发现当前控制逻辑的不完善之处。

（3）动态调试。

1）燃气轮机的首次点火启动。机组的首次启动为冷态启动方式，在所有分系统调试结束，完成调试目标后可以进行燃气轮机的首次点火和启动。

2）燃气轮机的首次并网。在机组完成相关电气试验和控制系统的调整试验后，可以进行首次并网。

3）超速保护试验。按制造厂的要求和规范，配合机务专业进行燃气轮机的超速保护试验。

4）在机组并网后，按照制造厂的要求，进行相关燃烧调整试验。

十、大联锁试验

（一）调试目的

大联锁保护作为燃气轮机、余热锅炉、汽轮机、发电机主设备的联锁保护其重要性不言而喻，但是其保护条件又分布在各控制系统中，为保证机组保护动作的安全可靠，协调各主要的调节和控制系统的调试，有必要将有关联锁保护作为一项试验项目完成，保证机组安全。在机组整套启动后，将相应的保护投入，使机组达到安全运行的要求。

（二）调试前必须具备的条件

（1）DCS 软件恢复工作已经结束并检验合格，且硬件检查和 I/O 通道精确度检查工作已经结束并检验合格。

（2）燃气轮机分系统试运完成，燃气轮机主保护的各项试验全部完毕，TCS 系统静态调试完毕且验收。

（3）燃气轮机各主要辅机的联锁保护试验完毕，逻辑关系正确。

（4）余热锅炉主保护的各项试验已全部完毕，逻辑关系正确。

（5）余热锅炉各主要辅机的联锁保护试验完毕，逻辑关系正确。

（6）汽轮机分系统试运完成，汽轮机主保护的各项试验全部完毕，DEH、TSI、ETS 静态调试完毕且验收。

（7）汽轮机各主要辅机的联锁保护试验完毕，逻辑关系正确。

（8）发电机-变压器组主保护的各项试验全部完毕，逻辑关系正确；发电机-变压器组二次系统静态调试完毕且验收。

（9）发电机-变压器组各主要辅机（包括各开关）的联锁保护试验完毕，逻辑关系正确。

（10）燃气轮机、余热锅炉、汽轮机、电气之间的联锁保护信号接线正确、牢固可靠。

（11）整套启动前的条件基本满足，现场道路畅通，通信设施良好，照明充足。

（12）根据 DL/T 5437《火力发电建设工程启动试运及验收规程》要求，单体调试前，成立试运指挥部。

（13）从单体调试开始即进入调试管理阶段。在调试管理阶段，设备的启停、调试、消缺等各项工作的安排，由分部试运组负责，设备消缺工作由施工单位具体负责。

（14）进入运行代保管的设备系统，由运行值班人员在调试人员的指导下进行操作，设备的消缺、维护、检修等工作应办理工作票，履行许可手续。

（三）调试范围

联合循环机组大联锁，即燃气轮机、余热锅炉、汽轮机、发电机之间的联锁关系。

（四）调试工作内容及程序

1. 燃气轮机跳闸联锁试验

触发信号：燃气轮机手动停机。

动作结果：燃气轮机跳闸、燃气轮机发电机跳闸、汽轮机跳闸、汽轮机发电机跳闸则动作正确。

此项试验完成后：将燃气轮机、余热锅炉、汽轮机、电气（包括汽轮机、燃气轮机发电机）复位，并解除相应强制信号。

2. 燃气轮机发电机跳闸联锁试验

触发信号：燃气轮机发电机差动保护动作。

动作结果：燃气轮机发电机跳闸、燃气轮机跳闸、汽轮机跳闸、汽轮机发电机跳闸则动作正确。

此项试验完成后：将燃气轮机、余热锅炉、汽轮机、电气（包括汽轮机、燃气轮机发电机）复位，并解除相应强制信号。

3. 余热锅炉保护跳闸燃气轮机联锁试验

触发信号："高压汽包水位低低低"信号。

动作结果：燃气轮机跳闸、燃气轮机发电机跳闸、汽轮机跳闸、汽轮机发电机跳闸则动作正确。

此项试验完成后：将燃气轮机、余热锅炉、汽轮机、电气（包括汽轮机、燃气轮机发电机）复位，并解除相应强制信号。

4. 余热锅炉保护跳闸汽轮机联锁试验

触发信号："高压汽包水位高高高"信号。

动作结果一：汽轮机跳闸、汽轮机发电机跳闸；一定时间内旁路阀未打开，余热锅炉跳闸、燃气轮机跳闸、燃气轮机发电机跳闸则动作正确。

动作结果二：汽轮机跳闸、汽轮机发电机跳闸；旁路正常打开，余热锅炉不跳闸、燃气轮机不跳闸、燃气轮机发电机不跳闸则动作正确。

此项试验完成后：将燃气轮机、余热锅炉、汽轮机、电气（包括汽轮机、燃气轮机发电机）复位，并解除相应强制信号。

5. 汽轮机跳闸联锁试验

触发信号：汽轮机打闸。

动作结果一：汽轮机跳闸、汽轮机发电机跳闸；一定时间内旁路阀未打开，余热锅炉跳闸、燃气轮机跳闸、燃气轮机发电机跳闸则动作正确。

动作结果二：汽轮机跳闸、汽轮机发电机跳闸；旁路正常打开，余热锅炉不跳闸、燃气轮机不跳闸、燃气轮机发电机不跳闸则动作正确。

此项试验完成后：将燃气轮机、余热锅炉、汽轮机、电气（包括汽轮机、燃气轮机发电机）复位，并解除相应强制信号。

6. 汽轮机发电机跳闸联锁试验

触发信号：汽轮机发电机差动保护动作。

动作结果一：汽轮机发电机跳闸、汽轮机跳闸；一定时间内旁路阀未打开，余热锅炉跳闸、燃气轮机跳闸、燃气轮机发电机跳闸则动作正确。

动作结果二：汽轮机发电机跳闸、汽轮机跳闸；旁路正常打开，余热锅炉不跳闸、燃气轮机不跳闸、燃气轮机发电机不跳闸则动作正确。

此项试验完成后：将燃气轮机、余热锅炉、汽轮机、电气（包括汽轮机、燃气轮机发电机）复位，并解除相应强制信号。

十一、附属及外围设备控制系统调试

（一）调试目的

检查辅网各子系统的逻辑组态和系统功能是否正确，是否满足设计要求和实际运行的需要，并确保辅网各子系统可以配合机组的整套运行。

（二）调试范围

辅助系统集中监控网（辅控网）是用来集中控制主要外围子系统的集中监控，其功能由其分散子控制系统来实现。它主要包括厂用电公用部分、空压机、循环水泵房、启动锅炉系统、天然气调压站、锅炉补给水处理、循环水处理系统、供氢站、废水站、雨水泵房、中央空调、化学加药装置等。

（三）调试前必须具备的条件

（1）DCS复原工作已结束，相关卡件已插入。

（2）现场设备已就位，接线工作已完成。

（3）现场设备已具备供电条件。

（4）气动设备气管已连接结束。

（5）仪用气源已投入，气源母管已冲管结束。

（6）电动设备已完成就地启、停或开、关（MCC）试验。

（7）相关设备（辅机）安装工作基本结束，且符合质量标准和设计要求。

（8）保安电源及UPS电源已正式投入使用。

（9）控制室、机房及盘内外照明齐全完好。

（10）仪表用压缩空气气源品质达到要求。

（11）热控设备单体校验（热电偶、热电阻、变送器、压力开关等）合格，并有校验报告。

（12）辅机运行联锁、保护参数已提出设定值。

（13）设计图纸、厂家资料齐备。

（14）控制室土建工作已结束，空调、照明、通信、消防等系统已投运，现场已打扫清理干净。

（15）电源切换试验已完成、系统接地、仪用空气等已满足试验需求。

（16）热态试验前现场设备就地校验已完成。

（17）相应的热力系统或临时系统已具备控制系统的试验条件。

（18）根据DL/T 5437《火力发电建设工程启动试运及验收规程》要求，单体调试前，成立试运指挥部。

（19）从单体调试开始即进入调试管理阶段。在调试管理阶段，设备的启停、调试、消缺等各项工作的安排，由分部试运组负责，设备消缺工作由施工单位具体负责。

（20）进入运行代保管的设备系统，由运行值班人员在调试人员的指导下进行操作，设备的消缺、维护、检修等工作应办理工作票，履行许可手续。

（四）调试工作内容及程序

1. 数据采集调试

（1）调试前的准备。

1）编写需要确认的信号清单，并对其进行分类，如4～20mA或热电阻等，对模拟量

信号需了解其量程及输入与 LCD 显示的数据的关系，对开关量信号也要区分闭合动作还是断开动作。

2）熟悉 LCD 的显示画面及操作，并了解每个信号在 LCD 上显示的部位，还需要了解每个信号在现场的位置，在信号模块上的位置。

3）准备必需的工具、仪器及通信设备。

（2）基本调试步骤。

1）调试人员熟悉现场设备安装情况，检查一次仪表安装是否符合技术要求；

2）熟悉有关图纸资料；

3）I/O 通道校验；

4）按工程进度及各系统接线情况，对 DAS 系统的输入/输出信号回路进行检查，同时确认信号线无接地，端子不松动；

5）模拟量、开关量信号调试；

6）工艺流程画面检查，督促组态厂家进行修改；

7）报表及打印功能调试；

8）模拟量报警、开关量跳变、操作员记录功能调试；

9）与其他系统通信的功能检查。

（3）硬件的恢复及调试。

DAS 系统硬件的恢复及调试、I/O 通道校验方法等已经在 DCS 系统受电及软件恢复调试措施中有详细说明，这里不再重复。

（4）模拟量调试。

1）变送器及其回路检查。

检查变送器校验报告，要求变送器校验合格。根据变送器测量范围及系统对量程的要求，对变送器进行检查，确保量程、单位等设置正确，当输入信号在系统规定量程内变化时，变送器输出信号应在 4～20mA 范围内变化。

2）模拟量综合调试。

核实每一个测点分度、量程、报警值等与现场实际要求是否一致，对于重要的信号通过测量就地变送器的输出信号与 DAS 系统的显示值校核，保证测量的准确性；根据机组运行的各个负荷点工况，检查各测点的测量准确性与可靠性，对于不符合工况的测量信号进行复查、消缺，直至测量正确。

（5）开关量调试。

1）静态调试。

检查开关量输入、输出模件地址，工作方式等开关设置。对重要信号回路正确性、绝缘电阻进行检查，确保回路正确。

2）动态调试。

利用试运期间各设备的启停开关，检查 DAS 系统是否正确响应，及时消缺，核实各开关量动作的名称、状态定义与实际情况是否相符，对安装或设备缺陷进行处理，以保证 DAS 系统开关量显示、打印报警的正确性。

（6）DAS 系统各项功能调试。

1）数据处理功能。

在端子柜上用标准设备模拟各种信号，在工程师站上在线调试各数据处理环节，使系统对有关信号进行相应处理。

2）画面显示与打印机记录功能。

在操作员画面上检查模拟量实时数据、开关量状态、趋势曲线、启停曲线、历史曲线、成组显示、报警一览、报警历史、系统过程画面等，根据实际情况进行调整，以满足实际运行需要。DCS 厂家应确保所有人机接口站的画面响应时间满足机组实际运行需求。

打印机应能打印各种报表、报警值、实时数据、历史数据及画面拷贝，对这些打印功能进行检查、调整，保证功能正确实现。

（7）模拟量报警、开关量跳变、操作员记录功能调试。

对这些功能进行模拟试验，要求动作正确，在发生紧急事件时能记录动作时间，并打印，为事故分析提供有力依据，根据实际情况修改调整该项功能。

（8）与其他系统通信的功能。

检查本系统与远程 I/O 系统、SIS 系统等通信功能是否正常，数据是否一致。

2. 顺序控制调试

（1）前期准备工作步骤。

1）对压力、水位、流量等逻辑开关的设定值进行确认。

2）对 I/O 接线进行确认。

3）对气源管、气源压力进行确认。

4）在安装公司配合下，在输出端子模拟输出指令，观察现场设备动作结果及反馈信号的正确性。

（2）逻辑讨论与审核。

电厂工程部应组织各单位专业人员就 DCS 厂家提供的 SCS 逻辑进行一次全面的逻辑讨论、审核会，调试方热控、汽轮机、锅炉派专业技术人员参加，以确定比较完善的控制逻辑。

（3）SCS 控制逻辑检查与修改。

针对 SCS 逻辑讨论会确定的 SCS 逻辑，热控调试人员在工程师站上进行逐一审核，对不符合要求的进行修改。

（4）执行机构遥控手操联动。

1）电动门。

该电动门接线工作已完成并校线工作结束，确认涉及该电动门无人就地工作并且该系统已隔绝，在 MCC 上完成操作后进行遥控操作试验，确认操作与反馈正确。

2）挡板。

该挡板接线工作已完成并校线工作结束，确认涉及该挡板无人就地工作并且该系统已隔绝，在 MCC 上或就地完成操作后进行遥控操作试验，确认操作与反馈正确。

3）闸板门及电磁阀。

该闸板门及电磁阀接线工作已完成并校线工作结束，确认涉及该闸板门无人就地工作并且该系统已隔绝，气源管路已冲洗完成，在就地完成操作后进行遥控操作试验，确认操作与反馈正确。

4）马达操作。

该马达接线工作已完成并校线工作结束，在 MCC 盘上已完成就地操作并且放试验位置后进行遥控操作试验，确认操作与反馈正确。

5）执行机构。

执行机构及电磁阀接线工作已完成并校线工作结束，确认涉及该执行机构无人就地工作并且该系统已隔绝，气源管路已冲洗完成，在就地完成操作后进行遥控操作试验，确认操作与反馈正确。

（5）逻辑保护回路试验及参数设置。

控制逻辑检查修改已完善，且各个马达及执行机构已传动并验收合格，便可在机务专业人员的配合下连带设备进行逻辑保护回路试验，试验过程中，部分参数可根据实际情况设置。

（6）设备联动、互为备用试验。

在机务专业人员的配合下，进行电机与阀门之间的联动试验，辅机之间的互为备用试验。SCS 辅机设备电机置于试验位置，各执行机构送电实际动作，由设备安装及运行人员配合，进行程序启停及联锁、保护试验。

（7）设备级、功能组级顺序启停回路试验。

在机务专业人员的配合下，进行设备级、功能组级顺序启停回路试验。

（8）报警回路确认。

在机务专业人员的配合下，确认顺控系统所涉及的声光报警。

（9）与其他控制系统联调试验。

SCS 控制系统与外部设备的联合调试是一项非常重要的工作，就是为了配合锅炉的分部试运，对控制系统进行综合的软、硬件检验。事实上，机炉专业分部试运中所做的联锁、保护、程控试验是否合格乃是 SCS 调试中的一个重要质量控制点。

（10）配合机务部分试运转。

配合分部试运工作，进行设备启停试验。

（11）热态调试。

根据机组在不同阶段的需要投用相关系统，观察设备级程控及组级程控的动作结果，并根据实际情况作适当的调整或对不合理的地方提出修改意见。

3. 模拟量控制调试

（1）基本调试步骤。

1）对压力、水位、流量等逻辑开关的设定值进行确认。

2）对 I/O 接线进行确认。

3）对气源管、气源压力进行确认。

4）在输出端子模拟输出指令，观察现场设备动作结果及反馈信号的正确性。

5）调试人员熟悉现场设备安装情况，检查一次仪表安装是否符合技术要求。

6）熟悉有关图纸资料，理解设计意图，了解有关控制逻辑的原理。

7）对输入/输出信号的去向进行核查，保证输入/输出模件上通道电压等级及供电来源的跨接片设置正确。

8）按工程进度及各系统接线情况，对 MCS 系统的输入/输出信号回路进行检查，同时确认信号线无接地，端子不松动；确认系统接口及外部设备配置正确，性能可靠，可正常实现设计功能。

9）电厂组织逻辑讨论与审核，热控调试人员根据讨论会议纪要对 MCS 系统的逻辑组态进行检查、督促 DCS 厂家进行修改，确认软件组态定值及初始参数设置正确，MCS 系统各超驰功能和调节指标满足设计需求。

10）对 MCS 系统的画面组态进行检查、督促 DCS 厂家进行修改、完善。

11）分系统对外部设备进行联调，确认执行机构动作正确，状态反馈正确，调节机构的静态特性满足调节特性要求。

12）检查并调整控制器参数，使控制系统满足调节品质要求，控制功能安全可靠。

13）条件满足时，将模拟量控制系统逐一投入，并完成相关的对象特性和调节品质试验，并记录有关数据及曲线；通过调整试验，为机组自动安全运行和启停提供建议和保证。

（2）硬件的恢复及调试。

MCS 系统硬件的恢复及调试已经在 DCS 受电及软件恢复调试措施中有详细说明，本措施中不再重复。

（3）逻辑讨论与审核。

电厂工程部应组织各单位就 DCS 厂家提供的 MCS 逻辑进行一次全面的逻辑讨论、审核会，调试方热控、汽轮机、锅炉派专业技术人员参加，以确定比较完善的控制逻辑。

（4）MCS 控制逻辑检查与修改。

针对逻辑讨论会确定的 MCS 逻辑，热控调试人员在工程师站上进行逐一审核，对不符合要求的请 DCS 厂家进行修改。检查内容主要包括测点量程和报警值检查、数据库检查，系统组态静态检查和修改。

1）主要测点量程检查。

对照设计院的 I/O 清单和热工设备清单以及 MCS 组态中 AI 信号的设置，对所有的模拟量尤其是变送器的量程进行检查。

2）系统组态静态检查。

根据逻辑讨论会确定的 MCS 逻辑进行控制方案的检查与修改；参照有关说明书和运行规程对各系统的偏差报警模块的整定值进行设置，既考虑机组运行时参数的允许变化范围，又要不使自动控制系统轻易切手动。对各自动调节系统的切手动逻辑和超驰控制逻辑进行初步检查，对调节系统的方向进行检查。检查 DCS 画面上的未完善项目，进行统一更正。

（5）参数显示正确性检查。

根据分部试运和分系统试运的进度安排，检查正在试运系统的参数显示正确性，以发现安装上的缺陷；对照变送器实设量程，修改组态中对应测点的量程，确保参数显示正确；根据厂家提供的各流量孔板资料在组态中修改、完善流量计算公式，确保流量信号显示正确。

（6）配合设备远操试验。

配合电建公司和运行人员进行调节机构的远方操作试验，验证外回路的正确性。确保执行机构安装正确，外观检查无损坏，阀门能保证全开、全关；动作灵活、平稳，无卡涩、跳动现象，各开度和位置变送器输出保持线性关系。

（7）控制逻辑的静态试验。

根据机组运行要求，对控制系统组态进行进一步检查与修改，设定静态参数的初始值和动态参数的预估值，根据系统工作过程和调节原理确定各主、副调节器动作方向。在 DCS

上强制模拟现场信号，检查各调节器的作用方向是否符合控制系统的工艺要求，执行器的动作方向与位置是否与调节器输出相对应；检查各限幅、报警功能、各逻辑动作正确无误；对各主要调节系统进行手动、自动切换试验，检查其是否有扰动。

（8）控制系统的动态调试。

1）在进行系统开环调试之后，根据机组运行情况，逐步投入各控制系统自动。

2）给定值扰动试验，在试投各项自动以后，作给定值（小阶跃）扰动试验，观察调节品质，调整动态参数。

十二、APS 系统调试

燃气-蒸汽联合循环机组自启停控制技术（APS）根据联合循环机组启停过程中不同阶段的需要，对燃气轮机、余热锅炉、汽轮机、发电机、辅机等系统和设备工况进行检测和逻辑判断，并按预定好的程序（带有若干断点）向顺序控制系统各功能组、子功能组、驱动级及燃气轮机控制系统（TCS）、汽轮机数字电液控制系统（DEH）等各控制子系统发出启动或停止命令，从而实现联合循环机组的自动启动或停止。同时，相关的保护联锁逻辑能使主辅机在各种运行工况和状态下自动完成各种事故处理。

具有自启停控制功能（APS）的联合循环机组，在启动时运行人员只需通过操作员站显示画面上的启动或停止按钮，即可根据工艺系统及主辅机设备的状况，自动启动各辅机设备，并按照预定的程序，启动相关的辅机、燃气轮机、余热锅炉和汽轮发电机组，使燃气轮机和蒸汽轮机自动升速、自动并网，并从初始负荷自动升至预定的目标负荷；在联合循环机组停止时，按照预定的程序，将机组从满负荷自动降负荷，并自动停止主辅机设备的运行。

因此，具有自启停控制功能（APS）的联合循环机组，与常规的联合循环机组相比，具有较好的负荷适应性，更方便启动和停止；但同时为了实现 APS 功能，也必将对工艺系统和主辅机设备的技术性能和质量有更高的要求。

（一）调试目的

APS 控制系统的实现是基于普通燃气-蒸汽联合循环机组常规调试的基础上，通过 APS 机组级功能组将功能（子）组逻辑串（并）接调用的形式完成的，故 APS 调试目的如下：

（1）在合理组织及在条件允许的情况下进行功能组及断点的调试和投运，在系统投运过程中不断修改完善控制系统设计，实现各子系统安全稳定地投运和退出。

（2）APS 的调试过程以功能（子）组为基本单元，以断点为纽带，以模拟量全程控制为核心，逐一落实实施，完成各级别功能组的静态及动态功能试验，最终实现将 APS 控制系统真正安全投运。

（3）APS 的调试过程是燃气-蒸汽联合循环发电机组 APS 控制逻辑整套调试，即从功能（子）组调试到机组级功能组调试及试运，最终用 APS 方式完成机组整套启动过程，并做到 APS 与机组同步投运。

（二）调试范围

APS 系统调试范围为：凡设计院所提供的 APS 方案中涉及的工艺系统均纳入进 APS 调试的范围。启动过程设计 4 个断点：系统准备断点、锅炉上水断点、燃气轮机启动并网断点、汽轮机启动联合循环断点，见表 3-7。

表 3-7　　　　　　　　　　　　　　　APS 启动过程

APS 启动			
系统准备断点	锅炉上水	燃气轮机启动并网	汽轮机启动联合循环
启动循环水系统	启动低压给水系统	启动燃气轮机（燃气轮机启动功能子组在 TCS 实现）	汽轮机辅汽预暖
启动开式水系统	启动高中压给水系统	检测燃气轮机点火成功	升负荷至汽轮机冲转负荷
启动闭式水系统	开启锅炉烟气挡板	低压主汽升温升压	汽轮机启动（冲转、暖机、定速）（由 DEH 执行）
凝结水系统准备		中压主汽升温升压	机组进入联合循环
启动凝结水系统		高压主汽升温升压	
投入辅汽系统		启动低省再循环	
启动汽轮机油系统（由 DEH 执行）		启动发电机并网（并网功能组在 TCS 实现）	
启动燃气轮机油系统（由 TCS 执行）		燃气轮机交协调控制，升负荷至 10%	
投入轴封系统			
启动真空系统			

停止过程设计 3 个断点：燃气轮机减负荷断点、燃气轮机打闸断点及机组停机断点，见表 3-8。

表 3-8　　　　　　　　　　　　　　　APS 停止过程

APS 停止		
燃气轮机减负荷断点	燃气轮机打闸断点	机组停机断点
退出 AVC	汽轮机交流油泵	停给水系统
投入汽轮机疏水联锁	汽轮机打闸	关机侧疏水
燃气轮机减负荷 3MW	发电机跳闸（大联锁）	
旁路投入	燃气轮机停运	
蒸汽压力温度控制		
停止对外供汽		

在上述所确定的工艺系统范围内，完成如下调试工作：

（1）功能组及功能子组仿真静态传动。

（2）功能子组动态调试。

（3）机组级控制功能静态试验。

（4）机组级控制功能动态试验。

（5）全程自动控制功能调试。

（6）APS 整套自启停投运。

（三）调试前具备的条件

（1）正式调试前，相关单位应依据机组启动和停止过程特性，确定好机组自动启停控制系统的整体框架：确定机组 APS 启动和停止所包括的范围、所涵盖的内容、启动和停止过程所需设定的断点数量，以及各断点所包含的工艺系统和所需实现的功能、APS 与其他系统之间的接口。

（2）业主单位应提供完善的 APS 方案、机组运行规程、机组启动/停止操作票、主辅机使用和操作说明。

（3）相关单位应组织设立针对 APS 的专项领导小组，联络协调厂家、设计单位、建设单位、调试单位等各方，并综合各专业的需要进行各项技术准备工作，明确职责，制订计划。根据讨论确定的准备计划，对所有的准备细节都落实到人、落实到每一天，确保计划的执行。

（4）现场的一次元件、仪表到成套的控制系统应都能满足 DCS 的整体控制水平，满足接口和配置要求，工艺系统设计和设备招标均能满足各个工艺系统从空载到正常运行的要求，配合机组实现自启停功能。

（四）调试工作内容及程序

1. APS 调试工作总体策略

APS 控制系统实现投运是基于燃气-蒸汽联合循环机组常规调试的基础上，为了顺利完成机组 APS 控制系统的调试工作，需在机组的启动和停止过程之前进行合理组织和计划，在机组的启动和停止过程中进行逐一验证，在条件允许的情况下进行功能组和断点的调试和投运，在系统投运过程中验证机组级功能组流程的正确性，并在适当条件下不断修改完善控制系统设计，保证各子系统安全稳定地投运和退出。

（1）在 APS 系统调试阶段：

1）实验前试验人员应熟悉 APS 的每个程序步的工作顺序和工作过程，做好技术底，做好签字记录，做好调试前的准备工作。

2）对 APS 有关的 DCS 组态逻辑进行检查，确保其符合设计要求，并对其中不完善的地方会同 DCS 厂家等单位进行修改。

3）在工程师站上进行画面检查，确保系统画面符合现场工艺流程，符合现场运行习惯；对操作端逐一检查，保证其控制逻辑的一致。

4）对 APS 的每一个断点，每一个执行步序的执行逻辑和状态反馈逻辑等进行深入的检查，确保每一个断点、每一个步序及相应的状态反馈正确，符合工艺要求。

5）各电动阀门（电机）已送电，在操作员站对各电动阀门（电机）进行开（启）关（停）操作，观察执行机构的可操作性。

6）模拟各步程序的启动出发条件，检查 APS 顺控系统的每一个程序步序可否按预定的步骤进行。

（2）在 APS 系统投运阶段：

1）首次整套启动 APS 的断点调试建议不用顺控连续执行的方式，可以采用单步执行的方式进行机组启动/停止，第二次及以后的启动中均采用顺控连续执行启动。首次整套启动时，收集机组启动停止的各个步骤及每步的等待时间等参数，进一步完善和优化 APS 逻辑，为 APS 的顺利投运做好准备。

2）APS 单步执行时，每一步启动完毕，应进行详细检查，查看是否有遗漏的项目、是否有还没有启动或没有考虑进 APS 逻辑中的设备。确保条件满足后，才能继续执行下一步，并做好记录，为 APS 的逻辑优化和完善做好准备。

3）APS 投运时，需要各个专业相互协调，做足安全措施和反事故措施。

4）在 APS 投运前，先详细罗列 APS 的执行步骤和过程，使所有参与试验的人员心中有数。

5）MCS、SCS、DEH 等系统的负责人要密切配合 APS 的投运试验。

6）初步设置 APS 的各步等待时间、超时时间等有关参数，并确认。

7）在指挥机构的统一指挥下，投入 APS 启动/停止功能，由 APS 启动/停止机组。

8）密切监视系统的动作情况。若系统没有按预定的程序动作，则应迅速将系统切回手动，并重新检查系统的有关参数及系统的接线；若系统的故障能迅速消除，则将系统障碍消除后，将系统继续投运；若系统的障碍无法迅速消除，则将系统退出。

9）调试过程中，应严格执行电力生产、建设安全规程和电厂运行规程，加强设备监护、加强 DCS 系统巡视，避免造成设备损坏。

（3）调试工作前提条件。

在功能（子）组调试工作已经基本结束的基础上，才可以保证整体 APS 机组级功能组的调试工作。

（4）调试的具体要求。

1）APS 调试工作在保证系统安全运行的条件下，通过程控手段使设备启动/停止标准化、合理化，并保证 APS 调试计划满足现场工程调试工期各关键节点的要求。

2）核查 APS 控制系统的控制方案、APS 的运行管理模式是否符合工艺要求。检查 APS 的相关子功能组逻辑和设备级的控制逻辑组态是否符合原设计和实际工艺要求。

3）主要上层 APS 控制组态逻辑调用下层子系统程序控制逻辑的方式，对机组启动/停止过程所需控制的各设备进行标准化过程控制，各分系统 APS 程控调试穿插在机组节点调试过程中，也可单独为其预留调试时间。

4）对 DCS 内组态与 APS 相关的电动阀门（电机）的控制逻辑进行检查，确保其符合设计要求。

5）检查 APS 相关的 MCS、SCS、DEH、给水全程控制等系统是否符合 APS 要求。

6）对 APS 进行静态仿真实验，确保 APS 逻辑正确，执行步骤符合工艺要求，检查方案和逻辑组态的正确性。

7）调试过程中，培养运行人员每次启动子组系统均采用程序控制启动、每次机组启动均采用 APS 上层逻辑控制启动方式，最终实现满足机组各状态下的启动停止要求的 APS 顺控逻辑，一键启动控制机组的最终目标。

8）同时在调试过程中，通过反复试验，使逻辑判据更为严谨，条件更为准确，可考虑在现有系统设计的基础上增加必要的远程控制阀门、测点。

2. APS 调试过程

（1）前期准备工作。

相关单位提前介入调试工作，由于 APS 为机组最高控制层，工况涉及面广，调试过程复杂，从而需要调试单位设备厂家人员尽早介入。

1）收集资料，主要是通过收集主、辅机厂家资料，以及设计院图纸，结合现场工艺系统组织各专业编写 APS 调试措施。

2) 了解系统，对热控人员进行必要的培训，使其掌握相关的软件、硬件维护知识，充分了解熟悉控制系统功能块、驱动级动作优先级等逻辑组态、画面组态方式。

3) 优化设计，组织各单位各专业根据 APS 控制需求优化现场设备、完善控制逻辑、绘制各功能组（子组）逻辑框图，根据现场运行需要，在重大设备启动或关键节点设置合理的 APS 控制断点，确保机组运行的安全性。

（2）APS 系统调试前所需具备的条件。

1) DCS、TCS 控制机柜受电完成；

2) 所有监控画面组态完成；

3) 所有保护、联锁、报警逻辑组态完成；

4) 所有转机保护逻辑传动完成；

5) 所有管道带压试运完成；

6) 所有转机单体试运完成；

7) 所有阀门 DCS 控制传动完成；

8) 所有控制、监视测点传动完成；

9) 模拟量控制系统全部调试完成；

10) 机组整套启动试验完成。

（3）做好危险点分析及编写事故预案。

1) 调试措施编写、审核完成及调试相关人员到位；

2) 严格执行 GB 26164.1《电业安全工作规程　第 1 部分：热力和机械》，对现场作业人员进行安全培训；

3) 如在调试过程中发生异常工况，应及时停止调试工作，并上报。

（4）APS 系统画面检查。

检查 APS 的操作画面，对 APS 的每一个断点操作、允许条件、执行过程及反馈条件、跳步等画面进行一一检查，确定是否齐全、适用，使 APS 既是一个高度自动化的自动控制系统又是一个完整的机组启停指导系统。

检查 APS 系统操作画面应由操作画面主要由以下四部分组成，用来满足运行人员对各功能组级运行步序的监视能力。

1) 包含所有参与 APS 启动的功能组顺控显示块或主要设备操作、联锁块，可显示各子组运行步序状态及只有跳步功能。

2) 包含上层 APS 顺控启动指令步序及各系统正常运行后的判据条件。

3) 设置的链接按钮可跳转至各主系统、辅助系统的运行监视画面中。

4) 画面中采用固定颜色代表功能组判据条件已经满足，可执行下一步逻辑；采用固定颜色代表功能组判据条件未满足，此时需等待条件返回或需运行人员进行必要的手动干预。同时，启动步序按从上至下的方式执行。如在触发指令之前判据条件已经满足，则指令不触发，跳过此运行步序，从而防止设备异动。当逻辑指令调用至某一个子组级逻辑时，可有功能块显示为颜色闪烁，同时伴有执行步序的提示。

3. APS 功能子组调试

功能组逻辑构成的核心包含各功能组之间相互承接的条件、联锁保护的条件及互为备用的条件，单一功能组内部各步序之间的判据必须严谨合理，才能确保各设备之间动作顺序的可靠性及安全性、功能（子）组是实现 APS 一键启停的基础，涉及面广，是调试部分的重中之重。在 APS 调试工作中应对各个功能组判据的准确性做进一步的确定。

（1）功能组正常判据检查。

功能组的正常判据是用来表征各功能组系统流程是否完成的综合判断信号，是由多个设备或系统状态反馈信号综合判断而成的。功能组的判据主要用于表征本功能组的状态，同时还作为下一功能组的启动条件，其逻辑的合理性及全面性关系到整个系统的投运安全，因此功能组的正常判据要做到合理、全面。

（2）功能子组仿真静态传动。

1）检查手动/自动方式控制功能，在手动方式下，在满足设备启、停允许条件下对设备进行自由操作，各设备不应受功能组程序的限制。

2）在自动方式下，模拟满足功能组的动作条件，发出功能组自动启动或停止的操作命令，各设备按照功能组逻辑程序自动执行，逻辑功能与状态显示符合运行要求。

3）模拟功能子组各步序指令及功能组判据条件反馈，检查逻辑组态是否可按照预先设计好的步序完成。

4）顺序控制系统与其他控制系统之间的联合传动试验。

5）热控报警系统定值校验，做传动试验。

（3）功能子组动态调试。

1）向运行人员对各系统的控制逻辑进行技术交底。

2）现场设备投运后，投入各项保护及联锁，投入各功能组。

3）机组分部试运行时，与试运行设备直接有关的热工设备（检测仪表、自动调节系统、工艺信号、保护与联锁系统等）随试运行设备投入。在机组试运行时，热工设备均按设计项目全部投入运行，热控专业人员应维护好热工控制设备，保障热工控制设备的正常运行。

4）现场实际工况满足系统功能子组启动要求，触发顺控启动程序，初次试运行功能组在必要的地方引入人为干预断点，确保系统运行的安全性及稳定性。

根据各工艺系统实际投运情况，功能子组中的理论设计定值（系统压力、温度、液位压、电流）不一定满足现场要求，故需与锅炉、汽轮机、电气等相关专业反复确认、修改。

在现场调试过程中，由于系统改造、设备优化等造成控制方式变化的情况，也需重新设计功能组的构成，故建议在逻辑步序搭建初期留有空步序位置，为今后优化空间，从而避免大量重复工作的发生。

4. APS 机组级功能组控制逻辑调试

（1）APS 机组级功能组控制逻辑调试前期准备工作。

APS 机组级功能组控制逻辑调试前所需具备的条件为：

1）各主、辅机现场设备安装全部结束；

2）现场环境满足机组安全启动条件；

3）组织落实、人员到位、职责明确；

4）机组各主机保护试验完成；

5）机组大联锁保护试验完成；

6）机组各辅机热控、电气保护试验完成；

7）机组各分系统功能（子）组程控试运完成；

8）机组点火启动试验完成；

9）机组定速、超速试验完成；

10）机组电气试验完成；

11）机组轴系振动监测系统正常；

12）汽轮机调节保安系统；

13）汽轮机调节保安系统有关参数的调试和整定完成；

14）汽轮机主汽阀门及调节阀门严密性试验完成；

15）协调控制系统负荷变动试验完成；

16）汽轮机旁路试验完成；

17）厂用电切换试验完成；

18）机组自动系统调试完成参数整定完成；

19）机组整套启动试运完成。

（2）APS机组级功能组静态试验。

1）由热控专业人员与运行人员进行逻辑仿真回路传动交底，并开好相应工作票、操作票；

2）确保APS主顺序控制启动允许条件为真，保证逻辑指令可正常发出；

3）确保各子组顺控功能块启动允许条件为真，保证上层指令调用的通畅性；

4）利用各子功能组顺控功能块中的仿真回路功能，确保就地设备不发生状态翻转，防止设备误动作；

5）校验各子组逻辑回路判据条件，验证逻辑主线调用回路的正确性，并做好传动记录。

（3）APS机组级功能组动态试验。

1）检查就地测点、阀门所处在DCS远程控制位置，测量仪表正常投入；

2）初次启动时在重要设备启动前加入人为干预断点按钮，可随时中止逻辑运行；

3）选择APS机组启动方式；

4）带介质实际满足APS上层顺控逻辑启动条件，触发启动逻辑指令，观察步序指令触发状态，检查逻辑运行是否按设计进行，保证机组系统运行稳定；

5）逻辑不合理的参数及步序随时进行中断干预及逻辑修改，保证机组系统运行稳定。

（4）APS与其他系统的接口调试。

APS与其他系统（MCS、TCS和DEH）的接口是实现机组自启停控制的重要组成部分。检查APS与各个系统之间联络信号的确认，检查系统之间数据交换的方式是否正确（根据数据的重要情况选择网间通信、硬接线等方式实现数据交换）。调试过程中，从APS系统侧发出指令后，其他控制系统应能顺利完成自启停控制系统所要求的功能，自启停控制系统能够顺利投运。

十三、热控专业反事故措施

（一）防止DCS故障的措施

热控系统的工作状态关系到全厂设备的安全运行，必须保证热控系统稳定投入，防止控制系统重大事故的发生。

（1）当全部操作员站出现故障时（黑屏或死机），若主要后备硬手操及监视仪表可用且暂时能够维持机组正常运行，则转用后备操作方式运行，同时排除故障并恢复操作员站运行方式，否则应立即停机、停炉。若无可靠的后备操作监视手段，也应停机、停炉。

（2）当部分操作员站出现故障时，应由可用操作员站继续承担机组监控任务（此时应停止重大操作），同时迅速排除故障，若故障无法排除，则应根据当时运行状况酌情处理。

（3）当系统中的控制器或相应电源故障时，如果是辅机部分，可切至后备手动方式运行并迅速处理系统故障，若条件不允许则应将辅机退出运行；如果是关于调节回路的，应将自动切至手动维持运行，同时迅速处理系统故障，并根据处理情况采取相应措施；涉及机炉保护的，应立即更换或修复控制器模件，或应采用强送电措施，此时应做好防止控制器初始化的措施，若恢复失败应紧急停机停炉。

（4）加强对 DCS 系统的监视检查，特别是发现 CPU、网络、电源等故障时，应及时通知运行人员并迅速做好相应对策。

（5）规范 DCS 系统软件和应用软件的管理，软件的修改严格遵循管理制度，未经测试确认的各种软件严禁下载到已运行的 DCS 系统中使用，必须建立有针对性的 DCS 系统防病毒措施。

（二）防止热工保护拒动的措施

（1）严格核查保护定值，按规定仔细进行保护系统的静态试验和动态试验，认真做好记录和签证工作。

（2）检查保护系统的配置是否符合要求，控制器和电源应冗余配置，重要保护信号和通道必须冗余配置，输出继电器必须可靠。

（3）若发生热控保护装置故障，必须申请批准后迅速处理。锅炉主保护、汽轮机超速、轴向位移、振动、低油压等重要保护装置在机组运行中严禁退出，其他保护装置被迫退出运行的，必须 24h 内恢复，否则应立即停机、停炉处理。

（4）防止强电进入 DCS 烧毁卡件，必须认真检查测试端子接线，避免接线错误，尤其注意不要将强电串入 DCS 直流供电母线导致大面积卡件烧毁。测试 DCS 供电电压，要求供电电源可靠稳定、电压等级符合要求。

（三）防止 DCS 受电过程安全事故的措施

（1）DCS 的每一个机柜首次通电时，都必须测试电源电缆对地绝缘电阻。

（2）禁止带电插拔 DCS 系统串、并行接口外设设备。

（3）在 DCS 系统恢复期间和通道检查期间，应定期检查各个机柜、各个操作站、工作站的运行情况，如发现异常情况，应立即报告工作项目负责人，以便使问题得到及时处理。

（4）在 DCS 系统调试期间，无关人员不得在工程师工作站、操作员站上进行任何操作。

（5）参加 DCS 系统调试的所有人员，未经组态设计单位同意，不得修改任何系统组态。

（6）组态设计单位修改软件组态时，应首先通知建设（生产）单位，说明修改的内容和范围后进行修改并做好原始记录，修改时保证其他部分不受影响，修改前做好软件备份。

（7）在工程师站和操作员站上，禁止运行任何与工作无关的软件。

第七节　分系统调试作业程序

机组分部试运阶段，调试单位应参加分部试运组调度会、单机试运条件检查、单机试运及验收、完成设备或系统联锁保护逻辑传动；负责分系统调试措施技术及安全交底（见表3-9）并做好记录、组织分系统试运条件检查（见表3-10）、设备系统试运记录（见表3-11）、填写分系统单位工程调试质量验收表（见表3-12）及分部试运系统动态验收签证表（见表3-13），在试运完成后填写调试工程强制性条文学习记录（见表3-14）及调试工程强制性条文实施记录（见表3-15）。

表3-9　　　　　　　　　　　分系统调试措施技术及安全交底记录表

调试项目					
主持人		交底人		交底日期	
交底内容					
参加人员签到表					
姓名	单　位		姓名	单　位	

表 3-10 分系统试运条件检查确认表

_____工程_____机组

专业：_____ 设备名称：

序号	检 查 内 容	检 查 结 果	备 注
结论	经检查确认，该设备已具备试运条件，可以进行系统试运工作。		

施工单位代表（签字）：	年　　月　　日
调试单位代表（签字）：	年　　月　　日
监理单位代表（签字）：	年　　月　　日
建设单位代表（签字）：	年　　月　　日
生产单位代表（签字）：	年　　月　　日
总承包单位代表（签字）：	年　　月　　日

表 3-11　　　　　　　　　设备系统试运记录表

设 备 铭 牌						
动力设备	生产厂家				型号	
驱动设备						
型　式		额定出力			出口压力	
额定功率		额定电压			额定电流	
额定转速		转动方向		从被驱动设备向动力设备看:		
分部试运稳定运行工况参数记录						
试运日期		试运时间			转动方向	
运转声音		启动电流			稳定电流	
转速		出力			入口压力	
出口压力		介质温度				
温度记录	位置	动力设备轴承		被驱动设备轴承		电机绕组
	数据					
振动记录	位置	动力设备轴承		被驱动设备轴承		
	数据					
满负荷试运工况参数记录						
出力		入口压力			出口压力	
介质温度		稳定电流			转　速	
温度记录	位置	动力设备轴承		被驱动设备轴承		电机绕组
	数据					
振动记录	位置	动力设备轴承		被驱动设备轴承		
	数据					
测试仪表说明	仪表型号:　　　　检验证编号:　　　　有效期:					
记录人		负责人				

表 3-12   分系统单位工程调试质量验收表

单位工程名称						
检验项目		性质	单位	质量标准	检查结果	备注

施工单位（签字）：	年　　月　　日
调试单位（签字）：	年　　月　　日
总承包单位（签字）：	年　　月　　日
生产单位（签字）：	年　　月　　日
监理单位（签字）：	年　　月　　日
建设单位（签字）：	年　　月　　日

表 3-13　　　　　　　　　　分部试运系统动态验收签证表

验收内容：			
评价：			
主要遗留问题及处理意见：			
施工单位（签字）：	年	月	日
调试单位（签字）：	年	月	日
总承包单位（签字）：	年	月	日
生产单位（签字）：	年	月	日
监理单位（签字）：	年	月	日
建设单位（签字）：	年	月	日

表 3-14　　　　　　　　　　　　调试工程强制性条文学习记录

工程_____机组　　　　　　　　　　　　　　　编号：

培训主题		讲解人	
培训地点		培训时间	年　月　日

被培训人签字：

培训内容：组织全体员工学习适用于本工程的强制性条文。

表 3-15 调试工程强制性条文实施记录

工程_____机组 编号：

单项工程名称		调试单位	
单位工程名称		项目调总	

序号	强制性条文规定		执行情况	
1				
2				
3				
4				
5				
6				
7				

执行标准：

项目负责人：	专业监理工程师：
年 月 日	年 月 日

第四章

燃气-蒸汽联合循环整套启动调试

第一节 整套启动主要流程

燃气-蒸汽联合循环整套启动主要流程见图 4-1。

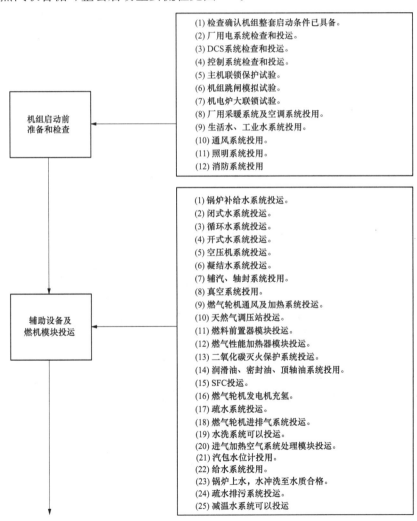

机组启动前准备和检查

(1) 检查确认机组整套启动条件已具备。
(2) 厂用电系统检查和投运。
(3) DCS系统检查和投运。
(4) 控制系统检查和投运。
(5) 主机联锁保护试验。
(6) 机组跳闸模拟试验。
(7) 机电炉大联锁试验。
(8) 厂用采暖系统及空调系统投用。
(9) 生活水、工业水系统投用。
(10) 通风系统投用。
(11) 照明系统投用。
(12) 消防系统投用

辅助设备及燃机模块投运

(1) 锅炉补给水系统投运。
(2) 闭式水系统投运。
(3) 循环水系统投运。
(4) 开式水系统投运。
(5) 空压机系统投运。
(6) 凝结水系统投运。
(7) 辅汽、轴封系统投用。
(8) 真空系统投用。
(9) 燃气轮机通风及加热系统投运。
(10) 天然气调压站投运。
(11) 燃料前置器模块投运。
(12) 燃气性能加热器模块投运。
(13) 二氧化碳灭火保护系统投运。
(14) 润滑油、密封油、顶轴油系统投用。
(15) SFC投运。
(16) 燃气轮机发电机充氢。
(17) 疏水系统投运。
(18) 燃气轮机进排气系统投运。
(19) 水洗系统可以投运。
(20) 进气加热空气系统处理模块投运。
(21) 汽包水位计投用。
(22) 给水系统投用。
(23) 锅炉上水，水冲洗至水质合格。
(24) 疏水排污系统投运。
(25) 减温水系统可以投运

图 4-1 燃气-蒸汽联合循环整套启动主要流程（一）

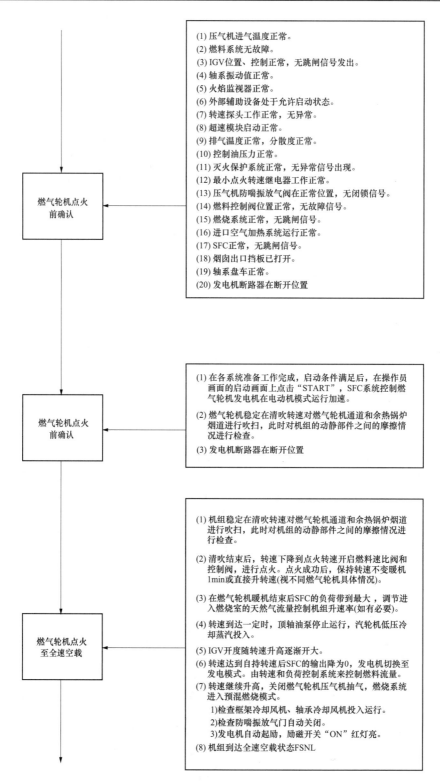

图 4-1　燃气-蒸汽联合循环整套启动主要流程（二）

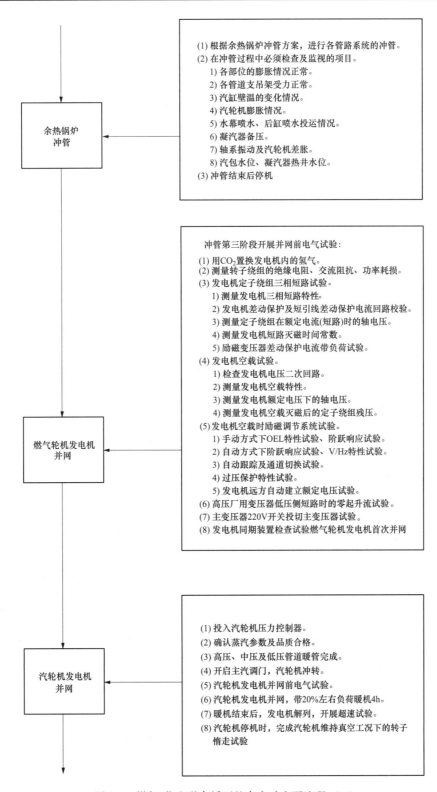

余热锅炉
冲管

(1) 根据余热锅炉冲管方案，进行各管路系统的冲管。
(2) 在冲管过程中必须检查及监视的项目。
　　1) 各部位的膨胀情况正常。
　　2) 各管道支吊架受力正常。
　　3) 汽缸壁温的变化情况。
　　4) 汽轮机膨胀情况。
　　5) 水幕喷水、后缸喷水投运情况。
　　6) 凝汽器备压。
　　7) 轴系振动及汽轮机差胀。
　　8) 汽包水位、凝汽器热井水位。
(3) 冲管结束后停机

燃气轮机发电机
并网

冲管第三阶段开展并网前电气试验：
(1) 用 CO_2 置换发电机内的氢气。
(2) 测量转子绕组的绝缘电阻、交流阻抗、功率耗损。
(3) 发电机定子绕组三相短路试验。
　　1) 测量发电机三相短路特性。
　　2) 发电机差动保护及短引线差动保护电流回路校验。
　　3) 测量定子绕组在额定电流(短路)时的轴电压。
　　4) 测量发电机短路灭磁时间常数。
　　5) 励磁变压器差动保护电流带负荷试验。
(4) 发电机空载试验。
　　1) 检查发电机电压二次回路。
　　2) 测量发电机空载特性。
　　3) 测量发电机额定电压下的轴电压。
　　4) 测量发电机空载灭磁后的定子绕组残压。
(5) 发电机空载时励磁调节系统试验。
　　1) 手动方式下OEL特性试验、阶跃响应试验。
　　2) 自动方式下阶跃响应试验、V/Hz特性试验。
　　3) 自动跟踪及通道切换试验。
　　4) 过压保护特性试验。
　　5) 发电机远方自动建立额定电压试验。
(6) 高压厂用变压器低压侧短路时的零起升流试验。
(7) 主变压器220V开关投切主变压器试验。
(8) 发电机同期装置检查试验燃气轮机发电机首次并网

汽轮机发电机
并网

(1) 投入汽轮机压力控制器。
(2) 确认蒸汽参数及品质合格。
(3) 高压、中压及低压管道暖管完成。
(4) 开启主汽调门，汽轮机冲转。
(5) 汽轮机发电机并网前电气试验。
(6) 汽轮机发电机并网，带20%左右负荷暖机4h。
(7) 暖机结束后，发电机解列，开展超速试验。
(8) 汽轮机停机时，完成汽轮机维持真空工况下的转子
　　惰走试验

图 4-1　燃气-蒸汽联合循环整套启动主要流程（三）

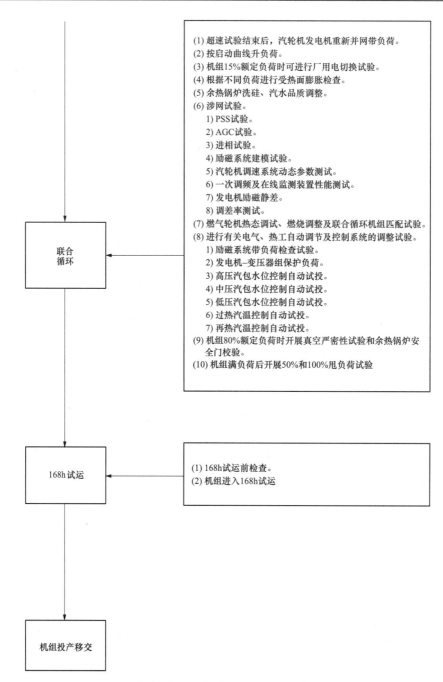

(1) 超速试验结束后，汽轮机发电机重新并网带负荷。
(2) 按启动曲线升负荷。
(3) 机组15%额定负荷时可进行厂用电切换试验。
(4) 根据不同负荷进行受热面膨胀检查。
(5) 余热锅炉洗硅、汽水品质调整。
(6) 涉网试验。
  1) PSS试验。
  2) AGC试验。
  3) 进相试验。
  4) 励磁系统建模试验。
  5) 汽轮机调速系统动态参数测试。
  6) 一次调频及在线监测装置性能测试。
  7) 发电机励磁静差。
  8) 调差率测试。
(7) 燃气轮机热态调试、燃烧调整及联合循环机组匹配试验。
(8) 进行有关电气、热工自动调节及控制系统的调整试验。
  1) 励磁系统带负荷检查试验。
  2) 发电机–变压器组保护负荷。
  3) 高压汽包水位控制自动试投。
  4) 中压汽包水位控制自动试投。
  5) 低压汽包水位控制自动试投。
  6) 过热汽温控制自动试投。
  7) 再热汽温控制自动试投。
(9) 机组80%额定负荷时开展真空严密性试验和余热锅炉安全门校验。
(10) 机组满负荷后开展50%和100%甩负荷试验

联合循环

168h试运

(1) 168h试运前检查。
(2) 机组进入168h试运

机组投产移交

图 4-1　燃气-蒸汽联合循环整套启动主要流程（四）

第二节　燃气轮机、汽轮机整套启动

一、调试范围及内容

（1）燃气轮机冷、热态启动试验，各项调整试验，包括燃气轮机盘车、冷拖、点火、升速、全速空载及并网试验。

（2）燃气轮机低负荷燃烧排放试验。

（3）燃气轮机全速空载试验（包括超速试验、手动/自动停机保护试验等）。

（4）配合余热锅炉和汽轮机热力系统吹扫调试（余热锅炉冲管）。

（5）燃气轮机停运试验调整（减负荷、辅机和各系统的切换、解列、转子惰走、盘车自动投入等）。

（6）燃气轮发电机组轴承及转子振动测量。

（7）变负荷特性试验。

（8）燃气轮机加载、预选负荷及满负荷试验（一般选空负荷、30％负荷、50％负荷、75％负荷、100％负荷）。

（9）燃气轮机温度匹配过程试验。

（10）燃气轮机满负荷试验。

（11）压气机抽气、进气系统调试。

（12）燃气轮机离线/在线水洗试验。

（13）完成烟气排放测试系统试验。

（14）各油、水、气系统温度和压力自动控制调试。

（15）各辅机设备主、备切换试验。

（16）点火系统及火焰观察系统试验。

（17）天然气燃料供应系统稳定性试验。

（18）天然气燃料调压阀系统稳定性以及调压站单元切换试验。

（19）防喘阀工作过程试验。

（20）变频启动装置工作过程试验。

（21）燃气轮机甩负荷试验。

（22）168h 试运。

二、主要调试内容及注意事项

（一）燃气轮机启动前的检查项目

1. 润滑油系统 MBV

（1）检查润滑油箱中润滑油回油滤器的洁净程度。

（2）查看管道法兰盘及结合处，确保安装正确且无泄漏。

（3）测试润滑油泵，检查异常振动、噪声及耗功。在一台抽油烟风机运行时润滑油箱中油压应维持在 20～40mm Hg。

（4）检查确保压力传感器仪表上游的遮断阀打开，而检查接头处的遮断阀必须关闭（此准则适用于压力开关和压力传感器上游的阀门）。

2. 进气系统 MBL

（1）若更换过滤网装置，需要检查确保安装正确，确认电机、泵推力轴承油脂和油位正常。

（2）检查过滤隔间中的防爆门，确保能够移动和密封。通道门也必须密封且关严。

（3）在滤网隔间清洁侧、进气金属管道处和压气机上游，不允许出现油漆损毁及形成腐蚀现象。在启机前，整个进气系统需要仔细检查。

（4）检查压气机挡板门，确保其功能正常。

3. 液压油系统 MBX

（1）检查蓄能器压力是否正确预充。

（2）检查过滤器的清洁。

（3）测试液压油泵。检查异常振动、噪声和耗功。

（4）检查确保压力传感器仪表上游的遮断阀打开。

4. 防喘放风系统 MBA

（1）检查空气压缩机（分别启动并检查停止压力）。

（2）检查储气罐内的空气压力。

（3）检查气动放风阀的开启与关闭功能，并记录响应时间。

（4）检查限位开关信号。

5. 燃气系统 MBP

（1）由于整个燃料气系统至燃烧器的压力测试十分困难，制造商建议使用燃气轮机的压气机来做泄漏试验。

（2）燃气轮机准备水洗模式。

（3）拿掉法兰盘的绝缘盖（用于检查泄漏完整性）。

（4）选择水洗模式，启动燃气轮机（通过 SFC）。

（5）以上几步完成后，空气在微弱的压力下从压气机沿着相反方向流入燃料气系统。任何泄漏位置可以通过泄漏监测喷雾器或肥皂水来确定。

（6）关闭水洗程序，检查以下项目：

1）检查燃料气过滤器的清洁程度与完整性。

2）检查确保压力传感器仪表上游的遮断阀打开。

3）检查确保燃料气闭锁功能激活（放散阀必须打开，遮断和控制阀必须关闭，球阀也必须关闭）。

4）燃料气遮断阀上游的燃气压力运行值检查。

（二）燃气轮机启动前功能测试

1. 润滑油

（1）启动主油泵，检查润滑油压力的上升情况。

（2）停主油泵，启动辅助油泵，检查润滑油压力的上升情况。

（3）停辅助油泵，启动紧急油泵，在测试结束时关闭泵。

（4）启动主顶轴油泵，检查顶轴油油压的上升情况。停主顶轴油泵，启动紧急顶轴油泵。在测试结束时关闭泵。

（5）盘车啮合阀"打开"或"关闭"命令，检查限位开关的响应。

2. 进气挡板门

（1）给压气机进气挡板门"打开"命令，检查限位开关的响应。

（2）关闭压气机挡板门。

3. 防喘放风系统

各个阀门试开试关。

4. IGV/CV1 系统

检查 IGV/CV1 系统在手动模式下能够通过手动命令自由动作。检查后，IGV/CV1 系统必须处于关闭位置，重置为自动模式。

5. 液压油

启动一台泵，检查油压的上升情况。停用先前启动的泵，启动另外一台泵，并检查油压的上升情况。

6. 燃气系统

给天然气遮断阀"打开"命令（经过一定时间延迟后，遮断阀自动关闭），检查限位开关的响应。

（三）燃气轮机启动

1. 燃气轮机启动过程

（1）发电机和 SFC 预准备。

（2）启动锅炉吹扫。

（3）启动燃料选择和相关的顺控。

（4）设置与燃料选择有关的顺控。

（5）IGV/CV1 控制器激活。

（6）润滑油系统启动。

（7）液压油系统启动。

（8）空气干燥器关闭，打开进气挡板门。

（9）放风阀打开。

（10）RDS 系统激活。

（11）发电机励磁与同步。

2. 燃气轮机启动允许条件

（1）罩壳通风系统启动。

（2）盘车系统启动。

（3）润滑油系统准备。

（4）润滑油泵无报警信号。

（5）润滑油箱温度大于 35℃。

（6）无火灾跳机。

（7）无停止顺控（即自动停机）。

（8）冷却油系统准备。

（9）液压油系统准备。

（10）发电机冷却氢气压力大于 0.25MPa。

（11）冷却空气系统准备。

（12）气动空气压力正常。

（13）至少一个 IGV/CV1 插装阀可用。

（14）挡板门与防喘放风系统可用。

（15）安检门关闭。

（16）防爆门关闭。

（17）RDS 系统可用于燃气轮机启动。

（18）自动停机顺控完成并重置。

（19）火灾保护系统允许投入。

（20）燃料气闭锁（排放散阀打开，紧急遮断阀与控制阀关闭）。

（21）点火变压器 MBM12GT001 正常。

（22）BOP 或余热锅炉可以启动。

（23）选择 SFC 可以正常启动。

（24）转速传感器正常。

（25）无主警报信号。

（26）无来自 SIL 的跳机信号〔即，如果一个燃气轮机排气 TC(B/C) 为故障，不发出释放信号来启动〕。

（27）密封空气风扇传感器无故障。

（28）燃料气系统可用于启动。

（29）无燃料气阀报警信号。

（30）燃料气压力大于 2.46MPa。

（31）燃气系统就绪。

（32）燃料控制器燃料气正常。

（33）从 SIL 来禁止燃料气启动。

3. 燃气轮机启动顺控步骤

（1）复位燃气轮机报警。

（2）检查控制系统满足启动条件。

（3）打开进气挡板门，关闭空气干燥器，重置 SFC 盘车命令。

（4）启动润滑油顺控及盘车子组控制，启动液压油泵，IGV 控制打开。

（5）所有防喘放风阀打开。

（6）选择最小负荷，SFC 准备，启动功能激活。

（7）SFC 启动，清吹。

（8）启动燃料顺控。

（9）IGV/CV1 控制开启。

（四）燃气轮机超速试验

燃气轮机超速实际 3240r/min 动作（电超），为验证燃气轮机的超速过程能正确动作，将试验动作的值修改为 2400r/min，后进行两次实际验证。

如果两次动作正常，说明机组超速成功，定值修改回 3240r/min。超速试验步骤：

（1）检查 SFC、励磁系统正常，按电气规程要求投入发变组保护，无报警。

（2）进入 TCS 中"主"画面，查看燃气轮机具备启动条件，除"sfc 模式""sfc 重启""sfc 1/2 保护停"外应为绿色。

（3）进入 TCS 中"跳闸分析"画面，查看燃气轮机报警条件，均无报警。

（4）在 TCS"发电机励磁和同步"画面上选择"sfc1/2"，然后选择"正常"，最后点击"操作"。

（5）燃气轮机开始走顺控，先做润滑油试验，RDS 和控制油试验，盘车啮合脱开，SFC 工作。

（6）检查中压、低压防喘放气阀开启。

（7）检查燃气轮机振动、各瓦温和供回油温度正常，就地无异声。

（8）燃气轮机 690～810r/min 清吹 10min，之后降速至点火转速（210r/min）。

（9）燃气轮机点火，检查火检。

（10）燃气轮机点火后注意监视燃气轮机排气温度的变化值和偏差值，注意监视机组振动。

（11）检查燃气轮机本体及燃气管道无泄漏现象，排气道及锅炉烟道无烟气泄漏。

（12）燃气轮机转速 1500r/min，检查顶轴油退出运行，燃气轮机转速平稳上升。

（13）燃气轮机转速 2100r/min，检查 SFC 退出运行，燃气轮机转速平稳上升。

（14）检查燃气轮机振动、瓦温和供回油温度正常，及发电机油氢水系统参数。

（15）燃气轮机转速到达 2400r/min，触发超速停机。如果超速停机不动作，进行手动打闸，查找原因后方可再次进行试验。

（五）燃气轮机带负荷

燃气轮机定速 3000r/min 后，进行电气相关试验，试验完成后，进行并网带负荷。

（1）励磁启动。

（2）投入自动同期装置。

（3）选择同期点。

（4）选择 GCB。

（5）复归手动同步表。

（6）复归自动准同期装置。

（7）发电机 GCB 合闸。

（8）高电压 CB 合闸。

（9）燃气轮机升负荷。

（10）IGV 随着燃气轮机排烟温度、负荷升高而逐渐打开至全开位。

（六）燃气轮机停机顺控

停机顺控由操作员或由安全系统（燃气轮机保护停机或跳机）自动触发，通过"停机"命令来激活。停机顺控应当包含以下过程：

（1）燃气轮机降负荷。

（2）如果启动故障，则启动停机顺控。

（3）关闭锅炉吹扫（锅炉吹扫期间停机触发）。

（4）发电机脱网。

（5）关闭燃料供应。

（6）IGV 控制器关闭。

（7）液压系统关闭。

（8）盘车运行启动（润滑油和盘车程序启动）。

（七）燃气轮机冷却

在燃气轮机停机或跳机后，为了避免缸体和转子发生热畸变，转子必须通过盘车齿轮低速运行，来使叶轮中有均匀低流量的气流流过。这个过程称为冷却盘车过程（由 BHS 盘车顺控激活），必须维持 24h。之后，盘车齿轮关闭，燃气轮机正常停机（转速为 0r/min）；这样的冷却过程能够确保燃气轮机轴不发生热畸变。

在较长时间停机后，转子会在正常间隔（每 6h）短暂盘车，以检查盘车的正常运行，这个过程称为间断盘车。

注意：在正常冷却盘车过程中，燃气轮机可以在任何时候重新启动，不会发生损坏，包括燃气轮机在达到完全静止之前。

（八）汽轮机启动前的检查项目

（1）除盐水系统投用正常。

（2）循环水系统投用，一台循环水泵运行，一台作备用。

（3）闭式冷却水系统、开式冷却水系统投用正常。

（4）凝汽器水位 800mm，补水调门投自动，水位计就地远方指示一致。凝结水泵状态正常，联锁投入。

（5）轴封加热器系统阀门状态正常，轴封风机状态正常。

（6）真空系统投运正常。

（7）检查汽轮机盘车已连续投入（12h），运行正常。

（8）汽轮机润滑油压力、温度正常。

（9）汽轮机轴向位移、振动正常。

（10）汽轮机主汽管道及本体疏水手动门开启，气动门关闭。

（11）确认汽轮机润滑油压力正常，控制油系统运行正常。

（12）检查机组所有热控仪表（压力测点一、二次手动门等）及电气仪表投入正常。

（13）高压转子平均温度小于 50℃，机组启动采用室温启动方式进行；温度在 50～150℃采用冷态启动；停机时间 48h 内，采用温态启动方式；停机时间 8h 内，采用热态启动方式。

（14）检查低压缸喷水和凝汽器水幕喷水阀状态正常。

（15）确认无影响汽轮机启动的报警。

（16）检查高排通风阀状态正常。

（17）确认高、中、低压汽包水质合格。

（18）根据汽轮机启动曲线调整合适的冲转参数。

（19）汽轮机主汽管道暖管充分，高、中、低压旁路自动投入正常。

（九）汽轮机启动

（1）确认高中低压主门、调门及高排止回门关闭状态。

（2）投入汽轮机压力控制器。

（3）确认汽轮机不在临界区。

（4）确认辅助系统、蒸汽参数合格。

（5）确认汽轮机暖管完成。

（6）开启主汽门。

（7）最后确认冲转条件满足。

（8）升速到暖机转速。

（9）复位蒸汽品质确认按钮。

（10）保持暖机转速，暖机结束后，释放额定转速。

（11）暖机结束，加速到同步转速。

（12）复位额定转速释放按钮。

（13）同步并网。

（14）解除控制器输出限制。

（15）确认高压旁路关闭。

（16）启动初压模式。

（十）汽轮机启动后检查

全面检查机组参数：

（1）对系统进行全面检查，有无漏汽、漏油。

（2）汽轮机升速过程中应检查的项目。

（3）汽轮发电机各转动部分无异常声音。

（4）各轴承金属温度及回油温度正常，根据回油温度投用冷油器。

（5）低压缸排汽温度小于 80℃。

（6）发电机水系统和主机 EH 油系统各参数在正常范围内。

（7）汽轮机 TSI 装置指示的各参数正常。

（8）凝汽器、低压汽包、轴加水位正常。

（9）凝结水泵、给水泵等各辅机运行正常。

（十一）汽轮机相关试验

1. OPC 试验

汽轮机处于额定转速且未并网前，点击"汽轮机总貌"中"OPC 试验"按钮，转速控制器自动加载设定值 51.6Hz，汽轮机朝目标值升速，当转速超过 3090r/min 的瞬间调门快关，同时转速控制器自动加载设定值 50Hz，重新控制汽轮机在额定转速。

2. 超速试验

汽轮机处于额定转速且未并网前，点击"汽轮机总貌"中"超速试验"按钮，转速控制器自动加载设定值 56.5Hz，汽轮机朝目标值升速，当转速超过 3300r/min 的瞬间，超速保护装置动作，汽轮机遮断。（注：试验进行时会自动屏蔽 OPC 功能）

3. 主汽门、调门严密性试验

汽轮机处于额定转速且未并网前，点击"汽轮机总貌"中"调门严密性试验"或"主汽门严密性试验"按钮，高中调门或高中主门会关闭，汽轮机转速下降，待试验成功后需运行人员手动遮断汽轮机。

4. 主汽门活动性试验

汽轮机并网后且功率小于 70％时，点击"汽轮机总貌"中主汽门的"活动测试"按钮，主汽门将在很短的时间（毫秒级）内关闭一定开度然后马上打开。

5. 调门活动性试验

汽轮机并网后且高中调门全开时，通过汽轮机控制画面中"高调门阀限"或"中调门阀限"手动减小阀限值来测试调门的活动性，测试完成后需重新设定回 105％。

6. 真空严密性试验

（1）汽轮机真空严密性试验：汽轮机加载 80％的额定负荷运行一段时间后，为检查真空系统严密性，应进行真空严密性试验。

（2）试验步骤：

1）解除真空泵备用联锁保护。

2）停运行真空泵，关门，试验开始计时。

3）试验共进行 8min。

4）记录每分钟真空值，后缸排汽温度，机组负荷。

5）取后 5 min 数据，计算真空下降率平均值为试验结果。

6）试验完毕后，开启真空泵入口阀（必要时可启动备用真空泵）。

7）试验标准：真空严密性小于 0.2kPa/min。

8）试验过程中如果真空下降率大于 1kPa/min 应立即终止试验。

（十二）汽轮机停机

（1）切除除压模式。

（2）降负荷主汽门关闭。

（3）等待高压调门冷却。

三、整套系统试运主要控制项目及注意事项

1. 系统投运注意事项

（1）厂内天然气管线气体置换工作，可根据系统实际情况采用分段置换或总体置换，在燃气轮机燃料入口处连续测量天然气浓度合格后，系统应缓慢升压。

（2）天然气系统置换天然气完成后，应进行定期的系统巡检查漏工作。

（3）冬季工况下，露天布置的天然气系统应根据环境温度按设计要求投入伴热或加热装置。

（4）进气排气系统隔离挡板不宜在燃气轮机启动前过早开启。

（5）闭式冷却水系统投运后，水质应满足燃气轮机系统要求。

（6）机组首次启动前，燃气轮机转子连续盘车应不少于 24h。

2. 空负荷试运主要监控参数

（1）压气机出口压力及温度、燃气轮机本体温度、透平排气温度及分散度。

（2）机组通过临界转速、额定转速、燃烧模式切换时的轴系振动值。

（3）燃气轮机燃烧脉动。

（4）轴向位移。

（5）润滑油温度、压力。

（6）机组轴承金属温度。

（7）IGV 开度。

（8）燃料调节阀开度。

（9）燃料量。

（10）余热锅炉升温升压速率。

（11）旁路阀门开度、减温水流量。

（12）单轴布置刚性连接的联合循环机组汽轮机低压缸排汽温度。

3. 空负荷阶段应进行的试验

（1）燃气轮机打闸试验。

（2）润滑油压调整试验。

（3）备用油泵在线启动试验。

（4）失去火焰等其他保护信号跳闸试验。

（5）调节控制系统空负荷特性检查。

（6）电气超速保护通道试验。

（7）燃气轮机超速试验。

（8）配合完成空负荷下燃烧调整试验。

（9）配合电气、锅炉专业完成相关试验。

（10）配合热控专业投入各自动控制系统并完成其调整试验。

（11）燃气轮机惰走试验：首次正常停机时，测取转子的惰走曲线。

（12）燃气轮机冷、热态启动试验，记录相关参数。

4. 带负荷试运主要监控参数

（1）压气机出口压力及温度、燃气轮机本体温度、透平排气温度及分散度。

（2）不同负荷下的轴系振动。

（3）燃气轮机燃烧脉动。

（4）燃气轮机氮氧化物排放指标。

（5）轴向位移。

（6）机组轴承金属温度。

（7）轴承润滑油进油温度、压力，回油温度。

（8）IGV 开度。

（9）燃料调节阀开度。

（10）燃料量。

（11）机组负荷及负荷变化率。

（12）进气系统滤网差压。

（13）低温高湿度环境下应检查进气系统内抽气加热装置投入状态及投入后参数。

（14）余热锅炉升温升压速率。

（15）燃气轮机并网，联合循环汽轮机启动后空负荷试运时的主要控制参数，按 DL/T 863《汽轮机启动调试导则》执行。

（16）联合循环汽轮机带负荷试运的主要监控参数，按 DL/T 863《汽轮机启动调试导则》执行。

5. 带负荷阶段应进行的试验

（1）燃气轮机燃烧调整试验。

（2）配合热控专业投入各自动控制系统并完成其调整试验。

（3）配合热控专业进行机组变负荷试验。

（4）配合热控专业进行机组快速减负荷试验。

（5）燃气轮机及其调节控制系统参数测试（涉网试验项目）。

（6）配合热控和电气专业完成其他涉网试验项目。

（7）按照 DL/T 1270《火力发电建设工程机组甩负荷试验导则》进行机组甩负荷试验。

（8）联合循环机组的汽轮机带负荷试运按照 DL/T 863《汽轮机启动调试导则》执行。

(9) 联合循环机组汽轮机完成低压蒸汽投退试验。

6. 燃气轮机及联合循环机组满负荷试运条件

(1) 燃气轮机运行已进入温控模式，负荷已达到当前环境下基本负荷。

(2) 热控保护投入率100%。

(3) 热控自动装置投入率不小于95%，热控协调控制系统已投入，且调节品质基本达到设计要求。

(4) 热控测点/仪表投入率不小于98%，指示正确率分别不小于97%。

(5) 电气保护投入率100%。

(6) 电气自动装置投入率100%。

(7) 电气测点/仪表投入率不小于98%，指示正确率分别不小于97%。

(8) 满负荷试运进入条件已经过各方检查确认签证、试运总指挥批准。

(9) 连续满负荷试运已报请调度部门同意。

(10) 联合循环机组的余热锅炉脱硝系统已投运。

7. 满负荷阶段应进行的试验

发电机漏氢试验：试验时间应不少于24h，记录试验开始和结束时发电机内氢气压力、温度、大气压力，以及真空油箱真空、温度，根据设备供货商给定的计算公式计算发电机漏氢量。在无合同规定值时，发电机漏氢量应满足调试相关验收及评价标准的要求。

8. 满负荷试运结束的条件

(1) 机组保持连续运行。对于300MW及以上的机组，应连续完成168h满负荷试运行；对于300MW以下的机组一般分72h和24h两个阶段进行，连续完成72h满负荷试运行后，停机进行全面的检查和消缺，消缺完成后再开机，连续完成24h满负荷试运行，如无必须停机消除的缺陷，亦可连续运行96h。

(2) 机组满负荷试运期的平均负荷率不小于90%额定负荷。

(3) 热控保护投入率100%。

(4) 热控自动装置投入率不小于95%，热控协调控制系统投入，且调节品质基本达到设计要求。

(5) 热控测点/仪表投入率不小于99%，指示正确率分别不小于98%。

(6) 电气保护投入率100%。

(7) 电气自动装置投入率100%。

(8) 电气测点/仪表投入率不小于99%，指示正确率分别不小于98%。

(9) 联合循环机组汽水品质合格。

(10) 机组各系统均已全部试运，并能满足机组连续稳定运行的要求，机组整套启动试运调试质量验收签证已完成。

(11) 满负荷试运结束条件已经多方检查确认签证、试运总指挥批准。

第三节　余热锅炉整套启动

一、调试范围及内容

(1) 热工信号及报警系统动作检查试验。

（2）辅机联锁及保护试验。

（3）系统及辅机设备程控启、停检查试验。

（4）给水及减温水系统等分系统的投入及调整。

（5）疏水及排污系统热态调试。

（6）汽包水位热态校验和自动投用。

（7）余热锅炉冲管。

（8）配合厂家完成安全门热态校验。

（9）蒸汽/烟气系统严密性检查试验。

（10）余热锅炉受热面膨胀检查。

（11）余热利用系统参与试验。

（12）配合汽轮机和电气专业进行汽轮机试运。

（13）配合进行甩负荷试验（汽轮发电机组调节系统动态特性试验）。

（14）机组启动方式试验（冷、温、热、极热态启动）。

（15）整套顺控调试。

（16）168h 满负荷试运。

（17）配合化学专业进行洗硅运行，控制汽水品质。

（18）指导运行人员按启动方案及运行规程的要求进行升炉操作，控制升温升压速度，完成启动中有关工作。

二、主要调试内容及注意事项

1. 调试目的

通过对机组分部试转，整组启动参数调整试验后，检验和考验设备的制造、安装、设计和性能，并在设备的静态、动态运转过程中及时发现问题和解决问题，消除由于各种原因可能造成的设备和系统中存在的缺陷，逐步使主、辅机设备、系统达到额定工况下的设计出力，完成机组 168h 试运行，使机组能以安全、可靠、稳定的状态移交给电厂。

2. 调试范围

（1）第一阶段（空负荷试运）。

余热锅炉安全阀校验、配合汽轮机冲转、超速试验、协助完成汽轮发电机组、电气设备并网前的各项试验，机组首次并网。

（2）第二阶段（带负荷调试）。

机组带负荷运行，在此期间余热锅炉要完成各系统的热态调试和投运；完成余热锅炉热态冲洗、安全阀校验等各项工作；配合进行 MCS、CCS 等自动的投入、燃气轮机、汽轮机甩负荷试验等。

（3）第三阶段（168h 满负荷试运）。

按照 DL/T 5437《火力发电建设工程启动试运及验收规程》进行 168h 满负荷试运行工作，168h 满负荷试运行完成后，应对各项设备作一次全面检查，处理试运中发现的缺陷，缺陷处理完毕后，移交生产单位进入生产阶段。

3. 调试前应具备的条件

（1）余热锅炉酸洗阶段发现的缺陷已处理完毕。

（2）余热锅炉设备、系统全部按正常运行要求连接好。

（3）已准备好足够的化学除盐水。

（4）余热锅炉给水系统、减温水系统、疏水排污系统、厂用电及辅机等均已分部试运，调试结束，能满足余热锅炉满负荷运行的需要。

1）给水系统：高、中压给水泵调试完毕，有关信号及联锁保护投入，各阀门调试完毕。

2）减温水系统：高、中压过热蒸汽喷水减温系统，再热蒸汽喷水减温系统，高、低压旁路喷水减温系统及相关阀门，调节阀门的流量特性等调试完毕，可以投用。

3）疏水排污系统：各阀门调试完毕，有关信号及联锁保护投入，可以投用。

4）低省再循环泵：低省再循环泵已调试完毕，有关信号及联锁保护投入，各阀门调试完毕。

5）汽包云母水位计、电触点和水位变送器调试完毕，可以投用。

6）烟囱挡板门已调试完毕，可以投用。

7）余热锅炉汽水取样系统、加药系统调试完毕，可以投用。

8）辅助蒸汽系统调试完毕，可以投用。

9）余热锅炉各温度、压力、流量、液位测点可以投用。

10）余热锅炉及机、炉、电联锁保护试验合格。

11）余热锅炉安全门静态调试结束。

12）余热锅炉各金属温度、各膨胀指示器可以投用。

13）各人孔门完整良好。

（5）余热锅炉本体、辅助设备系统、厂房内外道路、楼梯等处照明良好，事故照明已可投入使用。

（6）热控系统等已基本调试完毕，自动控制系统（机组主控、汽包水位、汽温等）初始设定值经确认无误，辅汽切换等已调试完成，各辅机顺控模拟试验结束。

（7）化学监督工作能正常进行。

（8）余热锅炉房场地平整，现场清扫干净，道路畅通，扶梯、栏杆齐全牢固，设备及系统保温结束，试运行现场有明显的标志和分界，危险区已有围栏及警告标志。

（9）厂区/厂房内的消防设施、杂用水及生活水和卫生设施投入正常使用。

4. 调试工作内容及程序

（1）余热锅炉整套启动前应完成的试验。

1）余热锅炉辅机联锁、保护试验。

2）余热锅炉控制系统各项联锁、保护试验。

3）工作压力下的水压试验。

4）余热锅炉酸洗，并通过验收。

5）余热锅炉蒸汽吹管，并通过验收。

（2）余热锅炉上水及升温升压。

1）联系化水部门准备充足的除盐水，水质应符合 GB/T 12145《火力发电机组及蒸汽动力设备水汽质量》的规定。

2）启用工业水系统。

3）开启高压、中压给水泵，通过给水小旁路或调节阀控制上水速度。上水到一定程度后，启动再循环给水泵。

4）高、中、低压锅炉进水水位分别控制在高、中、低压汽包的启动水位。

5）参照对应锅炉制造厂锅炉运行说明书中的冷态启动曲线进行。

6）启动燃气轮机到定速 3000r/min，并且予以保持。同时开启临时门旁路及疏水系统，余热锅炉暖炉。

7）高压汽包压力升至 0.1～0.2MPa 时，关闭高压汽包空气门及高压过热器空气门，开启蒸汽管道疏水门、临时排汽门的旁路门进行暖管，暖管速度为 2～3℃/min，随着压力的升高，适当调整疏水门和临时排气门旁路门减少排汽。

8）中压汽包压力升至 0.1～0.2MPa 时，关闭中压汽包空气门及中压过热器空气门，开启蒸汽管道疏水门、临时排汽门的旁路门进行暖管，暖管速度为 2～3℃/min，随着压力的升高，适当调整疏水门和临时排气门旁路门减少排汽。

9）低压汽包压力升至 0.05～0.1MPa 时，关闭低压汽包空气门及低压过热器空气门，开启蒸汽管道疏水门、临时排汽门的旁路门进行暖管，暖管速度为 1～2℃/min，随着压力的升高，适当调整疏水门和临时排气门旁路门减少排汽。

10）高压汽包压力升至 0.3～0.5MPa，中、低压汽包压力升至 0.1～0.2MPa 时，冲洗高、低压汽包双色水位计、压力表管道，施工单位人员热紧各部件螺丝，冲洗仪表管道，定排一次。

11）余热锅炉升压过程应经常检查各膨胀指示器，若发现有膨胀件卡住，应停止升压，待故障消除后再继续升压。

12）根据情况适当投入余热锅炉的连续排污系统。

（3）带负荷试运。

1）在机组启动前，开启循环水泵、开式冷却水泵、闭式冷却水泵、凝结水泵、高、中压给水泵等。

2）开启凝汽器抽真空系统。

3）辅助蒸汽具备轴封供汽和启动除氧供汽的条件。

4）启动燃气轮机到最小负荷状态（5%～10%满负荷）并且予以保持。

5）同时开启汽轮机旁路系统。

6）蒸汽参数达到汽轮机要求，汽轮机进汽，调整旁路阀。

7）燃气轮机通过 DCS 升负荷，根据相应的蒸汽参数，汽轮机升负荷。

8）高压系统在启动过程中应控制升温速率、升压速率。

9）开启各减温水门，调整减温水调整门，防止汽温超温。

10）配合热工投入各项自动，同时检查热工信号。

11）配合化水部门控制炉水及蒸汽品质，可以使用排污系统或疏水系统。

12）当机组升至 75%～80%额定负荷时，进行余热锅炉安全门校验。

（4）余热锅炉蒸汽严密性试验。

余热锅炉升压至工作压力进行蒸汽严密性试验时，应注意检查：

1）余热锅炉焊口、人孔和法兰的严密性；

2）余热锅炉附件和全部汽水阀门的严密性；

3）汽包、集箱、各受热面部件和余热锅炉范围内汽水管道的膨胀情况，以及支座、吊杆、吊架的受力、位移和伸缩情况是否正常，是否有妨碍膨胀之处；

4）余热锅炉蒸汽严密性试验的检查结果应详细记录。

配合机组进行其他各项试验。

根据 DL/T 5210.6《电力建设施工质量验收规程 第 6 部分：调整试验》的要求，在本阶段应做好余热锅炉各系统带负荷调试的记录，并按质量标准中优良的要求进行各项工作。

（5）机组满负荷试运行。

1）余热锅炉升温升压按要求执行，逐渐升负荷。

2）机组达到额定负荷，保持汽温、汽压稳定。

3）监视和调整水位，保持正常水位且均衡进水，水位控制在正常水位±50mm 以内。

4）在满负荷试运期间，所有辅助设备应投入运行并工作正常。

5）定期检查设备的运行情况，做好缺陷记录。

6）余热锅炉安全保护主要包括：高压、中压、低压汽包水位高保护，主蒸汽、再热蒸汽、低压蒸汽超压保护，主蒸汽、再热蒸汽、低压蒸汽超温保护，高压、中压给水泵轴承超温保护，汽水管路爆破及元件损坏，危及设备和人身安全，烟囱挡板全关，燃气轮机保护跳闸。

5.调试所用仪器设备

（1）存贮式数字测振仪。

（2）对讲机。

（3）多功能信号发生器（电流、电压、热电阻、热电偶）FLUKE 744。

（4）万用表 FLUKE 17B。

（5）红外线测温仪。

6.调试质量验收标准

（1）根据 DL/T 5210.6《电力建设施工质量验收规程 第 6 部分：调整试验》中有关余热锅炉整套启动的各项质量标准要求，全部检验项目合格率 100%，优良率 90% 以上。

（2）分部试运签证验收合格，满足机组整套启动要求。

（3）整个系统畅通，各环节无渗漏。

第四节 电气整套启动

一、调试范围及内容

（1）向电厂、施工等有关单位和参加启动试验的人员进行电气启动试验方案的技术交底。

（2）组织有关人员对电气一次系统和二次回路进行全面检查，协调各方完成试验所需的一切准备工作。

（3）进行发电机、变压器、厂用变压器的控制、信号、保护的传动试验。

（4）进行励磁系统开环、闭环静态模拟试验。

二、主要调试内容及注意事项

（一）启动过程安排及要求

电气系统启动及试验过程中，要求锅炉、燃气轮机停止所有试验项目，维持发电机组 3000r/min。当锅炉、燃气轮机出现异常情况时，应及时通知参加电气试验的人员，当发电机组维持不了 3000r/min 时，<u>应立即将发电机减磁，拉开发电机灭磁开关</u>，待恢复正常后方可继续试验。

（二）机组冲转前后转子交流阻抗试验

测量发电机在零转速、额定转速和燃气轮机超速试验后的交流阻抗及功率损耗，并做好记录。

（三）额定转速下的试验

1. 发电机 K1 点短路试验

（1）试验条件。

1）确认励磁输出与发电机转子间的连接已经恢复，施工人员已撤离。

2）确认发电机出口短路点 K1 短路排连接可靠，周围已隔离。

3）确认 6kV A 段母线的工作进线开关和 6kV B 段母线的工作进线开关均处于检修状态。

4）确认主变压器高压侧断路器在分位，主变压器高压侧出线隔离开关在分位。

5）确认发电机出口断路器系统（GCB）断路器、隔离开关在合位，其附属接地开关在分位。

6）确认 SFC 至发电机进线开关在分位。

7）安排人员严密监视发电机短路 K1 点发热情况。

8）试验过程中运行人员应监视发电机定冷水水温，氢温以及发电机铁心和线圈温度。

（2）试验目的。

1）录制发电机短路特性曲线，即发电机转子励磁电流与发电机定子电流的对应关系曲线。

2）利用一次侧短路电流检查发电机出口侧 TA、中性点侧 TA、GCB 下口 TA、GCB 上口 TA 等二次电流回路的完整性和正确性。

3）校验发电机差动电流回路向量的正确性。

（3）试验步骤。

1）检查 AVR 在就地位置，手动通道，手动方式输出为最低值，6kV 励磁变压器高压试验电源开关送至工作位置，并合上。合上发电机励磁开关，缓慢升高发电机二次电流约 50mA，检查各电流回路无开路，记录数据。

2）升流过程中现场应有安装电气人员监视 K1 短路点发热情况，同时若发现电流回路二次开路、有火花放电声、电流不平稳、三相相位差较大、测量数值相间相差很大等情况时，均应立即灭磁，查明原因。

3）检查保护及测量回路电流幅值及相位是否和实际一致并且在 DCS 画面观察转子电流，电压及定子电流是否正确。

4）检查一切正常后，测录发电机短路特性上升和下降曲线，先做上升，再做下降。短路试验时升流最高至发电机的额定电流。升流过程中运行人员要密切观察发电机各点的温度及机组运行情况，如有异常，立刻通知试验人员降低电流至最小值，断开灭磁开关，查明原因，处理完成后才能继续试验。

5）测量的数值与发电机出厂试验数值比较，应在测量误差范围以内。

6）试验结束后，将励磁降到最小位置，断开灭磁开关，再拉开 6kV 励磁变压器高压侧试验电源开关，并放在试验位置。

7）在发电机出口 TV 高压侧挂一组接地线，拆除 K1 点短路排。

2.6kV 厂用 K2 分支短路试验

（1）试验条件。

1）确认 K1 点短路排已拆除，封闭母线已恢复。

2）确认 6kV 工作进线短路小车已放置在工作位。

3）确认主变压器高压侧断路器在分位，主变压器高压侧出线开关在分位。

4）确认主变压器风冷系统已投用。

5）确认 GCB 开关、隔离开关在合位，其附属接地开关在分位。

6）确认 SFC 至发电机进线开关在分位。

（2）试验目的。

1）利用一次侧短路电流检查发电机中性点、出线、封闭母线 TA，高压厂用变压器高压、低压侧 TA 二次电流回路的完整性和正确性。

2）发电机中性点、出线、封闭母线 TA，高压厂用变压器高压、低压侧 TA 的二次电流接入继电保护装置、测量仪表等二次回路完好性与正确性。

3）校验高压厂用变压器差动和主变压器差动（发电机侧和厂用变压器侧）电流回路向量的正确性。

（3）试验步骤。

1）检查 AVR 在就地位置，手动通道，手动方式输出为最低值；6kV 励磁变压器高压试验电源开关送至工作位置，并合上。

2）合上发电机励磁开关，缓慢升高发电机侧 TA 二次电流约 50mA（以满足保护校验为准）。同时检查发电机中性点、出线、封闭母线 TA，高压厂用变压器高压、低压侧 TA 的二次电流的幅值和相位，并检查高压厂用变压器差动和主变压器差动保护电流回路向量关系的正确性，如二次电流不满足保护装置采样要求可升高发电机电流。

3）试验结束后，将励磁降到最小位置，断开灭磁开关，再拉开 6kV 励磁变压器高压试验电源开关，并送至试验位。

4）拉出 6kV 工作电源进线 K2 短路点短路小车。

5）把 6kV 工作电源进线开关送至检修位置。

3.发电机空载特性试验

（1）试验条件。

1）确认短路试验时所有的短路点已拆除完毕，人员均已撤出。

2）确认主变压器高压侧断路器在分位，主变压器高压侧出线隔离开关在分位。

3）确认 GCB 断路器、隔离开关及其附属接地开关在断开状态。

4）确认 SFC 至发电机进线开关在分位。

5）确认发电机出口 TV 已投入运行，一次熔丝完好。

6）发电机过电压保护整定至 1.2 倍，0s。

（2）试验目的。

1）录制发电机空载特性曲线，即发电机转子励磁电流与发电机出口电压的对应关系曲线，与制造厂出厂数据比较，判断机组是否正常。

2）发电机出口电压升至额定值，利用一次电压检查 TV 二次电压回路的完整性及其相序的正确性；同时用发电机端电压检查继电保护装置、自动装置、测量仪表等二次回路完好性与正确性。

3）测录发电机灭磁时间常数和残压。

4）测量发电机轴电压。

（3）试验步骤。

1）检查 AVR 在就地位置，手动通道，手动方式输出为最低值；6kV 励磁变压器高压试验电源开关送至工作位置，并合上。

2）合上发电机励磁开关，缓慢升高发电机出口 TV 二次线电压约 20V。检查发电机出口 TV 至各装置的二次电压正确无短路，检查各二次电压回路的幅值和相位并测量发电机的轴电压和三次谐波电压。

3）继续升压至 100% 额定电压，拉开灭磁开关，测录发电机灭磁时间常数和残压。

4）合上发电机励磁开关，测录发电机空载特性上升和下降曲线，先做上升，再做下降。试验时电压最高升至发电机的额定电压 1.05 倍。

5）测量的数值与发电机出厂试验数值比较，应在测量误差范围以内。

6）试验结束，减励磁电流最低，断开灭磁开关。

7）断开 6kV 励磁变压器试验电源开关。

4. 空载期间的励磁试验

（1）调节器手动通道零起升压试验。

（2）手动通道参数调整。

（3）自动电压调节（AVR）通道零起升压。

（4）AVR 通道阶跃试验。

（5）AVR 通道电压/频率限制试验。

（6）AVR 通道切换试验。

5. 发电机-变压器组 K3 点短路试验

（1）试验条件。

1）确认升压站内无关 K3 点短路试验的电流回路已隔离。

2）确认主变压器Ⅰ母隔离开关、主变Ⅱ母隔离开关在分位。

3）确认主变压器高压侧断路器在合位，主变压器高压侧出线隔离开关在合位。

4）确认主变压器侧接地开关在分位。

5）确认母线侧接地开关在合位。

6）确认"励磁调节器 AVR 并网信号"及"燃气轮机 TCS 并网信号"接线已拆除。

（2）试验目的。

1）利用一次侧短路电流检查发电机出口侧、中性点侧 TA 二次电流回路、GCB 两侧 TA 二次电流回路、主变压器高压侧套管 TA 二次电流回路、220kV 升压站内主变压器间隔 TA 二次电流回路的完整性及其相序、相位的正确性。

2）在不同地点检查发电机所有 TA 二次电流、主变压器高压侧套管 TA 二次电流、升压站内主变压器间隔 TA 二次电流接入继电保护装置、励磁装置、测量仪表、计量等二次回路完好性与正确性。

3）校验主变压器差动（发电机侧和主变压器高压侧）电流回路向量的正确性。

（3）试验步骤。

1）检查 AVR 在就地位置，手动通道，手动方式输出为最低值，6kV 励磁变压器高压试验电源开关送至工作位置，并合上。合上发电机励磁开关，缓慢升高发电机电流，检查各电流回路无开路，记录数据。

2）升流过程中现场应有安装电气人员监视 K3 短路点（接地开关或短路线）发热情况，同时若发现电流回路二次开路、有火花放电声、电流不平稳、三相相位差较大，测量数值相间相差很大等情况时，均应立即灭磁，查明原因。

3）检查保护及测量回路电流幅值及相位是否和实际一致并且在 DCS 画面观察转子电流，电压及定子电流是否正确。

4）试验结束后，将励磁降到最小位置，断开灭磁开关，再拉开 6kV 励磁变压器高压侧试验电源开关，并放在试验位置。

5）在发电机出口 TV 高压侧挂一组接地线，拆除励磁变压器至 6kV 的临时电源试验接线，恢复励磁变压器高压侧接线。

6. 发电机-变压器组零起升压试验

（1）试验条件。

1）确认主变压器高压侧出线开关在分位。

2）确认主变压器高压侧断路器在分位。

3）确认 GCB 断路器、隔离开关均在合位。

4）确认发电机出口 TV、主变压器低压侧 TV、高压厂用变压器工作进线 TV 已投入运行。

5）确认 6kV A 段母线的工作进线开关和 6kV B 段母线的工作进线开关均处于检修状态。

6）确认"励磁调节器 AVR 并网信号"及"燃气轮机 TCS 并网信号"接线已拆除。

7）确认励磁变压器高压侧与发电机软连接已恢复。

（2）试验目的。

1）检查二次同期电压回路。

2）核对 GCB 同期。

（3）试验步骤。

1）合上发电机励磁开关，发电机-变压器组零起升压至 100％ 额定电压。测量各 TV 二次回路电压幅值、相序，并对相关 TV 二次电压进行核相检查。

2）对同期装置系统侧电压、待并侧电压进行同电源核相检查，启动同期装置检查在同期装置显示情况，检查结果应正确。

3）升压过程中发电机及主变压器、高压厂用变压器附近应有专人观察情况，发现异常情况应立即通知操作人员拉开灭磁开关。

4）试验结束，减励磁电流最低，断开灭磁开关。

5）按调度要求恢复升压站至相应状态。

7. 假同期试验

（1）试验条件。

1）确认"励磁调节器 AVR 并网信号"及"燃气轮机 TCS 并网信号"接线已拆除。

2）确认主变压器由系统供电（按调度要求摆运行方式）。

3）确认 GCB 隔离开关在分位，并在 TCS 逻辑中临时模拟其在合位。

4）确认 GCB 接地开关在分位。

5）检查 GCB 断路器在分位，送上其操作电源、储能电源。

6）投入发电机 TV 二次空开，投入主变压器低压侧 TV 二次空开。

（2）试验目的。

检查 GCB 开关在 TCS 组态逻辑、同期装置、同期电压回路、调速、调压回路、合闸回路的正确性、完好性。

（3）试验步骤。

1）合上发电机励磁开关，起励升压至额定电压附近。

2）运行人员通过 TCS 画面选择同期装置上电，发电机自动准同期装置上电，待收到 TCS 允许同期信号，运行人员启动发电机自动准同期装置。

3）观测同期装置 Δf、ΔU、同步表的变化情况，当同步表的指针指向接近 12 点时，同期装置同步检查继电器应动作，同期输出触点应导通，同时检查合闸脉冲宽度。

4）通过 TCS 手动降低发电机转速至同期闭锁，此时增速继电器应动作，发增速指令至 TCS。当 Δf 小于设定值时，频差闭锁解除，并确认增速脉冲宽度符合 TCS 调节特性并记录。

5）通过 TCS 手动增加发电机转速至同期闭锁，此时降速继电器应动作，发降速指令至 TCS。

6）当 Δf 小于设定值时，频率差闭锁解除，并确认减速脉冲宽度符合 TCS 调节特性并记录。

7）在 TCS 画面上手动降低发电机电压至同期闭锁，此时升压继电器应动作，发出信号使励磁系统将发电机电压升高，并确认升压脉冲宽度符合 AVR 调节特性并记录。

8）在 TCS 画面上手动升高发电机电压至同期闭锁，此时降压继电器应动作，发出信号使励磁系统将发电机电压降低，并确认降压脉冲宽度符合 AVR 调节特性并记录。

9）在 TCS 画面"退出同期"。

10）在 TCS 画面上选择"同期装置上电"，使待并侧电压、系统侧电压切入同期装置，待并侧电压、系统侧电压显示正确，在收到"TCS 允许同期信号"后"启动同期"。当同期合闸条件满足时，合上 GCB 开关。

11）试验结束后分开 GCB 开关。

12）试验结束后向调度汇报假同期试验完成并恢复。

8. 并网试验

（1）试验条件。

1）确认 1 号主变压器由系统供电（按调度要求摆运行方式）。

2）确认 GCB 隔离开关在合位。

3）检查 GCB 断路器在分闸位置，送上其操作电源、储能电源。

4）确认试验前临时拆除的接线已恢复（或者解除强制）。

5）当值值长向调度汇报：并网前电气试验已全部结束，机组已具备并网条件。调度同意并网请求后，开始并网操作。

6）确认发电机-变压器组保护中方向性保护未投入，待机组并网且测量正确后方可投入。

（2）试验步骤。

1）合上灭磁开关，起励发电机升至额定电压。

2）调试人员通知各相关专业发电机准备并网。

3）发电机-变压器组系统无报警、异常后在 TCS 画面启动同期，由自动准同期装置完成断路器并网操作。

4）发电机-变压器组并网后试验。

a. 发电机、变压器保护及测量装置向量测定。

b. 励磁调节器并网后试验。

c. 测量发电机满负荷下轴电压。

d. 检查定子接地保护。

e. 监视并记录机组不同负荷下各参数及设备运行情况：①发电机-变压器组各电气参数；②发电机各线棒温度、定子铁心温度；③发电机在线绝缘过热检查装置；④记录不同试验阶段发电量、送出电量、厂用电量；⑤在不同负荷下定期对主设备温度测量记录（发电机、主变压器、高压厂用变压器、励磁柜、封闭母线、断路器等）。

5）对各变压器进行试运检查。

6）对电气各自动装置定期巡视检查（厂用电快切装置、励磁调节器，故障录波器、UPS、直流系统、NCS 测控柜）。

7）6kV 厂用电核相、厂用电切换试验。

将 6kV A 段工作电源进线开关拉出，在 6kV A 段工作电源进线开关柜内上、下桩头进行一次核相，正确后将 6kV A 段工作电源进线开关转热备用状态，利用厂用电快切装置对 6kV A 段进行切换。6kV B 段方法相同。

第五节　整套启动调试作业程序

机组整套启动试运阶段，调试单位应负责组织整套启动试运条件检查确认（见表 4-1），整套启动和各项试验前调试、试验措施及安全交底（见表 4-2）并做好记录，组织完成各项试验，全面检查机组各系统的合理性和完整性，参加试运值班，监督和指导运行操作，做好试运记录，填写整套启动单位工程调试质量验收表（见表 4-3）及各系统整套启动试运验收签证表（见表 4-4），组织机组进入和结束满负荷试运条件检查确认，填写机组整套启动试运综合指标验收汇总表（见表 4-5）和 168h 满负荷试运验收签证表（见表 4-6），在试运完成后填写调试工程强制性条文学习记录（见表 4-7）及调试工程强制性条文实施记录（见表 4-8）。

表 4-1 整套启动试运条件检查确认表

序号	检查内容	检查结果	备注
结论	经检查确认，该系统已经具备试运条件，可以进行系统试运工作。		

施工单位代表（签字）：	年 月 日
调试单位代表（签字）：	年 月 日
总承包单位代表（签字）：	年 月 日
监理单位代表（签字）：	年 月 日
建设单位代表（签字）：	年 月 日
生产单位代表（签字）：	年 月 日
试运指挥部（签字）：	年 月 日

表 4-2 调试、试验措施及安全技术交底卡

调试项目					
主持人		交底人		交底日期	
交底内容					
参加人员签到表					
姓名	单　位		姓名		单　位

表 4-3　　　　　　　　　　　　　　整套启动单位工程调试质量验收表

机组号			单项工程名称		
单位工程名称					
检验项目	性质	单位	质量标准	检查方法	备注
施工单位代表（签字）：				年　　月　　日	
调试单位代表（签字）：				年　　月　　日	
总承包单位代表（签字）：				年　　月　　日	
生产单位代表（签字）：				年　　月　　日	
监理单位代表（签字）：				年　　月　　日	
建设单位代表（签字）：				年　　月　　日	

表 4-4　　　　　　　　　　　　　　**整套启动试运验收签证表**

验收内容：
评价： 　　该系统已于　年　月　日至　年　月　日完成整套启动试运，经各方验收，按 DL/T 5210.6—2019《电力建设施工质量验收规程　第 6 部分：调整试验》评定为合格，允许进入 168h 满负荷试运。
主要遗留问题及处理意见：
施工单位（签字）：　　　　　　　　　　　　　　　　　　　　　　年　月　日
调试单位（签字）：　　　　　　　　　　　　　　　　　　　　　　年　月　日
总承包单位（签字）：　　　　　　　　　　　　　　　　　　　　　年　月　日
生产单位（签字）：　　　　　　　　　　　　　　　　　　　　　　年　月　日
监理单位（签字）：　　　　　　　　　　　　　　　　　　　　　　年　月　日
建设单位（签字）：　　　　　　　　　　　　　　　　　　　　　　年　月　日

表 4-5　　　　　　　　　整套启动试运综合指标验收汇总表

《电力建设施工质量验收规程　第 6 部分：调整试验》（DL/T 5210.6—2019）

序号	分项工程名称	验收表编号	验收结果
1	机组整套启动试运条件检查表	表 5.3.13-1	
2	机组整套启动试运过程记录表	表 5.3.13-2	
3	机组进入满负荷试运条件检查确认表	表 5.3.13-3	
4	机组结束满负荷试运条件检查确认表	表 5.3.13-4	
5	机组额定负荷时主要运行参数记录表	表 5.3.13-5	
6	机组整套试运机组轴系振动记录表	表 5.3.13-6	
7	机组连续满负荷试运电量统计表	表 5.3.13-7	
8	进入满负荷试运前机组热控保护投入情况统计表	表 5.3.13-8	
9	满负荷试运结束时机组热控保护投入情况统计表	表 5.3.13-9	
10	进入满负荷试运前机组热控自动调节系统投入情况统计表	表 5.3.13-10	
11	满负荷试运结束时机组热控自动调节系统投入情况统计表	表 5.3.13-11	
12	进入满负荷试运前机组热控测点投入情况统计表	表 5.3.13-12	
13	满负荷试运结束时机组热控测点投入情况统计表	表 5.3.13-13	
14	进入满负荷试运前机组电气保护装置投入情况统计表	表 5.3.13-14	
15	满负荷试运结束时机组电气保护装置投入情况统计表	表 5.3.13-15	
16	进入满负荷试运前机组电气自动装置投入情况统计表	表 5.3.13-16	
17	满负荷试运结束时机组电气自动装置投入情况统计表	表 5.3.13-17	
18	进入满负荷试运前机组电气测点投入情况统计表	表 5.3.13-18	
19	满负荷试运结束时机组电气测点投入情况统计表	表 5.3.13-19	
20	机组化学监督指标统计表	表 5.3.13-20	
21	机组整套启动试运经济技术指标统计表	表 5.3.13-21	
22	机组连续满负荷试运每日曲线验收表	表 5.3.13-22	

施工单位代表（签字）：		年　　月　　日
调试单位代表（签字）：		年　　月　　日
生产单位代表（签字）：		年　　月　　日
总承包单位代表（签字）：		年　　月　　日
监理单位代表（签字）：		年　　月　　日
建设单位代表（签字）：		年　　月　　日

表 4-6   **168h 满负荷试运验收签证表**

验收内容：
评价： 　　该系统已于　年　月　日至　年　月　日完成分部试运，经各方验收，按 DL/T 5210.6—2019《电力建设施工质量验收规程　第 6 部分：调整试验》评定为合格，可以结束满负荷试运，移交生产。
主要遗留问题及处理意见：

施工单位（签字）：	年　月　日
调试单位（签字）：	年　月　日
总承包单位（签字）：	年　月　日
生产单位（签字）：	年　月　日
监理单位（签字）：	年　月　日
建设单位（签字）：	年　月　日

表 4-7   调试工程强制性条文学习记录

工程＿＿机组   编号：

培训主题		讲解人	
培训地点		培训时间	年　月　日

被培训人签字：

培训内容：

表 4-8 调试工程强制性条文实施记录

工程___机组　　　　　　　　　　　　　　编号：

单项工程名称		调试单位		
单位工程名称		项目		
执行标准：			执行情况	
序号				
1				
2				
3				
4				
5				
6				
7				
8				
执行标准：				

第五章

燃气-蒸汽联合循环调试要点

第一节 电气调试要点

一、发电机-变压器组调试的方法及注意事项

（一）调试前准备工作

调试前准备工作包括资料准备、工器具准备以及人员准备。

（二）调试阶段

1. 电流回路检查

在电流回路一次侧加入较大电流或在二次侧加入 $0\sim10A$ 的电流，用卡钳电流表测量回路中各表计和继电器线圈的电流，应符合设计原理。以电压表测量各相电流回路的阻抗压降，若两阻抗元件相同，但阻抗压降差别较大，则应检查压降大的那相回路是否有接触不良现象；测量对进线、出线极性有要求的电流线圈两端对地电压，其进线端对地电压应较出线端对地电压略高。

注意：电流互感器的二次绕组及回路，必须且只能有一个接地点。当差动保护的各组电流回路之间因没有电气联系而选择在开关场就地接地时，须考虑由于开关场发生接地短路故障，将不同接地点之间的地电位差引至保护装置后所带来的影响。来自同一电流互感器二次绕组的三相电流线及其中性线必须置于同一根二次电缆。

2. 电压回路检查

用三相调压器向电压互感器二次绕组出口处通入三相正序电压进行校验，在控制屏、继电器屏端子排和各电压元件接线端子上测量电压，检查电压相序、相位，各处电压值应与电源端电压值相对应。

公用电压互感器的二次回路只允许在控制室内有一点接地，为保证接地可靠，各电压互感器的中性线不得接有可能断开的断路器或熔断器等。已在控制室一点接地的电压互感器二次绕组，宜在开关场将二次绕组中性点经放电间隙或氧化锌阀片接地，其击穿电压峰值应大于 $(30I_{max})V$（I_{max} 为电网接地故障时通过变电站的可能最大接地电流有效值，单位为 kA）。应定期检查放电间隙或氧化锌阀片，防止造成电压二次回路多点接地的现象。

来自同一电压互感器二次绕组的三相电压线及其中性线必须置于同一根二次电缆，不得与其他电缆共用。来自同一电压互感器三次绕组的两（或三）根引入线必须置于同一根二次电缆，不得与其他电缆共用。应特别注意：电压互感器三次绕组及其回路不得短路。

交流电流和交流电压回路、交流和直流回路、强电和弱电回路，均应使用各自独立的电

缆，严格防止交流电压、电流串入直流回路。

3. 整套传动检查

检验发电机-变压器组保护至故障录波器、DCS 分布式控制系统等设备的信号回路，模拟各类保护动作后，接至 DCS、故障录波器、远动的相应信号应正确行使保护装置跳闸传动。

将主变压器高压侧断路器控制和操作电源投入，断路器工作压力正常后才允许操作；6kV 各段工作电源进线开关确认在试验位置，投入工作电源开关；投入发电机励磁开关工作电源。分别投入发电机差动保护、主变压器及高压厂用变压器差动保护、主变压器和高压厂用变压器重瓦斯保护连接片，投入跳闸矩阵出口连接片和跳各断路器出口连接片。模拟以上各保护动作，以上各开关应正确跳闸。同时，相应的其他输出触点如关主汽门、停炉、启动厂用电源快切触点均应正确闭合，保护至故障录波、DCS、远动、光字牌等各种信号均应正确发出。

保护装置面板相应指示灯均应正确显示，装置内事件记录显示的保护动作记录保护名称、动作值、动作时间应与外部所加模拟量和保护对应正确。其他保护功能跳闸试验方法和步骤同保护装置跳闸传动。

非电量保护跳闸传动：模拟主变压器重瓦斯动作、主变压器轻瓦斯动作、主变压器压力释放动作、主变压器冷却器全停动作、主变压器油温度高动作、主变压器绕组温度高动作、主变压器油位异常动作。高压厂用变压器重瓦斯、轻瓦斯、压力释放、油温度高、油位异常动作。热工保护动作、励磁系统故障、励磁变压器温度高动作。分别投入以上各保护投入连接片和跳闸矩阵出口连接片，模拟相应保护动作时，保护装置显示的以上各开入量应正确闭合，则相应保护跳闸出口、各种信号出口均应正确动作闭合。

二、升压站保护调试方法及注意事项

（一）双母线接线下母线保护调试

1. 调试项目

调试项目为外观及接线检查、绝缘检查、逆变电源检查、上电检查、装置信息核对检查、开入量功能检查、交流采样检查、保护逻辑功能检查、出口回路检查、传动试验。

2. 实验步骤与注意事项

（1）外观及接线检查。

1）保护屏检查。

2）保护屏上连接片检查。

3）屏蔽接线检查。

（2）绝缘检查。

根据 DL/T 995《继电保护和电网安全自动装置检验规程》规定，从保护屏柜的端子排处将所有外部引入的回路及电缆全部断开，分别将电流、电压、直流控制、信号回路的所有端子各自连接在一起，用 1000V 绝缘电阻表测量下列绝缘电阻：交流电流回路对地、交流电压回路对地、直流电压回路对地、交直流回路之间、出口继电器出口触点之间，其阻值均应大于 10M。

（3）逆变电源检查。

正常及 80% 额定电压下拉合直流电源，检查逆变电源自启动功能：

1）直流电源缓慢上升，逆变电源自启动电压。

2）正常电压下拉合直流电源。

3）80％额定电压下拉合直流电源。

（4）上电检查。

1）打开装置电源，装置应能正常工作。

2）按照装置技术说明书描述的方法，检查并记录装置的硬件和软件版本号、校验码等信息。

3）校对时钟。

（5）装置信息核对检查。

核对装置的型号，程序校验码以及版本号。若装置中多个 CPU，则应记录下不同功能 CPU 的软件版本号。

（6）开入量功能检查。

（7）交流采样检查。

要求电压幅值误差小于 5％(＋0.2V)，电流幅值误差小于 5％(＋0.02A)，额定电流电压下角度误差小于 3°。

（8）保护逻辑功能检查。

1）无制动时的差动动作值校验及开出量正确性检验。

a. 试验时开放相应的母线复合电压元件。

b. 使 I 母动作。检测 I 母上连接单元跳闸触点应闭合，母联跳闸触点闭合。II 母连接单元跳触点不闭合。

c. 使 II 母动作。检测 II 母上连接单元跳闸触点应闭合，母联跳闸触点闭合。I 母连接单元跳闸触点不闭合。

2）检验 I（II）母小差比率。

a. 任选同一母线上两条变比相同支路，在 A 相加入方向相反，大小不同的电流。

b. 固定其中一支路电流，调节另一支路电流大小，使母线差动动作。

c. 记录所加电流，验证小差比率系数。

3）检验大差高值。

a. 母联开关合（母联 T 型触点无开入，且分列连接片退出）。

b. 任选 I 母线上两条变比相同支路，在 A 相加入幅值相同方向相反电流。

c. 再任选 II 母线上一条变比相同支路，在 A 相加入电流，调节电流大小，使 II 母线差动动作。

d. 记录所加电流，验证大差比率系数。

4）检验大差低值。

a. 母联开关断（母联 T 型触点有开入，且分列连接片投入）。

b. 任选 I 母线上两条变比相同支路，在 A 相加入幅值相同方向相反电流。

c. 再任选 II 母线上一条变比相同支路，在 A 相加入电流，调节电流大小，使 II 母线差动动作。

d. 记录所加电流，验证大差比率系数。

5）复压闭锁低电压定值校验。

a. 差动低电压闭锁定值固定为 0.7 倍额定相电压，失灵电压闭锁定值可整定。

b. 用试验仪在Ⅰ母电压回路加额定三相电压 57V，母差保护屏上"TV 断线"灯灭。任选Ⅰ母一支路电流回路加 A 相电流（大于差动门槛），差动不动，经延时，报 TA 断线告警。在屏后端子排Ⅰ母相应支路加失灵启动开入量（失灵电流条件满足），失灵不动，经延时，报"运行异常"告警。

c. 复归告警信号，降低试验仪三相输出电压，至母差保护低电压动作定值，电流保持输出不变，"Ⅰ母差动动作"信号灯亮。在屏后端子排Ⅰ母相应支路加失灵启动开入量（失灵电流条件满足），"Ⅰ母失灵动作"信号灯亮。

d. Ⅱ母同上，电压动作值和整定值的误差不大于 5%。

6）复压闭锁负序电压定值校验。

a. 差动复合电压：用试验仪在Ⅰ母电压回路加额定三相电压 57V，母差保护屏上"TV 断线"灯来设置步长逐步改变电压大小、角度（此过程中保证低电压电压，零序电压闭锁元件不动作，且 TA 断线闭锁不动作），使负序电压逐渐增大至母差保护屏上"TV 断线"灯亮。Ⅱ母同上，动作值和整定值的误差不大于 5%。

b. 失灵复合电压：试验前将失灵零序电压定值改为大于负序电压定值。用试验仪在Ⅰ母电压回路加额定三相电压 57V，母差保护屏上"TV 断线"灯灭。降低单相电压至母差保护屏上"TV 断线"灯亮。Ⅱ母同上，动作值和整定值的误差不大于 5%。

7）复压闭锁零序电压定值校验。

a. 差动复合电压：差动零序闭锁电压定值固定为 6V。用试验仪在Ⅰ母电压回路加额定三相电压 57V，母差保护屏上"TV 断线"灯灭。降低单相电压至母差保护屏上"TV 断线"灯亮。此相电压与其他两相电压差值的三分之一为动作值。Ⅱ母同上，动作值和整定值的误差不大于 5%。

b. 失灵复合电压：试验前将失灵负序电压定值改为大于零序电压定值。用试验仪在Ⅰ母电压回路加额定三相电压 57V，母差保护屏上"TV 断线"灯灭。降低单相电压至母差保护屏上"TV 断线"灯亮。此相电压与其他两相电压差值的三分之一为动作值。Ⅱ母同上，动作值和整定值的误差不大于 5%。

8）断路器失灵保护定值校验。

a. 线路支路失灵：①任选Ⅰ母上一线路支路，在其任一相加入大于 $0.04I_n$ 的电流，同时满足该支路零序或负序过流的条件。②合上该支路对应相的分相失灵启动触点，或合上该支路三跳失灵启动触点。③失灵保护启动后，经失灵保护 1 时限切除母联，经失灵保护 2 时限切除Ⅰ母线的所有支路，Ⅰ母失灵动作信号灯亮。④任选Ⅱ母上一线路支路，重复上述步骤，验证Ⅱ母失灵保护。

b. 主变支路失灵：①任选Ⅰ母上一主变压器支路，加入试验电流，满足该支路相电流过流、零序过流、负序过流的三者中任一条件。②合上该支路主变压器三跳启动失灵开入触点。③失灵保护启动后，经失灵保护 1 时限切除母联，经失灵保护 2 时限切除Ⅰ母线的所有支路以及本主变压器支路的三侧开关，Ⅰ母失灵动作信号灯亮。④任选Ⅱ母上一主变压器支路，重复上述步骤。验证Ⅱ母失灵保护。⑤加载正常电压，重复上述步骤，失灵保护不动作。⑥合上该主变压器支路的失灵解闭锁触点，重复上述步骤，失灵保护动作。⑦在满足电压闭锁元件动作的条件下，分别校验失灵保护的相电流、负序和零序电流定值，误差不大于5%。

9）母联失灵保护校验。

a. 差动启动母联失灵：①任选Ⅰ、Ⅱ母线上各一支路，将母联和这两支路C相同时串接电流，方向相同。②电流幅值大于差动保护启动电流定值，小于母联失灵定值时，Ⅱ母差动动作。③电流幅值大于差动保护启动电流定值，大于母联失灵定值时，Ⅱ母差动先动作，启动母联失灵，经母联失灵延时后，Ⅰ、Ⅱ母失灵动作。

b. 外部启动母联失灵：①任选Ⅰ、Ⅱ母线上各一支路，将母联和这两支路C相同时串接电流，Ⅰ母线支路和母联的电流方向相同，Ⅱ母线支路的与前两者相反，此时差流平衡。②电流幅值大于母联失灵定值时，合上母联三相跳闸启动失灵开入触点，启动母联失灵，经母联失灵延时后，Ⅰ、Ⅱ母失灵动作。③动作值和整定值的误差不大于5%。

10）母联死区保护定值校验。

a. 母线并列运行时死区故障：①母联开关为合（母联T型触点无开入，且分列连接片退出）。②任选Ⅰ、Ⅱ母线上各一支路，将Ⅱ母线上支路的跳闸触点作为母联T型触点的控制开入量。③将母联和这两支路B相同时串接电流，方向相同。④电流幅值大于差动保护启动电流定值，Ⅱ母差动先动作，母联T型触点有正电，母联开关断开，经150ms死区延时后，Ⅰ母差动动作。

b. 母线分列运行时死区故障：①母联断路器为断（母联T型触点有开入，且分列压板投入），Ⅰ、Ⅱ母线加载正常电压。②任选Ⅱ母线上一支路，将母联和该支路C相同时串接电流，方向相反，并模拟故障降低Ⅱ母线电压。③电流幅值大于差动保护启动电流定值，Ⅱ母差动动作，动作值和整定值的误差不大于5%。

（9）出口回路检查。

模拟各种故障，检查保护装置的动作逻辑，保护装置动作行为应完全正确。

（10）传动试验。

1）模拟Ⅰ母动作，连接在Ⅰ母上所有单元断路器跳闸，母联断路器跳闸。Ⅱ母所有连接单元断路器不跳闸。

2）模拟Ⅱ母动作，连接在Ⅱ母上所有单元断路器跳闸，母联断路器跳闸，Ⅰ母连接所有单元断路器不跳闸。

3）模拟主变压器失灵联跳主变压器各侧开关。

（二）升压二次回路检查调试

1. 电流及电压的二次回路

电力系统二次回路中的交流电流、交流电压回路的作用在于：以在线的方式获取电力系统各运行设备的电流、电压值，并同时得到电力系统的频率、有功功率、无功功率等运行参数，从而实时地反映电力系统的运行状况。继电保护、安全自动装置等二次设备根据所得到的电力系统运行参数进行分析，并依据其对系统的运行状况进行控制与处理。

（1）电流、电压互感器接用位置的选择。

在选择各类测量、计量及保护装置接入位置时，要考虑以下因素：

1）选用合适的准确度级。计量对准确度要求最高，接0.2级，测量回路要求相对较低，接 0.5 级。保护装置对准确度要求不高，但要求能承受很大的短路电流倍数，所以选用 5P20 的保护级。

2）保护用电流互感器还要根据保护原理与保护范围合理选择接入位置，确保一次设备的保护范围没有死区。两套线路保护的保护范围指向线路，应放在第一、二组次级，这样可以与母差保护形成交叉，在保护范围内任何一点故障都有保护切除。如果母差保护接在最近母线侧的第一组次级，两套线路保护分别接第二、第三次级，则在第一与第二次级间发生故障时，既不在母差保护范围，线路保护也不会动作，故障只能靠远后备保护切除。虽然这种故障的概率很小，却有发生的可能，一旦发生后果是严重的。

3）当有旁路断路器而且需要旁路主变压器断路器等时，如有差动等保护则需要进行电流互感器的二次回路切换，这时既要考虑切换的回路要对应一次运行方式的变换，还要考虑切入的电流互感器二次极性必须正确，变比必须相等。

4）按照反事故措施要求需要安装双套母差保护的 220kV 及以上母线，其相应单元的电流互感器要增加一组二次绕组，其接入位置应保证任何一套母差保护运行时与线路、主变压器保护的保护范围有重叠，不能出现保护死区。

（2）电流电压回路接地。

电流互感器二次回路必须接地，其目的是防止当一、二次之间绝缘损坏时对二次设备与人身造成伤害，所以一般宜在配电装置处经端子接地，这样对安全更为有利。当有几组电流互感器的二次回路连接构成一套保护时，宜在保护屏设一个公用的接地点。

在微机型母差保护中，各接入单元的二次电流回路不再有电气连接，每个回路应该单独接地，各接地点间不能串接。该接地点可以接在配电装置处，但以在保护柜上分别以电解与二次接地铜排为好。

在由一组电流互感器或多组电流互感器二次连接成的回路中，运行中接地不能拆除，但也不允许出现一个以上的接地点，当回路中存在两点或多点接地时，如果地电网不同点间存在电位差，将有地电流从两点间通过，这将影响保护装置的正确动作。

电压互感器二次回路必须且只能在一点接地，接地的目的主要是防止一次高压通过互感器绕组之间的电容耦合到二次侧时，可能对人身及二次设备造成威胁；但如果有两点接地或多点接地，当系统发生接地故障，地电网各点间有电压差时，将会有电流从两个接地点间流过，在电压互感器二次回路产生压降，该压降将使电压互感器二次电压的准确性受到影响，严重时将影响保护装置动作的准确性。

（3）正、副母线间电压回路切换。

在一次主接线为双母线，为使二次回路计量、保护等保护输入的二次电压能与一次运行的母线对应，二次电压必须做相应的切换。

二次电压切换可以手动进行，由切换开关来选择计量、保护等设备是选用正母电压还是副母电压；该切换也可以根据运行方式的变换自动进行。主要利用该单元隔离开关的辅助触点启动切换继电器，由切换继电器的触点对电压回路进行切换。

2. 控制及信号的二次回路

（1）控制回路。

断路器的控制是通过电气回路来实现的，为此，必须有相应的二次设备，在控制室的控制屏上应有能发出跳合闸命令的控制开关（或按钮），在断路器上应有执行命令的操作机构，并用电缆将它们连接起来。断路器的控制回路应满足下列要求：

1）能进行手动跳、合闸和由继电保护与自动装置（必要时）实现自动跳、合闸，并在跳、合闸动作完成后，自动切断跳合闸脉冲电流（因为跳、合闸线圈是按短时间带电设计的）。

2）能指示断路器的分、合闸位置状态，自动跳、合闸时应有明显信号。

3）能监视电源及下次操作时分闸回路的完整性，对重要元件及有重合闸功能、备用电源自动投入的元件，还应监视下次操作时合闸回路的完整性。

4）有防止断路器多次合闸的"跳跃"闭锁装置。

5）当具有单相操作机构的断路器按三相操作时，应有三相不一致的信号。

6）气动操动机构的断路器，除满足上述要求外，尚应有操作用压缩空气的气压闭锁；弹簧操动机构应有弹簧是否完成储能的闭锁；液压操动机构应有操作液压闭锁。

7）控制回路的接线力求简单可靠，使用电缆最少。

（2）信号回路。

电厂中必须安装有完善而可靠的信号装置，以供运行人员经常监视所内各种电气设备和系统的运行状态。这些信号装置按其告警的性质一般可以分为以下几种：

1）事故信号：表示设备或系统发生故障，造成断路器事故跳闸的信号。

2）预告信号：表示系统或一、二次设备偏离正常运行状态的信号。

3）位置信号：表示断路器、隔离开关、变压器的有载调压开关等开关设备触头位置的信号。

4）继电保护及自动装置的启动、动作、呼唤等信号。

3.装置间二次回路的连接

（1）线路保护。

对于电流回路，为保证两套保护的相对独立，应该接入电流互感器的两个次级。对于电压回路，不同的电压等级及不同的主接线有所不同，在双母线等主接线的220kV保护上，由于电压需要进行正、副母线切换，双重化后电压回路的接线过于复杂，加上现在该电压等级及以下的电压互感器一般未配置两个主次级，所以现在220kV及以下的保护还共用同一组电压互感器次级。从这一点上讲，电压互感器没有两组星形接线次级输入保护还不是真正意义上的双重化。330kV及以上电压等级的系统，常采用3/2断路器的主接线，保护用接在线路侧的电压互感器，一组电压互感器只供本单元及与本单元有关的设备使用，没有电压联络与正、副母线切换问题，而且这一电压等级的电网更为重要，对保护装置的可靠性要求更高，一般都有两个主次级绕组，每套分别接一个一次绕组，即电压的二次回路也是双重化的。

（2）母差保护跳闸回路。

母差至各断路器的跳闸回路中应有单独的连接片，各断路器的跳闸回路可以单独停用。母差保护动作跳闸后，不允许线路开关的重合闸动作，因此母差保护的跳闸回路必须接入不启动重合闸的跳闸端子。如果所用保护没有专用的不启动重合闸跳闸端子，则应该有母差保护在跳闸的同时，给出一个闭锁重合闸的触点。

4.升压站保护整组传动试验

（1）双重化配置的两套保护与失灵屏上的重合闸配合试验。

将两套保护的电流串接、电压并接起来加入故障量，试验两块保护屏与失灵屏上重合闸及相互逻辑配合试验应正确。

（2）失灵启动回路检查。

分别模拟单相和多相故障，在启动失灵连接片上测量，应与故障相一一对应，不得有交叉现象，检查失灵启动回路至保护屏端子排处。

（3）保护通道联调试验。

模拟各种故障时，保护动作情况应正确无误。

1）线路光纤差动保护通道对调。

令 M 侧为本侧，N 侧为对侧，以 RCS985 光纤差动保护为例。

通道联调前应具备的条件：

线路两侧保护装置均已调试合格，对光纤通道调试结束，保护与通信机房的通信接口柜连接成功，并且已经接至 PCM 设备，两侧断路器联动试验均已结束。

在线路两侧调试现场应准备合格的试验设备，有测量通道传输时间的记忆示波器。

线路两侧断路器均可操作，试验前断路器位置为分位，需要合闸时，请值班员进行操作。通道联调前，确认两侧保护装置面板上无通道异常信号，确认保护装置定值"通道自环试验"为 0；当选用通道为专用通道时，定值"专用通道"为 1；两侧主从关系配合正确。

2）电流联调。

TA 变比系数：将电流一次额定值大的一侧整定为 1，小的一侧整定为本侧电流一次额定值与对侧电流一次额定值的比值，与两侧的电流二次额定值无关。基本原则是两侧显示的电流归算至一次侧后应相等。

M 侧的 TA 二次值为 I_M，N 侧的 TA 二次值为 I_N。若 M 侧的定值中"TA 变比系数"整定为 1，则 M 侧为基准侧，在 M 侧加电流 I_ϕ，N 侧显示的 $I_{\phi 1} = I_\phi \times (I_N/I_M)/N$ 侧"TA 变比系数"。在 N 侧加电流 I_ϕ，M 侧显示的 $I_{\phi 1} = I_\phi \times (I_M/I_N) \times N$ 侧"TA 变比系数"。

3）本侧差动保护联调。

断路器位置要求：本侧断路器在合位，对侧断路器为分位。

本侧使用试验仪器施加模拟量接入保护装置，输入线路差动保护动作电流值。本侧保护动作而对侧保护不动作。

断路器位置要求：本侧断路器、对侧断路器均在合位。

本侧使用试验仪器施加模拟量接入保护装置，输入正序电压且低于额定电压的 60％ 及模拟线路差动保护动作电流值。同时对侧使用试验仪器施加模拟量接入保护装置，输入额定正序电压，则线路两侧保护都动作。

断路器位置要求：本侧断路器、对侧断路器均在合位。

本侧使用试验仪器施加模拟量接入保护装置，输入额定正序电压及线路差动保护动作电流值。同时对侧使用试验仪器施加模拟量接入保护装置，输入正序电压且低于额定电压的 60％，则线路两侧保护均不动作。

4）本侧远方跳闸回路联调。

要求：本侧断路器为合位，对侧断路器为合位。

本侧线路保护屏 DTT 远跳断路器退出，对侧 DTT 远跳断路器为投入。模拟线路保护本侧断路器保护失灵动作，对侧线路保护收不到远跳信号，且断路器无动作；本侧 DTT 远跳断路器投入，再次模拟断路器保护失灵动作，对侧线路保护收到远跳信号，且断路器三相跳闸。

对侧重复试验，现象与本侧试验时结果一致，数据符合要求。

三、励磁系统调试注意事项

（1）对于双通道的调节器需要对每个通道进行手动-自动切换试验，以分别验证切换的正确性。调节器手动-自动相互跟踪有一个过程，因此在做切换操作时应该保证其跟踪时间。

对于发电机灭磁现场试验的建议：

1）现场一般不作为产品灭磁最大能力的型式试验场所。

2）灭磁装置灭磁最大能力可以通过制造厂1:1模拟试验进行检验。

3）现场需要进行的是检验灭磁功能，即操作正确，动作逻辑正确性、各种灭磁方式（如叛变灭磁、开关灭磁）下灭磁的正确性以及制造厂索取反映产品灭磁最大能力的型式试验报告。

4）发电机空载强励灭磁试验，因为转子电流和灭磁电阻消耗能量小于发电机近端三相短路延时0.1s灭磁时的数值，小于发电机空载误强励灭磁时的数值，因此该试验一般不作为交接试验和大修试验项目。

5）现场需要进行发电机空载额定电压下灭磁时，可以结合甩负荷进相模拟保护动作发电机负载下解列灭磁，至于发电机负载是否额定则无关紧要，主要是检查逻辑动作情况。

（2）根据励磁系统具体设计的不同，在动态或静态下检查其特殊功能。例如，对逆变保护功能的检查：用外部电源模拟电压互感器电压升至额定值，然后投入逆变灭磁控制信号，模拟逆变不成功，经5s后，由逆变保护继电器跳灭磁开关，记录延时时间及动作结果。

四、厂用系统调试方法及注意事项

燃气-蒸汽联合循环机组厂用系统调试分单体调试和分系统调试，按系统分为高压厂用系统调试和低压厂用系统调试两部分。

单体调试是指设备在未安装前或安装工作结束而未与系统连接时，按照电力建设施工及验收技术规范的要求，为确认其是否符合产品出厂标准和满足实际使用条件而进行的单机试运或单体调试工作。

分系统调试是指厂用电系统带电后，单体调试完成、单机试运合格、设备和系统完全安装完毕、经检查确认具备试运条件后开始，直至机组进入整套启动前结束。分系统调试的主要目的是逐个检查每个系统的设备、系统、测点、联锁保护逻辑、控制方式、安装等是否符合设计要求，以及设计是否满足实际运行要求，发现问题和解决问题，确保各个系统完整地、安全地参与调试运行，最终满足机组能够安全可靠地投入运行要求，按照DL/T 5294《火力发电建设工程机组调试技术规范》的要求，达到合格等级。

分系统调试方案总的原则是根据各个系统之间的相互制约关系来安排调试的先后顺序，一环扣一环，有些同时具备调试试运条件又相互不干扰的系统，可以同时进行。

单个系统调试顺序为调试人员与运行人员一起检查该系统和设备的测点是否已全部在控制室DCS画面上正确显示，热控人员配合对该系统和设备的阀门及联锁保护和控制系统进行传动。监理、安装、运行人员共同检查调试试运条件是否具备，并办理签字手续。

（一）高压厂用系统调试

高压厂用系统主要有开关柜、变压器、电动机和少量的变频器组成。

百万千瓦机组发电厂的6kV部分一般分为三段或四段母线，每一段母线将有十几到二十几个开关柜组成，开关柜的电源包括电压由小母线提供，因此在调试的最开始需要对小母线进行彻底的检查。小母线检查工作首先是绝缘的测量，包括小母线间的绝缘和小母线对地的绝缘，用 2500V 的绝缘电阻表测小母线间以及对地的电阻，电阻应不低于 10MΩ。由于小母线在每个柜子都有引出支路，很容易发生小母线支路电线破皮接地等情况。小母线各支路校对也是很重要的工作。校对方法：首先测量所有小母线均不接地；然后找一个柜子作为接地点（最好选择最边上的），在柜子中将小母线的一根接地，接地点可选择为相应空气开关的上口，在本柜先测量小母线的其他接线有无接地，确保接地的唯一性；然后在下一个柜子依次测量，直到最后一个柜子；再然后到第一个柜子更换接地点再依次测量下去。由于小母线非常复杂，通常都会有很多的问题，因此前期的小母线检查虽然繁琐但非常重要，一旦检查不彻底，在后期开关柜的调试过程中很容易出现交直流串线，直流接地等情况，严重影响后续调试的进行。

1. 高压厂用电系统接线方式

厂用电主接线有高压、低压之分，高压指 6kV 及 10kV 接线，低压指 400V/380V 和 220V 接线。高压有 3 种接线方式：母线分段接线、分裂变压器接线和分裂变压器公用变压器联合接线。经大阻抗接地，有可能产生过电压，需要安装消谐装置。发电厂厂用电系统接线通常都采用单母线分段接线形式，并多以成套配电装置接受和分配电能。

2. 高压厂用电压

（1）高压厂用电压设置为发电机单机容量小于 60MW，且发电机出口电压为 10.5kV 时，应采用 3kV。

（2）当发电机单机容量在 100～300MW 时，应采用 6kV。

（3）当发电机单机容量在 600MW 时，有两种方案：一是采用 6kV 作为厂用高压，二是采用 10kV、3kV 两种电压作为厂用高压。

（4）当发电机单机容量在 1000MW 时，用 10kV、6kV 两种电压作为厂用高压。

高压厂用电系统常选择一级电压 6kV，母线短路电流水平为 40kA。原则上 200kW 及以上电动机采用 6kV 电压，200kW 以下采用 380V 电压。每台机组设 1 台 42/28-28MVA 无载调压型分裂变压器、1 台 28/28MVA 无载调压型双绕组变压器作为高压厂用工作变压器，相应在汽机房设置 3 段 6kV 厂用工作母线即 A1、A2、A3 段，主厂房、邻近区域公用（如空气压缩机、调压站和净水变压器等）、循环水泵及厂用工作负荷分摊在两段母线上。根据厂区布置和厂用负荷分布情况，两台机组共设 2 段厂区公用段，为燃气系统等厂区公用负荷供电。

（二）6kV/10kV 变压器启动试验

在 6kV/10kV 变压器系统试验完成以后，方可进行变压器第一次送电，送电前电建公司会对变压器进行耐压试验，试验完成以后电厂运行人员到现场摆运行状态，状态为 6kV/10kV 断路器小车推至工作位置并打远方、380V 进线小车在试验位置。当状态摆放完毕，6kV/10kV 和 380V 的监控人员都已撤离至屋外，DCS 室的运行人员确认现场工作人员都已撤离后，进行第一次变压器冲击试验，DCS 远方合闸 6kV/10kV 断路器，在后台收到断路器合位时，安排安装调试人员进入 6kV/10kV 变压器室，观察 6kV/10kV 断路器和变压器的运行状态，调试人员检查 6kV/10kV 变压器保护的采样、差动电流和 380V 电压和相序；如果一切正常，5min 后断开 6kV/10kV 断路器，再过 5min 进行第二次冲击，具体步骤和第一次冲击一样，5min 后断开断路器；第三次冲击状态要将 380V 断路器推入到工作位置并打远方，第二次冲击完 5min 后，进行第三次冲击，先合 6kV/10kV 断路器，接着合 380V 断路器，操作完成后调试人员进入现场检查变压器状态以及 380V 进线和母线状态，检查母线电压显示是否准确，检查完成后，变压器即转为正常运行状态。

（三）6kV/10kV 电动机启动试验

在 6kV/10kV 电动机系统调试工作完成之后，进行电动机启动试验，电动机启动试验前的准备工作和变压器启动前类似，由电建和运行人员完成。准备工作完成后，DCS 发合闸命令，在收到电动机运行状态及电动机电流后，电建人员到现场查看电动机的转向，如果反转，则立即分闸，由电建人员负责更改线路相序；如果正转，则由调试人员进入 6kV/10kV 开关室，检查电动机保护装置采样、保护电流等数据，并比较保护装置的电流采样和 DCS 的采样值是否相同，当电动机配置有差动保护的，则需检查是否有差动电流。等一切都检查完毕后，让电动机持续运行 2h，2h 内如果电动机未出现异常情况，则由运行断开断路器，电动机启动试验结束。

（四）6kV/10kV 变频器驱动电动机启动试验

6kV/10kV 变频器驱动电动机启动试验分为工频启动试验和变频启动试验，工频启动试验和 6kV/10kV 电动机启动试验一样，现主要介绍变频启动试验。在准备工作都已完成后，运行摆状态，状态为工频进线断路器在试验位置，变频器断路器在工作位置并打远方，试验的旁路断路器送工作位置，另一台旁路送试验位置，变频柜送控制电源，变频器控制装置上电，风扇启动，变频器控制打远方。此时后台会收到变频器就绪信号，此时运行人员通知清场，待得到确认后，通过 DCS 合变频器断路器，待 DCS 收到断路器合位遥信后让调试人员进入变频器室，检查变频器装置的输入采样，采样正确后，调试人员撤出变频器室并通知运行人员，运行人员发变频器启动命令，并收到变频器启动遥信后，检查遥测信号，电流为 0，转速为 0，在后台输入变频器转速给定值，收到的转速遥测应和给定值相对应。发变频器停止指令，合变频器旁路断路器，收到正确遥信指示后，启动变频器，并设置一较慢转速，检查遥信信号，电流正常且转速正常后，通知电建人员检查电动机转向，转向正确后逐渐增大转速，电动机转速也相应增大，检查一切正常后，分别让变频器在不同转速下运行一段时间，总运行时间为 2h，2h 内运行正常，则关停变频器，变频器驱动电动机试验结束。

（五）倒送电主要问题

电厂倒送电时，首先应检查受电设备送电前绝缘检查是否合格，检查母线上所有断路器均处于试验分闸位，母线的电压互感器保险安装好，保证所有操作设备灵活、分合闸位置正确。但是应注意如果电力电缆线路绝缘电阻在 220kV 时应保证每千米 4500MΩ 的电阻，否则将会导致送电时跳闸，因此在电厂倒送电时，首先可以实施空载送电，然后在送电段上加上合适的漏电保护器和保险丝，并观察配电箱电压和电流的指示，如果电压有所下降，而电流有较大的指示或漏电保护器及保险丝跳开均是电缆绝缘不良，应找出问题电缆再尝试送电，以保证电厂倒送电顺利实施。

当变压器首次受电时，应在就地设置紧急跳闸按钮，如发现变压器着火时，立即跳开变压器高压侧断路器。如未跳闸，应立即汇报指挥中心，跳开上一级电源。由事先准备的消防人员进行灭火。如果油在变压器顶盖已燃烧，应立即打开变压器底部放油阀门，将油面降低，并向变压器外壳浇水使油冷却。如果变压器外壳裂开着火时，则应将变压器内的油全部放掉。扑灭变压器火灾时，应使用二氧化碳、干粉或泡沫灭火枪等灭火器材。

五、整套启动试验

（一）空负荷试运阶段调试要求

（1）测量超速试验前、后额定转速下转子绕组绝缘电阻及交流阻抗、功率损耗。

（2）测量发电机不同转速下副励磁机输出电压值与频率关系符合设计要求。

（3）励磁系统同步电压测试，同步电压的波形、相序和幅值应符合设计要求。

（4）发电机或发电机-变压器组短路试验，检查各组 TA 二次幅值、相位、变比符合设计要求，保护装置采样值及监控测点指示正确，检查发电机、主变压器、高压厂用变压器及发电机-变压器组等差动保护动作值在整定值允许范围，录取发电机短路特性和励磁机负荷特性。

（5）依据励磁调节器测量的发电机电流、励磁电压、励磁电流，修正励磁调节器参数。

（6）发电机短路电流达到额定值时，测量各晶闸管整流柜输出电流，检查均流系数应大于0.9。

（7）发电机或发电机-变压器组空载试验，零起升压后检查各组 TV 二次幅值、相序、变比符合设计要求，确认保护装置采样及监控测点指示正确，录取发电机空载特性，测量发电机轴电压。

（8）依据励磁调节器测量的发电机电流、励磁电压、励磁电流，修正励磁调节器参数。

（9）励磁系统手动方式试验，双套调节器，应分别进行下列试验：

1）励磁系统手动方式零起升压试验，检查波形应满足要求。

2）检查励磁系统手动方式调节范围应满足发电机正常运行要求。

3）励磁系统手动方式阶跃试验。

4）励磁系统手动方式灭磁试验，测量计算灭磁时间常数。

（10）励磁系统自动方式试验，双套调节器，应分别进行下列试验：

1）励磁系统自动方式零起升压试验，检查波形应满足要求。

2）励磁系统自动方式调压范围检查，调压范围应满足要求。

3）励磁系统自动方式5%、10%阶跃试验，检查波形应满足要求。

4）励磁系统自动方式灭磁试验，测量计算灭磁时间常数。

（11）励磁系统中各种运行方式之间切换试验：双套自动或手动方式相互切换，检查切换过程中机端电压变化量。

（12）发电机过励磁限制检查，临时降低定值，升高发电机电压或者降低汽轮机转速，检查电压/频率限制动作情况。

（13）模拟单 TV 断线和双组 TV 均断线，检查励磁调节器自动切换功能，检查切换过程中机端电压变化量。

（14）测量灭磁后发电机定子残压及相序。

（15）发电机同期系统定相试验，带母线零起升压试验，核查同期用 TV 极性，发电机-变压器组与系统侧 TV 二次定相。

（16）假同期试验，核查增速、减速回路和增磁、减磁回路是否正确，分别进行手动、自动假同期试验，同时录波，根据波形调节并网断路器导前时间。

（17）自动准同期并网试验，同时录波。

（二）带负荷试运阶段调试要求

（1）检查保护及测量 TV、TA 回路，确认各保护、自动装置运行正常，监控测点显示正确。

（2）检查有功、无功显示正确。

（3）测量不同负荷下轴电压。

（4）测量不同负荷下 TA 回路相位及差动保护差流。

（5）测量不同负荷下 TV 二次侧的三次谐波电压，根据所测量的数据对定子接地保护装置进行定值校核。

（6）工作电源与备用电源一次侧核相，相序应一致。

（7）机组负荷满足试验条件时，进行高压厂用电源带负荷手动切换试验和事故快速切换试验。

（8）励磁调节器运行方式切换试验：双套自动或手动方式相互切换，切换过程中，机端电压、无功功率扰动应在允许范围内。

（9）自动方式下带负载阶跃试验，双套调节器，应分别进行试验，检查波形应满足要求。

（10）励磁系统低励限制功能检查，在发电机不同有功负荷下，加入阶跃信号，检查欠励限制器的限制功能。最终限制定值应根据发电机进相试验的结果整定。

（11）机组并网后，整定无功调整速率，进行远方调无功试验，发电机无功功率变化应满足要求。

（12）加入阶跃信号，检查过励限制器能有效限制励磁电流上升。

（13）发电机带额定负荷检查整流柜均压、均流及各个元件的温升应满足供货商要求。

（14）发电机带有功负荷满足试验要求后，投入无功补偿装置，检查无功补偿功能，根据相邻机组的整定值，整定调差系数。

（15）监控系统性能测试，带负荷试验，各系统信号接口联调，检查逻辑闭锁、系统稳定性。

（16）测量满负荷 TA 回路相位及差动保护差流。

（17）机组甩负荷试验时，跳开发电机出口开关，不灭磁，记录甩负荷前后发电机参数，录取发电机机端电压最大值。

（三）满负荷试运阶段调试要求

（1）记录电气专业满负荷试运行主要参数。

（2）处理与调试有关的缺陷及异常情况，配合施工单位消除试运缺陷。

（3）统计电气专业试运技术指标。

（4）调试质量验收签证。

（四）厂用电源切换试验

（1）新建发电机组在整套启动时，其厂用电源一般是由高压公共备用变压器供电。当发电机与系统并列运行带上初负荷后，要对厂用电源进行切换，由高压公共备用变压器切换至高压工作厂用变压器。为了保证工作厂用变压器各相相位与高压公共备用变压器的相位一致性，在厂用电源切换之前，要进行核相。

（2）厂用电切换试验注意事项如下：

1）切换前，需检查连接片，测量跳、合闸回路电压。

2）切换前做好事故预想，防止在切换不正常的情况下，运行人员可以手动合上试验跳闸开关。

3）每次切换结束后，需检查 6kV、400V 辅机，是否存在跳闸情况。

六、涉网试验

（一）新建机组涉网试验流程介绍

1. 新建机组涉网试验项目

根据相关文件要求，涉及的机组涉网试验项目包括自动发电控制试验、一次调频试验、一次调频在线测试、发电机进相运行试验、自动电压控制试验、励磁系统建模试验、PSS 参数整定试验、调速系统建模试验、励磁系统调差率和静差率试验。

2. 新建机组涉网试验运行管理要求

（1）统调机组容量在 100MW 及以上的火电机组（含燃气轮机及多轴联合循环机组）、50MW 及以上水电机组（含抽水蓄能）以及核电机组，均需要按照要求进行涉网试验。

（2）涉网试验的结果未通过评审，必须重新进行涉网试验时，应重做试验。

（3）机组大修、主要设备或控制系统发生重大改变（包括主要设备改造、DCS 改造、DEH 改造、控制方案或重要参数改变等）后，应重新进行 AGC 试验、一次调频试验、一次调频在线测试试验。

（4）AVC 装置更新换代后，需重新进行 AVC 试验。

（5）发电机组扩容改造后，应重新进行发电机进相试验。发电机出线方式或所在地区运行方式出现重大变化时，建议重新进行发电机进相试验。

（6）发电机增容改造、更换励磁调节器、励磁系统重要参数（如 PID 控制参数）变更后，需重新进行励磁系统建模及 PSS 参数整定试验。

（7）机组大修或扩容改造后使汽轮机容积时间常数产生变化时，应重新进行调速系统建模试验。主要设备或控制系统发生重大改变（包括主要设备改造、DCS 改造、DEH 改造、控制方案或重要参数改变等），影响到电液调节系统以及电液伺服机构的调节特性时，应重新进行调速系统建模试验。

（8）新建机组在 168h 试运前应完成所有涉网试验。

（9）在完成规定涉网试验后，试验责任单位应抓紧完成涉网试验报告的编制，发电厂应及时提出 AGC、一次调频、进相运行、AVC 等功能的投运申请，省调控中心及时向有关部门出具"发电机组和接入系统设备（装置）满足电网安全稳定运行技术要求和调度管理要求"报告，未办理有关手续的机组将按未具备相应功能进行考核。

（10）在机组运行中发电厂应采取措施确保 AGC、一次调频能够按要求投入，其控制性能应满足指标要求，并严格执行投入运行、退役管理制度。在机组不能执行 AGC、一次调频、进相运行时应事先向省调控中心报告。

3. 新建机组涉网试验流程

（1）发电厂应在试验开始前五个工作日向省调控中心提出书面涉网试验申请，并提交经启委会批准的试验方案。其中 AGC、一次调频监测系统联调试验应与省调控中心沟通，提交 AGC 调试信息表和一次调频监控系统联调试验信息表；进相运行和 AVC 试验应与省调运行方式处联系确定试验方案。

（2）发电厂应按试验方案在省调批准的试验时间开展各项试验工作。

（3）在试验完成后，试验单位及时向发电厂提交有关试验报告和完整的试验数据（记录试验时间和试验结果）。

（4）发电厂向省调提出机组正式投运申请，提交相关试验报告。

（5）经省调核实后批准机组进入 168h 试运行。

4. 新建机组涉网试验引用标准

新建机组涉网试验引用标准参见表 5-1。

表 5-1　　　　　　　　　　新建机组涉网试验引用标准

编　号	名　称
GB/T 755—2019	《旋转电机定额和性能》
GB/T 1029—2021	《三相同步电机试验方法》
GB/T 7409.3—2007	《同步电机励磁系统　大、中型同步发电机励磁系统技术要求》
GB/T 7064—2017	《隐极同步发电机技术要求》
GB/T 14100	《燃气轮机验收试验》
GB/T 19001—2016	《质量管理体系要求》
GB/T 24001—2016	《环境管理体系要求及使用指南》
GB/T 45001—2020	《职业健康安全管理体系要求及使用指南》
DL/T 478—2013	《继电保护和安全自动装置通用技术条件》
DL/T 496	《水轮机电液调节系统及装置调整试验导则》
DL/T 583	《大中型水轮发电机静止整流励磁系统技术条件》
DL/T 657—2015	《火力发电厂模拟量控制系统验收测试规程》
DL/T 824	《汽轮机电液调节系统性能验收导则》
DL/T 843—2021	《同步发电机励磁系统技术条件》
JB/T 10499—2005	《透平型发电机非正常运行工况设计和应用导则》
Q/GDW 142—2012	《同步发电机励磁系统建模导则》
Q/GDW 143—2012	《电力系统稳定器整定试验导则》

（二）电气涉网试验主要项目

1. 发电机进相试验

同步发电机进相运行是一种同步低励磁持续运行方式。利用发电机吸收无功功率，同时发出有功率，是解决电网低谷运行期间无功功率过剩、电网电压过高的一种技术上简便可行、经济性较高的有效措施。

发电机进相试验是指对发电机无功进相能力进行测定的试验。发电机进相运行是指由于系统电压太高，影响电能质量，而对发电机组采取的一种运行方式。

试验的目的是在不破坏机组静态稳定性前提下，得出机组对系统调压的能力。由于制造工艺和安装质量不一样，每台发电机的进相情况是不同的。每台发电机都必须单独做进相试验，然后得出在不同负荷下的进相深度。

2. AVC 试验

自动电压控制（AVC）是通过改变发电机 AVR 的给定值来改变机端电压和发电机输出无功功率。AVC 试验是测试发电机 AVC 装置自动调节励磁系统能力，以保证定子电压输出的稳定性。机组投 AVC 后就会根据电网的无功情况自动调节发电机的无功出力。

3. 励磁系统建模试验

励磁系统建模试验的目的是将等同计算模型仿真计算的结果、近似计算模型的原型模型的仿真计算的结果与现场试验的结果进行校核，以确认励磁系统模型参数。

励磁系统模型参数的现场试验校核可以分为发电机空载下小扰动试验校核和大扰动试验校核，发电机空载下小扰动试验校核励磁控制系统小干扰动态特性和相关参数，大扰动试验校核励磁调节器输出限幅值。

4. PSS 参数整定试验

电力系统稳定器（PSS）是发电机励磁系统的附加功能之一，用于提高电力系统阻尼，解决低频振荡问题，是提高电力系统动态稳定性的重要措施。它抽取与此振荡有关的信号，如发电机有功功率、转速或频率，加以处理，产生的附加信号加到励磁调节器中，起到以下作用：①提供附加阻尼力矩，可以抑制电力系统低频振荡；②提高电力系统静态稳定限额。

（三）电气涉网试验内容及技术要求

1. 发电机进相试验

（1）试验应具备的技术条件。

1）试验前已完成发电机功角零位测试。

2）试验机组能在规定的有功工况下稳定运行，控制系统工作正常，所有测温元件正常，电气量采集正常，发电机有功在机组最低负荷至满负荷范围内连续可调。机组的运行参数应稳定、控制系统和保护设备处于正常工况、没有可能威胁机组安全运行的隐患。失磁保护已按保护整定值正常投用，试验机组的励磁调节器在试验过程中要运行在自动方式。

3）试验机组有功功率在 $50\% \sim 100\% P_e$ 内连续可调，试验机组所有测温元件、电气量采集元件工作正常。

4）启动备用变压器运行正常，有载调压开关、厂用电快速切换装置能正常使用。

5）试验机组辅机运行正常，能在 95% 厂用高压电压和在 90% 厂用低压电压下正常运行。

6）汽轮机 TSI 柜上的键相信号正常。

7）试验机组各类保护、低励限制工作正常。

8）在省电网进相运行试验中，对静稳的控制以发电机激磁电势和主变压器高压侧电压之间的夹角 70°为限，它包括发电机的内功角和由于主变压器的阻抗而产生的角差。在确定试验方案计算时，发电机的同步电抗采用不饱和同步电抗。

9）暂态稳定是指电力系统在某个运行情况下突然受到大的干扰后，能否经过暂态过程达到新的稳态运行状态或恢复到原来的状态。由于机组参数不同、处于电网的位置不同，和可能的电网运行方式的调整，被试验机组的暂态稳定由当地省电力调度交易中心在试验前进行核算。

10）发电机本体的端部结构件温度在进相运行时会升高，其限额以相应的国家标准和制造商说明书为准。在确定试验方案时，以制造商提供的 P-Q 图为限时，一般可保证温度不超限；对于端部结构件采用水冷的，要求其端部有测温元件，在确定试验方案时，以制造商提供的 P-Q 图和同型机组的试验结果为限。

11）发电机端电压在进相运行时会降低，依据国家标准，在满负荷时，其端电压不应低于其额定电压的 92％。在低于额定负荷时，此要求可适当放宽，但不应使其他运行参数超出可允许的运行范围。

12）每个工况下试验均由试验机组高压厂用变压器自带厂用电，以厂用电下降至 90％额定电压为限，进行各工况试验［2015 年之前，还可以：若厂用电下降至 95％额定电压时仍未达到核准的试验工况，则将厂用电切换至公用（停机/备用变带载）后进行试验，目前该项已取消］。

（2）试验技术要求。

1）试验单位需在发电机空负荷运行状态进行功角零位测量。功角零位测量后，进行正式进相试验之前，试验电厂不得对键相信号装置进行任何变动或调整。

2）机组进相运行试验工况点一般为 50％、75％和 100％P_e。

3）机组进相试验时各相关地区电网尽量不安排一次设备检修，该地区全接线、全保护运行。

4）励磁调节器应运行在自动方式，低励限制、发电机-变压器组失磁保护投入。

5）AVC、AGC 退出运行，试验结束后恢复。

6）机组的低励限制值应在试验前由试验电厂根据方案要求进行调整，并留有一定的裕度。

7）试验电厂应根据进相试验要求对失磁保护定值进行核算，励磁调节装置本身的失磁保护应与发电机-变压器组失磁定值配合或只投信号。

8）试验电厂应根据机组运行情况和经验，合理配置各变压器分接头位置，确保发电机在功率因数为 0.98 时，最低的 6kV 厂用电压不得低于 5.7kV，最低的 400V 厂用电压不得低于 381V。

9）进相运行试验时需监视机组运行参数，并对部分参数进行重点测量。每个工况的进相最深点，需每 10min 记录一次参数，直至温度稳定（前后两次测量温度差不超过 1℃时即为温度稳定）。

10）在机组进相深度较大的工况下，增减励磁电流的操作应平缓。

11）试验时，若机组在未达到方案给出的最大进相深度之前达到限制条件，则以此限制条件下的工况作为进相试验限额。

12）出现功角摆动且持续增加时，应立即增加励磁并同时降低机组有功出力。现场的当班值长向省电力调度中心当班调度汇报。

13）被试机组运行于同一高压母线上的机组，应保持其功率因数的稳定。

14）试验期间，禁止启停机组辅机。

（3）进相试验限制条件。

发电机进相运行试验的限额受制于：静态稳定限制、暂态稳定、发电机定子端部结构件及铁心的温度以及发电机端电压、低励限制和失磁保护、厂用电压的影响。

1）静态稳定限制。发电机与无限大系统并列运行时，理论上讲，其整步功率（$dP/d\delta$）大于 0 时，发电机运行是稳定的。同时考虑到发电机并非与无限大系统直接并列运行，需经过主变压器、500kV 线路连接到 500kV 电网，发电机励磁电势和主变压器高压侧电压之间的夹角应以 70°为静态稳定限额，以满足试验机组静态稳定的要求。

2）试验机组的暂态稳定由省电力调度中心在试验前进行核算。

3）试验机组的温度限额以相应的国家标准和制造商说明书为准；在编制试验方案时，应参考制造商提供的 $P\text{-}Q$ 图和同型机组的试验结果。

定子端部铁心和金属结构件的温度限制：发电机由迟相运行转移至进相运行时，发电机的端部漏磁会增加。定子端部漏磁通与转子端部漏磁通的磁路不一致，它们各自的磁阻（R_s 和 R_r）也就不同。对于定子端部某一点，定子电枢反应磁势引起的端部漏磁通 Φ_{ea} 易于通过，而转了漏磁通进入该点所遇到的磁阻要大一些。因此仅有一部分转子漏磁通经过气隙进入定子端部，如图 5-1（a）中的 AD，可等效其值 $\Phi_{e0}=\lambda\Phi_0$（Φ_0 为转子端部漏磁通，由图 5-1（a）中的 AB 表示，$\lambda=a/(a+b)=R_s/R_r<1$，一般取 $\lambda=0.3\sim0.5$），此时端部合成漏磁通 Φ_e 如图 5-1（a）中的 CD。保持电机容量不变，且发电机端电压不变，即保持定子电流不变时，Φ_{ea} 为一定值，发电机由迟相运行（如功率因数角 φ_1）转移至进相运行（如功率因数角 φ_2）时，定子端部磁势相量图由 ACB 变为 KCB，CD 表示在此工况下的定子端部某点的合成漏磁通，显然 $CD'>CD$。因此，发电机由迟相运行转移至进相运行时，定子

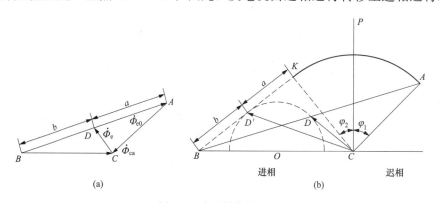

图 5-1　定子端部漏磁通

（a）定子端部漏磁通相量图；（b）定子端部漏磁通随功率因数变化关系图

端部的合成漏磁通要上升，且随着进相深度的增加，上升的速度也增加。而端部损耗发热引起的温升与端部合成漏磁通密度的平方成正比，所以定子端部铁心和金属结构件的温度有可能成为进相运行的限制条件。

4）依据 GB/T 7064—2017《隐极同步发电机技术要求》，发电机组在满负荷工况时，其端电压应不低于其额定电压的 90%；在其他负荷工况时可适当放宽。

5）低励限制和失磁保护。

低励限制的主要作用是防止过分进相引起的失步。低励限制的动作值是按发电机静态稳极限并留有一定余量进行整定的。

发电机的失磁保护如果退出，一旦发电机失磁，发电机转子电流将按指数规律衰减，同时将过渡到异步运行阶段。特别是此时发电机将从电网大量吸收无功功率，从一些试验值看，发电机失磁异步运行时，由电网吸收的无功功率平均值与输出的异步有功功率平均值之比值约为 1.88，因此在试验过程中发电机的失磁保护应投入。

6）厂用电压的影响。

发电机进相运行时，发电机的端电压将会大幅下降。由于其高压厂用变压器直接与发电机出口相连，因此将会引起厂用电压的下降。考虑到有关发电机运行规程的要求和适当的安全裕度，试验以厂用电压的 90% 即 5.7kV（对应于 6.3kV 厂用电压等级）作为控制线。

（4）进相运行试验基本内容。

1）发电机组空载运行状态，进行功角零位测量。

2）将机组有功调整至 $50\%P_e$、$75\%P_e$、$100\%P_e$，并保持有功稳定，完成高压厂用变压器带厂用电的进相深度限额测定。

3）若高压厂用变压器带厂用电时厂用电压无法满足试验要求，则需在同一工况下，切换启动备用变压器带厂用电进行进相深度限额测定。

2. AVC 试验

（1）试验应具备的技术条件。

1）机组运行正常，且锅炉主保护、汽轮机主保护、重要辅机保护等主要保护功能均投入。

2）机组励磁调节器告警/保护功能正常，并已投入自动运行方式，过励限制、低励限制可靠投入。

3）AVC 系统程序配置完成且正确，在满足规定的运行条件后程序能长时间正常运行，无致命错误或程序中止等异常现象发生。

4）AVC 装置模拟量信号的采集实测值与 DCS 中一致，无故障或报警信号。

5）AVC 装置开关量输入及输出信号与实际状态一致。

6）AVC 各上、下位机、工控机之间通信正常，无中断。发生接头松动等硬件故障或掉电恢复后能自动恢复通信，即使出现错误包也不致影响通信功能或永久中断通信。

7）AVC 装置与主站及 RTU 间信号调试已结束，各信号通信品质满足试验要求（包括投入/退出 AVC、电压目标值等）。

8）AVC 装置与试验机组相关的离线试验已完成，所有逻辑测试正确。

9）试验异常时，具备可实现快速退出试验的操作手段，具备 AVC 装置停运/单机组退出时与励磁系统隔离的手段。

10）以通信、电量变送器等方式采集的主变压器高压侧无功、机组无功等信号量均须支持双向测量。

（2）试验技术要求。

1）可接收 AVC 主站或就地调控指令，根据设定的高压母线电压/总无功目标值，计算出需要注入电网的总无功功率，按既定的优化控制策略，实现无功在各运行机组/可调节机组间的优化分配，实现机组无功闭环/电厂高压母线电压闭环调控。

2）在机组正常运行的范围内或 AVC 设定的无功可调节范围内能实现高压母线电压的闭环调控，能实现目标电压/系统目标无功的平稳跟踪，调节速率能满足远方与本地预设的相关要求。当目标电压/系统目标无功超出机组调节范围，AVC 能确保机组无功调节限制在设定范围内。

3）AVC 的机组无功调节受 AVC 内部所设定参数的限制，当机组参数超出限制的范围时，能闭锁或限制 AVC 不输出，当采集的机组参数异常时能正确闭锁，并给出相关提示与告警。

4）能识别与机组、励磁调节器运行相关的异常状况，确保主设备异常时，能可靠闭锁。

5）AVC 能自动识别远方调节/就地指令的异常，可正确闭锁 AVC 或限制调节，输出指令能确保机组励磁平稳调节。

6）完成所有试验步骤后，应退出 AVC，向省电力调度中心汇报试验结束，并根据省电力调度中心的指令进行 AVC 的投退。

（3）试验基本内容。

1）离线试验。

a. 投入 AVC。

b. 若 AVC 任一运行条件不满足，则 AVC 输出闭锁。

2）在线试验。

a. 以手动计划方式模拟设定电压目标值的在线试验。

b. 主站遥控投入 AVC。以主站远方设定的电压为目标值进行在线试验，主站遥控退出 AVC。

c. 退出 AVC。

3. 励磁系统建模试验

（1）试验应具备的技术条件。

1）励磁调节器在设计、型式试验阶段应进行产品数学模型参数的确认，该确认报告应通过产品技术鉴定。

2）励磁调节器生产厂家应提供调节器的数学模型参数（包括电压调节器和各个附加环节）和励磁设备技术数据，励磁系统应符合 GB/T 7409.3—2007《同步电机励磁系统大、中型同步发电机励磁系统技术要求》、DL/T 583—2018《大中型水轮发电机静止整流励磁系统技术条件》、DL/T 843—2021《同步发电机励磁系统技术条件》等标准的要求。

3）励磁系统装置由生产厂家完成静态以及动态调试，确保装置状态稳定，设置正确，可以实现全部设计功能。

4）励磁调节器应具备符合标准规定的、能供第三方进行数学模型参数测试所需要的接口。

5）励磁调节器的设置值应以十进制表示，时间常数以 s 表示，放大倍数以标幺值表示，说明标幺值的基准值确定方法。

6）励磁系统建模试验主要分为三个部分：静态试验、动态试验、机组带负载试验。其中，静态试验在发电机启动前，励磁调节器处于静态调试阶段进行。动态试验在发电机处于启动阶段，维持转速 3000r/min，保持空载额定状态时进行。机组带负载试验则于发电机并网带负载稳定运行状态下进行。

7）发电机应投入临时过电压保护，保护整定值参照机组励磁建模试验方案。

（2）试验技术要求。

励磁调节器与试验相关的各项控制参数以及限制参数应可以方便地修改。机端电压空载小扰动阶跃响应曲线的超调量、上升时间、峰值时间、调节时间等指标应满足 GB/T 40589—2021《同步发电机励磁系统建模导则》的相关要求。

（3）试验基本内容。

1）励磁模型环节特性静态测试（此试验同型号励磁模型只进行一次典型性试验）。将励磁系统及 PSS 模型分环节进行频域或时域测量，以辨识其环节特性。

2）发电机空载特性试验。如励磁系统包括励磁机，还需进行励磁机的空载以及负载特性试验。也可通过电厂获取相关资料代替试验。

3）发电机转子时间常数测量。如励磁系统包括励磁机，则还应测量励磁机时间常数。

4）发电机空载大扰动试验。进行机端电压大阶跃响应试验，阶跃量的大小应使扰动达到晶闸管整流器最小和最大控制角。

5）发电机空载小扰动试验。进行机端电压小阶跃响应试验，阶跃量的设置不应使调节器进入限幅区域。

4. PSS 参数整定试验

（1）试验应具备的技术条件。

1）水轮发电机和燃气轮发电机应首先选用无反调作用的 PSS，如加速功率信号或转速（或频率）信号的 PSS，其次选用反调作用较弱的 PSS，如有功功率和转速（频率）双信号的 PSS。

2）具有快速调节机械功率作用的大型汽轮发电机应选用无反调作用的 PSS，其他汽轮发电机可选用单有功功率信号的 PSS。

3）PSS 采用转速为输入信号时应具有衰减轴系扭振信号的滤波措施。

4）制造厂宜采用 GB/T 7409.3—2007《同步电机励磁系统 大、中型同步发电机励磁系统技术要求》标准规定的 PSS 数学模型，应提供电力系统稳定器和自动电压调节器数学模型。

5）PSS 信号测量环节的时间常数应小于 40ms。

6）PSS 应具备 1～2 个隔直环节，隔直环节时间常数可调范围，对有功功率信号的 PSS 应不小于 0.5～10s，对转速（频率）信号的 PSS 应不小于 5～20s。

7）PSS 应具备 2～3 个超前/滞后环节。

8）PSS 增益可连续、方便调整，对功率信号的 PSS 增益可调范围应不小于 0.1～10，对转速（频率）信号的 PSS 增益可调范围应不小于 5～40。

9）PSS 应具备输出限幅环节。输出限幅应在发电机电压标幺值的 ±5％～±10％ 范围可调。

10）应具有手动投退 PSS 功能以及按照发电机有功功率自动投退 PSS 功能，并显示 PSS 投退状态。

11）PSS 输出噪声应小于 ±0.005 标幺值。

12）PSS 调节应无死区。

13）应能进行励磁控制系统无补偿相频特性测量。

14）应能接受外部试验信号，调节器内应设置信号投切开关。

15）应能内部录制试验波形，或输出内部变量供外部录制波形。

16）数字式 PSS 应能在线显示、调整和保存参数，时间常数应以 s 表示，增益和限幅值应以标幺值表示，参数应以十进制表示。

17）其他有 PSS 相似功能的附加控制也应具有上述的 PSS 性能指标和试验手段。

18）原动机调速器性能指标应符合相关标准的要求。

19）PSS 采用有功功率为输入信号时应了解实际的原动机出力最大变化速率和变化量。

20）AVR 静态放大倍数应满足 GB/T 7409.3《同步电机励磁系统 大、中型同步发电机励磁系统技术要求》规定的发电机端电压静差率要求。

21）发电机空载电压给定阶跃响应应符合 GB/T 7409.3《同步电机励磁系统 大、中型同步发电机励磁系统技术要求》、DL/T 843《同步发电机励磁系统技术条件》、DL/T 583《大中型水轮发电机静止整流励磁系统技术条件》等标准规定的要求。

22）AVR 暂态和动态增益应满足 GB/T 7409.3《同步电机励磁系统 大、中型同步发电机励磁系统技术要求》、DL/T 843《同步发电机励磁系统技术条件》、DL/T 583《大中型水轮发电机静止整流励磁系统技术条件》等标准规定的要求。

（2）试验技术要求。

1）装置生产厂家应提供可进行噪声输入的数据接口，并确保该接口工作正常，将噪声输入幅值控制在安全范围以内。

2）试验机组应处于正常接线状态，运行稳定，继电保护投入运行，励磁系统无限制、异常和故障信号。

3）试验机组的调频、AGC 和自动无功功率调整功能应暂时退出。

4）试验机组有功功率应大于 80％ 额定有功功率，无功功率应小于 20％ 额定无功功率。

5）励磁系统的 PSS 功能在投入和退出时应无扰动。

6）发电机应具备正常的有功及无功功率调节功能，能够按照试验要求进行机组有功及无功功率的调整。

7）完成所有试验步骤后，应退出 PSS 功能，向省电力调度中心汇报试验结束，并根据省电力调度中心的指令进行 PSS 的投退。

（3）PSS 参数整定试验基本内容。

1）测量被试机组励磁系统的滞后角（即无补偿的相频特性）。用频谱分析仪或动态信号分析仪测量发电机端电压对 PSS 叠加点的相频特性，即励磁系统滞后特性。

2）PSS 参数的计算。根据励磁系统无补偿滞后特性，使用专门的计算软件计算 PSS 参数。

3）测量被试机组励磁系统的有补偿的相频特性，此项内容可用计算代替。PSS 对系统可能发生的、与本机组强相关的各种振荡模式（地区振荡模式和区域间振荡模式）应提供尽可能多的阻尼力矩。通过调整 PSS 相位补偿，在该电力系统低频振荡区内使 PSS 输出的力矩向量对应 △ 3 轴在超前 10°~滞后 45°；当有低于 0.2Hz 频率要求时，最大的超前角不得大于 40°，同时 PSS 不应引起同步力矩显著削弱而导致振荡频率进一步降低、阻尼进一步减弱。

4）PSS 的投、切试验。将 PSS 装置进行投入、退出操作，观察试验机组各量有无扰动。

5）PSS 临界增益的测定。PSS 应提供适当的阻尼，有 PSS 时发电机负载阶跃试验的有功功率波动衰减阻尼比应不小于 0.1；按 DL/T 843—2021《同步发电机励磁系统技术条件》的规定：PSS 的输入信号为功率时 PSS 增益宜取临界增益的 1/5~1/3（相当于开环频率特性增益裕量为 9~14dB），PSS 的输入信号为频率或转速时宜取临界增益的 1/3~1/2（相当于开环频率特性增益裕量为 6~9dB）；实际整定的 PSS 增益应考虑反调大小和调节器输出波动幅度。

6）进行发电机未投 PSS 时带负载的电压给定阶跃响应试验。发电机电压给定阶跃量为 ±1%~±4%，记录发电机有功功率波动情况，以了解本机振荡特性。

7）进行 PSS 投入后发电机电压给定阶跃响应对比试验。投入 PSS，进行发电机带负荷时的电压给定阶跃响应试验（阶跃量应与未投 PSS 时的电压给定阶跃响应试验相同），记录发电机有功功率波动情况，与不投 PSS 时的电压给定阶跃响应相比较，以检验 PSS 抑制低频振荡的效果，最后确定 PSS 的参数。

8）"反调"试验。检验在原动机正常运行操作的最大出力变化速度下，发电机无功功率和发电机电压的波动是否在许可的范围。水轮发电机组、燃气轮发电机组和具有快速调节机械功率作用的汽轮发电机组上使用的各种形式的 PSS 都需要进行反调试验。

9）以上试验步骤完成后，退出 PSS 功能。

第二节 燃气轮机-汽轮机调试要点

一、分系统调试要点

分系统调试从单体调试结束后的动态交接验收开始，包括联锁保护试验、设备单体试运、带负荷试运行、系统投运及动态调整等项目。

1. 调试前应具备的条件

（1）系统所有设备、管道安装结束，并经验收签证。

（2）热工仪表及电气设备安装校验完毕，提供有关仪表及一次元件的校验清单。

（3）系统单转试验结束，已确认运行状况良好，转向正确，参数正常，状态显示正确。

（4）系统各阀门单体调试结束，开、关动作正常，限位开关就地位置及远方状态显示正确。

（5）各泵电机绝缘测试合格。

（6）系统调试组织和监督机构已成立，并已有序地开展工作。

（7）需冲洗的系统临时管道安装完毕，同时做好了安全防范措施。

（8）调试资料、工具、仪表、记录表格已准备好。

（9）试运现场已清理干净，安全、照明和通信措施已落实。

（10）仪控、电气专业有关调试结束，配合机务调试人员到场。

（11）根据 DL/T 5437《火力发电建设工程启动试运及验收规程》要求，单体调试前，成立试运指挥部。

2. 验收标准

（1）根据 DL/T 5210.6—2019《电力建设施工质量验收规程　第 6 部分：调整试验》中有关凝结水系统的各项质量标准要求，全部检验项目合格率 100%，优良率 90% 以上。

（2）分部试运签证验收合格，满足机组整套启动要求。

（3）整个系统畅通，各环节无渗漏。

3. 环境、职业健康、安全控制措施

（1）调试全过程均应有各有关专业人员在场，以确保设备运行的安全性。

（2）调试过程中发生异常情况，如运行设备或管道发生剧烈振动以及运行参数明显超标等，应立即紧急停泵，中止调试，并分析原因，提出解决措施。

（3）调试现场应严格执行 GB 26164.1《电业安全工作规程　第 1 部分：热力和机械》及现场有关安全规定，确保现场工作安全、可靠地进行。

（4）调试过程中应正确区分危险源，保护人身和设备安全，凝结水系统危险源预控措施见附录。

（5）转动部分都有安全防护罩，系统设备验收合格。

（6）照明齐全，孔洞盖板齐全牢固。

（7）通道无杂物。

（8）现场无易燃、易爆物，消防设备齐全。

（9）通信设施齐全。

（10）试转设备上方无高空作业。

（11）冲洗时不可在系统上进行其他操作。

（12）严格按试运规定进行分工，调试队负责技术指导，运行人员操作，安装单位负责维修消缺和临时管道的装拆。

（13）拆除临时管道及恢复系统时，防止杂物落入已冲洗的系统内。

（14）事故开关回路试验良好。

（15）继电保护定值完成审批，正式下发，并正确输入。

（16）完成现场安全技术交底。

（17）严格办理工作票。

（18）完成调试现场安全隔离，确保无交叉作业。

二、整套启动调试要点

燃气轮机整套启动调整试验应包括燃气轮机首次点火试验、燃气轮机不同工况下启动试验及启动参数调整，燃气轮机跳闸保护试验，超速试验，燃气轮机惰走试验，轴系振动特性试验，主机运行参数调整试验，辅助系统热态投运及运行参数的优化，甩负荷试验，燃气轮机满负荷 168h 连续运行试验等。

汽轮机整套启动调整试验应包括汽轮机跳闸保护试验、主汽门调门严密性试验、主汽门调门活动试验、汽轮发电机组摩擦检查试验、汽轮机组润滑油压动态调整试验、正常运行油泵自启动试验、ETS 通道及保护试验、超速试验、轴系振动特性试验、主机运行参数调整试验，辅助系统热态投运及运行参数的优化，甩负荷试验，汽轮机满负荷 168h 连续运行试验等。

1. 调试前应具备的条件

（1）燃气轮机-汽轮机各辅机及辅助系统的分部试运已经完成，并经验收合格。与设备和系统有关的联锁、保护及调节功能完善，仪表指示正确。

（2）燃气轮机控制系统的静态调试工作已完成，可投入运行满足机组启动要求。

（3）主机联锁、报警试验已完成。

（4）与启动有关的余热锅炉、化水、电气、热控等专业的调试工作已完成，并已办理签证。

（5）燃气轮机、蒸汽轮机发电机组安装工作已全部结束，具备启动条件。

（6）除盐水已备足，各水箱、油箱已上足合格的水和油。

（7）现场照明充足、消防等安全措施已完善。

（8）系统调试组织和监督机构已成立，并已有序开展工作。

（9）调试资料、工具、仪表、记录表格已准备好。

（10）确认燃气轮机盘车已连续运行至少 24h，汽轮机盘车已经投入 12h。

（11）试运现场已清理干净，安全、照明和通信措施已落实。

（12）进入运行代保管的设备系统，由运行值班人员在调试人员的指导下进行操作，设备的消缺、维护、检修等工作应办理工作票，履行许可手续。

2. 验收标准

（1）根据 DL/T 5210.6—2019《电力建设施工质量验收规程　第 6 部分：调整试验》中有关整套启动的各项质量标准要求，全部检验项目合格率 100％，优良率 90％以上。

（2）满足基建移交达标的要求。

3. 环境、职业健康、安全控制措施

（1）调试全过程均应有各有关专业人员在场，以确保设备运行的安全性。

（2）调试过程中发生异常情况，如运行设备或管道发生剧烈振动以及运行参数明显超标等，应立即紧急停泵，中止调试，并分析原因，提出解决措施。

（3）调试现场应严格执行 GB/T 26164.1《电业安全工作规程　第 1 部分：热力和机械》及现场有关安全规定，确保现场工作安全、可靠地进行。

（4）调试过程中应正确区分危险源，保护人身和设备安全，燃气轮机液压油系统危险源预控措施见附录。

（5）转动部分都安装有安全防护罩，系统设备验收合格。

（6）照明齐全，孔洞盖板齐全牢固。

（7）通道无杂物。

（8）现场无易燃、易爆物，消防设备齐全。

（9）通信设施齐全。

（10）试转设备上方无高空作业。

（11）首次启动时，生产单位及施工单位应派专人按要求监视汽轮机启动的情况，发现异常情况及时汇报。

（12）严格按试运规定进行分工，调试队负责技术指导，运行人员操作，安装单位负责维修消缺。

（13）继电保护定值完成审批，正式下发，并正确输入。

（14）完成现场安全技术交底。

（15）严格办理工作票。

（16）完成调试现场安全隔离，确保无交叉作业。

三、甩负荷试验要点

甩负荷试验分两级进行，第一级为甩50％额定负荷，第二级为甩100％额定负荷。根据分轴联合循环机组的实际情况，如机组在第一级试验后第一次飞升转速超过105％额定转速，则应中断试验，查明原因，具备条件后重新进行甩50％额定负荷试验。甩50％额定负荷试验完成后，方能进行第二级甩100％额定负荷试验。

1．调试前应具备的条件

（1）机组已能带额定负荷稳定运行，各主辅设备、系统运行良好（包括气体燃料系统、燃气轮机消防系统、冷却及密封空气系统、可燃气体监视系统、润滑及顶轴油系统、液压油系统、DEH系统、疏水系统、轴封系统、给水系统、凝结水系统、真空系统、旁路系统）。

（2）燃气轮机及汽轮机调节系统静态调整及试验合格，运行正常。

（3）燃气轮机及汽轮机调节系统动态调整及试验合格，运行正常。

（4）各工况点下燃烧调整已完成，机组能稳定运行。

（5）燃气轮机及汽轮机超速试验、阀门活动性试验、汽轮机主汽门、调门严密性试验、交直流油泵自启动试验、盘车电机点动试验、大屏报警试验、跳闸及保护通道试验合格，集控及就地手动紧急跳闸装置正常，汽轮机主汽阀、调节汽阀、补汽阀、燃料模块各阀门关闭时间符合要求。

（6）燃气轮机、汽轮机及辅机各主要联锁保护正常可靠。

（7）重要的自动调节能正常投运，其中包括燃气轮机的燃料控制，IGV控制、排气温度控制；汽轮机的凝汽器水位自动、轴封压力自动、给水自动、旁路自动；锅炉的汽包水位自动。

（8）疏水门都应动作灵活、可靠。

（9）轴封蒸汽参数满足要求。

（10）汽包、过热器安全门校验完毕、动作可靠。

（11）旁路及疏水系统正常。

（12）试验前已完成下列准备工作：

1）做好事故预想。

2）做好试验方案技术交底，试验运行操作卡编制完毕，并经试运总指挥批准。

3）试验用记录表格已准备就绪。

4）试验中所需的通信联系已建立，确认各主要岗位均能听到试验命令。

5）试验所需测量仪器、仪表均已经校验，各试验测点与仪器、仪表的连接工作已完成。

6）燃气轮机、汽轮机、发电机、余热锅炉各主辅设备及系统进行全面检查，确认运行状况良好。

7）各仪表指示正确。

8）检查消防设施完好。

9）检查现场事故照明完好，并备有足够数量的应急照明灯。

10）试验领导机构成立，职责分工明确。

11）试验前应请示省调，以确定机组运行方式。

2. 调试质量验收标准

（1）机组在做燃气轮机-汽轮机甩负荷试验时，甩全负荷时最高飞升转速不应使超速保护动作。

（2）机组调速系统的动态过程应能迅速稳定。

（3）燃气轮机-汽轮机甩负荷结束后，调速系统应能有效地控制机组转速，维持机组空负荷运行。

（4）机组甩负荷过程中，应能做到锅炉不超压、燃气轮机-汽轮机、发电机不过压、燃气轮机-汽轮机不停机、机组联锁及保护动作良好并能迅速并网带负荷。

（5）甩负荷后的最高动态飞升值，该值应小于超速保护装置动作值。

（6）甩负荷后的转速过渡过程，该过程应是衰减的，其转速振荡数次后，趋于稳定，并在 3000r/min 左右空转运行。

（7）测定控制系统中主要环节在燃气轮机-汽轮机甩负荷时的动态过程。

（8）检查主机和各配套设备对机组甩负荷的适应能力及相互动作的时间关系。为改善机组动态品质，分析设备性能提供数据。

3. 环境、职业健康、安全控制措施

（1）机组甩负荷后，调节系统严重摆动，无法维持空负荷运行，立即打闸停机。

（2）设专人监视机组振动状况，在试验中若发现机组突然发生强烈振动时立即紧急停机；在机组连续盘车 4h，且振动原因已查明，并经处理后，方可重新启动。

（3）设专人监视轴承金属温度状况，同时加强对燃气轮机推力轴承温度的监视；在试验中若发现机组径向轴承及推力轴承金属温度达到 120℃立即紧急停机。

（4）燃气轮机-汽轮机发电机主开关拉开后，如发电机过电压 5%，应立即拉开灭磁开关。

（5）燃气轮机-汽轮机发电机主开关拉开时，如发生单相拒动或两相拒动，则应停止试验，由运行人员进行事故处理。

（6）试验中若机组跳闸，由试验总指挥决定是否继续试验。

（7）如压气机发生喘振，应立即手动停机。

（8）试验中若发生运行规程中规定需紧急停机处理的情况，则运行人员按规程紧急停机。

（9）与试验无关的人员不得进入集控室及试验现场。

（10）试验时若发生机组跳闸，由电厂运行人员按运行规程处理。

（11）试验过程中若余热锅炉压力超压，而安全门应动未动，应紧急停机。

（12）试验前应对机组的公用系统进行全面检查，确保甩负荷试验不会影响其他机组的正常运行。

（13）试验全过程均应有各有关专业人员在场，以确保设备运行的安全性。

（14）试验过程中发生异常情况，如运行设备或管道发生剧烈振动以及运行参数明显超标等，应立即紧急停机，中止试验，并分析原因，提出解决措施。

（15）试验现场应严格执行 GB/T 26164.1《电业安全工作规程　第1部分：热力和机械》及现场有关安全规定，确保现场工作安全、可靠地进行。

（16）试验过程中应正确区分危险源，保护人身和设备安全，燃气轮机-汽轮机甩负荷危险源预控措施见附录。

（17）试验前应确认调节系统静态特性符合要求。

（18）保安系统动作可靠，危急保安器超速试验合格，手动停机装置动作正常。

（19）主汽阀和调节汽阀严密性试验合格，主汽阀、调节汽阀关闭时间符合要求，阀杆无卡涩。

（20）厂用电系统切换正常、可靠。直流电源系统正常、可靠。

（21）润滑油系统动态切换试验正常。

（22）甩负荷试验过程中，应设专人监视现场转速表转速。

第三节　燃气轮机控制系统调试要点

一、联合循环机组大联锁

（一）大联锁概述

大联锁保护作为燃气轮机、余热锅炉、汽轮机、发电机主设备的联锁保护其重要性不言而喻，但是其保护条件又分布在各控制系统中，为保证机组保护动作的安全可靠，协调各主要的调节和控制系统的调试，有必要将有关联锁保护作为一项试验项目完成，保证机组安全。在机组整套启动后，将相应的保护投入，使机组达到安全运行的要求。

大联锁试验情况见表 5-2，大联锁示意图见图 5-2。

表 5-2　　　　　　　　　　大联锁试验情况

序号	最先动作	动作顺序
1	燃气轮机跳闸	燃气轮机发电机跳闸 汽轮机跳闸→汽轮机发电机跳闸
2	燃气轮机发电机跳闸	燃气轮机跳闸 汽轮机跳闸→汽轮机发电机跳闸
3	余热锅炉保护跳燃气轮机	燃气轮机跳闸→燃气轮机发电机跳闸 汽轮机跳闸→汽轮机发电机跳闸
4	余热锅炉保护跳汽轮机	汽轮机跳闸→汽轮机发电机跳闸 如一定时间内旁路阀未打开，燃气轮机跳闸→燃气轮机发电机跳闸
5	汽轮机跳闸	汽轮机发电机跳闸 如一定时间内旁路阀未打开，燃气轮机跳闸→燃气轮机发电机跳闸
6	汽轮机发电机跳闸	汽轮机跳闸 如一定时间内旁路阀未打开，燃气轮机跳闸→燃气轮机发电机跳闸

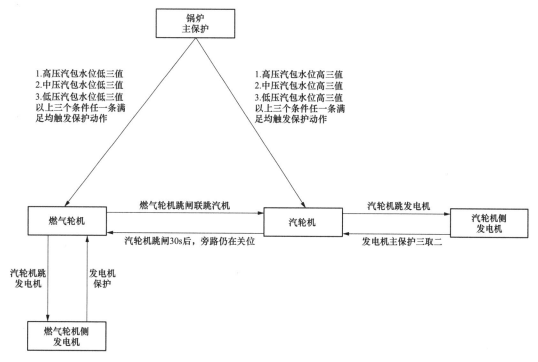

图 5-2 大联锁示意图

一般燃气-蒸汽联合循环发电机组大联锁保护配置如下：

（1）燃气轮机发电机跳闸，燃气轮机跳闸。燃气轮机发电机解列，燃气轮机全速空载。

（2）燃气轮机跳闸触发燃气轮机发电机跳闸，同时触发汽轮机跳闸，通过程跳逆功率保护触发汽轮发电机跳闸。

（3）燃气轮机全速空载触发汽轮机跳闸，通过程跳逆功率保护触发汽轮发电机跳闸。

（4）余热锅炉水位3高，触发汽轮机跳闸；余热锅炉水位3低，触发燃气轮机跳闸，联动汽轮机跳闸。

（5）汽轮机跳闸通过程跳逆功率保护触发汽轮机发电机跳闸，其中真空低引起的汽轮机跳闸，燃气轮机跳闸。

（6）汽轮机发电机跳闸触发汽轮机跳闸。

（二）大联锁试验方法

1. 燃气轮机跳闸联锁试验

触发条件：燃气轮机手动停机。

动作结果：燃气轮机跳闸、燃气轮机发电机跳闸、余热锅炉跳闸、汽轮机跳闸、汽轮机发电机跳闸则动作正确。

此项试验完成后：将燃气轮机、余热锅炉、汽轮机、电气（包括汽轮机、燃气轮机发电机）复位，并解除相应强制信号。

2. 燃气轮机发电机跳闸联锁试验

触发条件：燃气轮机发电机差动保护动作。

动作结果：燃气轮机发电机跳闸、燃气轮机跳闸、汽轮机跳闸、汽轮机发电机跳闸则动作正确。

此项试验完成后：将燃气轮机、余热锅炉、汽轮机、电气（包括汽轮机、燃气轮机发电机）复位，并解除相应强制信号。

3. 余热锅炉保护跳燃气轮机联锁试验

触发信号："高压汽包水位低低低"信号。

动作结果：燃气轮机跳闸、燃气轮机发电机跳闸、汽轮机跳闸、汽轮机发电机跳闸则动作正确。

此项试验完成后：将燃气轮机、余热锅炉、汽轮机、电气（包括汽轮机、燃气轮机发电机）复位，并解除相应强制信号。

4. 余热锅炉保护跳汽轮机联锁试验

触发信号："高压汽包水位高高高"信号。

动作结果一：汽轮机跳闸、汽轮机发电机跳闸；一定时间内旁路阀未打开，燃气轮机跳闸、燃气轮机发电机跳闸则动作正确。

动作结果二：汽轮机跳闸、汽轮机发电机跳闸；旁路正常打开，燃气轮机不跳闸、燃气轮机发电机不跳闸则动作正确。

此项试验完成后：将燃气轮机、余热锅炉、汽轮机、电气（包括汽轮机、燃气轮机发电机）复位，并解除相应强制信号。

5. 汽轮机跳闸联锁试验

触发信号：汽轮机打闸。

动作结果一：汽轮机跳闸、汽轮机发电机跳闸；一定时间内旁路阀未打开，余热锅炉跳闸、燃气轮机跳闸、燃气轮机发电机跳闸则动作正确。

动作结果二：汽轮机跳闸、汽轮机发电机跳闸；旁路正常打开，余热锅炉不跳闸、燃气轮机不跳闸、燃气轮机发电机不跳闸则动作正确。

此项试验完成后：将燃气轮机、余热锅炉、汽轮机、汽轮机发电机、燃气轮机发电机复位，并解除相应强制信号。

6. 汽轮机发电机跳闸联锁试验

触发信号：汽轮机发电机差动保护动作。

动作结果一：汽轮机发电机跳闸、汽轮机跳闸；一定时间内旁路阀未打开，余热锅炉跳闸、燃气轮机跳闸、燃气轮机发电机跳闸则动作正确。

动作结果二：汽轮机发电机跳闸、汽轮机跳闸；旁路正常打开，余热锅炉不跳闸、燃气轮机不跳闸、燃气轮机发电机不跳闸则动作正确。

此项试验完成后：将燃气轮机、余热锅炉、汽轮机、汽轮机发电机、燃气轮机发电机复位，并解除相应强制信号。

二、联合循环机组协调

（一）GE 型一拖一联合循环机组协调

1. 联合循环协调控制

对于联合循环机组，协调控制的目标是：通过改变燃气轮机侧和汽轮机侧的负荷，控制联合循环机组总负荷为中调指令期望值。目前主流的燃气-蒸汽联合循环机组协调控制策略是采用燃气轮机和蒸汽轮机的负荷分配思想。

机组启动开始，燃气轮机并网带初负荷，随着燃气轮机功率的上升，汽轮机侧各项数据达到并网要求，汽轮机并网带初负荷。此时机组没有投入 AGC，同时汽轮机如果没有投入 CCS，汽轮机负荷指令由运行人员在 DEH 画面手动给定；若汽轮机投入 CCS，汽轮机负荷指令由 DCS 侧给定，汽轮机负荷指令为总负荷指令减去燃气轮机实际功率，总负荷指令为当前机组实际总功率。若机组投入 AGC，总负荷指令来自中调，燃气轮机侧一般设置燃气轮机外部控制模式，当切换为该模式时，联合循环机组对负荷指令的快速响应由燃气轮机实现，蒸汽轮机仅随燃气轮机排气参数的变化做相应的负荷改变，一般设计为总负荷指令减去汽轮机发电机功率为燃气轮机的负荷指令，协调控制方式投入时，燃气轮机负荷控制器仍应置于燃气轮机侧控制回路，协调控制提供负荷设定值。当燃气轮机功率随着协调负荷指令改变时，汽轮机也随之改变，直至燃气轮机功率和汽轮机功率达到平衡。

但是在 GE 的燃气轮机联合循环机组中燃气轮机具有燃烧模式的概念，而在当前的这种联合循环协调控制策略中，未考虑到这一因素。汽轮机调门为了减少节流损失保持全开；而随着机组负荷的上升，燃气轮机燃烧模式会依次经历初级燃烧模式、贫贫正模式、二次切换模式、预混切换模式、预混稳定模式，随着机组负荷的下降，燃气轮机会依次经历预混稳定模式、贫贫负模式、贫贫正模式、初级燃烧模式。在机组投入 AGC，AGC 负荷目标值减小时，由于 DLN1.0 燃烧器存在有燃烧模式切换，一旦负荷下降至切换点对应的负荷，导致燃烧模式从预混燃烧模式退出进入贫贫负模式，燃气轮机就必须继续降负荷使燃烧模式变成贫贫正模式，才能继续进行升负荷操作，这显然不符合协调控制的要求，也不利于燃气轮机本身的安全、稳定运行。

为更好地实现机组 AGC 功能，对如今主流的协调控制逻辑进行优化，设计了适用于配备有 DLN1.0 燃烧器燃气轮机联合循环机组的协调负荷控制策略。简单地说，就是当燃气轮机负荷接近预混燃烧模式的负荷下限时，对燃气轮机负荷指令进行闭锁，通过调节汽轮机负荷的方式进行负荷控制，协调负荷控制策略示意图如图 5-3 所示。这种协调控制策略克服了 DLN1.0 燃烧器燃烧模式的局限性，有效提高机组控制的经济性和安全性。

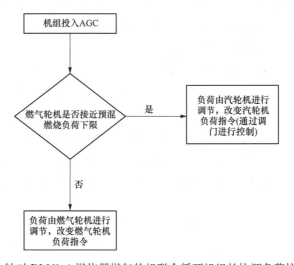

图 5-3 针对 DLN1.0 燃烧器燃气轮机联合循环机组的协调负荷控制策略

2. 联合循环的一次调频功能

联合循环机组在响应一次调频时，由于余热锅炉延迟较大、汽轮机一般处于滑压运行状态，故汽轮机的出力对机组的一次调频能力无有效贡献。而燃气轮机本身具有快速的响应特性和良好的负荷变化能力。因此，可以在 DCS 侧设计一次调频功能，将整套联合循环机组的负荷作为调频对象，充分利用燃气轮机来补偿汽轮机的调频能力，优化整套联合循环机组的调频性能。

在机组正常运行时，将燃气轮机的负荷控制方式切换到"远方控制负荷"模式，燃气轮机的负荷控制方式仍然由 Mark VIe 自身的功率/转速形成的串级控制回路进行控制，但负荷指令接受 DCS 发出的负荷指令以控制机组负荷，该指令可以使运行人员在 DCS 上手动设置，也可以是来自 AGC 的负荷指令。

在 DCS 中发送给燃气轮机的负荷指令回路中加入一次调频的修正功能，如图 5-4 所示，该方式的特点是负荷响应较快，能较好满足电网对于机组一次调频能力的要求。

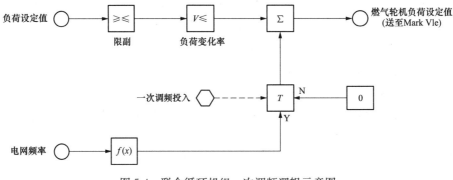

图 5-4　联合循环机组一次调频逻辑示意图

（二）AE94.3A 型一拖一联合循环机组协调

燃气-蒸汽联合循环机组涉及有燃气轮机、余热锅炉以及蒸汽轮机，燃气轮机中的重要设备和系统包括透平、燃烧室、压气机和发电机。其中燃气轮机运行中控制对象主要包括转速、机组负荷、排气温度。蒸汽轮机根据余热锅炉产生的蒸汽流量，利用旁路阀和汽轮机调阀控制蒸汽压力及蒸汽轮机发电功率。

燃气轮机机组协调控制一般在分散控制系统内实现，并辅以燃气轮机控制系统（TCS）、汽轮机数字电液控制系统（DEH）及必要的其他独立保护和控制装置，构成对联合循环机组的集中控制。

协调控制回路主要包括 TCS 和 DEH 等系统的接口逻辑、负荷指令设定回路、负荷分配回路、汽轮机压力控制回路等。负荷指令设定回路包括操作员设定、电网调度指令等。燃气-蒸汽联合循环协调控制的基本思路是如何将总体负荷指令分配给燃气轮机和蒸汽轮机。

1. 负荷分配

燃气-蒸汽联合循环模式下燃气轮机承担主要的能量输出，汽轮机起跟随作用，因此负荷变化首先作用在燃气轮机上，随着燃气轮机出力提高，余热锅炉蒸发量增大，从而汽轮机负荷跟随增加。协调控制一般采取将总负荷指令减去蒸汽轮机的实际负荷然后分配至燃气轮机，实现总负荷指令的平衡。在燃气轮机负荷变化过程中可能会出现其特有燃烧模式的切换，而燃烧模式与燃气轮机排放和稳定燃烧密切相关。

对于燃气-蒸汽联合循环机组，机组负荷控制系统的控制目标为：通过改变燃气轮机侧和汽轮机侧的负荷，控制联合循环机组总负荷为期望目标值。燃气-蒸汽联合循环发电机组在投入自动发电控制（AGC）的情况下，通过对电网侧负荷指令进行适当的量值限制和变化速率限制处理后，得出机组实际负荷指令。汽轮机侧为调门全开的开环跟随控制，汽轮机侧将当前热负荷最大限度转换为电功率。因此，为了保证联合循环机组总目标负荷，燃气轮机负荷指令由目标负荷和汽轮机实际负荷差值得出。

联合循环机组负荷分配控制方案，如图 5-5 所示。

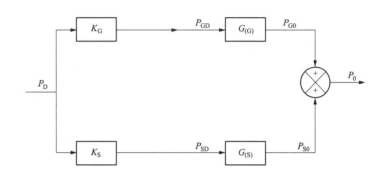

图 5-5　联合循环机组负荷分配控制方案

P_D—联合循环机组总负荷指令；K_G—燃气轮机负荷分配系数；K_S—蒸汽轮机负荷分配系数；
P_{GD}—燃气轮机负荷指令；P_{SD}—蒸汽轮机负荷指令；$G_{(G)}$—燃气轮机控制对象；
$G_{(S)}$—燃气轮机控制对象；P_{G0}—燃气轮机负荷；P_{S0}—蒸汽轮机负荷；P_0—联合循环机组总负荷

2. 蒸汽轮机压力控制

AE94.3A 型燃气-蒸汽联合循环机组汽轮机侧采用上汽西门子 DEH 控制方案，如图 5-6 所示。为保障蒸汽轮机侧的安全经济运行，设计了蒸汽轮机侧的主蒸汽压力控制回路，当余热锅炉蒸汽参数合格后，DEH 控制蒸汽轮机冲转、并网、带负荷。初始阶段的主蒸汽压力主要由旁路系统进行控制，进入初始带负荷阶段后，旁路系统逐渐关闭，蒸汽轮机投入主蒸汽压力控制回路，随着蒸汽轮机发电机组负荷逐渐升高，协调控制系统自动将蒸汽轮机投入深度滑压运行，即保持调门最大开度不变，从而减小蒸汽轮机侧的节流损失，最大限度地利用燃气轮机排气的余热。

当确认高压旁路关闭，发电机并网，汽轮机转速大于 47.5Hz，高压进汽叶片压力满足条件（大于 2.5MPa），启动初始压力模式。在初始压力模式下，汽轮机控制器工作并连续控制调门打开，以使实际压力达到单元压力设定值。在这期间，这是唯一控制汽轮机高压缸进口主蒸汽压力的压力控制器。通过在单元压力设定值的基础上增加一个"X bar"的"关闭裕度"，使高压旁路阀保持在关闭位置。

除了初始压力模式，另一个为压力限制控制模式。在压力限制控制模式下，汽轮机控制

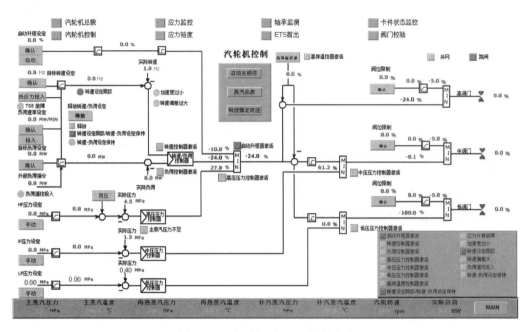

图 5-6　上汽西门子 DEH 控制方案

器只有在压力过低的情况下才工作。在这种情况下，压力控制器关闭调门以使蒸汽的实际压力达到汽轮机控制器的压力设定值。

初始压力控制和滑压控制：随着蒸汽流量的增加，汽轮机调门的开度越来越大。当蒸汽流量大约在 70％时，汽轮机调门开度已经到 100％。随着锅炉负荷（蒸汽流量）的进一步增加，主蒸汽压力随之增加。在高负荷范围（70％～100％额定负荷），汽轮机调门保持在 100％开度。汽轮机采用滑压控制，最重要的优点是在高负荷范围时，没有来自汽轮机调门的节流损失。滑压运行模式下的压力设定值、汽轮机压力设定值平行跟随滑压线。

第四节　调试常见问题及处理

一、某 GE 9E 型燃气轮机项目调试常见问题

（一）01 号启动变压器高压侧电流互感器变比过大的问题

启动变压器调试前在各项专业资料审查过程中发现，01 号启动变压器额定负荷为 8500kVA，计算后高压侧额定电流为 21.3A，设计院将高压侧启备变压器保护用 TA 变比设计为 1000/1A，导致高压侧二次最大电流仅为 21.3mA，因保护装置采样误差很可能导致保护装置的误动作，是一个很大的设计缺陷和安全隐患。由于及时的发现该问题，将变比改 200/1A，确保 01 号启动变压器安全运行的同时节约了大量的工期。启备变压器高压侧 TA 设计如图 5-7 所示。

（二）NCS 五防逻辑的问题

在进行 220kV 升压站隔离开关五防逻辑检查时发现 4 把母线接地开关没有设计和其他间隔隔离开关的硬接线联锁及测控柜后台的软逻辑联锁，是升压站在带电后误合该隔离开关

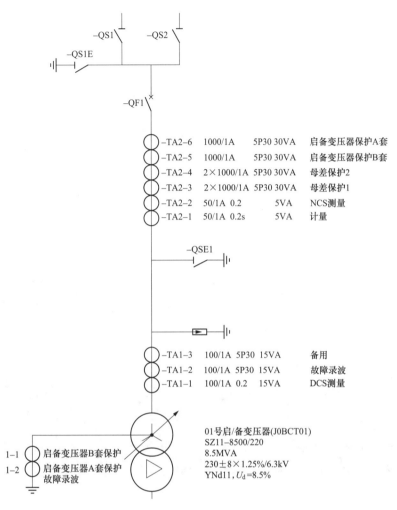

图 5-7　启备变压器高压侧 TA 设计图

及停电检修恢复送电时未分该隔离开关都会导致母线短路造成严重事故的重大安全隐患，严重违反电气"五防"中"防止带电挂（合）接地线（接地开关）"和"防止带接地线（接地开关）合开关（隔离开关）"规定。

（三）GE 9E 型燃气轮机发电机保护装置与燃气轮机主变压器保护装置设计问题

某项目燃气轮机整套引进南京汽轮机厂（南汽厂）设备，燃气轮机发电机继电保护设计由南京汽轮机厂完成，其他燃气轮机发电机-变压器组保护由江苏电力设计院设计，由于两个设计单位之间没有进行沟通，在调试燃气轮机发电机-变压器组保护过程中遇到很多问题。燃气轮机发电机保护装置跳闸出口南汽厂设计"启动失灵""解除复压闭锁""启动厂用电快速切换""跳厂用变压器分支开关"4 组跳闸出口为空点，设计院没有预留设计点位给燃气轮机发电机保护。导致燃气轮机发电机保护故障动作后无法实现出口功能。在多方协调下江苏设计院提出设计变更，将燃气轮机发电机保护出口"启动失灵"接至燃气轮机主变压器保护装置经外部重动再次出口来触发 4 组跳闸出口。电气专业随即对设计院的设计变更提出异议，众所周知非电量保护是不去"启动失灵"和"解除复压闭锁"的，燃气轮机发电机保护中有多个非电量保护，不能和电量保护共用一个出口实现功能，这种设计安全隐患很大。调试项目部提出更改方案，将燃气轮机发电机保护"启动失灵"接至燃气轮机主变压器保护装置经外部重动触发"启动失灵"和"解除复压闭锁"，将燃气轮机发电机保护"解除复压闭锁"接至燃气轮机主变压器保护装置经外部重动触发"启动厂用电快速切换""跳厂用变压器分支开关"，当燃气轮机发电机非电量保护动作后只去触发出口"解除复压闭锁"，继电保护定值作出相应变更。

（四）01 号启动变压器跳闸发现电流二次回路内部接线问题

2017 年 4 月 25 日 18 时 53 分，在启动 6kV B1 段 2 号机组启动马达时，启动变压器 A 套保护启动，22ms 之后，比率差动保护动作，跳开启动变压器高压侧断路器和 6kV A1、B1 分支断路器，启动变压器保护装置跳闸光字牌亮起，同时启动变压器 B 套保护启动。

保护装置检查情况：经现场查看保护装置的电流波形，如图 5-8 所示。

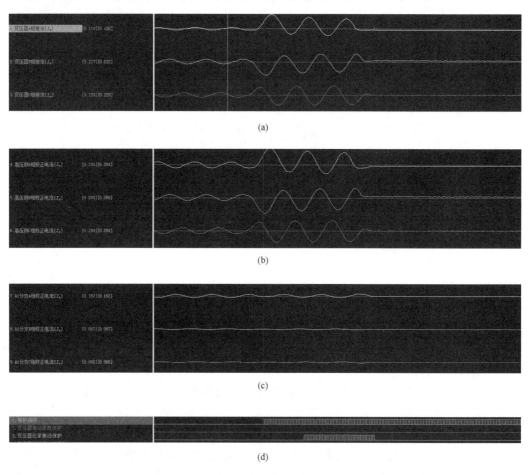

(a)

(b)

(c)

(d)

图 5-8 保护波形

（a）差动电流；（b）高压侧电流；（c）低压侧电流；（d）保护动作信号

6kV 备用Ⅰ段进线开关检查情况：6kV 备用Ⅰ段进线开关跳开状态，开关柜内过电压保护装置 HDCB 告警灯亮。

分析原因如下：查阅启动变压器保护装置可知，故障前高压侧、低压侧和差动电流二次有效值如表 5-3 所示。

表 5-3　　　　　　　　　　　　故障前电流二次有效值

电流	A 相	B 相	C 相
差动电流	$0.119I_e$	$0.227I_e$	$0.229I_e$
高压侧电流	$0.294I_e$	$0.293I_e$	$0.293I_e$
A1 低压侧电流	$0.163I_e$	$0.066I_e$	$0.067I_e$
B1 低压侧电流	$0.021I_e$	$0.023I_e$	$0.022I_e$

从故障前电流数据看出，故障前 B、C 相已经有较大差动电流，高压侧电流正常，A1 分支 A 相电流为负荷电流，B、C 相电流明显小于 A 相。

故障后高压侧、低压侧和差动电流二次有效值如表 5-4 所示。

表 5-4　　　　　　　　　　　　故障后电流二次有效值

电流	A 相	B 相	C 相
差动电流	$0.984I_e$	$0.966I_e$	$0.931I_e$
高压侧电流	$1.192I_e$	$1.129I_e$	$1.049I_e$
A1 低压侧电流	$0.124I_e$	$0.054I_e$	$0.052I_e$
B1 低压侧电流	$0.102I_e$	$0.109I_e$	$0.106I_e$

从故障后电流数据看出，故障后保护装置差动电流大于比率差动保护启动值，保护启动。高压侧电流为 $1.1I_e$ 左右，三相平衡。A1 分支三相电流与故障前基本一致。

从故障前后数据分析，启动 6kV B1 段 2 号机组启动马达瞬间，启动变压器保护采样高压侧电流明显增大且三相平衡，B1 分支电流增大，为实际负荷电流，三相平衡。A1 分支采样电流无明显变化，B、C 相电流明显小于实际负荷电流，导致启动变压器差动保护动作。所以启动变压器保护 A1 分支采样电流小于实际负荷电流是差动保护动作的直接原因。

每个 6kV TA 保护回路都并联过电压保护装置 HDCB。现场查看 6kV A1 段备用进线开关柜内 HDCB B、C 两相报警，判断 HDCB 过电压 B、C 相保护动作。检查开关柜内 B、C 两相电流回路接线，发现 B、C 相电流回路内线有明显松动，B、C 两相开路直接导致 HDCB B、C 两相过电压保护动作，HDCB B、C 相内部击穿导致启动变压器保护装置采集不到 B、C 两相电流，这是差动保护动作的根本原因。

后发现 6kV 开关柜内电流二次回路内部接线有明显设计缺陷，一个端子连接两根接线，容易导致回路开路。

二、某安萨尔多 AE94.3 型双轴燃气-蒸汽联合循环机组项目调试常见问题

（一）安萨尔多 AE94.3 型燃气轮机 SFC 与 TCS 多项配合信号不匹配

国产南瑞继保 PCS-9575 型 SFC 与安萨尔多燃气轮机首次配合，且拖动过程中 SFC 与燃气轮机 TCS 之间的多个握手配合信号均通过硬接线联系通信，信号时序、长短信号类型、信号名称定义等均需要在调试过程中研究并明确，以实现机组的顺利启动。

（二）安萨尔多 AE94.3 型燃气轮机定值和逻辑不合适

部分定值和逻辑不合适（因 TCS 组态基本为成套提供建议依据实际情况更改）。

（1）RDS 系统母管 3 个压力测点偏差大（大于 5bar），跳闸燃气轮机，实际运行过程中出现 175、169、173bar 后燃气轮机跳闸情况。

（2）逻辑判断不合适，实际整套试运过程中温度元件接线松动导致跳闸。

（三）安萨尔多 AE94.3 型燃气轮机防止保护误动

安萨尔多 AE94.3 型燃气轮机有多处一个取样管带多个压力变送器设计，如压气机喘振（1 个取样管带 3 个变送器）由于开孔均在缸体上，上海电气回函不增设取样管。启动前建议做取样管打压试验，防止保护误动。

（四）安萨尔多 AE94.3 型燃气轮机由于设备安装原因导致影响机组启动的问题

（1）两台机组均出现嗡鸣探头故障的原因为嗡鸣探头安装时密封胶涂多。

（2）防喘放气阀控制单元振动大。整改措施：所有控制气源管改为金属软管，并将控制单元整体安装固定在钢结构上。

（五）安萨尔多 AE94.3 型燃气轮机盘车无法转动

多次出现燃气轮机盘车啮合、盘车动力油进入盘车的状态下，燃气轮机转子无法转动。

（1）在启动燃气轮机低速盘车顺控前，先手动运行 RDS 系统顺控，让转子轴向来回动作一次，最后回归到 0 位，然后再启动燃气轮机低速盘车顺控。

（2）更改 TCS 逻辑在燃气轮机启动顺控中增加底盘前 RDS 正、副推顺控。

（六）安萨尔多 AE94.3 型燃气轮机 SSV 阀疏水不净

1 号燃气轮机首次点火时，燃气轮机模块放散阀关闭，燃气轮机点火器动作，SSV 阀、值班阀打开，5s 后火焰检测装置未检测到火焰，点火失败。原因为天然气管道在点火前几天做过水压试验，燃气轮机模块 SSV 阀前有一个滤网，该滤网处于整个天然气管道最低点，水压试验结束后放水未放干净，仍存有一定水量导致点火失败。

解决方法：打开滤网排污阀，排放滤网内的存水，直至排污阀排出天然气。排水后，点火成功。

（七）安萨尔多 AE94.3 型燃气轮机冷风阀问题

燃气轮机启动过程中冷风阀在 2950r/min 时未切换自动，燃气轮机跳机。冷风阀切自动逻辑是根据冷风阀前后压差控制，由于冷风阀前后压力信号管接反导致冷风阀未切换自动。

解决方法：调整冷风阀前后压力信号管后正常切换。

（八）安萨尔多 AE94.3 型燃气轮机 RDS 泵频繁启停

2 号机组燃气轮机启动过程中 RDS 系统 RDS 泵频繁启停，原因为 RDS 系统需要自动冲洗，在负推冲洗过程中，负推进油阀门、回油阀门都处于打开状态，负推回油阀长时间开

启，RDS 系统母管压力维持不住，当母管压力小于 150bar 时，RDS 泵自动启动，1s 后，母管压力大于 170bar，RDS 泵自动停，周而复始，造成 RDS 泵频繁启动。

解决方法：当 RDS 系统负推冲洗时，手动关闭 RDS 负推回油阀，RDS 负推腔室油压建立，母管压力维持在 175bar 左右。

（九）安萨尔多 AE94.3 型燃气轮机 SFC 系统逻辑不完善

国产首台安萨尔多机组 SFC 系统逻辑不完善，导致机组首次高盘问题频现。

高盘失败降速过程中，隔离开关 MBM1 未能自动分闸。分析原因为 SFC IS OFF 和 SFC OPERATION IS OFF 未同时送入 TCS，导致隔离开关未能自动分闸。再比如高盘过程中，TCS 送入 SFC 的 SFC 运行指令信号消失。分析原因为励磁送入 TCS 的 EXC IS ON 信号在励磁运行后会置 0，该信号消失后 TCS 侧的 SFC 运行指令复位。类似问题还有许多，在整个高盘过程中共发现 18 处逻辑不合理处，需 TCS 和 SFC 间逻辑优化配合后机组高盘才顺利完成，在此还是强调设计阶段燃气轮机控制厂家和 SFC 控制厂家应充分做好配合。

（十）柴油发电机启停逻辑及柴油发电机操作控制方式存在问题

原设计中在 DCS 无启动及停止柴油发电机功能；原设计中引至柴油发电机并网柜的 380V 保安段进线电源一电压 U_1、380V 保安段进线电源二电压 U_2 均取自 380V 保安段母线侧，无法实现保安段正常切换；原设计中 380V 保安段电源进线一、保安段电源进线二、柴油发电机组进线电源开关均为 ECMS 控制等。

为了优化柴油发电机系统，电气专业提出合理意见均得到采纳，具体如下：

（1）在 DCS 上增加 380V 保安段进线电源一开关（K2）、380V 保安段进线电源二开关（K3）、柴油发电机组进线电源开关（K1）监视界面，其中 K2、K3 在 DCS 上具备合、分操作功能，为此需在 DCS 增加对 K1、K2、K3 的合、分状态量 DI 开入通道，增加对 K2、K3 的合、分的 DO 开出通道及 K2、K3 开关置"远方"位置的 DI 开入通道（在 DCS 上操作 K2、K3 时就地/远方开关置远方位置才能操作）。

（2）在 DCS 上增加启动、停止柴油发电机信号至柴油发电机并网柜。启动信号脉宽设置为 0.5s，停止信号脉宽设置为 1.0s，启动指令在 DCS 中用 OPEN 方式。

（3）增加 DCS 至柴油发电机并网柜的信号："工作 PCA 段恢复""工作 PCB 段恢复"，用于电压恢复时恢复正常运行操作。这两个信号为保持信号。

（4）"工作 PCA 段恢复"信号输出保持至 380V 保安段进线电源一开关（K2）合上后自动复位。

（十一）汽轮机盘车期间转速上升问题

某安萨尔多 AE94.3 型双轴燃气-蒸汽联合循环机组 1 号机组整套启动期间，燃气轮机 3000r/min 定速运行，汽轮机盘车状态。在旁路系统投用，高压、中压、低压旁路阀逐渐开启过程中，发现汽轮机盘车跳闸，汽轮机转速逐渐上升，最高至 50r/min 左右。

通过对蒸汽管道疏水检查，高压、中压、低压调门处温度测量，高压、中压启动预暖调门处温度测量，未发现异常。在低压旁路阀关闭后，汽轮机转速下降至零，检查低压旁路至凝汽器管道时，发现低压旁路接至凝汽器内管道对向低压缸，且水幕喷水管道距低压旁路排汽口较近，无法有效防止低压旁路蒸汽返流至汽轮机低压缸。通过对低压旁路至凝汽器内管道进汽口方向进行调整处理，处理后汽轮机盘车能够正常投入运行。

（十二）汽包水温计在降负荷时出现虚假水位问题

某安萨尔多 AE94.3 型双轴燃气-蒸汽联合循环机组首次在余热锅炉应用内置式平衡容器水位计。燃气轮机电厂升降负荷速率快，降负荷时汽包内平衡容器正压侧参比管液柱蒸发，变送器正压侧压力减小，差压输出值变小，液位显示短时间内变为满水位。低压汽包饱和温度随负荷变化大、正压侧冷凝罐无法及时补充参比管液位，低压汽包液位计在降负荷的时候假水位现象尤其明显。

应确认冷凝罐手动门全开，对低压汽包内置式平衡容器进行改造，改为外置式平衡容器。

（十三）某安萨尔多 AE94.3 型双轴燃气-蒸汽联合循环机组燃气轮机、汽轮机发电机差动电流极性的设计问题

某安萨尔多 AE94.3 型双轴燃气-蒸汽联合循环机组 1 号燃气轮机发电机中性点 TA、1 号燃气轮机主变压器低压侧封闭母线 TA 均为一次侧 P1 指向发电机，二次侧均为 S1 流出电流，S2 短接作为 N。燃气轮机发电机保护 A 屏（北京四方）与燃气轮机发电机保护 B 屏（南瑞继保）极性均为 0°接线。若不改正，则会导致发电机差动保护动作。

将燃气轮机发电机中性点用于差动的 TA(1LH、2LH) 二次侧更改为 S2 流出电流，S1 短接作为 N。更改后通过检查，发现 2 号汽轮机发电机中性点 TA 与机端 TA 也均为一次侧 P1 指向发电机，二次侧均为 S1 流出电流，S2 短接作为 N。且汽轮机发电机保护 A 屏（北京四方）与汽轮机发电机保护 B 屏（南瑞继保）极性也均为 0°接线。将汽轮机发电机中性点用于差动的 TA(1LH、2LH) 二次侧更改为 S2 流出电流，S1 短接作为 N。

后续在整套启动发电机短路试验时，无差流。

（十四）转速卡在线下装过程出现转速信号突变问题

某安萨尔多 AE94.3 型双轴燃气-蒸汽联合循环机组汽轮机转速信号分 2 套，分别为 DEH 转速（送入 DEH 控制器转速卡）和 ETS 转速（送入 ETS 控制器转速卡）。整套启动期间，汽轮机稳定到额定 3000r/min 后随即分别进行两套超速保护试验。试验前，需要将其中一套超速卡（ETS 超速）的超速保护定值修改为 3330r/min，从而屏蔽该套超速保护回路。修改参数在线下装后，转速信号突变为 0，超速保护动作。

经咨询厂家，ABB 转速卡内部参数被修改在线下装时，转速卡会自动重启复位，同时转速卡输入输出信号会丢失。后续机组运行过程中，不允许在线下装转速卡。

（十五）EH 油油压无法建立问题

某安萨尔多 AE94.3 型双轴燃气-蒸汽联合循环机组停机状态下，EH 油油压无法建立。原因为停机状态下，伺服阀指令一直大于反馈，导致停机时伺服指令通道存在伺服电流输出。当 DEH 指令大于 LVDT 反馈电压时，表明油动机开度不够，伺服放大器输出正向电流，使油缸活塞上移，LVDT 反馈电压同时增大，直至与 DEH 指令电压一致，表明油动机开度与指令匹配，伺服放大器输入输出均趋于零，伺服阀隔断油路，油动机保持不动，完成一次增大开度过程，反之亦然。

由热控调试人员对 DEH 控制系统进行故障排查，消除控制系统故障后重新给定阀门开

度指令，将全部高压调节汽阀开度指令设为－50％，启动 EH 油泵 A，此时 EH 油压力恢复正常，机组 EH 油压成功建立。

为避免再次发生此类故障，由热控调试人员对 DEH 控制系统逻辑进行修改，在高压调节汽阀和中压调节汽阀的阀位给定的输出逻辑中增设一项条件，在当机组跳闸状态下，强制全部调节汽阀指令开度始终为－50％，这样 DEH 模拟指令与 LVDT 位移反馈信号的差值始终为负值，使伺服阀接受负向电压，伺服阀保持负向机械偏置，油动机供油通道被封死，系统以最小的流量进油。

三、某安萨尔多 AE94.3 型单轴燃气-蒸汽联合循环机组项目调试常见问题

（一）安萨尔多 AE94.3 型单轴燃气-蒸汽联合循环机组 SSS 离合器振动问题

安萨尔多同类型机组的 SSS 离合器存在两侧轴承振动大的情况。SSS 离合器前设置的"轻载"轴承，其载荷随标高的变化相对于其他轴承更加敏感。这种结构使得轴承载荷容易产生不稳定变化，造成轴承的振动更易失稳并发散，并且会影响相邻轴瓦的动态特性。

通过充分调研和仔细论证后，建议建设单位通过对离合器两端轴承座标高进行适当调整，提高轴承负载，控制轴承座底部垫片数量等方法来改善振动情况。同时设备厂家也根据 SSS 离合器的相关特性，对标高设计做了全新核算并更新了设计数据。目前设备厂家的设计标高已进行了更新处理。

同时在调试过程中，通过不断摸索与试验，总结出适用于控制该 SSS 离合器的运行策略，如遇某次啮合后振动持续增大，可脱开离合器重新啮合。如在运行过程中振动发生突变，可适当提高润滑油温，降低润滑油运动黏度，改善油膜涡动情况。

某单轴燃气-蒸汽联合循环机组 SSS 离合器振动得到了有效控制，机组在不同负荷工况下均运行稳定，振动数据无异常。

（二）CV1 卡涩情况预防

安萨尔多燃气轮机 CV1 由于安装不当或运行操作不合适，可能会出现严重锈蚀和卡涩情况，此时若强行活动 CV1，导致 CV1 及相关部件断裂并脱落进入压气机，从而压气机叶片被击伤损毁。

通过细致分析后，调试单位向电厂提出以下建议：

（1）确保执行机构与转动环间连杆的垂直度，防止转动过程中产生额外的扭矩。

（2）检查转动环上所有与叶片连接的小连杆及摇臂安装是否到位和松动，并在小连杆上进行标记，以定期检查是否松动。

（3）检查转动环中是否存在异物，避免异物导致调节卡涩，同时安装外部保温护罩，以有效阻挡异物进入转动环。

（4）检查转动环滚轮是否产生锈蚀，防止转动不畅，影响 CV1 调节速度或卡涩。

同时对运行人员提出相关指导建议，要求严格执行相关燃气轮机运行维护手册，水洗后必须及时充分干燥，避免残留水分引起燃气轮机部件的腐蚀。

（三）安萨尔多 AE94.3 型单轴燃气-蒸汽联合循环机组汽轮机上下缸温差大问题

在某 1 号机组汽轮机调试及后期运行过程中，中压缸外缸上下温度差明显伴随低压补汽阀开度而变化。若低压补汽阀保持关闭状态，上下缸温差较小；若补汽阀开启，中压缸外缸上下温度差会伴随开启时间的延长而明显增大。10 月 28 日，汽轮机负荷 403MW，低调门开度 13％，此时上下缸温分别为 359、333℃，温差 26℃；11 月 15 日，汽机负荷 349MW，

低调门开度 39％，此时上下缸温分别为 327、277℃，温差 50℃；12 月 14 日，汽机负荷 200MW，低调门开度 40％，此时上下缸温分别为 311、265℃，温差 46℃。

低压补汽开启过程中，由于低压补汽温度低于夹层蒸汽温度，且低压补汽与汽封漏汽入口在中分面以下部位，低温蒸汽进入腔室后受旋转汽流等因素影响，造成腔室内温度场分布不均，尤其对下缸温度影响明显，进而导致中压外缸上下温差变大。

建议对再热进汽 L 型环、中压内缸窥视孔螺塞进行检查，确认中压内缸窥视孔螺塞、中压平衡活塞冷却汽 L 型环是否安装；在机组运行过程中适当调整补汽阀开度，控制上下缸温差，同时可以借鉴设备厂家的成熟改造技术，通过在低压补汽阀出口处加装导汽管来优化流场分布状况，从而改善上下缸温差大的现状。

（四）安萨尔多 AE94.3 型单轴燃气-蒸汽联合循环机组润滑油带水问题

某燃气-蒸汽联合循环机组整套启动期间，在对 2 号机润滑油进行水分化验时，发现润滑油中水分严重超标，此时机组联合循环运行。水分超标后，调试人员立即联系发电部、工程部就地检查，发现润滑油油箱液位上涨，取样油质浑浊，在线滤油机滤出大量水分，轴封回汽门开度均在 1/3 左右，轴加风机电流偏小。轴封投入后，高压轴封压力测点以及低压轴封压力测点不能准确监视，为了保证机组背压，运行人员在控制轴封压力时选择高压运行；轴加风机电流较 1 号机偏小，怀疑轴封回汽门开度偏小，轴封加热器液位过高，导致轴封回汽不畅；二号机低压轴承座内有一根排污管，可排出低压侧轴封的疏水，就地检查排污管被油漆等异物封堵，解开后有大量积水排出。

针对以上几个原因，采取了以下整改措施：重新校对高压、低压轴封测点，保证显示准确，在轴封投入后可正常监视供入轴端的汽封压力；将轴封回汽门的开度调大，调整轴封加热器的液位；通知电建公司及时安装低压轴承排污管，并通知运行人员对低压轴承内的积水进行定期排污。

（五）安萨尔多 AE94.3 型单轴燃气-蒸汽联合循环机组燃机盘车问题

一、二号机组燃气轮机在零转速启动盘车以及燃气轮机停机惰走过程中，燃气轮机盘车投入后两台顶轴油泵运行的顶轴油压仅为 12MPa 左右，需要启动三台顶轴油泵才可满足燃气轮机盘车启动时的顶轴油压（油压稳定在 15MPa 以上）要求，此时已无备用顶轴油泵，威胁燃气轮机零转速和惰走过程中的安全启动及停机，不符合设计要求。

燃气轮机盘车是由顶轴油提供驱动动力，当燃气轮机盘车投入后，部分顶轴油进入燃气轮机盘车模块，此时顶轴油母管油压迅速下降，直至低于 12.5MPa，同时启动第三台顶轴油泵，由于第三台顶轴油泵补充的油量，顶轴油压也恢复至设计值 17MPa；当燃气轮机升速，燃气轮机盘车退出后，停止第三台顶轴油泵，油压依然可以稳定在 17MPa，此时仅汽轮机盘车投入。由此表明，燃气轮机盘车投入后，部分顶轴油流入燃气轮机盘车模块，导致油压下降。

建议重新核算燃气轮机盘车投入后所需的顶轴油流量，更换大容量顶轴油泵，保证燃气轮机盘车投入后有备用顶轴油泵，保证机组运行安全。

（六）安萨尔多 AE94.3 型单轴燃气-蒸汽联合循环机组升负荷阶段余热锅炉过热汽温超温问题

对于安萨尔多 AE94.3 型联合循环机组，单燃气轮机负荷在提升负荷到 60~100MW 区间时，燃气轮机排汽温度将从 490℃快速上升至 600℃，如图 5-9 所示。但在这一烟温急速上升阶段，短时间内余热锅炉高压过热器吸热量显著增大，自然循环锅炉蒸汽流量增长速度存在一定滞后，造成高压主蒸汽温度短期内快速上涨，另外减温水调节汽温也具有一定的滞后性，因此在此负荷区间范围内高压主蒸汽温度会较快上涨。

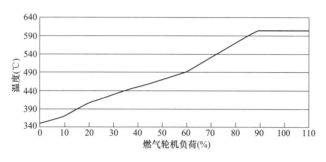

图 5-9　不同燃气轮机负荷下排烟温度

建议在燃气轮机负荷提升至 60MW 时，提前将减温水电动阀打开，将减温水自动投入运行，高压过热器出口温度作为被调量设置在 500℃。之后随着负荷升高慢慢提升被调量温度设置，在负荷升高过程中，始终保证高压过热器出口温度低于排烟温度 30℃，待燃气轮机排烟温度达到额定之后，将高压锅热器出口温度设置在额定温度 567℃。建议在运行规程中增加该负荷阶段汽温控制策略。

（七）蒸汽吹管期间凝结水补水速度不足问题

某燃气-蒸汽联合循环机组在蒸汽吹管过程中，发现在保持除盐水启动补水和正常补水两路管道电动门和调节阀全开的状态下，凝汽器仍不能维持液位平稳，水位降低速度过快极易触发凝结水泵保护停机，该情况下无法保证余热炉吹管工作的正常进行。随后锅炉专业调试人员，对吹管每小时用水量及除盐水至凝汽器补水量进行核算对比，发现除盐水至凝汽器补水量约 80t/h，而吹管所需用水量是 100～120t/h。

锅炉专业调试人员又对除盐水至凝汽器补水系统进行排查，发现除盐水至凝汽器管段的调节阀存在截流情况，导致补水量无法满足吹管需求。通过多方沟通协商决定将该调节阀进行拆除，并将用短管进行连接，从而减少节流以满足余热炉吹管需求。该方案实施后凝汽器补水量从原来的约 80t/h 提升至 140t/h，完全能够满足余热锅炉蒸汽吹管用水量。余热炉蒸汽吹管圆满完成后将除盐水至凝汽器管段调节阀恢复。

（八）安萨尔多 AE94.3 型单轴燃气-蒸汽联合循环机组热控设计中单点保护问题多

某安萨尔多 AE94.3 型单轴燃气-蒸汽联合循环机组主保护中存在诸多单点保护或主保护信号取样同源问题，不符合《防止电力生产事故的二十五项重点要求》中 9.5.2 "所有重要的主、辅机保护都应采用"三取二""四取二"等可靠的逻辑判断方式，保护信号应遵循从取样点到输入模件全程相对独立的原则，确因系统原因测点数量不够，应有防保护误动措施"。主要问题如下：

（1）AE94.3A 燃气轮机配套的 D880（E880）型号汽轮机，低压缸膨胀差值（差胀）保护（低压缸差胀大于 7.6 或小于－6.5）、高压缸上下缸温差高高跳闸（高压外缸上下金属温度 50％差大于 150℃，且汽轮机转速小于 47.49Hz）、中压缸上下缸温差高高跳闸［汽轮机中压外缸上半下半中部金属温度 50％差和中压外缸上半下半后部金属温度差 50％（二取高）不小于 55℃，且汽轮机转速小于 47.49Hz］，均为单点保护设计。

（2）燃气轮机排气压力和压气机喘振虽然均设置了三个测点，但都在一根取样管上进行取样。

（3）励磁 6kV 变送器三个温度有任一高于 140℃，触发顺停燃气轮机。

（4）参与闭环调节的并网信号仅有一组，该信号消失后，燃气轮机负荷反馈直接到 0，机组负荷将持续上升，导致机组运行异常。

燃气轮机、汽轮机设计中单点保护问题多，针对这些保护后续要咨询设备厂家，进行合理的优化设计，以保证机组安全稳定运行。

（九）安萨尔多 AE94.3 型单轴燃气-蒸汽联合循环机组并网时参数扰动大问题

安萨尔多 AE94.3 型单轴燃气-蒸汽联合循环机组在汽轮机启动、升速、并网带初始负荷阶段，为保证锅炉压力、温度等在锅炉制造厂允许范围之内，以及汽轮机进汽压力、温度、流量各参数在合理范围之内，设计了协调控制系统燃气轮机温度控制回路。

运行人员通过投入燃气轮机温度控制回路，并将该温度设定值降低，使燃气轮机的排气温度控制器提前激活，小选回路选择从负荷控制回路切换到排气控制回路，从而起到限制燃气轮机负荷的目的。在汽轮机满足并网启动时，也利用该逻辑限制燃气轮机负荷，以保证汽轮机顺利并网，否则在协调模式下，汽轮机负荷的增加会造成燃气轮机负荷的减少，燃气轮机负荷的减少又反过来会造成汽轮机的负荷变动，从而引起一个比较大的扰动。汽轮机并网稳定后，旁路开始关闭，随后运行人员手动退出燃气轮机温度控制回路。

（十）机械加速澄清池系统设计问题

某燃气-蒸汽联合循环项目机械加速澄清池进水水质（循环水）不稳定，且无在线监测表计，无法实现连续监测出水水质变化从而及时调整，无法保证出水水质合格，影响制水设备运行，严重会造成膜系统污堵，减少膜使用寿命。石灰、氧化镁系统调试期间，按原有设计工况机械加速澄清池出水水质达不到技术协议中的性能保证值（全硅不大于 3mg/L、总硬不大于 1mmol/L）的要求，制约全厂废水零排放系统正常运行。

分系统及整套启动调试期间，因锅炉补给水预处理系统机械加速澄清池出水水质无法达到后续设备进水水质要求，为了避免后续膜系统污堵以及锅炉补给水系统正常运行，确保双机供水量，调试期间锅炉补给水预处理系统机械加速澄清池进水采用原水预处理反应沉淀池出水，作为锅炉补给水系统进水。

（十一）废水零排处理能力不足问题

某燃气-蒸汽联合循环项目锅炉补给水系统单套一级反渗透产生浓水量为 12m³/h，两套补给水系统运行产生浓水量为 24m³/h，另外，其他系统进入工业废水系统处理后的水也需进入废水零排放系统（约 3m³/h），废水零排放设计浓水反渗透处理量是 11.0m³/h，淡水量为 9m³/h（可回用），废水零排反渗透仅能一套运行，MVR 终端蒸发量仅为 2.0m³/h，按目前机组运行用水量，如果 2 套制水系统连续运行，废水零排放处理终端蒸发量无法满足机组用水要求。

因系统设计无裕量，未考虑启机冲洗水用量及其他异常工况用水量，建议增加增容缓冲池。

四、某 GE 9F 型燃气轮机项目调试常见问题

（一）GE 9F 型燃气轮机润滑油系统问题

某 GE 9F 型燃气轮机 1 号燃气轮机润滑油在调试过程中出现主滤网破损、临时滤网破损等情况，分析主要是滤网质量不合格及滤网型号不合适（破损滤网为不防静电型号）导致，造成了 1 号燃气轮机翻瓦检查，延迟机组投运时间。

经验总结：①转变观念，润滑油系统需从滤油开始介入，跟踪每一个环节；②加强监盘及就地检查；③相关仪表必须投运，动作应正确，对润滑油系统进行有效监视。

在总结 1 号燃气轮机经验后，3 号燃气轮机未发生类似事件。

（二）GE 9F 型燃气轮机顶轴油系统问题

某 GE 9F 型燃气轮机 1 号燃气轮机在顶轴油调试过程中出现发电机 1 瓦无法顶起的情况。就地检查发电机 1 瓦顶轴油管路有明显节流声，且管路温度较高，分析原因可能为顶轴油管路至轴瓦进油口法兰泄漏，或轴瓦与大轴贴合不严密导致泄油。打开轴瓦端盖检查，顶轴油进油管法兰严密，未发生泄漏；用红丹粉调透平油做显示剂，发现轴瓦与大轴贴合不严密，特别是顶轴油油囊周围区域未见红丹粉显示剂，对轴瓦进行刮研后再次对发电机 1 瓦进行顶轴，顶起高度正常。

经验总结：大轴无法顶起大体分为三类，①油管路有泄漏，特别是连接法兰；②轴瓦与轴贴合不严密，导致油压无法建立；③顶轴油油囊偏小，无法提供足够的推力顶起大轴。

3 号燃气轮机对发电机轴瓦进行了检查及刮研，顶轴正常。

（三）GE 9F 型燃气轮机密封油系统问题

某 GE 9F 型燃气轮机发电机密封油系统采用单流环设计，密封油设计油氢差压为 35kPa，同类型机组昆山氢气泄漏量较大，需每天补氢。1 号燃气轮机在调试过程中密封油油氢差压调整为 35kPa，但差压阀波动约 5kPa，厂家认为波动正常。1 号燃气轮机在吹管过程中运行人员对发电机进行补氢，补氢速率约为 1.3kPa/min。补氢结束后发现氢压快速下降，机组停运后检查密封瓦，发现轴颈磨损。分析原因：①油质不合格，有硬物；②油氢差压有波动，补氢速度相对较快，油膜消失导致磨瓦。

经验总结：①鉴于油氢差压有较大波动，严格控制补排氢速度，1 号燃气轮机控制在 1kPa/min 以内；②根据厂家建议提高油氢差压，1 号燃气轮机油氢差压控制在 50kPa。

目前 1 号燃气轮机氢油系统运行正常，补氢率正常，未出现磨瓦或发电机进油。3 号燃气轮机仍调整油氢差压 50kPa，补氢速度控制在 1kPa/min 以内，但调试过程中出现发电机轻微进油，后补氢速度控制在 0.5kPa/min 以内，发电机未出现进油。正常运行中氢侧回油扩大箱液位检测器视窗偶尔能检测到进油，对氢气温度进行调整过快也能检测到进油，需定期巡检并排油。分析原因可能为油氢差压设定值较高，且油氢差压波动时油氢差压最高能到 55kPa。运行中保持氢气温度较小波动，氢侧回油扩大箱正常运行，未检测到进油。整套启动及 168h 试运期间未对油氢差压进行调整，制定了严格的补排氢速度（0.5kPa/min 以内），以及氢气温度控制，并加强巡检。

（四）汽轮机首次冲转过程问题

某 GE 9F 型燃气轮机工程 2 号汽轮机首次冲转，高压主蒸汽温度 400℃，高压主蒸汽压力 4.7MPa，中压主蒸汽温度 400℃，中压主蒸汽压力 0.7MPa，真空－86kPa。润滑油母管压力 0.23MPa。操作员自动模式，升速率 200r/min。

1. 第一次冲转过程

0:36 汽轮机转速 833r/min，稳定。轴瓦振动、温度如表 5-5 所示。

表 5-5　　某 GE 9F 型燃气轮机 2 号汽轮机转速 833 r/min 时轴瓦振动、温度

名称	轴瓦振动（μm）	轴瓦温度（℃）
1X	50.9	55.6
1Y	40.8	57.1
2X	60.4	63.7
2Y	74.1	62.5
3X	92.4	52
3Y	84.1	54
4X	30.4	50
4Y	22.3	52.1
5X	25.2	51
5Y	21.9	53.1

0:49 汽轮机再次升速，目标值 2200r/min。升速过程中，各瓦振动正常，发电机 2 号瓦金属温度上升较快。0:58 转速到达 2200r/min，2 号瓦温度 1 达到 127℃，保护跳闸。轴瓦振动、温度如表 5-6 所示。

表 5-6　　某 GE 9F 型燃气轮机 2 号汽轮机转速 2200r/min 时轴瓦振动、温度

名称	轴瓦振动（μm）	轴瓦温度（℃）
1X	35.6	81.6
1Y	28.2	79.95
2X	39.8	126.2
2Y	28	114.9
3X	45.1	69.1
3Y	44.7	65.4
4X	37.3	64.8
4Y	30.5	75.9
5X	29.7	70.7
5Y	21.3	79.3

经验总结：2 号汽轮机第一次冲转过程中，发电机 2 号瓦金属温度上升较快，在机组升速至 2200r/min 时，2 号瓦温度 1 达到 127℃，保护跳闸。2 号汽轮机停机后，施工单位、主机厂、监理、工程部、发电部、调试单位对 2 号瓦、3 号瓦、2 号汽轮机油系统进行联合检查。

2. 第二次冲转过程

2 号汽轮机再次冲转。高压主蒸汽温度 420℃，高压主蒸汽压力 4.7MPa，中压主蒸汽温度 420℃，中压主蒸汽压力 0.75MPa，真空－84kPa。润滑油母管压力 0.23MPa。操作员自动模式，升速率 200r/min。

09:03 汽轮机转速 700r/min，稳定。轴瓦振动、温度如表 5-7 所示。

表 5-7　某 GE 9F 型燃气轮机 2 号汽轮机再次冲转转速 700r/min 时轴瓦振动、温度

名称	轴瓦振动（μm）	轴瓦温度（℃）
1X	11.7	51.8
1Y	14.7	53.4
2X	17.0	51.3
2Y	18.2	54.2
3X	15.0	51.5
3Y	19.0	51.1
4X	22.9	49.9
4Y	22.3	50
5X	20.5	5.01
5Y	21.3	50.8

09:05 汽轮机再次升速，目标值 2200r/min。升速过程中，各瓦振动正常，发电机 2 号瓦金属温度上升较快。09:18 转速到达 2200r/min。轴瓦振动、温度如表 5-8 所示。

表 5-8　某 GE 9F 型燃气轮机 2 号汽轮机再次冲转转速 2200r/min 时轴瓦振动、温度

名称	轴瓦振动（μm）	轴瓦温度（℃）
1X	35.6	90.3
1Y	28.2	83.7
2X	39.8	99.2
2Y	17.9	79
3X	45.1	71.7
3Y	44.7	69.1
4X	37.3	73.5
4Y	30.5	76.9
5X	29.7	72.7
5Y	21.3	78.0

09:19 汽轮机再次升速，目标值 3000r/min。升速过程中，各瓦振动正常，发电机 2 号瓦金属温度上升较快。09:22 转速到达 3000r/min，2 号瓦温度 1 达到 127℃，保护跳闸。轴瓦振动、温度如表 5-9 所示。

表 5-9　某 GE 9F 型燃气轮机 2 号汽轮机再次冲转转速 3000r/min 时轴瓦振动、温度

名称	轴瓦振动（μm）	轴瓦温度（℃）
1X	25.5	114.6
1Y	29.1	110.2
2X	21.1	126.7
2Y	19	108.9

续表

名称	轴瓦振动（μm）	轴瓦温度（℃）
3X	50	79.6
3Y	45	75.2
4X	30.5	81.5
4Y	21	86.5
5X	78.4	86.3
5Y	44.8	92.3

3. 分析及建议

2号汽轮机第一次冲转停机后，施工单位、主设备厂、监理、工程部、发电部、调试单位对2、3号瓦、2号汽轮机油系统进行联合检查，并将检查情况上报试运指挥部。试运指挥部商议决定待2、3号瓦恢复完成后，再次启动2号汽轮机。

在两次汽轮机启动全过程中，1～5号瓦振动情况正常，但是发电机1、2号瓦温度一直高于汽轮机的3、4、5号瓦。且随着转速的升高，1、2号瓦升温速率加快，直到跳机值。结合这两次汽轮机启动过程中参数变化，以及对2、3号瓦、2号汽轮机油系统的检查，同时调整瓦块的紧固螺栓，增加瓦块与瓦座的间隙。

2018年12月14日00:06，2号汽轮机冲转。高压主蒸汽温度432℃，高压主蒸汽压力6.6MPa，中压主蒸汽温度406℃，中压主蒸汽压力0.6MPa，真空－90kPa。润滑油母管压力0.23MPa。

00:40汽轮机升速至3000r/min，汽轮机在升速过程中，各参数正常，发电机2号轴瓦金属温度无变化异常。

（五）启动锅炉天然气管道结冰问题

启动锅炉设计天然气压力较低，设计工作压力为60kPa左右，天然气经调压站减压后，温降较大，冬季室外温度较低时，管道容易结冰，导致启动锅炉天然气压力低跳机。余热利用系统电加热器及蒸汽加热功率较小，无法满足要求。

总结建议：建议从启动锅炉引热水加热调压站去启动锅炉侧天然气管道。

（六）6kV母线TV次谐波谐振问题

某GE 9F型燃气轮机项目倒送电过程中，冲击完启动变压器之后对6kV母线进行受电，发现母线TV二次电压三相非完全对称，检查完一、二次回路均未发现问题。经分析为母线TV次谐波谐振现象。

总结建议：通过在TV二次剩余绕组并联灯泡法，消耗TV中高次谐波，使得谐振现象基本缓解。

（七）GE 9F型燃气轮机LCI与燃气轮机发电机保护配合问题

某GE 9F型燃气轮机设计LCI启动环节，LCI为燃气轮机发电机启动高速盘车使用。设计中当LCI在启动过程中故障时，发出信号至燃气轮机发电机保护盘，随即燃气轮机发电机保护动作跳启动励磁变压器、隔离变压器、停燃气轮机。在调试过程中，发现此设计极为不可靠，因为当LCI退出运行，如果LCI发出故障信号，则直接造成发电机保护误动作。

因此建议将 LCI 故障信号和 LCI 隔离变压器 89SS 隔离开关位置信号以及 GCB 位置信号共同作为故障判据，保证在 LCI 退出运行阶段，即便 LCI 发出故障也不会造成燃气轮机发电机保护误动作的情况发生。更改后设计如图 5-10 所示。

（八）GE 9F 型燃气轮机设备硬闭锁逻辑优化问题

9F 燃气轮机在设计阶段，对于电气一次设备，除了 Mark VIe 控制系统内软逻辑闭锁

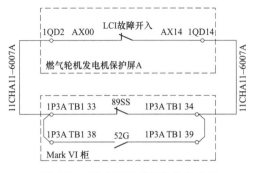

图 5-10　某 GE 9F 型燃气轮机 LCI 启动环节逻辑图

外，还设计了从 Mark VIe 到就地 MCC 柜内的硬闭锁信号，涉及的设备包括顶轴油泵、润滑油箱加热器、盘车、交流密封油泵。其中，交流密封油泵的闭锁信号取自直流密封油泵的准备就绪信号，但是哈电的直流密封油泵在现场使用阶段取消了该信号，只保留了运行反馈信号，因此造成的影响是直流密封油泵未运行则交流密封油泵无法启动，闭锁逻辑上存在明显错误，如图 5-11 所示。因此协调业主、哈电、GE 各方将此硬闭锁去除。

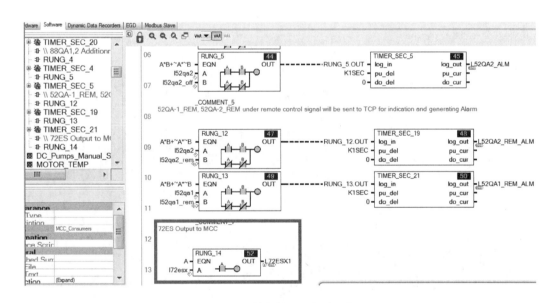

图 5-11　燃气轮机硬闭锁逻辑

（九）GE 9F 燃气轮机模拟量监视优化问题

在燃气轮机润滑油系统调试阶段，发现原先 GE 提供的润滑油系统画面对于润滑油母管压力（96QH-1）、温度（LT-TH）这两个重要的监视参数只是在逻辑内引用，并未在画面进行标注，为了保障机组安全可靠运行，与 GE 协商后对监视画面进行修改，如图 5-12 所示。

在燃气轮机轴承系统测点核对阶段，发现燃气轮机画面中的发电机励磁端、汽轮机端的温度测点由于 GE 方画面组态人员理解不到位，导致摆放位置全部倒置，对于运行人员监盘造成极大的影响，因此在发现后联系工代及时对其进行修改，如图 5-13 所示。

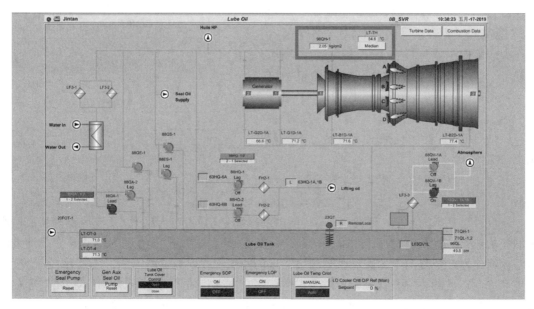

图 5-12　燃气轮机润滑油系统监视画面

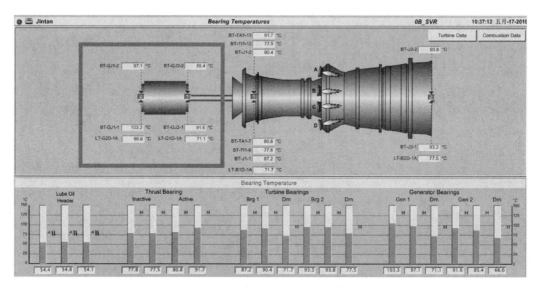

图 5-13　燃气轮机轴系温度监视画面

第六章

典型事故处理

第一节 燃气轮机典型事故处理

一、降负荷/低负荷运行时燃烧失稳

（一）现象描述

GE 机组的 DLN 系列燃烧器，其燃烧器在机组降负荷或低负荷运行过程中，往往需要进行特定的燃烧模式切换。在降负荷过程中，预混燃烧模式（PM1＋PM4 喷嘴运行）切至亚先导模式（PM1＋PM4＋D5 喷嘴运行）时，燃气轮机"排气分散度高跳闸（high exhaust temperature spread trip）"信号触发至燃气轮机熄火跳机的故障。

（二）原因分析

多次降负荷/低负荷运行时分散度高致机组跳闸事故易发生于燃烧模式的切换过程，由预混模式进入亚先导预混燃烧模式时，部分燃烧筒的燃烧稳定性降低、熄火，致使熄火区域对应的测点温度低，最终影响燃烧分散度而保护动作跳闸。

（三）处理措施

(1) 检查各个排气热电偶状态（特别是异常测点）；

(2) 检查各个联焰管是否存在泄漏；

(3) 检查清吹阀、燃烧调整阀动作情况，确认逻辑传动是否有误；

(4) 进行燃烧控制定值（空燃比变化）的核查以及相应的燃烧调整工作。

二、燃气轮机甩负荷熄火跳机

（一）现象描述

在甩负荷工况下，燃气轮机的速度控制需要同步调整进入燃烧室的燃料流量、空气流量，迅速降低燃烧的温度、压力和流量，从而达到迅速控制透平入口燃气参数，稳定转速的目的。在甩负荷工况下，燃气轮机的速度控制需要同步调整进入燃烧室的燃料流量、空气流量，迅速降低燃烧的温度、压力和流量，从而达到迅速控制透平入口燃气参数，稳定转速的目的。

据相关文献记载，国内部分燃气轮机在甩负荷试验中，熄火跳机的现象时有发生，例如 GE 的 PG9171E 型燃气轮机，就曾被记载在甩负荷时由于熄火跳机导致甩负荷试验失败。

（二）原因分析

燃气轮机甩负荷的速度控制的实质是燃烧控制，即短时间内迅速控制进入的空气和燃气，并将其稳定在合理范围内。因此熄火故障主要为如下三个原因：

(1) 前置模块燃料的压力、流量波动造成燃烧失稳，熄火跳机；

（2）燃油伺服调节系统硬件故障，造成调节失控；

（3）控制参数设定不合理等，造成燃烧调节失控。

在文献记载的 PG9171E 型燃气轮机甩负荷熄火跳机故障，即由于燃烧控制相关参数加速率控制常数（FSKACC2）的设置不合理，导致甩负荷过程中，机组 FSR 下跌速度过快，且超过正常空载时的规定值，燃料投入量不足，机组燃烧失稳，熄火跳机。

（三）处理措施

针对以上三个方面的原因，制定如下处理方案：

（1）调取故障过程的历史数据，监测前置模块的燃料压力与流量值，检查燃气轮机控制器中是否存在燃料压力低的报警，从而初步排除由于燃料供应不稳定带来的影响；

（2）进行伺服阀相关试验，就地确定伺服阀动作是否存在问题，从而排除由于控制硬件故障带来的影响；

（3）调取甩负荷过程中的燃气轮机转速、调门开度（SRV，GCV1～3）、燃料行程基准值（FSR）、IGV 开度（CSGV）、燃烧温度、排气压力、燃烧分散度、排气流量等与燃烧控制相关的参数。首先通过 FSR 的变化情况分析甩负荷过程中的空燃比是否稳定、合理，如果发现问题，则结合不同调门（SRV，GCV1～3）以及 IGV 的开度变化，分析是否存在调节系统的故障，并督促厂家完成逻辑修改以及燃烧调整。

三、燃气轮机压气机滤网压差高

（一）现象描述

调试现场空气环境恶劣，当燃气轮机经过长时间运行之后，压气机滤网的污染情况逐渐加重，压气机滤网压差会逐渐增大，由于滤网发生堵塞，使得进入压气机中的空气量减少，参与燃烧做功的燃料量也就相应下降，从燃气透平做完功排入余热锅炉中的烟气量对应减少，余热锅炉产汽量下降，进入蒸汽轮机中做功的蒸汽量减少，最终导致整个燃气-蒸汽联合循环机组的热效率降低，输出功率减少。

（二）原因分析

（1）燃气轮机压气机滤网表面积灰严重。由于自然环境中的空气本身就含有浮尘和一些细小的颗粒物，且随着机组运行时间的增加，一些细小的灰尘或颗粒物将会慢慢附着在燃气轮机压气机滤网表面，久而久之，就会在压气机滤网表面上形成积灰，堵塞压气机滤网，使得压气机滤网压差逐渐增大。

（2）燃气轮机压气机滤网外部有大块的杂物覆盖。当燃气轮机压气机滤网外部有大块的杂物覆盖时，燃气轮机压气机滤网将会出现堵塞现象，此时燃气轮机压气机滤网压差将会升高，直接影响整个燃气-蒸汽联合循环机组的安全和经济运行。

（3）自清洁反吹系统失灵。为确保整个燃气-蒸汽联合循环机组的安全和经济运行，燃气轮机组上一般都装有自清洁反吹系统，它的主要作用是在机组正常运行期间通过自动方式或定时方式对压气机滤网进行自动反吹清洁工作，以吹走压气机滤网表面上的积灰。当自清洁反吹系统出现失灵现象时，压气机滤网的清洁程度将会受到很大影响，由于压气机滤网表面灰尘的不断积聚，滤网出现堵塞现象，导致压气机滤网压差逐渐增大。

（三）处理措施

当燃气轮机压气机滤网压差高时，说明燃气轮机压气机滤网发生了堵塞，此时应做以下工作：

（1）应就地检查自清洁反吹系统是否正常工作，燃气轮机压气机滤网外部是否有大块的杂物覆盖，同时适当降低燃气轮机负荷，使得燃气轮机压气机滤网压差降低到报警值之下，并及时通知检修人员进行检查，消除故障。

（2）若发现自清洁反吹系统失灵，应迅速查找自清洁反吹系统失灵的原因，待处理正常后将自清洁反吹系统投入自动。

（3）机组正常运行期间，应加强对整个进气系统压差值变化趋势的监视，定时检查自清洁反吹系统投用并工作正常，当反吹线路或反吹电磁阀出现泄漏现象时，应将泄漏的反吹线路解列，并及时通知检修人员进行处理。运行人员需经常检查进气系统的压差，如遇大气温度、湿度、燃气轮机负荷大幅变化时需特别注意。

（4）燃气轮机压气机滤网压差达到高限时则需更换滤网，更换滤网时应对燃气轮机入口管道进行细致检查，确保无任何异物进入燃气轮机。

四、压气机喘振

（一）现象描述

一般情况下，在压气机运行的过程之中，如果进入压气机的空气容积流量出现一定程度上的减少，且逐渐减少并达到了某一个数值的时候，压气机的稳定性就会遭到破坏。在这种情况之下，压气机中的空气流量会产生较为强烈的燃烧脉动，与此同时压力也会随之产生较大程度上的波动，进而促使压力机产生相对剧烈的振动，将这种现象即为压气机的喘振。

（二）原因分析

多级轴流式压气机的特性线在空气流量减小到一定程度时，在压气机压比尚无下降趋势之前，压气机就可能发生喘振现象。这是由于少数几个级进入了喘振工况，整台压气机的气动特性都可能不稳定。如图 6-1 所示，随着流经工作叶栅的空气流量减小，当 β_1 和 α_2 减小到一定程度后，就会在叶片的背弧侧产生气流附面层的脱离现象。

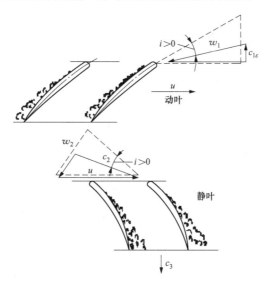

图 6-1　流量减小时叶栅中的气流脱离现象

只要这种现象一出现，脱离区就有不断发展扩大的趋势。这是由于当气流沿着叶片的背弧面流动时，在惯性力的作用下，存在着一种使气流离开叶片的背弧面而分离出去的自然倾向。正是在正冲角的工况下，流道的扩张度增大，使压气机的级压比会增高。当压气机通流部分所产生的旋转脱离进一步发展之后，压气机对气体做功提供的压升无法克服压气机后的容腔中由于动态响应的滞后性而已经建立起来的压力，反压逐渐增大，压气机流量急剧降低。压气机后容腔压力变化较慢，某一瞬间高于压气机的压升，在压差的作用下气流会发生阻塞并试图寻找另外的通路，通常是回路，这时就会发生倒流现象，即气流就会朝着叶栅的进口倒流。倒流现象的发生使压气机后容腔压力瞬时下降，当容腔内压力下降到最小值，通过压气机对气体的继续做功使得气体的出口压力又逐渐大于压气机后容腔的压力，气流恢复正向流动，完成一个喘振循环。如此周而复始，使得通过已经进入喘振的压缩系统的气体流量以及压气机的出口压力、温度等参数都随时间发生低频振荡，形成轴向、低频（通常只有几赫兹或十几赫兹）、高振幅的气流振荡现象。喘振循环过程如图 6-2 所示。

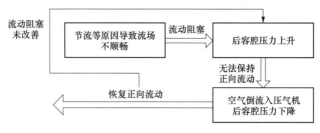

图 6-2　喘振循环过程

（三）处理措施

防喘措施有以下几种方法：

（1）设计压气机时，合理地选择各级之间的流量系数的分配关系。压气机前几级的流量系数设计大些，压气机后几级流量系数设计小些。增加中间各级的做功量，减小前几级和后几级的做功量。

（2）安装可转的进口导叶和静叶的防喘措施。在空气流量减小时，通过调小导叶的安装角度，减小或消除气流进入动叶栅的正冲角，进而防止喘振。

（3）在压气机的通流部分安装防喘放气阀。中间放气时压气机工作点的变化如图 6-3 所示。

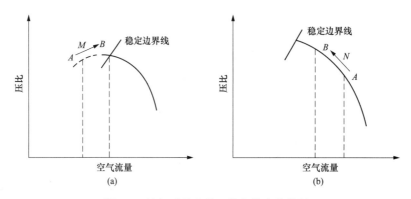

图 6-3　放气时首末节工作点的变化情况

（a）首级特性；（b）末级特性

机组启动工况和低转速工况下，流经压气机前几级的空气流量过小，正冲角较大，放气后前几级的容积流量会一定程度上地增加，与之相应的轴向速度和流量系数也会随之增加，可以降低发生喘振的可能性。当前几级工作条件改善后，末级空气密度就会一定程度上增加，末级流动条件也会一定程度上改善。

（4）在压比较高的压气机中采用双转子结构。如高压透平带动高压压气机，低压透平带动低压压气机。

第二节　余热锅炉典型事故处理

一、锅炉满水

（一）现象描述

（1）锅炉水位计指示大于高Ⅲ值，水位高信号报警。

（2）蒸汽导电率指示增大。

（3）过热蒸汽流量有所减少。

（4）严重满水时，蒸汽温度直线下降，蒸汽管道发生水冲击。

（二）原因分析

（1）给水自动调节装置失灵或调整机构故障，未能及时发现和处理。

（2）汽包紧急放水门未能自动打开。

（3）蒸汽流量传感器，给水流量传感器不准确。

（4）汽轮机骤增负荷，造成锅炉汽压突然下降，水位上升。

（三）处理措施

（1）当水位高至Ⅰ值时应减小给水流量，水位高Ⅱ值报警时汽包紧急放水门自动打开。

（2）当自动失灵时，应手动减少给水流量，打开定排放水门放水，手动打开汽包紧急放水门。

（3）若处理无效，水位到高Ⅲ值，锅炉水位高自动保护动作跳机。若保护拒动应手动紧急停机。

（4）打开汽轮机主蒸汽管道上的疏水阀，同时打开汽包定排电动阀，严密监视汽包水位。

（5）若水位下降在水位计中重新出现时，应适当关小或关闭汽包定排电动阀。保持正常水位，待事故原因已查明并消除后，重新恢复锅炉正常运行。

二、锅炉缺水

（一）现象描述

（1）水位计指示低，水位低信号报警。

（2）给水流量不正常地小于蒸汽流量。

（3）严重缺水时汽温升高。

（二）原因分析

（1）给水自动调节装置失灵或调整机构故障，未能及时发现和处理。

（2）给水泵跳闸。

（3）给水压力太低。

（4）给水管道或省煤器管破裂。

（5）汽轮机甩负荷后锅炉压力上升，安全阀起座后不回座。水位先上升后下降，补水不及时。

（6）锅炉排污管阀门泄漏，排污量过大。

（三）处理措施

（1）水位低Ⅰ值时，发出水位低报警信号。此时运行人员应判明水位低的原因并进行处理。

（2）调大给水泵出力，或增开另一台泵，开大给水调整门，必要时可开启给水旁路门，适当增加给水量。

（3）检查汽包紧急放水门没有被误开保持在关闭位置，关闭定排放水门，关闭连排调整门。

（4）若处理无效，水位下降至Ⅲ值时，锅炉水位低Ⅲ值自动保护动作跳机。若保护拒动应手动紧急停机。

三、汽水共沸

（一）现象描述

（1）汽包水位发生急骤波动，严重时，汽包水位计看不清水位。

（2）过热蒸汽温度急剧下降。

（3）严重时，蒸汽管内发生水冲击。

（二）原因分析

（1）炉水质量不符合标准，悬浮物或含盐量过大。

（2）没有按规定进行排污。

（三）处理措施

（1）适当降低锅炉蒸发量，并保持稳定。

（2）全开连续排污门，必要时，开启事故放水门或其他排污门。

（3）维持汽包水位略低于正常水位。

（4）开启过热器和蒸汽管道疏水门，并开启汽轮机有关疏水门。

（5）通知化学值班人员取样化验，采取措施提高炉水质量。

（6）在炉水质量未提高前，不允许增加锅炉负荷。

（7）故障消除后，应冲洗汽包水位计。

四、炉内水击

（一）现象描述

（1）锅炉汽包内有水击声。

（2）水位计水位下降。

（二）原因分析

（1）在供汽前，蒸汽管道没有进行疏水，导致管道水冲击。

（2）供汽时开启阀门速度太快。

（3）主蒸汽管道托架松动引起振动。

（4）省煤器进口烟温度过高，引起给水温度过高，使水在省煤器内汽化沸腾，引起冲击。

（三）处理措施

（1）在送汽时管道发生水击声，应立即关闭阀门停止供汽，进行管道疏水，然后再缓慢开启阀门送汽。

（2）若因水平管道的支架松动引起管道振动，应立即将支架和管卡加固。

（3）如省煤器内水沸腾，应适当降低燃气轮机的排烟温度，适当加大给水量。

五、蒸汽管道损坏

（一）现象描述

（1）过热蒸汽流量减少，明显小于给水流量。

（2）严重损坏时锅炉汽压下降。

（3）过热蒸汽温度由于流量减少而温度升高。

（4）过热器、蒸发器附近有汽流冲击声，严重时产生烟囱冒白烟现象。

（二）原因分析

（1）化学监督不严，汽水分离器结构不良或存在缺陷，致使蒸汽品质不好，在过热器内检修时又未能彻底清理，引起管壁温度升高。

（2）过热器、蒸发器管材焊接不合格，管内杂物堵塞。

（3）运行年久，管材蠕胀。

（三）处理措施

（1）立即汇报，加强检查并注意事故发展情况。

（2）如损坏不严重，允许短时间维持正常，提出申请停炉检修。

（3）如损坏严重，应停炉，以免破口处大量蒸汽喷出损坏附近管子，使事故扩大。

（4）停炉后，应保持汽包水位正常。

六、省煤器管损坏

（一）现象描述

（1）给水流量不正常地大于蒸汽流量，严重时汽包水位下降。

（2）省煤器烟道内有蒸汽（水）的冲击声。

（3）排烟温度降低，烟囱冒白烟。

（4）省煤器爆管处有泄漏声，从不严密处向外冒汽，严重时从烟道下部滴水。

（二）原因分析

（1）给水品质不合格，使省煤器管内结垢腐蚀。

（2）给水温度变化频繁，金属产生疲劳裂纹，引起爆管。

（3）管材或管子焊口质量不合格，也会引起管子损坏。

（三）处理措施

（1）省煤器轻微泄漏时，应加强给水，维持正常水位，待申请停炉进行处理。

（2）省煤器损坏严重时，不能维持正常水位，应停炉处理。

七、蒸汽及给水管道损坏

（一）现象描述

（1）管道有轻微泄漏时，会发出响声，保温层潮湿或漏蒸汽滴水。

（2）管道爆破时，发出显著响声，并喷出汽水。

（3）蒸汽或给水流量变化异常，若爆破部位在流量表前，流量表读数减少。若在流量表之后，则流量表读数增加。

（4）蒸汽压力或给水压力下降。

（二）原因分析

（1）蒸汽管道暖管不充分，产生严重的水冲击。

（2）蒸汽管道超温运行，蠕胀超过标准或运行时间过久，金属强度降低。

（3）给水质量不良，造成管壁腐蚀。

（4）给水管道局部冲刷，管壁变薄。

（5）管道的支架装置安装不正确，影响管道自由膨胀。

（6）管道安装不当，制造有缺陷，材质不合格，焊接质量不良。

（三）处理措施

（1）若蒸汽管、给水管轻微泄漏，能够维持锅炉给水，且不致很快扩大故障时，可维持短时间运行。

（2）若故障加剧，直接威胁人身或设备安全时，则应停炉处理。

八、安全门故障

（一）现象描述

（1）达到动作压力而安全门拒动。

（2）安全门起座后不回座。

（二）原因分析

（1）机械定值不正确。

（2）机械部分卡涩、锈死。

（3）安全门卡板未取下。

（三）处理措施

1. 汽包压力异常升高和安全门不起座的处理

（1）立即开启汽轮机旁路，开启蒸汽向空排气门和汽包向空排气门，必要时降低燃气轮机负荷开启各路疏水。

（2）通知检修迅速处理。

（3）若压力快速上升无法控制时，应立即停机。

2. 安全门起座后不回座的处理

（1）开启汽轮机旁路，降低燃气轮机负荷，降低汽压使安全门回座。

（2）通告检修人员到现场检查处理。

（3）若汽压降至动作压力 80%，而安全门仍不回座，请求停机处理。

（4）在处理过程中，应注意调节汽包水位、汽温，监视汽包上下壁温差。

第三节　汽轮机典型事故处理

一、汽轮机超速

（一）现象描述

（1）机组负荷突然甩至零，机组发出不正常的声音。

（2）机组转速超过规定值并继续上升。

（3）主油泵出口压力、安全油压及润滑油压增加。

（4）机组振动增大。

（二）原因分析

（1）汽轮机调节系统工作不正常，存在缺陷。

（2）汽轮机油质不良，使调节系统和保安系统拒动，失去了保护作用。

（3）未按规定的时间和条件进行危急保安器的试验，危急保安器动作转速发生变化。

（4）因蒸汽品质不良，主汽门和调门门杆结垢，造成汽门卡涩而不能关闭。

（5）抽汽止回门、高压排汽止回门失灵，造成高压加热器疏水汽化或公用系统蒸汽进入汽轮机。

（三）处理措施

（1）机组甩负荷到零后，转速达到 3090r/min，检查高压、中压调门及抽汽止回门关闭，否则应故障停机，转速维持 3000r/min，查明原因并消除，将机组并列，任一参数达到掉闸数值应故障停机。

（2）机组转速升至 3300～3360r/min，检查机械超速保护或电磁阀超速保护应动作。否则应该手动打闸停机，确认高中压主汽门应关闭，各抽汽止回门、高压排汽止回门关闭，并检查各抽汽电动门以及抽汽至除氧器、辅助蒸汽联箱电动门。切断汽轮机各种进汽，立即开启真空破坏门紧急停机。

（3）汽轮机与外界系统隔绝后，汽轮机转速仍没有降至脱离危险的程度或不再下降时，应该立即通知锅炉灭火，开主蒸汽、再热蒸汽对空排气阀。

（4）汽轮机超速停机后应消除引起超速的原因，并经过校验合格后方可重新启动，再次启动时应加强对机组的全面检查，发现异常应立即查明原因并加以消除。

二、汽轮机断叶片

（一）现象描述

（1）汽轮机通流部分发生异响或瞬间发出清晰金属撞击声。

（2）机组振动增大。

（3）同负荷下，各监视段压力升高。

（二）原因分析

（1）材料强度不够或制造工艺不良。

（2）频率超出范围，长期运行使叶片材料发生疲劳。

（3）机组负荷变化频繁，使叶片材料发生疲劳。

（4）蒸汽参数过低或水冲击，末级叶片过负荷或长期喘振。

（三）处理措施

（1）象征明显，确证叶片断裂，应立即打闸停机。

（2）运行中不明显的断叶片象征，应根据监视各段压力及机组振动情况加以判断，适当减负荷，及时汇报有关领导。

三、轴向位移增大

（一）现象描述

（1）轴向位移增大至＋0.8mm、－1.0mm 报警。

（2）推力瓦温度急剧升高，回油温度升高。

（3）机组振动增大。

（4）胀差指示相应变化。

（二）原因分析

（1）主蒸汽参数降低。

（2）机组突然甩负荷。

（3）汽轮机发生水冲击。

（4）真空大幅度降低。

（5）推力瓦磨损、断油。

（6）蒸汽品质不合格，叶片严重结垢。

（三）处理措施

（1）发现轴向位移增大，立即核对推力瓦温度、推力回油温度，确认轴向位移增大，汇报值长，适当减负荷，使轴向位移及回油温度、推力轴承温度恢复正常。

（2）检查监视段压力，不应高于规定值，否则应汇报值长，适当减负荷。

（3）若是主蒸汽参数不合格，引起轴向位移增大，应立即调整锅炉燃烧，恢复正常参数。

（4）减负荷无效，轴向位移保护动作，按紧急停机处理。

（5）若因断叶片、汽轮机水冲击，机组振动超限，按紧急停机处理。

（6）轴向位移上升到极限值保护不动作时，应紧急停机。

四、直接空冷排汽装置真空下降

（一）现象描述

（1）"排汽装置真空"指示下降，就地真空表，DCS显示排汽装置真空下降。

（2）DCS显示汽轮机排气温度上升。

（3）"排汽装置真空低"声光报警。

（4）同负荷下进汽量增加或进汽量不变负荷下降。

（二）原因分析

（1）风机工作不正常、系统阀门误操作，造成风量不足。

（2）轴封供汽量不足，或轴封供汽带水。

（3）排汽装置水位过高。

（4）水环真空泵及气水分离器工作失常。

（5）水环真空泵工作水温高。

（6）真空系统泄漏或系统阀门误操作。

（7）轴封加热器无水位。

（8）散热片散热效果不好。

（三）处理措施

（1）发现排汽装置真空下降，迅速核对各排汽温度，确定真空下降。

（2）排汽装置真空下降，应适当降低机组负荷直至报警消失，及时查明原因进行处理。

（3）当汽轮机排汽装置压力降至30kPa时，检查备用真空泵应自启动，否则手动操作启动备用真空泵。

（4）检查真空泵分离器水位、水温是否正常。

（5）检查风机系统：

1）检查风机运行是否正常，否则切换备用风机或增开一台风机。

2）检查风机出口电动门，若误关，应手动开启。

3）检查风机压力是否正常，若风机压力低，检查风机系统是否泄漏、堵塞。

（6）检查轴封系统，若轴封母管压力低，检查轴封两路汽源是否正常，及时调整轴封母管压力至正常。

（7）检查排汽装置水位是否高，若水箱水位高，应尽快查明原因进行处理。

（8）检查低压抽汽法兰、低压缸结合面是否有漏气的地方，真空系统是否严密，若真空系统泄漏，则进行封堵，并联系检修处理。

（9）检查真空破坏门是否误开。

（10）检查各真空门及法兰是否漏气。

（11）若汽轮机背压升至55kPa，汽轮机跳闸，否则手动跳闸，按事故停机步骤处理。

五、汽轮机水冲击

（一）现象描述

（1）高压、中压缸上下缸温差内缸大于35℃，外缸大于50℃。

（2）轴向位移、振动、差胀指示增大报警，推力瓦块温度明显升高，汽轮机声音异常。

（3）加热器满水，加热器水位异常报警。

（4）抽汽管振动，有水击声，抽气管道法兰有白色蒸汽冒出。

（5）主蒸汽、再热蒸汽温度急剧下降。

（6）主蒸汽或再热蒸汽管道振动，轴封有水击声，主汽门、调速汽门门杆处冒白汽。

（二）原因分析

（1）锅炉汽包满水。

（2）汽包压力急剧下降，造成蒸汽带水。

（3）锅炉汽温调整不当。

（4）机组启动时，本体疏水、轴封系统疏水及各有关蒸汽管道疏水不畅。

（5）加热器满水，抽汽止回门不严。

（6）除氧器满水。

（7）炉水品质不合格，蒸汽带水（汽水共腾）。

（8）旁路系统减温水门未关严。

（9）主蒸汽、再热蒸汽过热度低时，调节汽门大幅度来回晃动。

（三）处理措施

（1）汽轮机高压、中压缸上下缸温差，内缸达35℃，外缸达50℃，应检查原因。

（2）开启汽轮机本体及有关蒸汽管道疏水阀，加强本体疏水。

（3）发现水冲击时，必须迅速果断地破坏真空紧急停机。立即开启汽轮机本体及有关蒸汽管道疏水门进行充分疏水。记录汽轮机惰走时间，惰走时仔细倾听汽轮机内部声音。

（4）如由于加热器或除氧器满水引起水冲击，还应立即停用该加热器或除氧器，并从系统中隔离放水。

（5）汽轮机静止后投盘车，应严格执行停机时盘车运行规定，停机后加强本体疏水。

（6）汽轮机进水紧急事故停机后，经检查机组无异常，同时机组符合热态启动条件，经总工批准方可重新启动。

（7）汽轮机符合启动条件后，启动汽轮机。在启动过程中，应注意监视轴向位移、振动、轴承温度等参数及汽轮机本体的有关蒸汽管道疏水情况，如汽轮机重新启动时发现有异音或动静摩擦声，应立即破坏真空停机。

（8）汽轮机进水时，如汽轮机轴向位移、胀差、轴承温度达打闸值、惰走时间明显缩短或汽轮机内部有异音，应停机检查。

六、机组发生异常振动

（一）现象描述

（1）控制屏显示振动值增大。

（2）机组发出异音，润滑油压、油温异常。

（3）"轴振动大"声光报警。

（4）就地轴承振动增大。

（二）原因分析

（1）油温异常，引起油膜振荡。

（2）进入轴瓦油量不足或中断，油膜破坏。

（3）蒸汽参数、机组负荷骤变。

（4）A、B侧主汽门、调门开度不一致，蒸汽流量偏差大。

（5）汽缸两侧膨胀不均匀。

（6）滑销系统卡涩。

（7）汽缸金属温差大引起热变形或大轴弯曲。

（8）轴封损坏或轴端受冷而使大轴弯曲。

（9）叶片断落或隔板变形。

（10）转子部件松动或转子不平衡。

（11）推力瓦块损坏，轴向位移增大或轴瓦间隙不合格。

（12）前轴承箱内运转部件脱落。

（13）转子弯曲值较大，超过规定值。

（14）空冷系统真空低。

（15）发电机引起振动。

（16）汽轮发电机组各轴瓦地脚螺栓松动。

（17）油中含有杂质，使轴瓦乌金磨损或油中进水、油质乳化。

（三）处理措施

（1）机组突然发生强烈振动，或清楚听出机组内部发出金属撞击声或摩擦声，应迅速破坏真空紧急停机。

（2）运行中发生异常振动。

1）发现轴承振动逐渐增大，测出轴振动超过0.125mm或瓦振动超过0.05mm汇报值长，设法消除振动，如轴振动超过0.250mm，瓦振动超过0.1mm，振动保护动作，否则停机。

2）运行中突然听到机组内部发生冲击声，或凝结水导电度突然增大，同负荷下监视段压力升高，振动明显增大，应立即破坏真空紧急停机。

3）当瓦振动变化±0.015mm或轴振动变化±0.015mm应查明原因设法消除，当瓦振动达到0.05mm时报警，当瓦振动突然增加0.05mm时，应立即打闸停机。

4）负荷变动时，应降低负荷直至振动消除。

5）如不能直接查清振动原因，应采取降低负荷的措施，若振动或异音仍不能消除，汇报值长及有关领导共同研究处理。

（3）启动、停机时发生异常振动。

1）启动升速中，500r/min以下转子偏心超过0.07mm；在中速时，瓦振动超过0.05mm应立即打闸停机。机组通过临界转速时，瓦振动超过0.10mm或轴振动超过0.25mm，应立即打闸停机，严禁强行通过临界转速或降速暖机，汇报值长，查明原因，消除后方能重新启动。

2）在盘车状态时，当端部轴封或通流部分发生摩擦应禁止启动，汇报值长和有关领导，待查明原因后，接值长命令方可重新启动。

3）停机过程中，端部轴封或汽缸内部清楚听到摩擦声，应破坏真空紧急停机，汇报值长。

4）因异常振动停机，应注意惰走时间及仔细倾听机组内部声音，加强连续盘车时间。

七、汽轮机油系统异常

（一）现象描述

画面显示润滑油压、安全油压下降；就地油管路泄漏；油位下降。

（二）原因分析

（1）系统漏油。

（2）冷油器或溢流阀出现故障。

（3）高压油管路泄漏。

（4）主油泵工作失常。

（三）处理措施

（1）发现油压下降，应立即查明油压下降的原因，系统有无漏油现象。

（2）若润滑油压下降，油位正常，检查冷油器或溢流阀是否故障，并及时联系处理，启动润滑油泵，维持正常油压，如油压继续下降，应按规程规定作停机处理。

（3）安全油压下降，油位正常，则可能是内部高压油管泄漏或主油泵工作失常所致，这时应开启启动油泵，维持正常油压，否则影响机组安全运行时应停机。

（4）如外部油管路泄漏，在积极联系处理的同时，还应做好防火工作。

（5）当油位突然下降时，应检查系统管道是否破裂，油箱放油门、取样门是否误开，油泵盘根是否大量漏油。

（6）油位下降到−180mm，应及时联系补油，汇报值长，做好防火措施。

（7）当补油无效时，在油位未降到最低停机值以前应汇报值长，启动交流润滑油泵进行故障停机。油位下降到−260mm时，应紧急停机。

八、汽轮发电机轴承温度高

（一）现象描述

（1）控制屏显示轴承温度高报警。

（2）就地轴承回油温度升高。

（二）原因分析

（1）润滑油温度高或压力低，油质不合格。

（2）轴承进、出油管堵塞。

（3）轴承动静摩擦。

（4）轴封漏汽过大。

（5）振动引起油膜破坏，润滑不良。

（三）处理措施

（1）任一轴承温度升高 2～3℃，应查明原因设法消除。

（2）轴承温度高报警，应加强监视。

（3）各轴承温度普遍升高，若润滑油压力低，按润滑油压下降处理，若润滑油压力正常，应检查运行冷油器出入口阀门状态是否正确，调节润滑油温至正常值。

（4）个别轴承温度高，就地倾听轴承内有无金属摩擦声和观察轴承回油情况，当温度高报警时应减小负荷。

（5）若轴封压力高，轴封漏汽量大，应检查轴封供汽调节阀，调节轴封压力至正常值。

（6）推力瓦块温度在同一负荷下升高 2～3℃，应及时检查负荷、汽温、轴向位移、真空、振动，必要时减小负荷。

（7）油质恶化应投入油净化装置进行滤油。

（8）机组任一轴承断油、冒烟或轴承回油温度急剧上升超过 75℃时，应破坏真空，按故障停机处理。

九、汽轮机大轴弯曲

（一）现象描述

（1）汽轮机发生异常振动。

（2）轴端汽封冒火花或形成火环。

（3）停机后轴承惰走时间明显缩短。

（4）停机后盘车投不上或盘车电流较正常值大，且周期性变化。

（5）停机后大轴偏心值大。

（二）原因分析

（1）启动前转子偏心度超过规定范围。

（2）上下缸温差大。

（3）进汽温度低。

（4）汽缸进冷汽、冷水。

（5）机组振动超过规定值时，未立即打闸停机。

（6）盘车装置未能及时投入。

（三）处理措施

（1）机组出现异常振动时，应立即查找原因汇报值长，设法消除振动。

（2）机组振动达到停机值或轴封冒火花时，应立即破坏真空故障停机。

（3）停机后立即投入盘车运行，关闭汽轮机本体疏水，严密监视上下缸温差及盘车电流、偏心值等参数，严防冷水、冷汽进入汽轮机，将汽轮机与外界系统可靠隔离。

（4）停机后当轴封摩擦严重，应将转子高点置于最高位置，关闭汽缸疏水，保持上下缸温差监视转子弯曲度正常后，再手动盘车 $180°$，以确认转子弯曲度正常，投入连续盘车，当盘车盘不动时，严禁用吊车强行盘车。

（5）停机后因盘车故障时，应监视转子弯曲度的变化，当弯曲度较大时，应采取手动盘车 $180°$，待盘车正常后及时投入连续盘车。

（6）停机后连续盘车不少于 4h，汽轮机上下缸温差、盘车电流、转子偏心值达到启动条件，汇报值长方可重新启动，启动时严密监视转子振动偏心值等参数，发现异常立即打闸停机。

十、汽轮机油系统着火

（一）现象描述

主油箱油位及各油压异常变化；油系统管道附近有明火出现。

（二）原因分析

油系统泄漏。

（三）处理措施

（1）发现主油箱油位及各油压异常变化时，应迅速查明原因，如油系统漏油引起，应查明泄漏点并设法消除，同时设法与周围热体部分和运行设备隔离。防止油系统着火，同时联系检修人员进行处理。

（2）机组油系统的设备及管道损坏发生漏油时，凡不能与系统隔绝处理的或热力管道已渗入油的，应立即停机处理。

（3）油系统着火后，应立即切断火势危及的设备电源，然后进行灭火，并立即通知消防人员。

（4）若着火不能迅速扑灭，火势严重危及设备及人身安全时，应立即破坏真空紧急停机。若润滑油系统着火无法扑灭而停机，保证轴承正常润滑的前提下，降低润滑油压，以减少漏油量；火灾特别严重的，根据具体情况，在征得值长同意后，也可停用润滑油泵。

（5）火势威胁主油箱或机头平台、厂房、临机安全时，在打闸停机后应开启主油箱事故放油门，在转子静止前维持最低允许油位，转子静止后放净存油。

十一、厂用电全部中断

（一）现象描述

（1）交流照明灯熄灭，直流事故照明灯亮，给水泵跳闸，所有运行辅机电流表指到零，设备停止转动。

（2）6kV 母线电压到零，控制室喇叭和声、光报警；汽温汽压及真空迅速下降。

（二）原因分析

厂用电发生中断。

（三）处理措施

（1）启动直流润滑油泵，紧急停机。

（2）解除电动设备联锁，复位按钮，并要求电气尽快恢复电源。

（3）手动关闭三抽电动门，再依次关闭系统各电动门及气动门。

（4）按紧急停机顺序进行停机操作，但停机过程中不得开启旁路系统。

（5）转子静止后，若盘车无电，应每隔相等时间手动盘车 $180°$。

十二、厂用电局部中断

（一）现象描述

故障段母线所带辅机全部停止运行，声光报警，电源电压指示为零。

（二）原因分析

某段厂用电母线失电，另一路备用电源自动合闸不成功。

（三）处理措施

（1）检查备用辅机应联动正常，否则手动抢合。

（2）将跳闸辅机操作按钮切换至停止位置，解除其联锁开关。将联动辅机操作开关置合闸位置并解除其联锁，解除声光报警信号。

（3）汇报值长，要求尽快恢复电源。

（4）对于无备用设备的辅机跳闸时，应采取措施不要使其不利影响扩大。

（5）机组降负荷运行以避免事故扩大。

十三、热控电源消失

（一）现象描述

（1）热控电源指示灯灭。

（2）仪表指示异常，各指示灯灭。

（3）电动门、调整门失去电源，各自动调节失灵。

（4）机组各保护、联锁不能动作。

（二）原因分析

热控电源消失。

（三）处理措施

（1）立即联系热控人员，恢复电源，并检查监视就地一次仪表，将自动调节改为手动调节。

（2）汇报值长，尽量保持机组负荷稳定。

（3）尽量避免调整，根据就地表计指示及各辅机电源表等监视设备运行情况、就地情况，从就地进行必要调整。

（4）当系统或设备异常影响主要设备安全时，汇报值长，故障停机。

（5）在 30min 内，热控电源不能恢复，故障停机。

（6）汽轮机、锅炉热控电源同时消失，应故障停机。

十四、DCS 故障的处理

（一）现象描述

全部操作员站故障时（所有监控机"黑屏"或"死机"）。

（二）原因分析

辅机控制器或相应电源故障；调节回路控制器或相应电源故障。

（三）处理措施

（1）当全部操作员站故障时（所有监控机"黑屏"或"死机"），应立即停机。

（2）当部分操作员站故障时，应由可用操作员站继续承担机组监控任务（此时应停止重大操作），同时迅速联系热控人员，排除故障。

（3）辅机控制器或相应电源故障时，可切换至后备手动方式运行并迅速处理系统故障，若条件不允许则应将有关辅机退出运行，解除备用。

（4）调节回路控制器或相应电源故障时，应将自动切至手动维持运行，同时迅速处理系统故障，并根据处理情况采取相应措施。

第四节　电气典型事故处理

一、发电机系统的异常及事故处理

（一）发电机异常运行及处理

1. 发电机过负荷运行

发电机正常运行时不允许过负荷运行，只有在事故情况下允许短时间过负荷，但为防止发电机损伤，每年过负荷不得超过两次。其持续时间按表 6-1 规定。

表 6-1　　　　　　　　　　　　允许事故过负荷时间

定子电流/定子额定电流（A）	1.27	1.32	1.39	1.50	1.69	2.17
允许事故过负荷时间（s）	60	50	40	30	20	10

（1）现象描述：定子电流超过额定值。

（2）原因分析：发电机运行工况发生突变，外部电网的电压、有功功率、无功功率变化，内部机组的运行情况及厂用负载的瞬时变动都会改变发电机的运行工况导致发电机过负荷。

（3）处理措施：

1）当发电机定子电流超过正常允许值时，首先应检查发电机功率因数和电压，并注意过负荷运行时间，做好详细记录；

2）如系统电压正常，应减少无功负荷，使定子电流降低到允许值，但功率因数和定子电压不得超过允许范围；

3）如减少励磁仍无效时，应降低无功负荷；

4）加强对发电机各测点温度的监视，当定子或转子绕组温度偏高时应适当限制其短时过负荷的倍数和时间；

5）若发电机过负荷倍数和允许时间达到或超过规定的数值，则保护动作使发电机跳闸，电气按跳闸后的规定处理。

2. 发电机三相电流不平衡

（1）现象描述：发电机三相电流不平衡，负序电流超过正常值。

（2）原因分析：

1）厂用电系统缺相；

2）励磁系统缺相；

3）电网线路出现故障。

（3）处理措施：

1）发电机三相电流发生不平衡时，应检查厂用电系统、励磁系统是否有缺相运行。负序电流超过 5% 时，应向调度汇报，并采取相应措施。

2）若发电机不平衡是由于系统故障引起的，立即向调度汇报，询问是否是线路不对称短路或其他原因引起，或降低机组负荷，使不平衡值降到允许值以下，待三相电流平衡后，根据调度命令增加负荷。

3）若不平衡是由于机组内部故障引起的，则应停机灭磁处理。

4）当负序电流小于 6％额定值时，最大定子电流小于额定值情况下，允许连续运行。

5）当负序电流大于 6％额定值，最大定子电流大于或等于额定值情况下，应降低有功负荷和无功负荷，尽力设法使负序电流、定子电流降至许可值之内，检查原因并消除。

6）发电机在带不平衡电流运行时，应加强对发电机转子发热温度和机组振动的监视和检查。

3. 发电机温度异常

（1）现象描述：发电机温度巡测仪、DCS 显示温度异常报警。

（2）原因分析：

1）发电机电流突变。

2）发电机温度测点出现故障。

3）发电机冷却系统，通风系统故障。

（3）处理措施：

1）稳定负荷，打印全部温度测点读数，并记录当时的发电机有功功率、无功功率、电压、电流、氢压、冷氢温度。

2）调出 DCS 画面，连续监视报警次数。

3）检查三相电流是否超过允许值，不平衡度是否超过允许值。

4）检查发电机三相电压是否平衡，功率因数是否在正常范围内，保持功率因数稳定。

5）如发电机进风风温超过规定值，应调整氢冷器水量和水温来降低风温。

6）如发电机氢气压力低时，应查明原因并补氢。

7）如发电机定子冷却水支路水温高，应调整闭式冷却水水量和水温。

8）适当降低发电机无功负荷，但功率因数和定子电压不得超过允许范围。

9）查看相对应的出水温度及其他温度测点指示，进行核对，分析判断是否检测元件故障。

10）查看绝缘过热监测装置是否报警。

11）检查发电机测温元件接线端子板上的接线柱有无腐蚀、松动现象，以确定是否由其引起。

12）降低发电机负荷，并加以稳定，观察其变化趋势，如在不同负荷工况下某元件始终显示异常，说明该热电偶及电阻元件可能损坏。若发现温度随负荷电流的减少而显著降低，应考虑到定子冷却水路可能有阻塞情况，当判明温度升高是由水路阻塞引起的，则应申请停机处理。

13）经上述处理无效后表明发电机内部异常时，应降低无功负荷，使温度或温差低于限额。同时汇报值长，要求检修人员进行进一步检查。当发电机定子线圈温度超过允许值时，应立即汇报值长，请示停机处理。

4. 发电机出口 TV 二次回路熔断器熔断

（1）现象描述：

1）发电机 TV 熔断器熔断报警；

2）发电机电压表指示可能降低或为 0；

3）发电机有功或无功功率表指示可能降低或为 0；

4）发电机频率表指示可能异常；

5）发电机电能表脉冲闪耀可能变慢或停闪；

6）电压调节器（AVR）可能自动切至手动方式。

（2）分析原因：

1）发电机一次侧出现故障；

2）发电机二次回路过载。

（3）处理措施：

1）按继电保护运行规程退出相关保护。

2）若测量回路未能切换，造成发电机有功功率、无功功率表指示异常，应尽量减少对有功功率、无功功率的调节，并根据汽轮机主蒸汽流量、发电机定子电流、转子电流等其他表计数值进行监视，保持发电机的稳定运行。

3）查出 TV 熔断器熔断位置，如二次熔断器熔断，应检查 TV 二次回路及所接负载；如为初级熔断器熔断，则应检查 TV 及其二次回路，并会同有关人员查明原因，消除故障。

4）将故障消除后，调换熔断器。若是初级熔断器熔断，需将 TV 小车拉出，才能更换高压熔断器。更换时应注意安全距离。

5）发电机电压互感器恢复正常后，检查定子电压、有功功率、无功功率表指示正常；投入停用的保护，并检查有关保护是否正常；将电压调节器（AVR）恢复自动方式运行。

6）记录影响发电机有功、无功的电量及时间。

（二）发电机的事故处理

1. 发电机-变压器组保护动作跳闸

（1）现象描述：

1）发出事故音响信号、"发电机-变压器组保护动作"等中央信号；

2）发电机励磁系统开关跳闸；

3）发电机-变压器组出口断路器跳闸，6kV 系统工作电源断路器跳闸，备用电源断路器联动合闸；

4）发电机各表计全部到零；

5）汽轮机主汽门关闭、锅炉灭火。

（2）原因分析：

1）电气量保护出口动作；

2）非电气量保护出口动作。

（3）处理措施：

1）检查厂用电切换是否成功，并作相应处理，若发现 6kV 厂用电工作电源断路器未跳闸，应迅速手动将其拉开，完成厂用电的自动切换，尽量保证厂用电源的正常运行；

2）检查保护动作情况，判断跳闸原因，汇报值长；

3）若由于外部故障，引起母差、后备保护动作跳闸或发电机保护误动跳闸，在确认故障排除后，应立即隔绝故障点或解除误动保护，迅速将机组并网；

4）若为内部故障，则应进行如下检查：

a. 应对发电机及其保护范围内的所有设备进行详细的外部检查，查明有无外部异常象征，以判明发电机有无损伤，也可询问电网有无故障或异常，加以判别，弄清跳闸原因；

b. 若跳闸原因不明，应测量发电机定子、转子绝缘，检测点的温度是否正常；

c. 经上述检查及测量无问题后，可经公司主管生产批准后，对发电机手动零起升压，继续进行检查，升压时若发现有不正常现象，应立即停机处理，如升压试验正常，可将发电机并入系统运行；

5）如发现确实属于人员误动，可不经检查立即联系调度将发电机并网；

6）如发现故障点，应做好措施通知检修处理。

2. 发电机发生振荡或失步

（1）现象描述：

1）发电机定子电流剧烈变化，有可能超过正常值；

2）发电机定子电压降低并剧烈变化；

3）发电机的无功功率在全范围内摆动；

4）发电机转子电流、电压在正常值附近摆动；

5）发电机发出轰鸣声，其节奏与摆动合拍；

6）可能发出发电机失步、失磁信号；

7）单机失步引起振荡时，失步发电机的表计晃动幅度比其他发电机激烈，无功晃动幅度很大，其他发电机在正常负荷值的附近摆动，而失步发电机无功负荷摆动方向与其他正常机组相反。

（2）原因分析：

1）发电机并网前未准备到位；

2）发电机失磁拒动；

3）发电机进相时受干扰。

（3）处理措施：

1）若振荡是由于发电机误并列引起，应立即将发电机解列。

2）若由于发电机失磁而保护未动，引起系统振荡时，应立即将机组解列。

3）发电机由于进相或某种干扰原因发生失步时，应立即减少发电机无功，增加励磁，以使发电机拖入同步。采取措施后仍不能拖入同步运行时，应将发电机解列后重新并入电网。

4）若因系统故障引起发电机振荡，应尽可能地增加发电机的无功功率，提高系统电压，并适当降低发电机的无功负荷，创造恢复同期的条件。在 AVR 自动方式运行时，严禁干扰电压调节器工作，在 AVR 手动方式运行时，应尽可能地增加转子电流，直到允许过负荷值，此时，按发电机事故过负荷规定执行。

5）采取上述措施后，仍不能恢复，征得值长同意后，将机组解列。

3. 发电机逆功率

（1）现象描述：

1）发电机无功功率读数负值；

2）"逆功率动作"信号发出；

3）发电机无功功率读数升高，电流读数降低；

4）定子电压和励磁回路参数正常。

（2）原因分析：

1）发电机保护回路接线错误；

2）进行发电机组性能试验时保护投退不及时。

（3）处理措施：

1）发电机逆功率保护动作跳闸，按事故跳闸进行处理；

2）若逆功率保护在设定时间内不动作，紧急停用发电机；

3）查明原因消除故障后，请示调度重新将发电机并入系统。

4．发电机非全相运行

（1）现象描述：

1）发电机负序电流增大，负序保护可能动作报警，发电机开关非全相保护动作出口，有关光字牌亮；

2）发电机三相电流极不平衡；

3）"220kV开关故障"光字牌亮。

（2）原因分析：

1）发电机-变压器组一次系统缺相；

2）发电机出口 TV 二次空开跳闸保护误动；

3）电网故障导致发电机-变压器组非全相运行。

（3）处理措施：

1）若发电机开关非全相保护或负序过流保护动作，跳发电机-变压器组出口开关，若未跳开则启动发电机-变压器组开关失灵保护。

2）发电机开关非全相保护或负序过流保护未动作时，手动断开一次发电机出口断路器。若断不开，应汇报调度，降低有功、无功负荷，控制负序电流在 6％以下，就地手动断开。处理过程中应严密监视发电机各部温度不超过允许值。

3）确认 6kV 厂用备用电源进线开关自动投入成功，若不成功手动切换。

4）确认汽轮机确已脱扣，转速下降。

5）查明事故原因，故障排除后汇报值长重新开机将发电机并入电网。

二、变压器的异常及事故处理

（一）变压器的异常处理

1．异常处理原则

（1）值班人员在变压器运行中发现有任何异常现象（如漏油、油位过高或过低、温度突变、声音不正常、冷却系统不正常等），应联系检修人员，设法尽快消除，并将详细情况记在值班日志上。

（2）若发现异常现象有威胁安全运行的可能性时，应立即将变压器停运转检修，若有备用变压器，应尽可能将备用变压器投入运行。

（3）运行中的变压器发生下列情况之一，要求安排停电检查：

1）套管式绝缘子破裂，未见放电；

2）引线发热变色，但未熔化；

3）上部有杂物危及安全，不停电无法消除；

4）负荷及冷却条件正常的情况下，变压器上层油温上升到最高允许值；

5）声音异常，有轻微放电声；

6）变压器油质不合格。

（4）变压器发生下列情况之一，必须立即断开电源，停止其运行：

1）不停电不能抢救的人身触电和火灾；

2）套管破裂，表面闪络放电；

3）引线端子熔化，断线起弧；

4）储油柜或安全阀向外喷油；

5）强烈不均匀的噪声，内部有爆炸放电声；

6）在正常的负荷和冷却条件下，上层油温急剧升高超过允许值且继续上升；

7）变压器外壳破裂漏油；

8）大量漏油使气体继电器看不见油位；

9）冷却装置故障无法恢复，油温超过允许值且持续上升；

10）干式变压器绕组有放电声，并有异味。

2. 变压器油位异常的处理

（1）当储油柜的油位高于或低于环境温度的标线时，应根据季节气候及变压器的冷却条件，分析油位变动的原因，加强油位的监视，并联系检修班补油或放油。

（2）如果因温度升高使油位可能高出油位表（计）指示时，则应放油，使油位下降至适当的高度，以免溢油。如果油位的异常升高是由于呼吸器密封系统阻塞而引起的，应采取措施加以消除，在变压器呼吸系统未恢复正常前禁止任意放油。

（3）如果漏油使油位下降到标线下限，应迅速采取措施，消除漏油。

（4）变压器油位下降，补油前禁止将重瓦斯保护改投信号。

（5）如果油位明显降低，且无法恢复正常应将变压器退出运行。

3. 变压器温度过高，不正常的升高或发出温度报警后的处理

（1）检查是否为负荷或环境温度的变化引起，同时核对相同条件下温度记录；

（2）检查变压器远方温度和就地温度计的指示是否正常；

（3）检查冷却装置运行是否正常，若温度升高是由于部分冷却系统故障则值班人员应汇报值长，投入备用冷却器运行，没有备用冷却器的，减少变压器的负荷，使温度不超过额定值；

（4）检查外壳及散热器温度是否均匀，有无局部过热现象；

（5）若发现油温较平时同一负荷和冷却温度下高出 10℃以上，或变压器负荷不变，油温仍不断上升，应减负荷或将变压器停下检修。

4. 运行中的变压器发出"轻瓦斯动作信号"的检查处理

（1）检查变压器本体、油位、油温是否正常，有无喷漏油情况。

（2）检查二次回路是否有故障或二次回路是否有人工作造成误动作。

（3）若信号动作是因油中剩余空气逸出或强油循环系统吸入空气而动作，而且信号动作间隔时间逐次缩短，应做好事故跳闸的准备，如有备用变压器，应切换为备用变压器运行，不允许将运行中变压器的重瓦斯改投信号；如无备用变压器，应报告上级领导，将重瓦斯改投信号，同时应立即查明原因加以消除。

（4）若是油面下降引起气体继电器动作发信，<u>应立</u>即检查油面下降原因并禁止将重瓦斯改投"信号位置"。

（5）若气体继电器内存在气体时，应记录气体量，鉴定气体，进行色谱分析，记录每次瓦斯动作的时间。

（6）若气体继电器内气体是无色、无臭而不可燃，色谱分析结果判断为空气，应放气并恢复信号监视，变压器可继续运行。

（7）若瓦斯气体是可燃的，色谱分析其含量超过正常值，经常规试验加以综合判断，如变压器内部已有故障，必须将变压器停运，以便分析动作原因和进行检查试验。

（8）放气或取样分析气体的性质，故障性质及处理方法如表6-2所示。

表6-2　　　　　　　　　　　　　故障性质及处理方法

气体性质	故障性质	处理方法
无色、无味、不可燃	空气故障	放气后继续运行
黄色、不易燃	木质故障	停止运行
黄色、强烈臭味、可燃	绝缘材料故障	停止运行
灰色、黑色、易燃	油故障	停止运行

5.变压器有载调压装置远动失灵处理

（1）运行人员应首先检查其电源是否完好，若电源完好，应立即通知检修人员检查控制回路，如有故障应立即消除。

（2）若查不出原因或故障一时无法消除，在必须调节分接头时，集控室与就地配合好就地电动调节。

（3）如就地电动调节也失灵，检修一时无法处理好，且系统又急需要调节时在得到值长或总工命令后，应切断电动调节电源，联系好后，可就地手动调节，步骤如下：手动操作时将专用手柄插入传动孔内，往复轻轻摇动使齿轮装置与手柄吻合。按现场"升压（或降压）指示方向，摇动手柄调整到相邻一挡位置，注意分接头位置指示正常。手动调整结束，应检查现场位置指示与遥控盘上位置指示一致。

（二）变压器的事故处理

1.变压器事故跳闸处理的原则

（1）继电保护动作将变压器开关切除，在没有查明原因消除故障之前不得将变压器恢复送电，但在紧急情况下，经调度许可，对反应外部故障的保护动作跳闸的变压器，可以强送电一次，而对反应内部故障的保护动作跳闸的变压器，禁止强送电。

（2）厂用变压器跳闸，厂用母线失压，应迅速查明备用电源投入的情况，当确认备用电源自动投入装置未动作时，且有保护动作掉牌信号，不允许强送电。

（3）确认由于人员误操作或断路器机构失灵跳闸的变压器，应立即恢复送电。

（4）确认由于保护装置误动被切除的变压器，应将保护暂停使用，或排除保护故障后，尽快恢复送电。

2.变压器重瓦斯保护动作的处理

（1）应查看变压器差动保护、速断保护是否同时动作。若差动保护或速断保护或压力释放阀（防爆门）同时动作，在未查明原因以前不许再投入运行。

（2）不论重瓦斯保护动作于跳闸或信号，值班人员均应检查变压器外壳各部及油的情况，查看是否出现异常现象，立即从气体继电器中收集瓦斯气体和油样，迅速进行瓦斯成分的分析和油色谱分析。

（3）根据变压器跳闸时的现象（系统有无冲击，电压有无波动）、外部检查及色谱分析结果，判断变压器故障性质，找出原因。若当时系统无冲击，表计无波动，气体继电器无气体，检查变压器外壳各部及油色均正常，经继保人员确认属于保护误动作时，排除故障后对变压器强送电一次（有条件应零起升压），在经强送电或零起升压过程中，出现任何异常，应立即断开变压器各侧电源开关，将变压器隔离。若保护检查未发现问题，将情况汇报值长，听候处理。若当时系统有冲击，表计有波动，检查气体为可燃气体，应立即停用变压器进行检查，在变压器未经检查及试验合格以前不许再投入运行。

（4）重瓦斯试投信号期间，在系统无冲击，表计无反映的情况下发出掉牌信号，可以不必立即将变压器停下，但应将情况向值长汇报，听候处理。

（5）变压器重瓦斯保护动作应同时启动消防回路，消防回路启动后，按消防规定处理。

3. 变压器差动或电流速断动作跳闸的处理

（1）跳闸同时伴有瓦斯保护动作信号或系统无其他故障情况下出现冲击扰动，应视为变压器内部故障，将变压器停电，未查明原因及消除故障，不得恢复送电。

（2）跳闸时系统无故障，瓦斯保护也未动作，应对差动范围内的设备及引线进行全面检查，测量变压器绝缘电阻，通知继保人员检查保护动作是否正确，并将情况报告值长，能否恢复送电，听候处理。

（3）变压器充电过程中，差动或电流速断保护动作跳闸，而对变压器及其引线进行检查未发现问题，送电前测量绝缘电阻合格，经继保人员对保护及二次回路检查确认无误后，允许再充电一次。充电时应加强监视，判断是否因励磁涌流引起，如再动作，在查明原因并消除缺陷前，不许再充电。

（4）变压器差动保护动作应同时启动消防回路（当差动启动消防投入时），消防回路动作后，按消防规定处理。

4. 变压器后备保护（零序保护、负序电流、对称短路距离保护）动作跳闸的处理

（1）跳闸时，经检查没有其他故障迹象，继保、变电人员核实后，可将变压器重新投入运行，若再次跳闸，不得强送电；

（2）若因变压器主保护拒动而引起后备保护动作，在确认后，应按主保护动作处理；

（3）若因外部故障引起变压器保护越级跳闸且故障设备已隔离，应对变压器系统进行全面检查，若未发现问题，可将变压器投入运行。

5. 变压器着火的处理

（1）将变压器停电，断开各侧开关，停用冷却器，通知消防人员，严禁在未断开电源之前灭火；

（2）有备用变压器的应将备用变压器投入运行；

（3）主变压器或高压厂用变压器着火时，应将该单元机组解列停机；

（4）隔离火源，以防蔓延；

（5）变压器顶盖着火，应打开变压器事故放油门，使油面低于着火处；

（6）外壳爆破起火，应将全部油放尽，排入油池；

（7）用干粉或二氧化碳、四氯化碳灭火器灭火，地面及油坑着火时，可用黄沙或泡沫灭火器灭火；

（8）当变压器附近的设备着火，爆炸或发生其他情况，对变压器构成严重威胁，必要时值班人员应将变压器停运。

三、升压站系统异常及事故处理

（一）线路故障跳闸

（1）现象描述：

1）警报响，故障线路所属开关跳闸，监视画面上的相应开关的绿灯闪光，其线路电流有功、无功指示为零；

2）系统电压、频率有波动；

3）220kV ECMS 操作员站和保护室上××线"分相电流 差动动作""220kV 开关 A 相/B 相/C 相跳闸"光字牌亮，重合闸、后备保护及远跳动作等光字牌可能亮。

（2）原因分析：

1）输电线路单相接地；

2）输电线路三相接地；

3）输电线路相间短路。

（3）处理措施：

1）线路故障跳闸后，值长应立即向调度汇报，将故障现象、保护及自动装置动作情况简单汇报；

2）注意监视运行的线路潮流不得超载，如若超载，则应及时调整机组出力；

3）立即检查 220kV 开关站内故障线路所属的断路器、电流互感器及出线部分有无明显故障点；

4）立即检查保护和重合闸动作情况与故障录波器的录波分析，并向调度汇报；

5）若是厂内设备有明显故障点，则汇报调度，将故障设备转检修；

6）若是系统原因，则按调令执行。

（二）升压站电压互感器二次侧小开关跳闸

（1）现象描述：

1）升压站 ECMS 操作员站上对应"××TV 故障"信号报警；

2）对应汇控柜有相应的"TV 故障"光字牌亮，音响报警；

3）若供线路测量回路 TV 二次侧小开关跳闸，相应回路有功功率、无功功率表指示消失或下降。

（2）原因分析：

1）TV 二次回路因接线或改动导致短路；

2）TV 二次回路多点接地。

（3）处理措施：

1）根据故障现象，查明跳闸的小断路器具体名称；

2）通知维护人员，查明原因，并停用相关保护和自动装置，待故障消除后，再将保护和自动装置投入；

3）测量回路电压失去时，应通过监视显示电流来判断异常设备所在回路的潮流，并记录失压电时间，以便对相应电能表读数进行修正；

4）记录、复归监控画面、就地汇控柜上报警信号。

（三）电流互感器二次回路开路

（1）现象描述：

1）电流、功率指示失常；

2）开路线圈发出异声；

3）开路点可能会出现冒烟或放电火花；

4）一些差动保护装置可能会出现报警信号或保护误动作。

（2）原因分析：

1）TA 二次连接片脱落或者接线掉落；

2）带电修改二次回路未做防护措施。

（3）处理措施：

1）查明断线的组别、相别；

2）立即汇报调度，并申请调度改变运行方式，将开路电流互感器的回路负荷电流尽快尽量降低，最好降为零；

3）对于大电流回路的电流互感器开路，可能产生非常高的电压，造成二次烧毁，此时应立即拉开回路开关，紧急停用；

4）对于负荷电流小的回路 TA 开路时，最好降负荷至 0，申请调度倒换运行方式，将一次设备停电，做好安全措施，进行处理；

5）若发现 TA 冒烟和着火时严禁靠近故障设备。

（四）220kV Ⅰ段母线故障

（1）现象描述：

1）"220 kV Ⅰ段母差保护动作"报警；

2）运行于Ⅰ段母线上所有断路器包括母联断路器跳闸，绿灯闪光；

3）220kV Ⅰ段母线三相电压到零；

4）母差保护盘上"Ⅰ段母差保护出口灯"亮。

（2）原因分析：

1）升压站母线二次回路故障导致装置误动；

2）升压站母线一次侧出现故障。

（3）处理措施：

1）检查厂用电运行情况，保证厂用电及保安电源的安全；

2）保证已跳闸机组安全停机；

3）保证运行机组的稳定运行；

4）及时向调度汇报；

5）到现场对 220kV Ⅰ段母差保护范围内的设备进行全面检查，如有明显故障点，则向调度汇报，进行隔离；

6）如未发现明显故障点，则应用已跳闸的机组对Ⅰ段母线（包括原来所有运行于Ⅰ段母线的隔离开关）进行零升压；

7）升压正常后，拉开升压机组的高压开关；

8）投入母联充电保护，用母联开关对Ⅰ段母线进行充电，充电正常后退出母联充电保护；

9）已跳闸机组并网，停电线路送电；

10）如果零起升压失败，则汇报调度，对于必须急于送电的回路，在保证该回路母线侧隔离开关绝缘良好情况下，倒至Ⅱ段母线运行；

11）将Ⅰ段母线转入检修。（注意：在操作过程中，要按规程要求，及时调整母差保护的运行方式，Ⅱ段母线故障处理原则与此相同）

（五）220kV Ⅰ段母线断路器失灵保护动作

（1）现象描述：

1）"220kV Ⅰ段母线断路器失灵保护动作"报警；

2）运行于Ⅰ段母线上所有断路器包括母联断路器跳闸，绿灯闪光；

3）220kV Ⅰ段母线三相电压到零；

4）某断路器启动失灵发信。

（2）原因分析：

1）相邻的断路器发出保护跳闸指令，但故障断路器未及时分开；

2）母线断路器接收到失灵信号，保护动作条件满足。

（3）处理措施：

1）检查厂用电运行情况，保证厂用电及保安电源的安全；

2）保证已跳闸机组安全停机；

3）保证运行机组的稳定运行；

4）及时向调度汇报；

5）到现场对启动失灵保护的断路器进行检查，并隔离该断路器；

6）投入母联充电保护，用母联开关对Ⅰ段母线进行充电，充电正常后退出母联充电保护；

7）已跳机组并网，停电线路送电。（注意：在操作过程中，要按规程要求，及时调整母差保护的运行方式）

四、厂用电动机异常及事故处理

电动机在运行过程中，由于维护和使用不当，如启动次数频繁，长期过负荷，电动机受潮，机械性碰伤等，都有可能使电动机发生故障。

电动机的故障可分为三类：

第一类是由于机械原因引起的绝缘损坏，如轴承磨损或轴承熔化，电动机尘埃过多，剧烈振动，润滑油落到定子绕组上引起绝缘腐蚀而使绝缘击穿造成故障等；

第二类是由于绝缘的电气强度不够而引起绝缘击穿，如电动机的相间短路，匝间短路，一相与外壳短路接地等故障；

第三类是由于不允许的过负荷而造成的绕组故障，如电动机的单相运行，电动机的频繁启动和自启动，电动机所拖动的机械负荷过重，电动机所拖动的机械损坏或转子被卡住等，都会造成电动机的绕组故障。

（一）电动机启动时的故障

电动机启动时，当合上断路器或自动空气开关后，电动机不转，只听嗡嗡的响声或者不能转到全速，这时故障的原因可能是：

（1）定子回路中一相断线，如低压电动机熔断器一相熔断，或高压电动机断路器及隔离开关的一相接触不良，不能形成三相旋转磁场，电动机就不转；

（2）转子回路中断线或接触不良，使转子绕组内无电流或电流减小，因而电动机就不转或转得很慢；

（3）在电动机中或传动机械中，有机械上的卡住现象，严重时电动机就不转，且嗡嗡声较大；

（4）电压过低时电动机转矩小，启动困难或不能启动；

（5）电动机转子与定子铁心相摩擦，等于增加了负载，使启动困难。

值班人员发现上述故障时，应立即拉开该电动机的断路器及隔离开关，启动备用电机并用绝缘电阻表检查故障电动机的定子和转子回路。

（二）电动机定子绕组单相接地故障

发电厂的厂用电动机分布在锅炉、汽轮机、化学及运煤等车间，而这些地方容易受到蒸汽、水、化学药品、煤灰、尘土等的侵蚀，使得电动机绕组的绝缘水平降低。此外，电动机长期过负荷，会使绕组的绝缘因长期过热而变得焦脆或脱落，这都会造成电动机定子绕组的单相接地。在中性点不接地系统中，若一相全接地，则接地相的对地电压为零，未接地两相的对地电压升高 1.73 倍，同时在接地点有三倍的正常运行时的对地电容电流流过，因此，在接地点可能产生间歇性电弧（电弧周期性地熄灭和重燃）。由于电弧对相间绝缘的热作用，使定子绕组绝缘温度升高，绝缘过早损坏。若长期使电动机单相接地运行，则电动机会因过热而烧坏。

当电动机发生单相接地时，因各相之间的相间电压不变，所以允许短时间运行一段时间后切断电源，用相应电压等级绝缘电阻表进行检查。检查时，如测得相对地（外壳）的绝缘电阻值很低时，说明绝缘已经受潮。若绝缘电阻为零，则说明这一相与外壳相碰，已经接地，不能再继续运行，应进行吹灰及清理工作。运行现场若不能消除时，应由检修人员进行修理，将转子抽出后，用红外线灯泡干燥或将电动机置于干燥室内烘干，一直到绝缘电阻合格为止。

对于中性点直接接地或经小电阻接地系统中，发生单相接地故障时会产生较大的零序电流，从而由保护立即跳闸。

（三）电动机的自动跳闸

当运行中的电动机发生定子回路一相断线，绕组层间短路，绕组相间短路等故障以及电力系统电压下降时，在继电保护的作用下，该电动机的断路器便自动跳闸。电动机跳闸后，应立即启动备用电机，断开故障电机的电源，以保证整个系统的正常运行。待备用电机启动正常后，应对故障电动机进行检查。检查的项目包括拖动的机械有无卡住；电动机定子、转子绕组、电缆、断路器、熔断器等有无短路的痕迹；保护装置是否误动作等，必要时需对电动机进行绝缘电阻的测量。

部分电动机没有备用电机，因此对于重要的厂用电动机，若跳闸后没有明显的短路象征，为了保证供电，允许将已跳闸的电动机进行强送电一次。

（四）其他事故处理

（1）下列情况下，对于重要的厂用电动机可以先启动备用电动机，然后停故障电动机：

1）发现电动机有不正常的声音或绝缘烧焦味时；

2）电动机内或启动调节装置内发现火花；

3）电动机电流超过正常运行值；

4）电动机出现不正常的振动（超过振动许可标准）；

5）电动机轴承的温度及温升超过规定值；

6）密闭式冷却电动机的冷却水系统发生故障。

（2）运行中的电动机，在继电保护装置动作或由于电气方面原因跳闸后，一般应经电气值班人员检查后再行启动。如果是重要厂用电动机又无备用电机时，允许在做以下四项检查而情况正常时，将已跳闸的电动机试启动一次：

1）检查电源正常；

2）电机控制信号回路核查无异常；

3）电机本体无明显异常；

4）所带动机械部分无明显异常。

（3）如发现有以下情况之一时不可启动：

1）发生需要立即停机的人身事故；

2）电动机所带动的机械损坏；

3）在电动机启动调节装置或电源电缆上有明显的短路或损坏现象；

4）电动机跳闸后发现冒烟焦味等现象。

（4）重要厂用电动机失去电压或电压下降时，在1min内禁止值班人员手动切断厂用电动机（这类电动机以及失电1min后允许切断电源的电动机数量由各专业在辅机运行规程中详细规定）。但对绕线式电动机，当失去电源后，应立即遮断电动机，并将启动电阻恢复到启动状态。

（5）下列情况之一时，应立即停用电动机，并通知有关部门进行检查：

1）断路器合闸后电动机不旋转或不能达到正常转速；

2）电动机启动或运行时空气间隙中冒出火花和烟气。

（6）电动机启动或运行中，当保护装置动作使开关跳闸时运行人员一般应检查下列项目，必要时通知电气检修共同检查：

1）是否由于联锁跳闸；

2）熔丝是否完好，开关触头是否接触良好；

3）被带动的机械有无故障；

4）测定电动机与电缆的绝缘电阻是否正常；

5）保护装置定值是否太小，启动时过流闭锁装置是否正常；

6）电动机本体有无烟火或烧焦气味。

经上述检查均未发生问题时可试启动一次，试启动成功可投入运行，否则应查明原因，消除故障后方准使用。

（7）电动机在运行中声音异常，电流表指示上升或降至零，一般应检查下列项目：

1）是否由于系统电压降低；

2）判明电动机是否单相运行；

3）绕组是否有匝间短路现象；

4）机械负荷是否增大。

应查明原因做出相应处理，消除故障后方准运行。

（8）电动机过热，电流表指示正常。

检查冷却系统是否正常，若不正常应消除故障，并设法加强冷却。

（9）电动机起火。

必须先将电动机的电源切断，才可使用电气设备专用灭火器进行灭火。

第五节　化学典型事故处理

机组正常运行中，不可避免会发生一些设备故障、水汽质量劣化问题，因此需要调试和运行人员根据现象加以判断、分析并进行处理，恢复正常运行状态，现将可能发生的典型故障及处理方法进行简要叙述。

一、原水预处理系统

（一）反应沉淀池设备故障分析和处理

反应沉淀池设备故障分析和处理见表 6-3。

表 6-3　　　　　　　　　　　反应沉淀池设备故障分析和处理

现象描述	原因分析	处理措施
出水浑浊	无活性泥渣	重新造泥
	负荷过大	降负荷
	泥渣层太高	加强排泥
絮凝物上浮	原水流量突然增大	平稳调节流量
	排泥不够、积泥太高	控制正常排泥
出水水质发白	加混凝剂过量	调整混凝剂加入量
	排泥过量	控制排泥量
出水流量达不到额定出力	排泥阀泄漏或未关严	关闭排泥阀
	进水流量低	检查调整沉淀池升压泵出力
矾花颗粒细小，水体浑浊，且出水浊度升高	混凝剂投加量不足。加药量不足时，使水中胶体颗粒不能凝聚成较大的矾花	适当增加投药量。检查在线仪表、自动控制系统、加药系统工作是否正常，确保系统加药量适量
	混凝剂投加过量。超量加药，会使脱稳的胶体颗粒重新处于稳定状态，不能进行凝聚	适当降低投药量。检查在线仪表、自动控制系统、加药系统工作是否正常，确保系统加药量适量
	投药中断	检查加药系统
矾花大而松散，出水异常清澈，但携带大量矾花	混凝剂投加过量	投药过量，会使矾花粒度异常增大，但不密实，不易沉淀，应降低投药量
反应沉淀池末端和沉淀池进水配水花墙之间大量积泥	部分配水孔口堵塞使孔口流速过大，打碎矾花，沉淀困难	及时对反应池排泥，必要时可采用水枪冲洗沉淀设备

（二）空气擦洗滤池设备故障分析和处理

空气擦洗滤池设备故障分析和处理见表 6-4。

表 6-4　　　　　　　　　　　空气擦洗滤池设备故障分析和处理

现象描述	原因分析	处理措施
出水不合格	水位偏低，滤层表面无水	调整清水池入口门和水位，保持滤料上方有 100～200mm 水层
	反洗不彻底或滤料偏斜	重新进行空气擦洗、滤池擦洗，直至表层滤料平齐
	超流量运行	调小进水流量或关小清水池入口，按照流量调整反应沉淀池出力
	超压差运行	进行程序空气擦洗滤池擦洗一次
	滤料压实，空气擦洗滤料不动	可以直接进行水反洗，再进行一次程序空气擦洗、滤池擦洗
加药泵出口压力不够	检查泵出口压力表，压力太低可能是泵吸入管或滤网堵塞	停止整套设备运行，检修进行疏通管道或清理滤网
	吸入管或滤网及接口漏空气	停止整套设备运行，检修漏气点并排除管道空气
	泵头内止回门或系统出口止回门故障	停止整套设备运行，检修泵头内止回门或系统出口止回门
	储药罐无药，假液位指示	停止整套设备运行同时向加药箱提药和水稀释，加药泵排气后重新启动反应沉淀池运行
加药泵运行有冲击声	轴承或齿轮磨损	停止整套设备运行，检修更换零部件
	油质乳化或缺油	通知检修更换泵体润滑油或补充润滑油，检查泵的密封系统
	隔膜片破裂或泄漏	停止整套设备运行，检修更换隔膜片
运行中有撞击或摩擦声	叶轮损坏	进行检修，更换叶轮
	油质劣化或油位低	进行检修，更换润滑油或补充润滑油
	密封圈断裂	进行检修，更换密封圈

（三）污泥浓缩系统设备故障分析和处理

污泥浓缩系统设备故障分析和处理见表 6-5。

表 6-5　　　　　　　　　　　污泥浓缩系统设备故障分析和处理

现象描述	原因分析	处理措施
脱水机运行时振动突然发生	螺旋和转鼓之间有固体堵塞	停止设备，按照操作手册检查并疏通设备
	停机时没有充分冲洗脱水机	停止设备并彻底清洗和除去所有沉积物
	刮刀或者出料嘴被磨掉	检查，如有必要替换新的配件
	堰板变松	按照正常的设定来调节堰板并用规定的力矩来上紧堰板的固定螺栓
	耐磨片移位	替换新的耐磨片

现象描述	原因分析	处理措施
脱水机运行时振动逐渐增强	螺旋磨损程度达到服务的极限	拆解并大修设备
	轴承磨损或者破坏（轴承座推力过大）	检查并更换损坏的轴承
	花键轴间隙过大时	检查并更换外花键轴和花键套
	减振垫损坏	检查并更换减振垫
	转子的固定螺栓变松	检查并按照规定力矩拧紧螺栓
	溢流液回流管被部分堵住	检查并清理溢流液回流管
在例行检查之后发生振动	静止部件安装面、中心面损坏、清理不干净	清理并抛光表面，除去冲击的痕迹和标记
	密封夹在两个静止面之间	检查并替换新的密封
	变形或者损坏的部件	检查并按照要求替换磨损或者损坏的部件
	轴承座或者转子上的螺栓没有拧紧	按照规定的力矩上紧螺栓
	堰板设置错误	将所有堰板调节到一个水平上
	辅助电机没有对齐	检查并重新对中（定位销）
	皮带松紧度不合适	检查并重新张紧皮带
脱水机噪声过大	轴承磨损或者损坏	检查并按规定更换所有磨损或损坏的轴承
	转鼓速度增加了	降低转鼓速度
	减振垫磨损	更换新的减振垫
	转鼓罩子上面的螺栓松了	按照规定力矩拧紧所有螺栓
	固体出料槽的螺栓变松	
	传动部分的螺栓变松	
主轴承座过热	油冷却不足	清理水/油散热器；检查风冷散热器（空气/油）
	供水不足	检查并增加水流量
	恒温器调节错误	检查，如有必要更换恒温器
	润滑油流量不足	调节到正常的润滑油流量
	过滤器滤芯堵塞	更换新的滤芯
	油箱油位低	把油箱的润滑油补充到正常的水平
	润滑油老化	排光旧油并加注规定的润滑油
	轴承开始磨损	检查并更换所有磨损或者损坏的轴承
主轴承座过热	润滑脂不足，填充润滑脂过于频繁	遵守安德里茨的标准
	轴承开始磨损	检查并更换所有磨损或者损坏的轴承
脱水机的齿轮箱过热	齿轮箱长期承受过高的扭矩	检查耐磨片是否磨损检查转子推力轴承和密封的状态
	力矩控制系统设置不正确	检查额定转矩与齿轮箱的容量一致，第一个极限不超过齿轮箱容量的80%，第二个极限不超过100%

续表

现象描述	原因分析	处理措施
脱水机的齿轮箱过热	不正确的油位或者油脂量（太高或者太低）	检查并调整油位或油脂量，检查每个密封圈； 检查机架或者转子头部是否有润滑油或者润滑脂的痕迹； 按照程序重新加注
	不正确的润滑油/润滑脂型号	将现有的润滑油/润滑脂清理干净并加注正确的型号
	偏心轴部位润滑脂承受过多剪切力	检查外圈和输入轴的差速度不超过 3000r/min
	齿轮箱过早恶化	检查输入轴能否自由转动，否则请咨询安德里茨的技术人员
	齿轮箱外圈和输入轴之间差速度过大	更换其他减速比的齿轮箱
驱动电机负载异常，主变频器返回错误	转鼓加速过快	检查变频器的设定（加速度）
	主轴承座的一个轴承损坏	检查并更换磨损或损坏的轴承
	出液端堵塞导致液体回流上升没过转子	检查并清理出液端的堵塞物
	入料量太大	降低入料量
	转鼓转速过快	降低转鼓速度
	对于 HP 转子，启动后固体塞尚未形成，液体从固体出料端出来	开始时降低入料量
	星-三角启动器启动时间过长	启动期间短接热继电器
转子不能自由转动	固体出料槽被堵住，与转鼓的出料口发生摩擦	检查并清理这一区域的所有固体； 检查下游有没有造成物料堆积的堵塞
	固体物料泄漏到机架上，摩擦转鼓和其他转动部件	检查并清理这一区域的所有固体
	固体出料口和壳体之间的固体已经干结	检查并清理这一区域的所有固体； 更改或者设置一个停机之后的清洗程序
	入料管和螺旋之间的固体物料已经干结	拆卸入料管并清洗这一区域
	转鼓两端的螺栓（运输时使用）与转鼓有接触	松开螺栓（参照拆卸和组装的说明）
澄清液所含颗粒增多，设备有轻微的振动	螺旋的叶片严重磨损	更换螺旋，如果磨损不是很严重可以只更换耐磨片，如有需要，请重新做动平衡
齿轮箱的偏心轴不能自由转动（应该可以正反两方向无阻力的转动）	齿轮箱损坏或者偏心轴承损坏	拆掉齿轮箱并更换部件； 警告：齿轮或者偏心盘必须成对更换
差速度与设定值有差异	第二组皮带打滑（发生于带有 2 个输出轴或者阶梯皮带轮的主电机）	检查皮带的状态和张紧度； 如有必要更换转鼓和转子的皮带

现象描述	原因分析	处理措施
固体出料不理想	螺旋叶片磨损	更换螺旋,如果磨损不是很严重可只更换耐磨片,如必要请重新做动平衡
	螺旋和转鼓之间的密封损坏	检查密封,如有必要请更换
	固体和螺旋一起旋转	增加堰池深度,降低绝对速度,检查转鼓上的插槽
	脱水机堵塞	疏通脱水机
	相对速度过高(湍流)	降低相对速度
	相对速度过低(固体出料太慢)	增加相对速度
	转鼓速度太低(离心力不够)	增加转鼓速度
	堰板设置太低(物料停留时间太短)	重新调节堰板水平
	入料量太多	降低入料量
机器过载	入料浓度过高/入料量过大	降低入料浓度/降低入料量
出料箱堵塞阻碍出料	固体粘在壳体上阻碍转子转动; 下游排料不通畅	检查并疏通出料箱
絮凝不理想(絮凝剂)	絮凝剂流量不足/类型不合适	重新调整絮凝剂流量,检查回路中絮凝剂没有被堵塞/更换絮凝剂的种类

二、锅炉补给水处理

(一)超滤系统设备故障分析和处理

超滤系统设备故障分析和处理见表 6-6。

表 6-6 超滤系统设备故障分析和处理

现象描述	原因分析	处理措施
进出水压差超过标准值	进水流量偏大	检查流量设定值和相关与流量调整的联锁,校验流量计
	常规反洗强度不够	检查反洗强度、反洗水泵频率的设定,校验反洗流量计
	化学反洗不到位	检查化学反洗流量的设定;检查化学反洗加药情况
	化学清洗效果差	检查化学清洗药品、加药量和过程是否准确
	进水水质差	检查进水水质,加强水质化验
出水 SDI 不合格	超滤膜丝断裂	检查每支膜组件,进行膜丝封堵或更换
超滤反洗压力高	反洗流量偏大	检查反洗流量设定值,UF 反洗水泵运行情况
	反洗排水不畅	检查系统阀门

(二)反渗透设备故障分析和处理

反渗透系统设备故障分析和处理见表 6-7。

(三)EDI 系统设备故障分析和处理

EDI 系统设备故障分析和处理见表 6-8。

表 6-7　　　　　　　　　　　　　反渗透系统设备故障分析和处理

现象描述	原因分析	处理措施
保安过滤器压差大于 0.15MPa	滤芯堵塞	联系更换保安过滤器滤芯
	短时间压差升高，可能由于超滤出水水质变差引起	化验超滤出水水质，检查 SDI 值
反渗透高压泵进口压力低	反渗透高压泵出力不够	检查反渗透给水泵运行情况
	反渗透给水泵跳停或出力不足	检查反渗透给水泵运行情况
	保安过滤器滤芯堵塞	更换保安过滤器滤芯
一级反渗透高压泵运行中跳闸	高压泵进口压力低	检查反渗透给水泵运行情况；检查反渗透给水泵运行情况；更换保安过滤器滤芯
	产水流量高（>145m³/h）	检查反渗透高压泵出力，降低进水流量
	浓水流量低（<24m³/h）	检查反渗透进水流量，调整浓水流量，达到反渗透回收率要求
	出水压力高	检查反渗透出口手动阀状态
	浓水压差高（>0.2MPa)	检查压力表取样门是否开启；进行化学清洗
	超滤水箱液位<1m	待超滤水箱液位超过 3m 再投反渗透设备
二级反渗透高压泵运行中跳闸	高压泵进口压力低	检查反渗透给水泵运行情况；检查保安过滤器，可更换保安过滤器滤芯
	出水压力高	检查反渗透出口手动阀状态
反渗透产水量低	反渗透给水泵、高压泵出口阀门开度不足	检查相关阀门
	反渗透高压泵出力不足	检查反渗透高压泵运行情况，确定泵正常时可提高反渗透高压泵运行频率
	反渗透浓水排放过大	检查流量及浓水调节阀开度
	反渗透膜元件受污染	进行化学清洗
	保安过滤器压差高	更换保安过滤器滤芯
反渗透产水电导高	原水电导率升高	检查原水电导率
	膜连接件 O 形圈泄漏	检查各压力容器，找出有问题的连接器，并更换
	膜元件损坏	检查各压力容器，找出有问题的膜元件，并更换
	膜元件受到污染/污堵	进行化学清洗
	加碱量不足或过量	调整二级反渗透加碱量
	回收率过高	调整回收率

表 6-8 EDI 系统设备故障分析和处理

现象描述	原因分析	处理措施
进出口压差高	模块堵塞	判别污染类别，按照相对应的流程清洗
	进水流量过高	调节流量到符合要求的范围
进出口压差低	进水流量过低	调节进水流量到符合要求的范围
产水-浓水进水压差高	浓水进水压力低	适当增加浓水进水阀开度
	产水压力高	适当增加产水手动阀开度
产水-浓水进水压差低	浓水进水压力高	适当减小浓水进水阀开度
	产水压力低	适当减小产水手动阀开度
产水流量低	模块堵塞	判别污染类别，按照相对应的流程清洗
	模块阀门关闭	确认所有需要开启的阀门都正常开启
	EDI 给水泵出力小	调节 EDI 给水泵出力
	进水阀开度不足	调整进水阀开度
	产水手动阀开度小	调节产水手动阀开度
产水水质不合格	进水水质超出允许值	检查进水水质，CO_2 含量高是水质差的常见原因
	电极接线错误	立即切断供电，核实接线
	一个或多个模块没有电流	检查所有的熔丝、电线和整流器输出，确认整流器负极接地
	模块电流太低	适当增加电流
	进水、产水、浓水、极水流量压力参数不在要求范围内	重新设定各流量及压力
浓水电导率低	回收率低	检查浓水排放量是否过大或浓水进水阀开度是否过大
浓水流量低	进水流量低	增加进水流量
	浓水进水流量低	增加浓水进水阀开度
	浓水排放阀开度小	适当增加浓水排放阀开度
	EDI 模块堵塞	判别污染类别，按照相对应的流程清洗
极水流量低	进水流量低	增加进水流量
	极水排放阀开度小	增加极水排放阀开度
	EDI 模块堵塞	判别污染类别，按照相对应的流程清洗
整流器启动不出	整流器无电源	整流器接通电源
	产水流量低	按上述方法查找原因并进行处理
	浓水排放流量低	检查系统，调整相关压力、流量
	极水排放流量低	检查系统，调整相关压力、流量
	浓水、极水流量开关故障	联系检修

（四）一级除盐、混床系统设备故障分析和处理

一级除盐、混床系统设备故障分析和处理见表 6-9。

表 6-9　　　　　　　　　　　一级除盐、混床系统设备故障分析和处理

现象描述	原因分析	处理措施
阳床再生后 Na 不合格	反洗不彻底，树脂松散率不够	进行彻底反洗
	酸浓度不够，酸量不足	适当提高酸浓度，增加酸量
	酸分配装置损坏，进酸分布不均匀	进行检修
	树脂乱层	重新再生
	酸液质量不佳	更换酸液
	中排装置损坏	进行检修
	来水水质恶化	查明原因，进行处理
阳床及阴床周期制水量太低	进水装置损坏，水的分布发生偏流	进行检修
	反洗水量不足，树脂表面不平	加强反洗，进行检查
	再生时有乱层现象	重新再生
	树脂污染，工作交换容量降低	树脂复苏
	进酸碱量不足、浓度低再生工艺不好	适当增加酸碱量，改进再生
	中排装置发生故障	进行检修
	再生进酸碱装置发生故障，再生时偏流	进行检修
	运行周期太长，树脂压实	进行大反洗
	来水水质恶化	查明原因，进行处理
阴床运行中电导率与碱度过大	阳床出水不良	彻底再生阳床
	阳床失效	倒换备用床，更换中间水箱水
	除碳器风机未开	启动风机
	来水水质恶化	将生水箱放光，待水质合格后重新再生
正常运行的阴床出碱性水	邻床再生，而运行床进碱阀未关闭	立即关闭进碱阀，停止制水，关出口阀，开正洗排水阀，冲洗至水质合格
	进碱阀渗漏或关不严	联系检修
混床出水不合格	混床深度失效	切换备用床；混床接近失效时，加强监督，避免失效运行
	邻床再生，运行床酸碱阀误开或渗漏	立即关闭进酸碱阀，停止制水，关出口阀，开正洗排水阀，冲洗至水质合格
	一级除盐来水恶化	查明水质影响因素，尽快消除影响
	混床再生不合格投入运行	正确选择混床再生步骤，正洗不合格严禁投入运行

三、循环水处理系统

循环水处理系统设备故障分析与处理见表 6-10。

表 6-10　　　　　　　　　　　循环水处理系统设备故障分析与处理

现象描述	原因分析	处理措施
计量泵不上药	进出口管路堵塞	停运检修
	进口管断裂	停运检修
	泵体内有空气	排气
	药箱打空	重新配药，排气
计量泵振动大	地脚螺栓松动	停运后紧固地脚螺栓
	泵与电机不同轴	停运后重新找正
	泵内缺陷	停运后消缺
计量泵泵体发热	油位太低或缺油	加油至正常油位
	盘根压得过紧	停运后松动盘根
	出口管道阻力过大	检查出口门是否全开，加药点加药门是否全开
计量泵电机烧毁	电机单相运转没有及早发现	通知电气人员查明原因并更换电机
	电机受潮，绝缘不合格	更换电机，排除电机受潮原因
	机械部分过沉或有卡涩现象	更换电机，通知检修人员排除泵体故障
	法兰压得太紧	更换电机，适当松动法兰，以不漏药为宜
	安全阀失灵，泵出口堵塞	更换电机，通知检修人员处理
计量泵完全不排液	吸入高度太高	降低安装高度
	吸入管道阻塞	清洗疏通
	吸入管道漏气	压紧或更换垫片
计量泵出力不足	吸入管局部阻塞	清理疏通
	吸入阀或排出阀内有杂物卡阻	解体清理
	充油腔内有气体	人工补油，使安全阀调开排气
	吸入或排出止回阀不严密，泄漏	修理或更换阀体
	充油腔内流量不足或过多	经补偿阀进行人工补油或排油
	补偿阀或安全阀漏油	进行研磨，使结合面严密不漏
	隔膜片发生永久变形	更换隔膜片
	转数不足	检查电动机和电压
排出压力不稳定	吸入阀及排出阀内有杂物卡阻	解体清理
	隔膜限板与排出阀连接处漏液	拧紧连接螺栓
计量泵运行中有异声，轴承发热	传动零部件松动或严重磨损	拧紧有关螺栓或更换磨损件
	吸入高度过高	降低安装高度
	吸入管道漏气	消除泄漏
	吸入管径过小	增大吸入管径
	油室油位低，传动件润滑不良	补油，更换磨损严重的传动件
	轴承间隙过紧或过松	重新调整轴承间隙
	隔膜片破裂	更换新隔膜片
输送介质被油污染	隔膜片破裂	更换新隔膜片

四、汽水取样系统

汽水取样系统设备故障分析与处理见表 6-11。

表 6-11　　　　　　　　　　汽水取样系统设备故障分析与处理

现象描述	原因分析	处理措施
冷却水入口压力不足	冷却水水压偏低	提高冷却水入口压力
冷却水出入口压差不够	冷却水水压偏低	提高冷却水入口压力
	出口管路阻力偏大或堵塞	疏通出口管路，开大出口阀门
冷却水流量不够	冷却水流量低	加大冷却水流量
	管路有泄漏	检查管路不允许有泄漏
水样温度偏高	冷却水温度偏高	降低冷却水温度
	冷却水量不足	增加冷却水量
	单路冷却水球阀损坏	更换新球阀
	冷却水入出口压差偏低	加大冷却水入出口压差
	冷却水入出口阀门开度不够	加大冷却水阀门开度
	过滤网堵塞	清洗过滤网
水样流量不够或无水样流量	一、二次高压阀未全开	开大一、二次高压阀
	流量计、流量控制阀、限流阀开度不够	合理加大流量，控制限流阀的开度
	降温降压器堵塞	查明原因疏通管路
水样浑浊	管路不清洁	清洁管路
	排污不彻底	定期排污
	锅炉内介质浑浊	开连排系统或改善炉内水质
冷却水出入口及连接部位渗漏，电磁阀系统渗漏低压管接口渗漏	紧固螺栓松动	紧固好螺栓
	密封垫未垫好或损坏	重新密封或更换密封垫
无报警输出	参数设置不对	重新设置
	巡检仪故障	修理巡检仪
	热电阻损坏	更换
	断线	换线
有报警输出电磁阀不动作	线接反	两根线换线
	线圈烧断	更换线圈
	二极管损坏	更换二极管
	阀内活动杆卡死	拆开修理
电磁阀动作关闭后，不能自动打开	流路压力大	关闭一次阀，打开排污阀，泄荷减压
	管路温度未下降	等候一段时间待温度下降
	弹簧卡死	修复弹簧让其动作自如
电磁阀动作后关不严	流路不清洁有异物贴附	清洁管路及阀闭合接触面
	阀内活动杆卡住	拆下修理
	密封垫损坏	更换密封垫

现象描述	原因分析	处理措施
安全阀不动作	阀内滑块卡住	拆下修复
	安全阀口堵塞	清洗管路及入口
	安全阀调压过大	下调弹簧压力（一般不会发生）
安全阀不闭合或关不严	阀座不干净	清洗阀座
	弹簧损坏失灵	更换弹簧
	阀针面破坏	更换阀针
压缩机不启动	电源接线端子松动	接牢电源线
	启动继电器接触不良	修理或更换新的继电器
	压力控制器没有复位	处理过载故障后手动复位
	压缩机内部故障	更换压缩机或由压缩机修理部修理
压缩机开停正常，但水样温度高（低）于规定的范围	温控器设定值偏高（低）	将设定值调整合适
装置不制冷，压缩机不停机	制冷剂泄漏	检漏、补焊、抽真空灌制冷剂
	管路脏堵，压缩机排气量不足	用氮气吹除系统中污物，更换过滤器，或更换压缩机
压缩机负荷过大（电流大，外壳温度高）	制冷剂灌注量过多或过少	重新调整制冷剂的充灌量
	电源电压过高	用户配置稳压器

五、炉内加药系统

炉内加药系统设备故障分析与处理见表 6-12。

表 6-12　　　　　　　　　炉内加药系统设备故障分析与处理

现象描述	原因分析	处理措施
计量泵不上药	进出口管路堵塞	停运检修
	进口管断裂	停运检修
	泵体内有空气	排气
	药箱打空	重新配药，排气
计量泵振动大	地脚螺栓松动	停运后紧固地脚螺栓
	泵与电机不同轴	停运后重新找正
	泵内缺陷	停运后消缺
计量泵泵体发热	油位太低或缺油	加油
	盘根压得过紧	停运后松动盘根
	出口管道阻力过大	检查出口门是否全开，加药点加药门是否全开
计量泵电机烧毁	电机单相运转没有及早发现	通知电气人员查明原因并更换电机
	电机受潮，绝缘不合格	更换电机，排除电机受潮原因
	机械部分过沉或有卡涩现象	更换电机，通知检修人员排除泵体故障
	法兰压得太紧	更换电机，适当松动法兰，以不漏药为宜
	安全阀失灵，泵出口阻塞	更换电机，通知检修人员处理

续表

现象描述	原因分析	处理措施
计量泵完全不排液	吸入高度太高	降低安装高度
	吸入管道阻塞	清洗疏通
	吸入管道漏气	压紧或更换垫片
计量泵出力不足	吸入管局部阻塞	清理疏通
	吸入阀或排出阀内有杂物卡阻	解体清理
	充油腔内有气体	人工补油，使安全阀调开排气
	吸入或排出止回阀不严密，泄漏	修理或更换阀体
	充油腔内流量不足或过多	经补偿阀进行人工补油或排油
	补偿阀或安全阀漏油	进行研磨，使结合面严密不漏
	隔膜片发生永久变形	更换隔膜片
	转数不足	检查电动机和电压
排出压力不稳定	吸入阀及排出阀内有杂物卡阻	解体清理
	隔膜限板与排出阀连接处漏液	拧紧连接螺栓
计量泵运行中有异声，轴承发热	传动零部件松动或严重磨损	拧紧有关螺栓或更换磨损件
	吸入高度过高	降低安装高度
	吸入管道漏气	消除泄漏
	吸入管径过小	增大吸入管径
	油室油位低，传动件润滑不良	补油，更换磨损严重的传动件
	轴承间隙过紧或过松	重新调整轴承间隙
	隔膜片破裂	更换新隔膜片
输送介质被油污染	隔膜片破裂	更换新隔膜片

六、水汽品质劣化处理

（一）处理原则

当水汽质量劣化时，应迅速检查取样的代表性、化验结果的准确性，并综合分析系统中水汽质量的变化，确认水汽质量劣化无误后，应按三级处理原则执行：

（1）一级处理：有发生水汽系统腐蚀、结垢、积盐的可能性，应在72h内恢复至符合表6-13、表6-14的规定。

（2）二级处理：正在发生水汽系统腐蚀、结垢、积盐，应在24h内恢复至符合表6-13、表6-14的规定。

（3）三级处理：正在发生快速腐蚀、结垢、积盐，如4h内水质不好转，应停炉。

在异常处理的每一级中，如果在规定的时间内尚不能恢复正常，则应采用更高一级的处理方法。在采取措施期间，可采用降压、降负荷运行的方式，使其监督指标处于标准值的范围内。

（二）凝结水（凝结水泵出口）水质异常处理

凝结水水质异常处理，应按表6-13执行。

表 6-13 凝结水水质异常时的处理值

精除盐设备	项目	标准值	处理等级		
			一级	二级	三级
有精除盐	氢电导率（25℃，μS/cm）	≤0.30	＞0.30	＞1.0	＞2.0
	钠（μg/L）	≤10	＞10	—	—
无精除盐	氢电导率（25℃，μS/cm）	≤0.20	＞0.20	＞0.40	＞0.65
	钠（μg/L）	≤5	＞5	＞10	＞20

（三）余热锅炉给水水质异常处理

余热锅炉给水水质异常处理，应按表 6-14 执行。

表 6-14 余热锅炉给水水质异常时的处理值

给水系统	机组给水处理方式	项目	标准值	处理等级		
				一级	二级	三级
无铜给水系统	AVT(O)	pH 值[1]（25℃）	9.5～9.8	＜9.5	—	—
		氢电导率（25℃，μS/cm）	≤0.20	＞0.20	＞0.30	＞0.50
	OT[2]	pH 值[1]（25℃）	9.0～9.6	＜9.0	—	—
		氢电导率（25℃，μS/cm）	≤0.15	＞0.15	＞0.20	＞0.30
有铜给水系统	AVT（R）	pH 值[1]（25℃）	8.8～9.3	＜8.8 或＞9.3	—	—
		氢电导率（25℃，μS/cm）	≤0.20	＞0.20	＞0.30	＞0.50

[1] 直流炉高、中压给水 pH 值低于 7.0，按三级处理等级处理。

[2] 高、中压给水氢电导率大于 0.15μS/cm 时，停止给水加氧，同时提高精处理出口加氨量，提高给水 pH 值，给水采用 AVT(O)，待给水的氢电导率合格并稳定后，再恢复加氧处理工况。

（四）炉水水质异常处理

（1）低压汽包炉水作为高压、中压汽包给水时，其水质异常处理按表 6-14 执行。

（2）无论炉水采用何种处理方式，当炉水 pH 值低于 8.0，并且有继续下降趋势时应立即停炉。

（3）炉水全挥发处理时，炉水水质异常处理值见表 6-15。异常处理措施如下：

1）当炉水水质达到一级处理值，应加大锅炉排污，使炉水水质在 72h 内恢复至符合表 6-13 和表 6-14 的规定。

2）当炉水水质达到二级处理时，炉水处理方式应改为氢氧化钠或磷酸盐处理。

3）当炉水水质达到三级处理时，应改为氢氧化钠加磷酸盐处理，在加大磷酸盐加氢氧化钠的加入量的同时，加大锅炉的排污，使炉水 pH 值恢复至符合表 6-15 的规定。

4）炉水采用固体碱化剂处理时，炉水水质异常处理值见表 6-16。

a. 当炉水 pH 值达到一级处理值时，炉水宜采用磷酸盐加氢氧化钠处理。

b. 当确认是凝汽器或热网加热器泄漏导致炉水氢电导率达到一级处理值时，炉水可能有硬度，炉水应采用磷酸盐加氢氧化钠处理，并加大氢氧化钠和磷酸盐的加入量，维持炉水的 pH 值合格。

表 6-15　　　　炉水全挥发处理高压、中压、低压炉水水质异常时的处理值

汽包压力（MPa）	项目	标准值	处理等级		
			一级	二级	三级
—	pH 值（25℃）	9.2～9.8	<9.2	<8.5	<8.0
<2.5	氢电导率（25℃，μS/cm）	≤15	>15	>20	>30
[2.5, 5.8)		≤6.0	>6	>9	>12
[5.8, 12.6)		≤3.0	>3	>4.5	>6
[12.6, 15.8)		≤1.5	>1.5	>2	>3
[15.8, 18.3)		≤1.0	>1.0	>1.5	>2

表 6-16　　　　炉水固体碱化剂处理时高压、中压、低压炉水水质异常时的处理值

汽包压力（MPa）	项目	标准值	处理等级		
			一级	二级	三级
<2.5	pH 值（25℃）	9.2～11.0	<9.2, >11.0	<8.5, >11.5	<8.0, >12.0
	氢电导率（25℃，μS/cm）	≤25	>25	>35	>50
[2.5,5.8)	pH 值（25℃）	9.2～10.5	<9.2,>10.5	<8.5,>11.0	<8.0,>11.5
	氢电导率（25℃，μS/cm）	≤20	>20	>30	>40
[5.8,12.6)	pH 值（25℃）	9.2～10.0	<9.2,>10.0	<8.5,>10.5	<8.0,>11.0
	氢电导率（25℃，μS/cm）	≤15	>15	>20	>30
[12.6,15.8)	pH 值（25℃）	9.2～9.7	<9.2,>9.7	<8.5,>10.0	<8.0,>10.2
	氢电导率（25℃，μS/cm）	≤10	>10	>15	>20
[15.8,18.3)	pH 值（25℃）	9.2～9.7	<9.2,>9.7	<8.5,>10.0	<8.0,>10.2
	氢电导率（25℃，μS/cm）	≤5	>5	>10	>15

注　氢电导率指标仅适用于炉水氢氧化钠处理。

第六节　热控典型事故处理

一、控制系统故障

（一）现象描述

2017 年 7 月 29 日，某厂异常工况发生前，9 号机组有功功率 149.94MW，主汽温度为 539℃，再热蒸汽温度 539℃，主汽压力 16.2MPa，再热蒸汽压力 1.56MPa，机组投入 AGC 方式运行。

11:59:13，汽轮机跳闸，查 ETS 首出为"高缸排汽温度高"；锅炉 MFT 动作，查炉侧 DCS 首出为"汽轮机跳闸"；发电机解列，查电气保护 A 柜出"程跳逆功率"报告。9 号机组跳闸时首出历史趋势见图 6-4。

（二）原因分析

（1）汽轮机跳闸原因。

查 SOE 历史记录，11:59:13.324-326，高压缸排汽温度高 1、2、3 信号（HP EXP

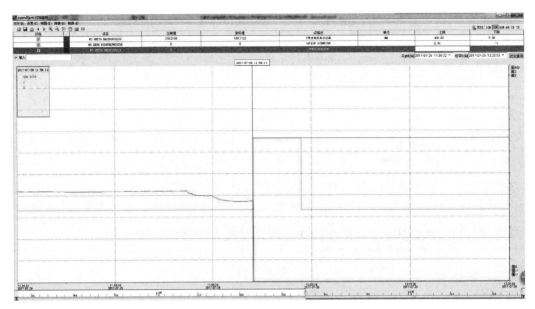

图 6-4　9 号机组跳闸时首出历史趋势

TEMP HIGH 1、2、3）发 1，11:59:13.407-411，高压缸排汽温度高 1、2、3 信号（HP EXP TEMP HIGH 1、2、3）信号恢复，11:59:13.426，汽轮机跳闸（DEH TRIP）。由此判定汽轮机跳闸原因为高压缸排汽温度高 3 个开关量信号同时发 1（持续 83ms 左右时间），三选二条件满足触发 ETS 保护动作，汽轮机跳闸。

查询停机前后高压缸排汽温度历史趋势，发现温度变化平缓，并没有异常升高变化，实际温度并未达到保护定值（420℃），判断为高压缸排汽温度保护误动。

（2）保护误动原因分析。

9 号机组高压缸排汽温度高保护逻辑设置如下：高压缸上下两根排汽导管上各安装一支 K 分度热电偶温度元件，将测量到的温度信号送至 DCS 系统 24 号控制站，由控制器判断当两个信号均高于 420℃时，输出 3 路 DO（开关量输出）信号，通过 3 根控制电缆传输至控制系统 ETS 站由 DI（开关量输入，带 SOE 记录）通道接收，ETS 判断三选二条件满足后，触发 ETS 保护动作。温度测量卡件、开关量输出卡件及开关量输入卡件均满足重要保护系统卡件分散布置要求。保护逻辑图如图 6-5 所示。

（3）温度测量回路排查情况。

汽轮机跳机瞬间，高压缸排汽温度 1、2 指示分别为 298.69℃和 303.57℃，无异常升高变化趋势；就地测量电动势分别为 11.08mV 和 11.15mV，查找 K 分度热电偶对照表对应正确；拆除控制电缆接线后测量电缆正负端对地及电缆相间绝缘良好；控制部人员短接热电偶正负端子模拟电缆双端接地，高压缸排汽温度指示为当前机柜补偿温度（27℃），分别短接电缆正端和负端对地模拟电缆单端接地，高压缸排汽温度指示无变化，均不会导致温度超过 420℃导致超限保护动作。可以说明保护信号误发不是温度测量回路故障引起的。

（4）DCS 组态逻辑排查情况。

现场测量到的温度信号被 DCS 系统采集后，通过 DQ 质量判断模块进行速率（100℃/250ms）和高低限值（0～600℃）判断后，进行温度超限逻辑判断。控制部人员对温度点进

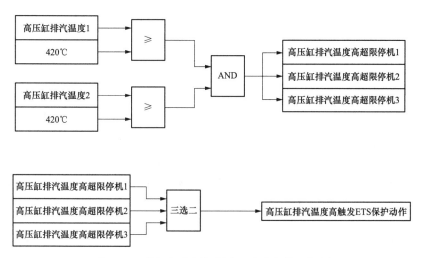

图 6-5　9 号机组高压缸排汽温度高保护逻辑图

行强制，模拟在单个扫描周期（250ms）内温度变化超出 100℃时，质量判断模块输出保持前一扫描周期正常值，不输出异常温度信号，不会导致温度判断逻辑输出。汽轮机跳闸时的高压缸排汽温度 1 指示为 298.69℃，高压缸排汽温度 2 指示为 303.57℃，如跳变超过 100℃，由于速率判断的功能，则会保持当前数，且加上 100℃高压缸排汽温度 1 指示为 398.69℃，高压缸排汽温度 2 指示为 403.57℃，也未达到动作值，且三路 DO 调阅历史与理论相符，均未发生。说明保护信号误发不是由于 DCS 组态逻辑判断输出的。

（5）开关量信号传输回路排查情况。

查看 ETS 系统内 SOE 记录，发现高压缸排汽温度高 1、2、3 信号同时发生翻转并保持 83ms 左右时间后恢复，其他输入信号无异常翻转现象，可以排除 ETS 系统误发信号的可能性；对 DCS 侧 3 个 DO 点分别进行强制输出，ETS 系统 3 个 DI 通道接收信号正常，说明开关量信号传输回路工作正常；检查 ETS 保护逻辑页扫描周期设置为 50ms，DI 信号翻转时间超过了一个扫描周期，足以使 ETS 系统控制器进行逻辑运算并判断输出，说明 ETS 系统控制器逻辑判断输出正常。

（6）DCS 系统控制器排查情况。

对上述原因进行排除后，分析最有可能导致保护信号误发的原因为 24 号主控制器异常，造成输出信号紊乱所致。查看 DCS 系统设备日志，无任何异常记录且控制器并未发生切换；对 24 号站原主辅控制器进行切换测试，控制器切换正常，DO 信号无异常翻转，故障现象无法复现；对 24 号站其他 DO 通道进行排查，由于大部分通道均为汽轮机侧疏水阀门组开关指令信号，当阀门开关指令同时为 1 时，阀门不会动作，无法通过阀门状态变化来证实信号是否发出；对其余传输至 DEH 系统的开关量信号进行追踪，由于 DEH 系统扫描周期均大于 200ms，且 DI 卡不具备 SOE 功能，无法采集到毫秒级信号翻转的趋势，因此无法证实其他 DO 通道是否在汽轮机跳闸时刻发生输出翻转现象。

2017 年 2 月 17 日 05:45，9 号机组 DCS 系统 29 号控制器发生异常，导致部分动力设备在没有任何指令的情况下，发生掉闸及异常联启现象，说明 DCS 系统控制器在发生异常时，可能造成开关量输出信号不经过逻辑判断而 DO 输出瞬间翻转。目前控制部已将 24 号站主控制器更换，并寄回和利时厂家进行检测，请厂家协助查找信号误发的根本原因。

综上所述，此次高压缸排汽温度高保护误动的原因为 DCS 系统 24 号站主控制器发生异常，造成开关量输出信号异常翻转所致。

（三）处理措施

DCS 和燃气轮机 TCS（透平控制系统）控制已成为燃气轮机联合循环机组控制系统的主要方式，高度自动化带来了高控制精度，也带来了一定安全风险，一旦控制系统出现故障，常常会导致主要辅机和机组非停，如果后续处理不当，还可能导致事故扩大。DCS 和 TCS 控制系统的主要问题表现在电源、控制器、硬件卡件、通信、人员操作不当或误操作等方面，因此要求日常做好 DCS 和 TCS 的维护和检修工作。对于这类问题是可以预防的，要加强逻辑设计论证，修改后要进行必要的回路功能模拟测试。对于控制系统软硬件故障，可采取以下预控措施。

（1）由于燃气轮机控制系统的特殊性，DCS 和 TCS 可能为不同厂家的系统，当 DCS 与 TCS 为不同系统时，DCS 监控画面上应实现燃气轮机关键参数和系统的监视功能，运行操作台上应配备有防误动措施的燃气轮机紧急停等保护按钮，以防 TCS 系统出现异常时燃气轮机失去控制和监视。

（2）确保 DCS 和 TCS 工作的环境条件满足正常生产需求。

（3）完善重要设备和信号全程冗余功能和配置。

（4）完善控制系统逻辑设计和保护的可靠性。

（5）做好 DCS 和 TCS 的日常运行维护管理工作，加强日常巡视和管理。

（6）加强 DCS 和 TCS 的检修管理，做好预控措施和风险评估，规范检修工艺及流程。

二、电源系统故障

（一）现象描述

某燃气轮机电厂于 2017 年 6 月 29 日发生非计划停机事件。

6 月 29 日停机前，2 号机组 AGC 投入，其中 3 号燃气轮机负荷 100MW，排气温度 550℃，4 号汽轮机负荷 42MW，抽汽供热流量 69t/h。

12:24:31，3 号燃气轮机报警界面发出 L30COMM_IOIO PACK COMMUNICATIONS FAULT（卡件通信故障）、L27DZ_ALM（直流电压低）、L94BLN_ALM（直流电压低触发自动停机）等报警，同时 3 号燃气轮机自动停机程序异常触发，3 号燃气轮机开始降负荷。

12:25:25，3 号燃气轮机发电机-变压器组有功功率降到 0，3 号燃气轮机发电机-变压器组解列。

12:26:17，4 号汽轮机打闸发电机-变压器组解列停机。

12:33:21，3 号燃气轮机熄火。

（二）原因分析

（1）直接原因分析。

经检查报警列表信息和相关控制逻辑发现：触发 3 号燃气轮机自动停机程序的直接原因是报警信号 L94BLN_ALM 的触发。

3 号燃气轮机自动停机逻辑的其中一条设计为："当 Mark VIe 控制盘 125VDC 电压低于 90V DC 时，触发报警 L27DZ_ALM，延时 3s 触发 L94BLN_ALM 信号报警，并同时触发自动停机程序"。经查阅历史曲线，发现燃气轮机 Mark VIe 控制盘电压在 12:24:31 开始下降，到 12:24:37 恢复正常，持续时间 6.2s，期间电压值最低下降至 0V DC。

（2）根本原因分析。

经过对 Mark VIe 控制盘报警信息、PPDA 电源卡报警日志、现场控制设备检查和停机后相关验证性试验分析得知，导致此次 3 号燃气轮机自动停机的根本原因是：3 号燃气轮机的 PPDA 电源卡电源监测与 Mark VIe 控制盘之间发生通信故障。具体从以下四个方面进行分析：

1）从电气侧直流电源接地报警信息和停机过程中现场需直流供电的设备动作情况分析，此次直流电压降低并非为真实信号。

电气专业在停机后对 Mark VIe 控制盘电源进行检查，如图 6-6 所示，电气直流屏此次未发生直流电压低报警，排除直流接地原因。

图 6-6　电气直流电源屏报警信息

从此次停机过程分析，若直流电压真实降低，则相应直流供电的电磁阀（如速比阀电磁阀、燃料阀电磁阀等）应立即失电动作，那么直流电压降低的同时应导致燃气轮机立即切断燃料熄火。而由历史曲线可知，从直流电压降低到燃气轮机实际熄火共计 8min 50s，负荷变化和转速变化均属于自动停机过程，与直流电压的真实降低不符。

2）从 Mark VIe 控制盘报警列表（见图 6-7）来看，发生通信故障报警在前，自动停机信号在后，且同时多块其他卡件也发出通信报警。

自动停机前按照时间先后顺序的报警信息分别为：首先是 12:24:31 的 Mark VIe 控制盘 IO 卡通信故障报警（L30COMM_IO），随后是 12:24:31 发出的 Mark VIe 控制盘直流电压低报警（L27DC_ALM），最后是 12:24:34 发出的控制盘直流电压低自动停机报警。

3）查看 PPDA 电源卡的报警日志文件，发现在发出卡件通信故障（L30COMM_IO）报警的同时，PPDA 电源卡发生离线报警，持续时间为 6.2s，查看其他同时有诊断报警的控制卡件报警日志文件，发现这些卡件也发生离线，且离线时间与 PPDA 离线时间相同（所有卡件报警日志文件中显示时间为格林尼治时间，与报警信息中的北京时间存在 8h 时差）。电源卡 PPDA 卡件报警日志如图 6-8 所示，其他控制卡件报警日志如图 6-9 所示。

4）针对上述现象，在 7 月 1 日 1 号机组停机后，对 1 号燃气轮机 PPDA 电源卡件进行网线热插拔试验，模拟 PPDA 电源卡通信故障状态，发现 MARK VIe 控制盘直流电压直接

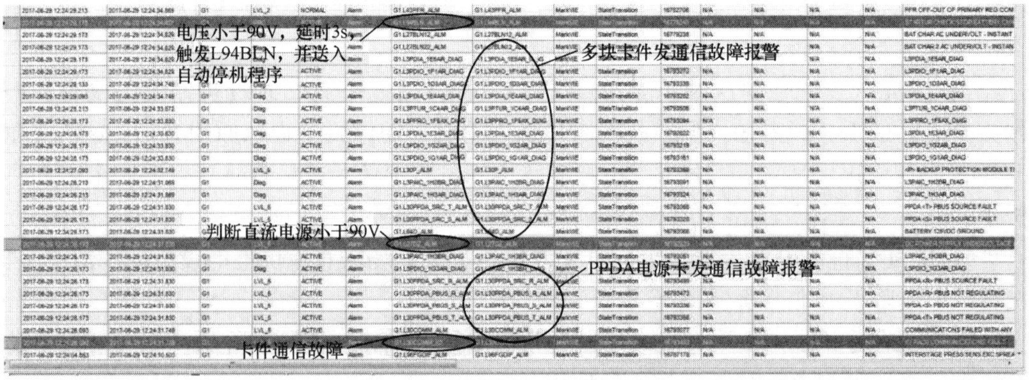

图 6-7　3 号燃气轮机 Mark VIe 控制盘报警列表

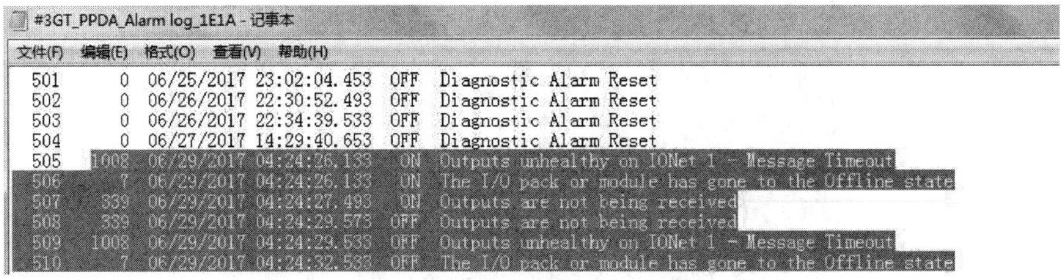

#3GT_PPDA_Alarm log_1E1A - 记事本

文件(F)　编辑(E)　格式(O)　查看(V)　帮助(H)

```
501     0  06/25/2017 23:02:04.453  OFF  Diagnostic Alarm Reset
502     0  06/26/2017 22:30:52.493  OFF  Diagnostic Alarm Reset
503     0  06/26/2017 22:34:39.533  OFF  Diagnostic Alarm Reset
504     0  06/27/2017 14:29:40.653  OFF  Diagnostic Alarm Reset
505  1008  06/29/2017 04:24:26.133   ON  Outputs unhealthy on IONet 1 - Message Timeout
506     7  06/29/2017 04:24:26.133   ON  The I/O pack or module has gone to the Offline state
507   339  06/29/2017 04:24:27.493   ON  Outputs are not being received
508   339  06/29/2017 04:24:29.573  OFF  Outputs are not being received
509  1008  06/29/2017 04:24:29.533  OFF  Outputs unhealthy on IONet 1 - Message Timeout
510     7  06/29/2017 04:24:32.533  OFF  The I/O pack or module has gone to the Offline state
```

图 6-8　3 号燃气轮机 PPDA 电源卡件报警日志

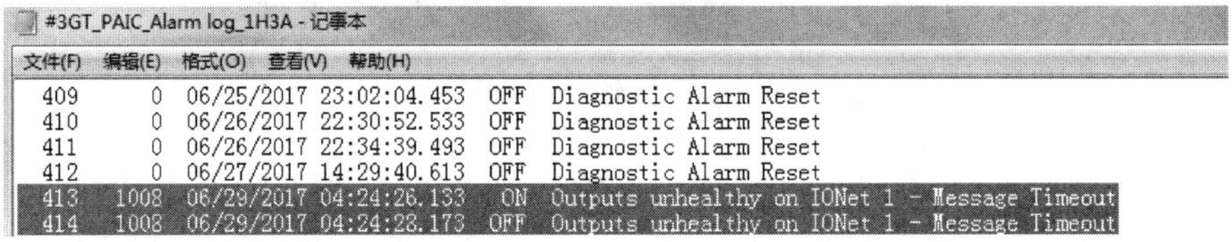

#3GT_PAIC_Alarm log_1H3A - 记事本

文件(F)　编辑(E)　格式(O)　查看(V)　帮助(H)

```
409     0  06/25/2017 23:02:04.453  OFF  Diagnostic Alarm Reset
410     0  06/26/2017 22:30:52.533  OFF  Diagnostic Alarm Reset
411     0  06/26/2017 22:34:39.493  OFF  Diagnostic Alarm Reset
412     0  06/27/2017 14:29:40.613  OFF  Diagnostic Alarm Reset
413  1008  06/29/2017 04:24:26.133   ON  Outputs unhealthy on IONet 1 - Message Timeout
414  1008  06/29/2017 04:24:28.173  OFF  Outputs unhealthy on IONet 1 - Message Timeout
```

图 6-9　3 号燃气轮机其他控制卡件（如 1H3A 卡件）报警日志

变为 0V DC，并显示电压坏质量，同时 Mark VIe 控制盘报警信息、电源卡件报警日志信息与 3 号燃气轮机自动停机前触发的报警完全一致。

1 号机组通信中断后直流电压曲线如图 6-10 所示，电源卡 PPDA 卡件报警日志如图 6-11 所示。

5）现场检查报警列表中发生通信故障报警的 19 块卡件的网络连接情况，发现 PPDA 电源卡等发生报警的 13 块卡件均连接至 R-SW2 网络交换机，PAIC 等 6 块卡件连接至 R-SW3 网络交换机，而 R-SW3 是先连接至 R-SW2，由 R-SW2 连接至 R-SW1，最后由 R-SW1 连接至控制器，因此认为发生网络故障的交换机可能性最大的为 R-SW2。

综合以上情况，可以判断发生故障原因为：控制盘内某一个网络交换机发生软故障导致发生卡件通信故障（L30COMM_IO），导致 3 号燃气轮机的 PPDA 电源卡电源监测与 Mark VIe 控制盘之间发生通信故障，控制器内接收到的直流电压信号变为 0V DC，且时间超过 3s，触发 L94BLN_ALM 报警，执行 3 号燃气轮机自动停机程序。

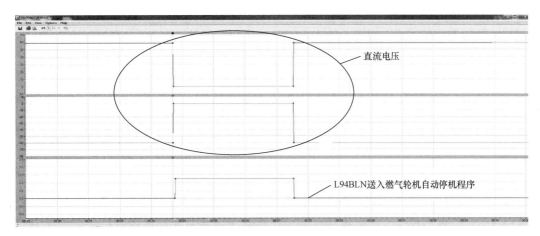

图 6-10　1 号燃气轮机模拟通信中断后直流电压曲线

图 6-11　1 号燃气轮机 PPDA 电源卡件报警日志

（三）处理措施

（1）3 号燃气轮机停机后，需再次对 PPDA 卡网络冗余进行试验。针对 PPDA 卡件的通信未做到冗余配置的问题，建议联系南汽及 GE 厂家进行处理。

（2）在两台机组停机期间，应对控制器、交换机、卡件的网线进行整理，同时绘制完整的网络拓扑结构图，利于机组的正常检修与维护。

（3）3 号燃气轮机停机后，待具备条件时，根据网络拓扑图，确认出现故障的交换机位置并及时进行更换。

（4）全面排查燃气轮机保护逻辑，并加强与各厂的技术经验交流，借鉴各厂经验，联合GE 公司，组织各相关专业讨论，优化燃气轮机保护逻辑。

（5）加快燃气轮机控制系统的历史站及交换机技术改造实施进度，尽快采购备件到货，及时更换新型号交换机，彻底消除设备隐患。

三、输入输出系统故障

（一）现象描述

燃气轮机信号电缆故障造成多次设备异常。2003 年 3 月 27 日某燃气轮机 3 号机组由于基建遗留的一根废弃电缆未及时拆除，雨天潮湿信号短路串接进 DCS 系统，引起 3 号机电超速保护误动作跳机。2005 年 8 月 18 日某燃气轮机 5 号机组出现"244 号报警 L4_FB_ALM TCEA 4 REALY CIRCUIT FDBK（EXTRNL TRIP）"卡件故障跳机，检查发现为卡件之间的带状电缆接触不良所致。2011年8月16日国华余姚MarK Ⅵ系统发出"燃气调节阀GCV3没有跟踪指令"报警，检查GCV3指令反馈偏差增大，1号燃气轮机跳闸。通过SOE查得机组跳闸原因为1号燃气轮机PM4管路燃气调节阀GCV3的指令与反馈相差5％以上，燃气轮机MFT动作。同时燃气轮机发出诊断报警"1号燃气轮机T10槽伺服卡件故障"。即T控制器读到的LVDT值与另两个R控制器和S控制器存在偏差，及T控制器发出的伺服电流与另外两个R控制器和S控制器存在偏差。对T控制器与端子板连接的37针信号电缆进行检查发现第8针异常，为断开状态。更换37针信号电缆后，对GCV3传动正常。

（二）处理措施

（1）在高温区域应按要求使用耐高温信号电缆，并尽量将信号电缆远离高温热源。控制电缆存在老化后内部脱焊、断线虚接风险。在检修中需要对控制电缆进行全面绝缘紧固检查，梳理电缆配置情况，去除废弃电缆。

（2）及时处理消除现场导致高温或泄漏的原因。选用耐温更高等级的探头，通过敷设检修压缩空气气源管路，对探头进行冷却。对长期处于高温下运行的热工设备应考虑进行移位，保证热工设备运行正常。

（3）加强系统工作环境的维护，严格控制电子间机柜温湿度要求。避免温度偏高、设备积灰影响控制器和交换机寿命，做好定期的设备巡检工作。

（4）停机时定期对排气温度热电偶元件进行检查。在燃气轮机热通道检查时，对排气热电偶进行更换。在单点排气温度元件故障后运行人员减少负荷操作，并及时更换元件处理。

四、就地设备故障

（一）现象描述

06:02高压进汽；06:10:29报"CBV BLD VLV-CONFIRMED FALURE TO CLOSE"故障，1、2号防喘放气阀开启；机组负荷由88.9MW逐渐开始下降；06:45维护人员检查确认1、2号防喘放气阀控制电磁阀故障，需更换处理；06:49运行人员手动点击"11号汽轮机AUTO STOP"；06:51 11号机组解列至全速空载。

（二）原因分析

在燃气轮机保护逻辑中，原有以下保护：当机组并网运行后，有一个或一个以上防喘阀未关闭，则机组自动降负荷，直至逆功率动作，发电机开关分开。

由于06:10:29 11号机组1、2号防喘放气阀控制电磁阀故障，导致机组自动降负荷。

此次机组降负荷速率缓慢，在较长时间内（约10min），机组维持运行在负荷16～17MW，燃气轮机FSR最小指令16％，IGV开度为47.5°，汽轮机调门开度为33％，汽轮机进汽压力约400PSI，进汽温度约700°F等状态下，逆功率（小于－4.8MW）一直不能准确动作。导致汽轮机汽温过低，应力加大，影响汽轮机设备安全，需要运行人员及时进行手动干预。

（三）处理措施

（1）联系GE讨论是否逻辑优化。在逻辑优化前，确定类似情况下，运行人员通过手动点击"汽轮机AUTO STOP"按钮的操作条件，确保机组设备安全。

（2）9F燃气轮机11、12号机组防喘放气阀控制电磁阀投运时间较长，在新采购的备件到货后，予以全部更换。

（3）继续做好 9F 燃气轮机防喘放气阀、清吹阀等的停机试验工作，以便及早发现、及时处理阀门故障。

五、系统干扰故障

（一）现象描述

2017 年 3 月 1 日某厂燃气轮机 1 号机组正常运行，机组负荷 433MW 运行。机组各参数均正常，各轴振动值均正常。19:23:46 1 号机组跳机，发电机断路器跳闸。跳闸保护首出为 6 号轴承振动高高跳机。

（二）原因分析

（1）历史记录分析。

1）报警信息记录。

检查 TCS（透平控制系统）/TPS（透平保护系统）依次出现以下报警：

19:23:45:088　10GT BEARING ROTOR VIBRATION MONTOR ABNORMAL（转子振动监测器故障）

19:23:45:156　TCS SUPERVISORY INSTRUMENT MONTOR ABNORMAL（透平控制系统监测装置故障）

19:23:45:874　N-No. 6 BRG VIBRATION HIGH HIGH TRIP（6 号轴承振动高高跳机）

19:23:46　SHAFT VIBRATION HI TRIP（TPS）（轴振高跳机）

19:23:46　NO. 6 BRG. VIBRATION HIGH TRIP（TPS）（6 号轴承振动高跳机）

19:23:46　GENERATOR PROTECTION TRIP（TPS）（发电机保护跳机）

19:23:46　10GT GEN CB CLOSED（发电机开关解列）

2）TCS 历史事件记录。

检查 1 号机组 TCS 历史事件记录，保护首出为 6 号轴承振动高高跳机。

3）历史曲线。

查找历史曲线，故障时 $4Y$、$5Y$、$6X$、$6Y$ 方向均跳变为"0"，任一轴承均未达到高高值，不满足轴承振动高高跳机条件。

4）TSI 内部逻辑检查。

检查 TSI 内部逻辑，配置为：满足"同一轴承两个方向轴承均振动高高"或"同一轴承的一个方向振动故障，另一个方向振动高高"触发跳机。本次事件，未满足跳机条件。咨询 TSI 厂家，进一步检查发现存在"NORMAL AND（正常与）"这一隐藏选项，当"同一轴承的两个方向振动均故障"时，也会触发跳机。根据报警记录，确认 1 号机 $4Y$、$5Y$、$6X$、$6Y$ 轴承振动值在 19:23:46 同时报"故障"（持续时间小于 3s）。

5）核对 TSI 报警历史记录，此次事件前一年内无任何轴承振动出现"故障"记录。

（2）检查与分析。

1）调取视频监控系统，跳机前电子室和 4、5、6 号轴承处无人员巡检或作业。

2）检查 1 号机电子室 TSI3500 机架，发现面板无报警及其他异常信号。检查 $4Y$、$5Y$、$6Y$、$6X$ 号振动对应的卡件（SLOT 5、6、7），卡件无明显松动。

3）测量各振动探头间隙电压未发现异常。

4）检查 TSI 装置输入电源接线可靠，电源模块降压试验无异常。

5）排查外部系统干扰源，事发前 5min，本地无雷击，无主机及重要辅机设备的操作，外部电气系统无异常，查故障录波系统电流电压无异常。检查 1 号发电机转子接地碳刷接触良好，接地正常。

6）检查 TSI 输入电缆，接线无明显松动，电缆绝缘正常。TSI 机柜内电缆（4X、4Y、5X、5Y、6X、6Y、7X、7Y 振动信号电缆）屏蔽层存在多点接地现象。

7）联系 TSI 厂家工程师来厂对 TSI 装置进行详细检查，未发现装置存在异常。

综合分析认为，主机厂家提供的 TSI 组态与设计不符，隐藏"NORMAL AND（正常与）"这一选项，使 TSI 保护中隐含了"同一轴承的两个方向振动均故障"时的跳机逻辑。TSI 机柜内电缆屏蔽不规范，信号回路干扰造成 6 号轴承 X 与 Y 方向振动信号同时"故障"，触发了跳机。

（三）处理措施

（1）更换 TSI 输入电缆，更换 1 号机 TSI 框架。

（2）针对振动信号电缆屏蔽层多点接地以及振动输入信号共用电缆情况，进行全面检查整改。对相关电线、电缆敷设情况进行排查整理，确保强弱电有效隔离，提高主保护信号的抗干扰能力。

（3）完善机组轴承振动保护 TSI 逻辑，取消同一轴承的两个方向振动均故障时的跳机逻辑。详细梳理 TCS、DCS 各主要保护配置，并进行逻辑审核。

（4）加强对 TSI 装置的组态维护水平，提高技术水平。

参 考 文 献

［1］武海云．联合循环电站余热锅炉调试期设备问题研究与探讨．工程技术（全文版）．

［2］刘红飞，刘延征，董清平，等．余热锅炉的优化控制分析［J］．山东电力技术，2007（3）：53-55．

［3］李权．关于余热锅炉安装调试的思考［J］．工业，C，2016（4）：00086-00086．

［4］高小涛．燃气-蒸汽（双压）联合循环机组余热锅炉启动调试技术［J］．电力建设，1997，000（12）：47-49．

［5］张治华．浅谈 6B 燃气轮机配套余热锅炉安装与联合调试施工管理［J］．热电技术，2008（3）：14-17．

［6］丁俊宏，孙长生，庞军，等．浙江省联合循环机组热控系统故障分析及措施［J］．自动化博览，2012，29（12）：112-116．

［7］王庆韧．M701F3 型燃气轮机燃烧振动大的解决方案［J］．广东电力，2018，31（3）：37-41．

［8］孙长生，朱北恒，王建强，等．提高电厂热控系统可靠性技术研究［J］．中国电力，2009，42（2）：56-59．

［9］苏烨，丁俊宏，丁宁，等．全国燃气轮机联合循环机组热控系统典型故障分析及预控措施建议［J］．浙江电力，2020，39（8）．

［10］葛威，靖宇翔，葛晓鸣．浅谈如何提高火电厂热控系统的可靠性［J］．华北电力技术，2018（4）：48-50．

［11］李勇辉，吴梅．GE 燃气轮机 MARK VI 控制系统与 DCS 通讯故障分析［J］．工业控制计算机，2007，20（8）：81-82．

［12］华国钧．2016 年全国发电厂热控系统典型故障分析及预控措施［J］．中国电力，2017，50（8）：16-21．